工业和信息化部"十二五"规划教材
科学与工程类规划教材

# 红外物理与技术
# （第 2 版）

杨风暴　主编

吉琳娜　王肖霞　副主编

王志社　张雷　李志坚　编

电子工业出版社
Publishing House of Electronics Industry
北京·BEIJING

## 内容简介

本书是作者根据多年的教学经验和科研实践，按照新形势下教材改革的精神，结合红外物理与技术发展现状编写而成的。本书融入理工融合的思想，内容充实、重点突出、通俗易懂、便于教学。本书共 11 章，主要内容包括绪论、辐射度量基础、热辐射的基本规律、红外辐射源、红外辐射的测量、红外辐射的大气传输、红外热成像技术、红外偏振成像的原理与技术、红外仿真技术、红外图像处理技术、红外图像融合技术。本书提供配套的电子课件和习题参考答案。

本书可作为高等学校物理学、应用物理学、光电信息科学与工程、安全科学与技术、公安技术等专业的高年级本科生或光学工程、仪器科学与技术、兵器科学与技术、生物工程、信息与通信工程、测绘科学与技术等学科硕士生的教材，也可供从事红外与夜视方面的工程技术和科学研究人员参考、使用。

未经许可，不得以任何方式复制或抄袭本书之部分或全部内容。
版权所有，侵权必究。

**图书在版编目（CIP）数据**

红外物理与技术 / 杨风暴主编. —2 版. —北京：电子工业出版社，2020.5
ISBN 978-7-121-38629-9

Ⅰ．①红… Ⅱ．①杨… Ⅲ．①红外物理—高等学校—教材 Ⅳ．①TN211

中国版本图书馆 CIP 数据核字（2020）第 036267 号

责任编辑：王晓庆
印　　刷：北京七彩京通数码快印有限公司
装　　订：北京七彩京通数码快印有限公司
出版发行：电子工业出版社
　　　　　北京市海淀区万寿路 173 信箱　　邮编：100036
开　　本：787×1092　1/16　印张：21.25　字数：544 千字
版　　次：2014 年 5 月第 1 版
　　　　　2020 年 5 月第 2 版
印　　次：2025 年 7 月第 5 次印刷
定　　价：65.00 元

凡所购买电子工业出版社图书有缺损问题，请向购买书店调换。若书店售缺，请与本社发行部联系，联系及邮购电话：(010) 88254888，88258888。
质量投诉请发邮件至 zlts@phei.com.cn，盗版侵权举报请发邮件至 dbqq@phei.com.cn。
本书咨询联系方式：(010) 88254113，wangxq@phei.com.cn。

# 前　言

红外技术在国民经济、国防和科学研究中得到了广泛的应用，是现代光电子技术的重要组成部分，尤其是红外成像的不断发展和完善，使红外技术的应用得到了空前普及。因此，许多高等学校在相关专业和学科的本科生、硕士生培养中开设了红外物理与技术方面的课程，以适应国民经济建设对红外技术人才的需求。

红外物理以电磁波谱中的红外辐射为特定对象，研究红外辐射的产生、传输及探测过程的现象、机理、特征和规律等。红外技术以红外物理为基础，研究目标的红外辐射特点、探测与成像、信息处理及应用方法等；红外物理为红外技术的应用、发展提供了理论基础和实验数据；而随着红外技术的不断推广和应用，出现了许多新的物理问题和现象，从而推动红外物理的研究进一步深入。二者是紧密联系，相互促进的。为了让理科学生在掌握扎实的红外物理基本知识的同时，得到红外技术方面应用性能力的培养，让工科学生在学好红外技术应用知识的同时，进一步夯实红外物理的理论基础，满足理工融合型课程教学改革的需要，本书将红外物理、红外技术两大块内容有机整合起来，并加入该领域一些新的理论研究和技术发展成果，以利于人才全面素质的培养和提高。

本书第 1 版系工业和信息化部"十二五"规划教材，曾获得第五届兵工高校优秀教材一等奖，被国内许多高校的同行选为教材，在此表示衷心感谢。随着红外技术的快速发展和高等学校教学形势的变化，本书第 1 版的内容需要更新、调整，论述方式需要根据教与学的特点进行斟酌修改，而且原来书中也存在一些错误，因此在几位专家的建议下，我们编写了本书第 2 版。

本书共 11 章，按照从理论到技术的顺序，具体内容安排是：第 1 章介绍红外辐射的基本概念、红外物理与红外技术、红外技术的应用；第 2 章介绍辐射度量基础；第 3 章介绍热辐射的基本规律；第 4 章介绍红外辐射源；第 5 章介绍红外辐射的测量；第 6 章介绍红外辐射的大气传输；第 7 章介绍红外热成像技术；第 8 章介绍红外偏振成像的原理与技术；第 9 章介绍红外仿真技术；第 10 章介绍红外图像处理技术；第 11 章介绍红外图像融合技术。

为了方便针对不同专业的学生进行教学，使用本书时可按照不同的专业来组织教学内容。例如，物理类专业可选择第 1 章，第 2.2～2.5 节，第 4.1～4.3 节，第 5、6 章，第 7.1 节，第 8.1～8.2 节，第 9.1 节，第 10.1 节；光学类专业可选择第 1、3、4 章，第 5.1～5.4 节，第 6 章，第 7.3～7.4 节，第 8、10 章，第 11.1 节；信息类专业可选择第 1、3 章，第 4.4～4.5 节，第 5.5 节，第 6、7 章，第 8.2～8.3 节，第 9、10、11 章。也可以根据学时、专业特点、教学计划进行取舍。未选择的章节作为自学、选学内容，如物理类专业可选学第 7.2 节，第 10.2～10.3 节；光学类专业可选学第 7.1～7.2 节，第 9.1 节；信息类专业可选学第 2.1～2.4 节，第 4.1～4.3 节，第 5.1～5.3 节。建议课堂讲授 40～60 学时。

本书提供配套的电子课件和习题参考答案，请登录华信教育资源网（http://www.hxedu.com.cn）注册后免费下载，也可联系本书责任编辑（wangxq@phei.com.cn）索取。

本书可作为高等学校物理学、应用物理学、光电信息科学与工程、安全科学与技术、公安技术等专业的高年级本科生或光学工程、仪器科学与技术、兵器科学与技术、生物工程、信息与通信工程、测绘科学与技术等学科硕士生的教材，也可供从事红外与夜视方面的工程技术和科学研究人员参考、使用。

本书由杨风暴教授担任主编，由吉琳娜和王肖霞担任副主编。其中，第6、7、11章由吉琳娜编写，第4、5、9章由王肖霞编写，第1、3章由杨风暴编写，第2章由李志坚博士编写，第8章由张雷博士编写，第10章由王志社副教授编写。

需要特别指出的是，在本书编写过程中得到了浙江大立科技股份有限公司的支持，开展了产学结合的有益合作，在此对其表示深深的谢意。北京未尔锐创科技有限公司提供了红外仿真方面的技术资料，在此表示感谢。

在编写过程中，作者除参阅各章之后所列的参考文献外，还在网络上查阅了大量的资料，在此对相关作者表示感谢。

由于编者水平有限，书中难免存在错误和不妥之处，欢迎大家批评指正。

编　者

# 目 录

**第1章 绪论** 1
　引言 1
　1.1 红外辐射的基本概念 1
　　1.1.1 电磁辐射 1
　　1.1.2 红外辐射 3
　　1.1.3 红外辐射的特点 4
　1.2 红外物理与红外技术 5
　1.3 红外技术的应用 6
　　1.3.1 红外技术的发展 6
　　1.3.2 红外技术在军事领域的应用 7
　　1.3.3 红外技术在国民经济领域的应用 9
　小结 13
　习题 13
　参考文献 13

**第2章 辐射度量基础** 15
　引言 15
　2.1 辐射量 15
　　2.1.1 基本辐射量 15
　　2.1.2 光谱辐射量 19
　　2.1.3 光子辐射量 21
　2.2 光度量 22
　　2.2.1 光视效能与光视效率 22
　　2.2.2 基本光度量 25
　2.3 朗伯辐射体 28
　　2.3.1 朗伯余弦定律 29
　　2.3.2 朗伯辐射体的特征 29
　2.4 朗伯辐射度量中的基本规律 30
　　2.4.1 距离平方反比定律 30
　　2.4.2 互易定理 31
　　2.4.3 立体角投影定理 32
　　2.4.4 森普纳（Sumpner）定理 32
　　2.4.5 角系数互换性关系 33
　　2.4.6 塔尔伯特定律 35

　2.5 朗伯体的辐射量计算 36
　小结 43
　习题 43
　参考文献 45

**第3章 热辐射的基本规律** 46
　引言 46
　3.1 物体发光类型 46
　3.2 基尔霍夫定律 47
　3.3 普朗克辐射定律 49
　3.4 维恩位移定律 56
　3.5 斯蒂芬-玻尔兹曼定律 58
　3.6 黑体辐射的计算 59
　3.7 辐射效率和辐射对比度 64
　3.8 发射率 67
　　3.8.1 发射率的定义 67
　　3.8.2 物体发射率的变化规律 69
　　3.8.3 热辐射体的分类 70
　小结 71
　习题 71
　参考文献 73

**第4章 红外辐射源** 74
　引言 74
　4.1 腔体辐射理论 74
　　4.1.1 哥福（Gouffé）理论 74
　　4.1.2 德法斯（Devos）理论 80
　4.2 黑体型辐射源 87
　4.3 实用红外辐射源 90
　　4.3.1 电热固体辐射源 90
　　4.3.2 气体放电辐射源 93
　4.4 红外激光器 96
　　4.4.1 激光的特性 96
　　4.4.2 常用的红外激光器 97
　4.5 自然景物光辐射 98
　　4.5.1 太阳光辐射 98

4.5.2　月亮光辐射 …………………… 101
　　4.5.3　天空背景光辐射 ……………… 101
　　4.5.4　地物光辐射 …………………… 103
　　4.5.5　海洋光辐射 …………………… 106
4.6　人工目标的红外辐射 ………………… 108
　　4.6.1　火箭的红外辐射 ……………… 108
　　4.6.2　飞机的红外辐射 ……………… 109
　　4.6.3　坦克的红外辐射 ……………… 113
　　4.6.4　火炮的红外辐射 ……………… 115
　　4.6.5　红外诱饵的辐射 ……………… 116
　　4.6.6　人体的红外辐射 ……………… 116
小结 …………………………………………… 117
习题 …………………………………………… 117
参考文献 ……………………………………… 118

# 第5章　红外辐射的测量 ……………… 119
引言 …………………………………………… 119
5.1　常用的红外辐射测量仪器 …………… 119
　　5.1.1　单色仪 …………………………… 119
　　5.1.2　红外光谱辐射计 ………………… 121
　　5.1.3　红外分光光度计 ………………… 123
　　5.1.4　傅里叶变换红外光谱仪 ………… 125
　　5.1.5　多通道光谱仪 …………………… 127
5.2　基本辐射量的测量 …………………… 128
　　5.2.1　辐射亮度的测量 ………………… 128
　　5.2.2　辐射强度的测量 ………………… 129
　　5.2.3　总辐射通量的测量 ……………… 129
5.3　红外发射率的测量 …………………… 131
　　5.3.1　半球全发射率的测量 …………… 132
　　5.3.2　法向光谱发射率的测量 ………… 134
5.4　红外反射比的测量 …………………… 137
　　5.4.1　反射比 …………………………… 138
　　5.4.2　积分球反射计 …………………… 140
5.5　红外吸收比和透射比的测量 ………… 144
5.6　红外辐射测温 ………………………… 145
小结 …………………………………………… 148
习题 …………………………………………… 148
参考文献 ……………………………………… 149

# 第6章　红外辐射的大气传输 ………… 150
引言 …………………………………………… 150

6.1　大气的基本组成 ……………………… 150
　　6.1.1　大气层的构成 …………………… 150
　　6.1.2　大气的组成 ……………………… 151
　　6.1.3　大气模式 ………………………… 154
6.2　辐射在大气中传输的光学现象 ……… 155
　　6.2.1　大气的折射 ……………………… 155
　　6.2.2　大气消光及大气窗口 …………… 157
　　6.2.3　大气的其他光学现象 …………… 159
6.3　大气吸收与散射的计算 ……………… 159
　　6.3.1　大气的吸收 ……………………… 159
　　6.3.2　大气的散射 ……………………… 165
　　6.3.3　大气透过率 ……………………… 172
6.4　大气消光对成像系统性能的影响 …… 174
6.5　红外大气传输模型 …………………… 175
　　6.5.1　雾天气条件下的红外辐射能 …… 175
　　6.5.2　红外辐射大气衰减模型 ………… 176
　　6.5.3　路径辐射模型 …………………… 178
6.6　大气传输计算软件MODTRAN ……… 179
　　6.6.1　MODTRAN的组成 ……………… 180
　　6.6.2　MODTRAN的运行模式 ………… 182
小结 …………………………………………… 184
习题 …………………………………………… 184
参考文献 ……………………………………… 185

# 第7章　红外热成像技术 ……………… 186
引言 …………………………………………… 186
7.1　红外热成像系统 ……………………… 186
　　7.1.1　红外热成像原理及结构 ………… 186
　　7.1.2　红外热成像系统的类型 ………… 188
　　7.1.3　红外热成像系统的基本参数 …… 189
7.2　光学系统与扫描器 …………………… 191
　　7.2.1　光学系统 ………………………… 191
　　7.2.2　扫描器 …………………………… 193
7.3　红外探测器 …………………………… 194
　　7.3.1　红外探测器的类型 ……………… 194

    7.3.2 红外探测器的发展 ………… 195
    7.3.3 红外探测器的品质因数 …… 197
    7.3.4 红外光子探测器 …………… 200
    7.3.5 红外热探测器 ……………… 201
  7.4 红外热成像后处理技术 ………… 203
    7.4.1 增益/电平归一化 …………… 203
    7.4.2 伽马校正 …………………… 204
  7.5 红外热成像系统的性能
      指标及测量 ……………………… 205
    7.5.1 噪声等效温差 ……………… 205
    7.5.2 调制传递函数 ……………… 207
    7.5.3 最小可分辨温差 …………… 210
    7.5.4 最小可探测温差 …………… 212
  小结 …………………………………… 212
  习题 …………………………………… 213
  参考文献 ……………………………… 213
第8章 红外偏振成像的原理与
      技术 ……………………………… 215
  引言 …………………………………… 215
  8.1 光的偏振 ………………………… 215
  8.2 红外偏振成像的原理 …………… 217
    8.2.1 偏振光的产生 ……………… 217
    8.2.2 偏振光的描述 ……………… 221
    8.2.3 红外偏振成像方式 ………… 224
  8.3 目标与背景的偏振特性 ………… 228
    8.3.1 自然目标的偏振特性 ……… 228
    8.3.2 人工目标的偏振特性 ……… 231
    8.3.3 背景的偏振特性 …………… 232
  8.4 红外偏振成像与光强成像的
      对比 ……………………………… 233
    8.4.1 大气传输差异特性分析 …… 233
    8.4.2 成像响应差异特性分析 …… 235
  小结 …………………………………… 237
  习题 …………………………………… 237
  参考文献 ……………………………… 238
第9章 红外仿真技术 ………………… 240
  引言 …………………………………… 240
  9.1 仿真技术的基本概念 …………… 240
    9.1.1 仿真及其分类 ……………… 240

    9.1.2 仿真技术的作用和实现
          过程 ………………………… 242
  9.2 红外仿真的基本方法 …………… 243
    9.2.1 数学仿真 …………………… 244
    9.2.2 半实物仿真 ………………… 245
  9.3 红外地表仿真 …………………… 246
    9.3.1 地表红外辐射建模 ………… 246
    9.3.2 地表红外场景可视化 ……… 248
    9.3.3 实验结果及分析 …………… 251
  9.4 基于JRM软件系统的红外
      场景仿真 ………………………… 253
    9.4.1 JRM软件介绍 ……………… 253
    9.4.2 仿真案例 …………………… 260
  小结 …………………………………… 262
  习题 …………………………………… 262
  参考文献 ……………………………… 263
第10章 红外图像处理技术 ………… 264
  引言 …………………………………… 264
  10.1 红外图像的特点 ……………… 264
  10.2 红外图像的非均匀性校正 …… 264
    10.2.1 红外图像的非均匀性
           产生机理 ………………… 264
    10.2.2 红外图像的非均匀性
           校正算法 ………………… 266
  10.3 盲元检测与补偿 ……………… 272
    10.3.1 盲元检测 ………………… 272
    10.3.2 盲元补偿 ………………… 273
  10.4 红外图像的增强 ……………… 273
    10.4.1 红外图像直方图 ………… 273
    10.4.2 直方图均衡化 …………… 275
    10.4.3 自适应分段线性变换 …… 276
    10.4.4 离散小波变换红外图像
           增强方法 ………………… 277
    10.4.5 Retinex红外图像增强
           方法 ……………………… 278
    10.4.6 图像增强实验 …………… 279
  10.5 红外图像的降噪 ……………… 281
    10.5.1 红外图像的常见噪声
           模型 ……………………… 281

10.5.2 红外图像降噪的基本
　　　　　方法 283
　　10.5.3 基于阈上随机共振的
　　　　　红外图像降噪方法 287
小结 289
习题 289
参考文献 290

# 第11章 红外图像融合技术 292
引言 292
11.1 图像融合的基本概念 292
　　11.1.1 图像融合的概念与层次 292
　　11.1.2 图像融合效果的评价 295
　　11.1.3 常用图像融合方法分析 300
　　11.1.4 图像融合的应用 302

11.2 可见光图像与红外图像的
　　　融合 303
11.3 红外多波段图像的融合 305
　　11.3.1 红外多波段图像的融合 305
　　11.3.2 红外中波细分波段图像
　　　　　的融合 312
　　11.3.3 红外短波、长波图像的
　　　　　融合 319
　　11.3.4 红外多波段伪彩色融合 321
11.4 红外偏振图像与红外光强
　　　图像的融合 324
小结 329
习题 329
参考文献 330

# 第1章 绪 论

## 引 言

红外物理与技术主要研究红外辐射的规律和应用,红外辐射是电磁辐射的一种,其使用价值不断提高,因此越来越引起科学研究和工程应用领域相关人员的重视,成为现代新兴科学技术中不容忽视的一个领域。

本章内容:(1)在介绍电磁辐射的基础上给出红外辐射的概念及特点;(2)讨论红外物理与红外技术的关系;(3)结合红外技术的发展,介绍红外技术在军事领域和国民经济领域中的具体应用。

## 1.1 红外辐射的基本概念

### 1.1.1 电磁辐射

根据电磁学理论可知,一切物质都在不停地发射或吸收电磁辐射,这是因为物质内部的带电粒子(如电子)的变速运动会发射或吸收电磁辐射。电磁辐射在空间传播过程中所携带的能量称为电磁辐射能。日常生活中遇到的各种辐射,如γ射线、X射线、紫外线、可见光、红外线、微波、无线电波等都是电磁辐射,只不过它们的辐射波长(或频率)不同。如果把这些辐射按其波长(或频率)排列成一个连续谱,那么就将得到的这个连续谱称为电磁波谱,如图1-1所示。通常,光辐射包括紫外线(0.01~0.39μm)、可见光(0.39~0.76μm)和红外线(0.76~1000μm)。

电磁辐射具有波动性,因此其又被称为电磁波。电磁波以横波形式进行传播,所有电磁波都遵循同样形式的反射、折射、干涉、衍射和偏振定律,且在真空中传播的速度具有同样的数值,即真空中的光速,其值为 $c = 2.997\ 924\ 58 \times 10^8$ m/s。在真空中,频率为

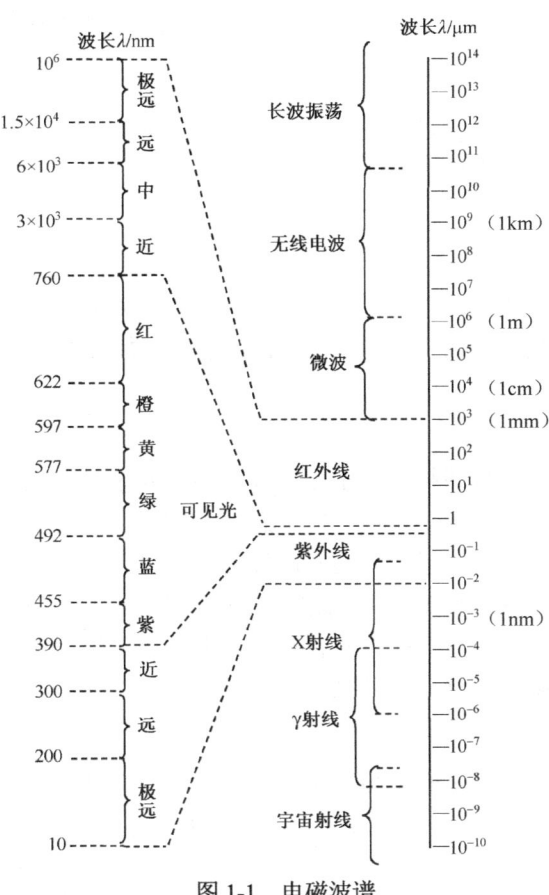

图1-1 电磁波谱

$\nu$ 的电磁波，其波长为 $\lambda$，真空中的光速为 $c$，则有

$$\lambda \nu = c \tag{1-1}$$

通常认为各种电磁波都具有一定的频率，由于它们在不同的介质中有不同的传播速度，因此便可认为是电磁波的波长被改变了。如在介质中，同样是频率为 $\nu$ 的电磁波，波长为 $\lambda'$，速度为 $c'$，则有

$$\lambda' \nu = c' \tag{1-2}$$

由式（1-1）、式（1-2）得到

$$\lambda = \frac{c}{c'} \lambda' = n\lambda' \tag{1-3}$$

式中，$n = c/c'$ 称为介质对真空的折射率。

式（1-3）表明，同一频率的电磁波，在介质中的波长是在真空中波长的 $1/n$。正是电磁波之间的频率有差别，才使得电磁波的产生与物质的相互作用有了很大差异。

在光谱学中，由于电磁波的频率是很大的数值，不便直接测量，并且测得的频率精度通常比测得的波长精度低，因此，常用波长来描述紫外线、可见光和红外线等电磁辐射。

在描述红外辐射时，波长的单位通常为微米（μm），它与纳米（nm）及埃（Å）的关系为

$$1\mu m = 10^{-3} mm = 10^{-4} cm = 10^{-6} m$$

$$1\mu m = 10^{3} nm = 10^{4} \text{Å}$$

在光谱学中，除可用波长 $\lambda$ 和频率 $\nu$ 等参数来表征电磁波外，还经常用波数 $\tilde{\nu}$ 来表征。如果电磁辐射在真空中的波长用米（m）表示，那么波长的倒数就是波数，即

$$\tilde{\nu} = \frac{1}{\lambda} \tag{1-4}$$

在国际单位制中，波数的单位是 $m^{-1}$，它相当于在真空中 1m 长的路程所包含波长的个数。利用式（1-1）可得波数 $\tilde{\nu}$ 和频率 $\nu$ 的关系为

$$\tilde{\nu} = \frac{\nu}{c} \tag{1-5}$$

即波数和频率成正比，其大小反映了频率的高低。

在光学领域，黑体辐射、光电效应、康普顿效应等现象无法用电磁辐射的波动性来解释，由此引发了对光的本质性问题的进一步探索。最后人们认识到，电磁辐射除具有波动性外，还具有粒子性，即波粒二象性。因此，电磁辐射除作为一种电磁波而遵循上述的波动规律外，还以光量子的形式存在。在考虑电磁辐射的辐射和吸收问题时，必须把电磁辐射视为分立的微粒集合，这种微粒称为光子。一个光子具有的能量为

$$\varepsilon = h\nu \tag{1-6}$$

式中，$h = 6.626\,071\,05 \times 10^{-34} \text{J} \cdot \text{s}$，称为普朗克（Planck）常数。

由式（1-1）、式（1-4）得，光子能量与波长和波数的关系为

$$\varepsilon = \frac{hc}{\lambda} = hc\tilde{\nu} \tag{1-7}$$

即光子能量与波长 λ 成反比,或者说,光子能量随其波数的变化而变化,波数越大,对应的光子能量就越大,因而,短波光子比长波光子具有更大的能量。

在光谱学中,有时也用波数 $\tilde{v}$ 来表示光子能量。此外,光子能量还常用电子伏特(eV)来表示。1eV 是指在真空中一个自由电子在 1V 电位差的加速下所获得的动能。eV 和焦耳(J)的换算关系为

$$1\text{eV} = 1.602\,176\,62 \times 10^{-19}\,\text{J}$$

### 1.1.2 红外辐射

红外辐射也称为红外线,是 1800 年由英国天文学家威廉·赫谢尔(如图 1-2 所示)在研究太阳七色光的热效应时发现的。威廉·赫谢尔用分光棱镜将太阳光分解成从红色到紫色的单色光,然后用涂黑的水银温度计测量不同颜色光的热效应。他发现:当水银温度计移到红光边界以外的人眼看不到任何光线的黑暗区时,温度反而比红光区域高。后来,威廉·赫谢尔和其他科学家分别用火焰、烛光、火炉等光源和热源进行实验,都观察到了类似的现象。反复实验证明,在红光边界以外存在一种人眼看不见的"热线",后被称为"红外线"。

事实上,一切温度高于热力学零度的有生命和无生命的物体都在不停地向外辐射红外线。太阳是红外线的巨大辐射源,整个星空都是红外辐射源。而地球表面,无论是高山大海,还是森林湖泊,甚至是冰川雪地,都在日夜不断地辐射红外线。特别是活动在地面、水面和空中的各类装置,如坦克、车辆、军舰、飞机等,由于它们有发动机、尾焰/尾气等高温部位,因此往往都是强红外辐射源。此外,人们的生活环境中到处都有红外辐射源,如照明灯、火炉,甚至一杯热茶,它们都在辐射大量的红外线。更有趣的是,人体自身就是一个红外辐射源(人脸红外辐射图像如图 1-3 所示,左半部分的不同颜色表示不同温度),一切飞禽走兽都是红外辐射源。总之,红外辐射存在于自然界的任何一个角落。

图 1-2 英国天文学家威廉·赫谢尔

图 1-3 人脸红外辐射图像

在电磁波谱中,常用倍频程等级来表征频谱或波长的范围。由图 1-1 可知,红外线区域从可见光的红光边界开始,一直扩展到电子学中的微波区边界。红外线的波长范围是 0.76~1000μm,是一个相当宽的区域,跨过大约 10 个倍频程。在红外领域中,通常把整个红外辐射光谱区按波长分为 4 个波段,如表 1-1 所示。

表 1-1 的划分方法是根据红外辐射在地球大气层中的传输特性而确定的。例如,在前三个波段中,每个波段都至少包含一个大气窗口。所谓大气窗口,是指在这一波段内,大气对红

表 1-1 红外辐射光谱区

| 波段 | 近红外 | 中红外 | 远红外 | 极远红外 |
|---|---|---|---|---|
| 波长/μm | 0.76~3 | 3~6 | 6~15 | 15~1000 |

外辐射的衰减较小、大气透过率较大。

图 1-4 所示为按美国标准大气模型（1976）用 PcModWin 软件计算的辐射通过大气传输的光谱透过率曲线，从中可以看出红外大气窗口主要集中在 3～5μm、8～14μm 波段。

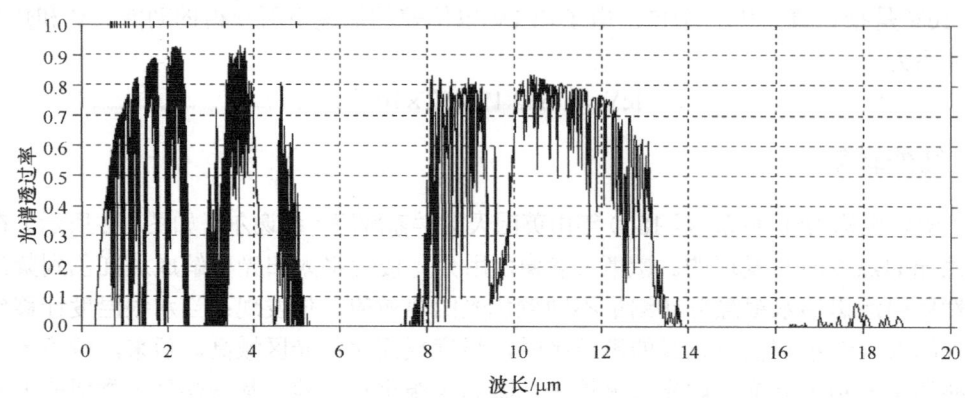

图 1-4　辐射通过大气传输的光谱透过率曲线

在工程实践中，红外探测器的工作波段常常与大气窗口的对应关系更为紧密，红外长波探测器一般工作在 8～12μm 波段或 8～14μm 波段，中波探测器一般工作在 3～5μm 波段，短波探测器一般工作在 1～2.5μm 波段。工作波段大于 15μm 的探测器常称为远红外波段探测器。另外中波红外波段还可再细分为两个波段，如 3.4～4.1μm 波段和 4.5～5.3μm 波段；夜晚天光除有可见光成分外，还有丰富的短波红外辐射，短波红外辐射的亮度随波长的增大而增大，甚至超过可见光的亮度，有时将 1～2.5μm 短波红外波段再细分为 4 个波段：短波红外 1 波段（0.76～1.11μm）、短波红外 2 波段（1.16～1.32μm）、短波红外 3 波段（1.52～1.77μm）、短波红外 4 波段（2.1～2.4μm）。

在光谱学中，根据红外辐射产生机理的不同，可按波长将红外辐射分为三个区域。

（1）近红外区 0.76～2.5μm，对应原子能级之间的跃迁和分子振动泛频区的振动光谱带。

（2）中红外区 2.5～25μm，对应分子转动能级和振动能级之间的跃迁。

（3）远红外区 25～1000μm，对应分子转动能级之间的跃迁。

### 1.1.3　红外辐射的特点

红外辐射是一种电磁辐射，它既具有与可见光相似的特性，如反射、折射、干涉、衍射和偏振，又具有粒子性，即它可以以光量子的形式被发射或吸收，这已在电子对产生、康普顿效应、光电效应等实验中被充分证明。此外，红外辐射还有一些与可见光不同的独有特性。

（1）由于人眼眼球中的晶状体会强烈地吸收红外辐射，而人眼对红外辐射不敏感，因此必须用对红外辐射敏感的红外探测器才能探测到。

（2）红外辐射的光量子能量比可见光的小，如 10μm 波长的红外光子的能量大约是可见光光子能量的 1/20。

（3）红外辐射的热效应比可见光的热效应强得多。

（4）在电磁波谱中，可见光的波长范围（0.39～0.76μm）只跨过一个倍频程，而红外波段（0.76～1000μm）却跨过大约 10 个倍频程，因此，红外光谱区比可见光谱区含有更丰富的内容。

（5）红外辐射更容易被物质吸收，但对于薄雾而言，长波红外辐射更易透过。

## 1.2 红外物理与红外技术

红外物理是现代物理的一个分支，它以电磁波谱中的红外辐射为特定研究对象，是研究红外辐射与物质之间相互作用的学科。红外物理运用物理学的理论和方法，研究分析红外辐射的产生、传输及探测过程中的现象、机理、特征和规律，从而为红外辐射的技术应用，以及探索新的原理、新的材料、新型器件和开拓新的波谱区提供理论基础与实验依据。

红外物理的主要研究内容包括红外辐射的基本规律、红外光谱学、红外辐射源、目标和背景的红外辐射特性（包括空间分布特性、光谱辐射特性、时间变化特性）、红外辐射的大气传输特性、红外波段光学材料等。

红外技术是以红外物理中的理论、方法和实验为基础，面向应用需求而开展研究的相关技术，其主要研究红外辐射的测量、目标的探测和成像、探测信号的处理等内容，具体涉及红外辐射的测量、红外目标仿真、红外探测与成像技术（红外元器件的研制、系统开发）、红外探伤技术、红外信号与信息处理、红外激光技术和红外应用技术等。

红外物理和红外技术是相互联系、相互依存、相互融合的，二者之间既紧密联系又相互区别。红外物理不仅能预言各种技术应用方案的可行性，而且可以通过对各种物质、不同目标和背景红外辐射特性进行研究，从而为地球大气层红外光学性质的研究、不同材料红外吸收特性及由此引起的各种物理效应的研究，以及红外系统工程的设计和新型元器件的研制提供了可靠依据；随着红外技术在各领域的推广和应用，出现了不少新的物理技术问题，这也需用红外物理的理论方法，结合使用对象具体加以解决，为红外物理的研究提供需求驱动。

红外物理与红外技术的主要内容及其相互关系如图 1-5 所示，这也是本书章节安排的依据。除此之外，红外物理还包括红外材料的研究，其主要属于材料学科的范畴；红外技术还包括红外光谱分析，其主要属于化工学科的范畴。考虑专业差异，本书没有包含这两个方面的内容，请读者注意。

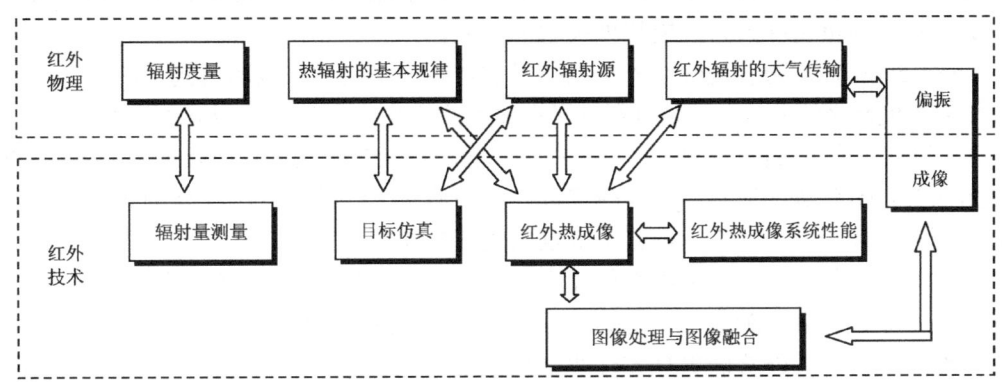

图 1-5 红外物理与红外技术的主要内容及其相互关系

红外系统往往是红外物理与红外技术研究成果的具体体现，一般的红外系统通常包括光学系统、调制盘（或扫描器）、红外探测器、电子线路和显示记录装置等。目标是红外系统所探测的对象,在传输过程中目标的辐射将会因大气中某些气体分子的选择性吸收及大气中悬浮微粒的散射而衰减。透过大气的目标辐射被光学系统接收,并聚焦到红外探测器平面上。调制盘可将连续光调制成交变信号并进行空间滤波,而扫描器则可将红外辐射的空间分布进行时序分解。红外探测器接收交变的红外辐射并把它转换为电信号,红外探测器输出的信号通过电子线路完成放大处理。显示记录装置将经过处理的信号进行显示和记录。如果是用于监控的红外系统,还需将处理后的信号输入监控装置,以驱动执行机构工作,实现自动监控。与雷达系统和可见光仪器相比,红外系统具有如下特点:

(1) 结构简单,尺寸小,质量小;
(2) 可被动成像,隐蔽性好;
(3) 能有效识别可见光波段的伪装;
(4) 能全天候工作,具有穿透烟雾的能力;
(5) 有比雷达更高的角精确度;
(6) 对辅助装置的要求低(有些需要制冷装置)。

## 1.3 红外技术的应用

### 1.3.1 红外技术的发展

在红外辐射被发现之初,红外技术的应用发展得比较缓慢。但随着红外物理及技术的研究深入,红外技术逐渐被应用到许多领域。早在19世纪红外探测器出现后,人们就开始利用它研究天文星体的红外辐射,但是,红外技术真正获得实际应用是从20世纪开始的。红外技术首先受到了军事部门的关注,因为它提供了在黑暗中观察、探测军事目标自身辐射及进行保密通信的可能。第一次世界大战期间,为了战争的需要,人们研制出了一些实验性的红外装置,如信号闪烁器、搜索装置等。虽然这些红外装置没有投入批量生产,但已显示出红外技术的军用潜力。第二次世界大战前夕,德国首次研制出了红外变像管并应用在战场上。战争期间,德国一直全力投入对其他红外设备的研究。同时,美国也开始大力研究各种红外装置,如红外辐射源、窄带滤光片、红外探测器、红外望远镜、光谱辐射计等。第二次世界大战后,苏联也开始重视并大力开展红外技术的研究。

20世纪50年代,随着现代红外探测技术的进步,军用红外技术得到了广泛的应用。因军事需要而发展起来的前视红外装置得到了军事界的重视并广泛应用。机载前视红外装置能在$1.5 \times 10^3$m高的上空探测到地面的人、小型车辆和隐蔽目标,能在$2 \times 10^4$m的高空分辨出汽车,能探测到水下40m深处的潜艇。红外热成像、红外侦察、红外跟踪、红外制导、红外预警、红外对抗等在现代和未来战争中都将是很重要的战略与技术手段。

在20世纪70年代以后,军事红外技术又逐步向民用部门转化。红外加热和干燥技术广泛地应用于工业、农业、医学、交通等各行业与部门。红外测温、红外理疗、红外检测、红外报警、红外遥感、红外防伪更是各行业争相选用的先进技术。这些新技术的使用使测量精度、产品质量、工作效率及自动化程度大大提高,特别是标志红外技术最新成就的红外热成像技术,不但在军事上具有很重要的作用,而且在民用领域也大有用武之地。它与雷达、电视一起构成了当代三大传感系统,尤其是焦平面阵列技术的应用将使其发展成可与人眼相媲美的凝视系统。

当前，以红外热成像为代表的红外技术得到了普遍应用，对红外技术的需求呈现爆炸性的态势。多波段（多色化）、非制冷、低成本、偏振型等成为新一代红外热成像技术的显著特征，促进了红外技术的快速发展。

## 1.3.2 红外技术在军事领域的应用

应用红外技术可以昼夜对目标进行探测、跟踪和识别，从红外技术的发展可以看出其在军事方面具有重要的应用价值。在现代战争中，获取战场信息的优势已经成为掌握战争主动权的核心内容，红外技术便是获取战场信息的关键技术之一。因此许多国家投入了大量的人力和物力去研究红外技术，并将其广泛应用在军事领域，对现代战争产生了巨大影响。

一切军事目标（如空中的飞机、导弹，地面的车辆、部队及各种装备，海洋中的舰船等）都在发射大量的红外辐射。利用红外设备，可以从空中、地面、海洋对这些目标进行侦察、监视和跟踪。红外技术装备与微波雷达系统相比，具有不可替代的优势，在军事领域具体的应用主要体现在以下几个方面。

（1）红外制导

红外制导利用目标自身的红外辐射来引导导弹或其他武器装备自动接近目标，以提高命中率。空空、空地、地空和反坦克导弹等均采用了红外制导技术。红外焦平面阵列制导技术还具有识别各类诱饵的能力，使武器对目标的命中率更高。如图1-6所示为美国"海尔法"红外激光制导导弹。

末敏弹中的制导部件常采用红外热成像末敏器，在子弹进入稳定状态后，实时获取目标的红外图像，并可检测出目标的特征。

图1-6　美国"海尔法"红外激光制导导弹

（2）红外夜视

红外夜视是除微光夜视外的最主要的夜视手段之一。红外夜视仪在飞机的昼夜飞行（包括导航、搜索、目标捕获等）、武器瞄准、车辆驾驶、夜间战场侦察和观察、目标夜间定位跟踪、防空系统抗电磁干扰等方面都发挥着重要作用。如图1-7所示为由长波红外热像仪在夜间拍摄的红外夜视图像。近年来，警察在追捕犯罪嫌疑人时，也常通过红外夜视手段来发现目标，如图1-8所示为犯罪嫌疑人藏匿处的红外夜视图像。

图1-7　红外夜视图像

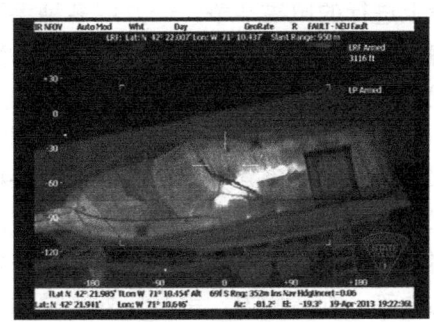

图1-8　犯罪嫌疑人藏匿处的红外夜视图像

(3) 红外通信

在发射端用红外辐射的平行光束作为载波,通过强度调制来发送信息;接收端在接收到该束红外辐射时,可以从强度变化中解调出所传输的信息。与微波通信相比,红外通信具有更好的方向性,适用于国防边界哨所和哨所之间的保密通信。在日常生活中,红外线鼠标与键盘、红外线打印机等应用得也很广泛。

图 1-9　红外预警卫星效果图

(4) 红外预警

将红外探测器安装在舰艇和飞机等平台上,可用于对来袭导弹和其他红外威胁进行预警,发出自动对抗命令,启动红外干扰设备进行自卫。被动红外预警不易被发现、被攻击,可以弥补无线电雷达易被发现的缺点。近年来,红外预警卫星也不断受到各国的重视,如图 1-9 所示为美国弹道导弹的红外预警卫星效果图。红外预警系统分为天基、空基、海基和陆基等不同系统。

(5) 隐身藏匿武器探测

隐身武器装备虽然采用一些隐身措施,但其温度比背景温度高,仍有可能被红外探测器检测到。将红外设备安装在空间平台上,可精确提供目标的角度位置信息,探测距离达数百千米。由于藏匿于衣服内的武器与其他部分的温度不同,也很容易被红外探测器检测到,如图 1-10 所示。

如图 1-10(a)所示为可见光图像,看不见右边人衣服内的武器;如图 1-10(b)所示为红外图像,武器很容易被辨别出;如图 1-10(c)所示为经过处理的图像。

(a)

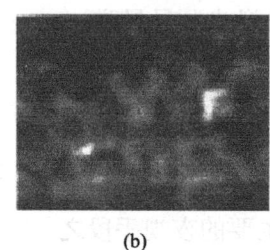
(b)

(c)

图 1-10　藏匿于衣服内的武器

(6) 红外对抗

红外对抗是随着红外制导技术的普遍使用而发展起来的,是指战争中的敌对双方在红外频段上进行的电磁斗争,一方用多种手段破坏或削弱对方的红外装备,另一方采用对抗措施诱骗对方,消除对方干扰,以保证红外装备和武器系统正常工作。其中,干扰包括红外有源干扰和红外无源干扰。

红外对抗通过消除目标与背景之间红外辐射的差异,使敌方红外探测设备无法探测、难以探测或探测准确率大幅降低,从而保护目标的军事对抗方案。例如,红外干扰机用来模拟被保护目标的红外辐射并加以调制,使敌方的导弹制导系统产生误差,攻击不到目标;红外诱饵利用不同的材料燃烧时发出的红外辐射特性不同的原理,制作红外曳光弹、热气球及喷射燃油等,制造假象,引诱红外制导的导弹偏离目标,保护自身;红外烟雾利用光被吸收或散射的原理,主要干扰热成像系统,对可见光、电视、激光等瞄准器材具有很大的阻碍作用;红外隐身技术则用各种方法改变目标的红外辐射特性,使红外仪器观测不到目标,如采用特殊涂料或不利于反射的外表形状等都是常用的红外隐身方法。

美国 B-2 红外隐身轰炸机为达到隐身效果,将发动机置于左右翼的上面,进气口呈 M 形,尾喷口低于进气口;喷嘴设计为扁平状,飞机后方无法看到;采用了大量红外隐身性能的复合材料;利用了燃料添加剂和导流系统,来消除发动机尾气凝结的轨迹等,如图 1-11 所示。

图 1-11 美国 B-2 红外隐身轰炸机

### 1.3.3 红外技术在国民经济领域的应用

红外技术在国民经济领域应用得越来越广泛,主要体现在以下几个方面。

(1) 红外测温

红外测温是红外探测器根据被测物体的热辐射与温度的关系原理而提出的一种非接触式测温方法。便于测量不易接触或不能接触的高温、移动、化学、危险物品的温度。如图 1-12 所示为红外人体体温测量,由于是非接触式测量,因此可以减小接触性传染病的传播概率,且快捷方便。

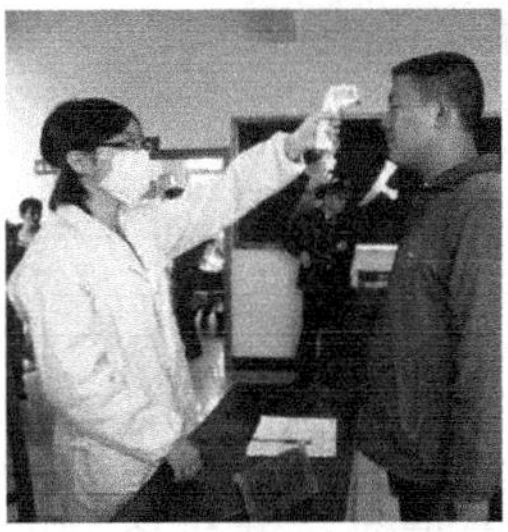

图 1-12 红外人体体温测量

(2) 红外遥控

红外遥控是非常成熟的技术,信号调试电路简单,具有较强的抗干扰能力,也不会干扰其他电气设备工作、影响周围环境。其使用一个红外发射源(通常是红外发光二极管)发射编码信息,红外接收器接收到信息后通过解码得到遥控指令,从而控制各种动作。一般红外遥控采用波长范围为 0.76~1.5μm 的近红外线来传输遥控信号。

红外遥控系统主要由遥控发射器、红外接收器、单片机、外部控制接口电路、LED 显示组成,如图 1-13 所示。遥控发射器产生遥控编码脉冲,驱动红外发射管输出红外遥控信号,红外接收器完成对红外遥控信号的放大、检波、整形,从而解调出遥控编码脉冲。遥控编码脉冲是一组串行二进制码,对于一般的红外遥控系统,此串行二进制码输入到微控制器,由其内部 CPU 完成对遥控指令的解码,并执行相应的遥控功能。使用遥控发射器作为控制系统的输入,需要解决如下几个关键问题:如何接收红外遥控信号;如何识别红外遥控信号;解码软件的设计、控制程序的设计问题。

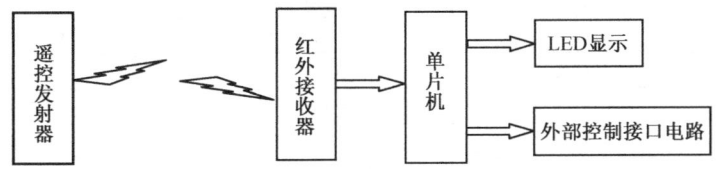

图 1-13 红外遥控系统的组成框图

(3) 红外医疗

红外医疗主要体现在红外诊断、红外理疗等方面,红外理疗是我国的传统医疗手段,红外诊断是正在兴起的医疗诊断技术。红外热像仪已经是癌症早期诊断的常用设备,是皮肤、骨骼、血管等病变诊断的标准手段，目前开始用于对手术中病人的心脏和血管进行实时监测，以便发现异常，及时采取措施。如图 1-14(a)所示为乳腺癌病灶的红外图像，图像左侧的病灶清晰可见。急性炎症由于皮肤局部充血，皮温上升，也容易被红外热像仪显示出来，如图 1-14(b)所示。

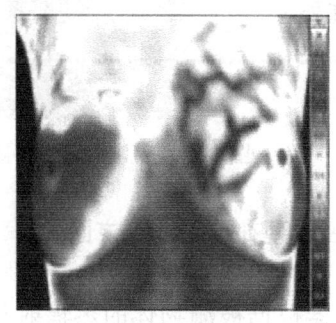
(a) 乳腺癌病灶

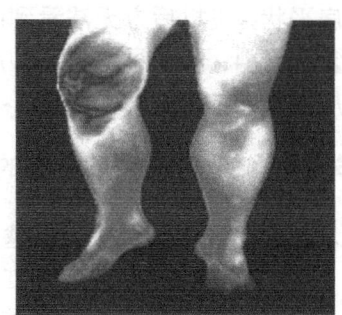
(b) 急性炎症

图 1-14 医疗诊断的红外图像

（4）红外遥感

红外遥感是红外物理与技术研究及应用进展的重要标志之一。利用飞机、卫星等运载工具把红外传感器带到空中，接收和记录地面各种物体发射与反射的辐射信息，并对这些信息进行图像处理和分析判断，以达到探测地球和环境的目的。红外遥感在农业、地质、测绘、气象、海洋和救灾等方面都有广泛的应用。由于具有保密性好、抗干扰能力强、能昼夜工作等优点，红外遥感在气象土地资源管理、自然灾害、环境污染分析等方面也具有重要价值，并取得了许多令人瞩目的成果。红外光学遥感器是空间光学遥感器中研制难度最大、用途最广的遥感器，其集合了光学、精密仪器、空间制冷、温度控制、系统遥控、探测器等多个领域的技术，是一个国家综合科技实力的体现。

美国国家航空航天局（National Aeronautics and Space Administration，NASA）的 Landsat 卫星的主要功能是从空间获取地球表面的图像，其主要工作波段如表 1-2 所示，每个波段的特征和用途也显示在表中，从中可以看出红外遥感的重要价值。

表 1-2 Landsat 卫星的主要工作波段

| 波 段 号 | 名 称 | 波长范围/μm | 特征和用途 |
| --- | --- | --- | --- |
| 1 | 可见蓝光 | 0.45～0.52 | 对水体有良好的穿透性 |
| 2 | 可见绿光 | 0.52～0.6 | 适用于度量植物的活力 |
| 3 | 可见红光 | 0.63～0.69 | 植被辨别 |
| 4 | 近红外线 | 0.76～0.9 | 生物团和海岸线测绘 |
| 5 | 中红外线 | 1.55～1.75 | 土壤和植被含水量 |
| 6 | 热红外线 | 10.4～12.5 | 土壤温度、热量测绘 |
| 7 | 远红外线 | 2.08～2.35 | 矿物测绘 |

（5）红外辐射加热

红外辐射加热是通过选用某些发射率高的材料实现的，如红外烤炉，其工业用途很广，在果蔬脱水干燥、涂层固化、沥青路面养护、印刷烘干、电热采暖等方面都发挥了重要作用。由于红外辐射加热在节约场地、材料的同时可大幅节约能源，因此受到各行各业的广泛重视。

（6）红外光谱技术

红外光谱技术根据不同物体在不同条件下发出的红外波段的光谱辐射特性的不同，来检测和鉴别物质成分，在公安、环保、考古和文物鉴定等领域应用得较多。以傅里叶光谱技术为代表的红外光谱学在气态、液态、固态等不同形态对象分析中得到了广泛应用，如大气污染分析、混合气体中大气毒物定量分析、燃烧废气检测、润滑油品质分析、化妆品质量分析等。红外光谱技术与气相色谱相结合，可使定量分析和定性分析更加准确。

如图 1-15 所示为某种型号的近红外光谱仪。在利用近红外光谱仪对物质分子进行分析和鉴定时，将一束不同波长的红外线照射到物质的分子上，某些特定波长的红外线被吸收，形成这一分子的红外吸收光谱。每种分子都有由其组成和结构决定的独有的红外吸收光谱，据此可以对分子进行结构分析和鉴定。红外吸收光谱是由分子的不停振动和转动运动而产生的，分子振动是指分子中的各原子在平衡位置附近做相对运动，多原子可组成多种振动图形。当分子中的各原子以

图 1-15　某种型号的近红外光谱仪

同一频率、同一相位在平衡位置附近做简谐振动时，这种振动（如伸缩振动和变角振动）称为简正振动。分子振动的能量与红外线的光量子能量正好对应，因此当分子的振动状态改变时，可以发射红外光谱，也可以因红外辐射激发分子振动而产生红外吸收光谱。分子的振动和转动的能量不是连续的，而是量子化的。由于在分子的振动跃迁过程中常常伴随着转动跃迁，使振动光谱呈带状，因此分子的红外光谱属于带状光谱。

（7）红外故障诊断

电力部门可用红外热像仪对输电线路、变压器等装置进行带电检测，以便及时发现故障隐患，保障电力供应。

输电线路和设备的不良接触点或故障部位的电阻值往往会变大，从而形成不正常线路的部分温度高的热点，利用红外热成像方法可以很容易地检测到这些热点，进而确定故障位置，根据热点形状也能得到故障的类型信息。如图 1-16 所示为工作人员正在利用红外探测器对电力设施进行红外故障诊断，如图 1-16(a)所示为检测现场，如图 1-16(b)所示为变压器（低压侧接头）故障红外图像，在三个接头中，左边两个接头发热，红外图像很亮，说明其可能存在接触不良、松动等故障。

(a) 检测现场

(b) 变压器故障红外图像

图 1-16　对电力设施进行红外故障诊断

在冶金部门，通过红外热成像检查炉体、反应塔、管路的温度分布，可及时发现炉衬腐蚀程度、泄漏情况等；在对供热系统、暖通空调系统的检测过程中也可大量使用红外检测技术。

在交通通信系统中，故障的电线在受热膨胀后会因失去张力而下垂，甚至会碰到路过的车辆从而导致发生事故，人工检测需要大量的人力和时间，而且在交通繁忙时会影响正常的交通。法国成功利用在火车头部安装红外探测仪的方法来检测、维护交通通信系统的运行状态。

在对电路板产品进行检验时可以用红外热像仪，利用显示的不同温度点，可对元器件所承受的电流、电压等情况进行了解。在维修时，红外热像仪往往不需要线路图即可快速确定电路板内短路点的位置，以便进一步处理。在对整个电器产品进行系统设计时，需要根据实际情况进行散热构件的设计，如散热片、散热孔、风扇等，同时需要研究各部件在不同负荷下散热的变换，因而了解其温度场分布是很关键的，通过红外热像仪可方便地得到结果，并定量地了解热量传递（热传递、辐射、对流）的状况。

（8）红外灾害观测

在火灾等灾害发生时，利用红外热成像易穿透烟雾的特点，可以避免可见光成像的缺陷，及时发现火点，采取灭火措施。在森林火灾中，常采用直升机来空中拍摄红外图像或视频，以准确观察灾情和火势蔓延趋势。

红外热像仪是检测火山情况的良好选择，可以深入地探测火山内部的复杂情况。利用红外技术可以绘制火山内部活动的熔岩流、探测新的裂缝、探测火山口内部形态和温度，观测爆发前的内部形态变化。如图1-17所示为火山喷发时的红外图像和可见光图像，从中可以看出红外灾害观测的优势。

（9）建筑物检测

隔热性能不良、有潮气、外表面裂缝及不达标工程往往会造成较大的经济损失，而人工目测却找不出问题所在。在建筑物总能耗中，高达50%的能耗来源于热量损失。房屋通风、门窗密闭不良等漏风现象是热量损失的主要原因。房屋通风、漏风的途径多种多样，若不借助红外热成像技术，则往往很难进行可视探测。红外热像仪能在尽量不对人或建筑物造成影响的情况下查找问题根源，而且具有诊断速度快、性能可靠等优点，是建筑领域专家首选的建筑物质量检测工具。如图1-18所示为建筑物红外检测图。建（构）筑物的各种管道在使用过程中因各种因素导致的开裂、断裂、渗漏等缺陷，均可用红外热像仪进行检测。

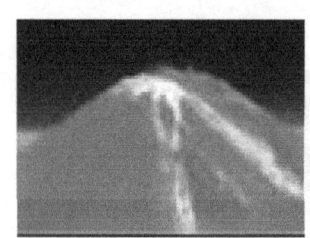  

(a) 红外图像　　　　(b) 可见光图像

图1-17　火山喷发时的红外图像和可见光图像　　　　图1-18　建筑物红外检测图

## 小　　结

本章介绍了红外辐射的发现过程、光谱区的波段划分及特点，阐述了红外物理与红外技术的基本内容，为读者建立了红外辐射的基本概念，明确了红外物理与红外技术的研究范围和框架；由于篇幅所限，对红外技术的常见应用领域进行了简要介绍，为读者查阅资料、进一步了解相应领域提供了依据。后续的章节将对红外物理与技术的主要内容进行详细阐述。

## 习　　题

1-1　名词解释。

红外辐射、红外故障诊断、红外物理。

1-2　填空题。

（1）红外线是 1800 年由英国天文学家威廉·赫谢尔在研究＿＿＿＿＿＿＿时发现的。一切温度高于＿＿＿＿＿＿＿的有生命和无生命的物体都在不停地辐射红外线。

（2）由于电磁波的频率＿＿＿＿＿＿＿并且＿＿＿＿＿＿＿，因此多用波长来描述紫外线、可见光和红外线等。

（3）电磁波谱中红外线的波长范围是＿＿＿＿＿＿＿＿＿＿，跨越大致＿＿＿＿＿＿＿个倍频程。

（4）工程实践中，一般长波红外探测器的工作波段为＿＿＿＿＿＿＿＿μm，中波红外探测器的工作波段为＿＿＿＿＿＿＿μm。

（5）在红外医疗诊断时，急性炎症由于＿＿＿＿＿＿＿＿＿＿＿，因此容易用红外热像仪将发炎部位显示出来。

（6）输电线路和设备的不良接触点或故障部位的＿＿＿＿＿＿＿往往会变大，从而形成＿＿＿＿＿＿＿＿＿，利用红外热成像方法可以很容易地确定故障位置。

（7）＿＿＿＿＿＿＿、＿＿＿＿＿＿＿、＿＿＿＿＿＿＿和＿＿＿＿＿＿＿是当前红外热成像技术发展的显著特征。

1-3　红外辐射光谱区的波段是如何划分的？

1-4　与可见光相比，红外辐射有哪些特点？

1-5　请说明红外物理与红外技术的关系。

1-6　红外技术在军事领域有哪些应用？

1-7　红外技术在国民经济领域有哪些应用？

1-8　上网查阅。

（1）在现代光电对抗战争中，主要采用了哪些红外对抗手段？其技术原理是什么？

（2）国内外有哪些知名的、专业的红外技术产品生产企业？其主要产品是什么？

## 参 考 文 献

[1]　石晓光，宦克为，高兰兰. 红外物理[M]. 杭州：浙江大学出版社，2013.

[2]　叶玉堂，刘爽. 红外与微光技术[M]. 北京：国防工业出版社，2010.

[3]　张建奇. 红外物理[M]. 2 版. 西安：西安电子科技大学出版社，2013.

[4]　白廷柱，金伟其. 光电成像原理与技术[M]. 北京：北京理工大学出版社，2006.

[5]　常本康，蔡毅. 红外成像阵列与系统[M]. 修订版. 北京：科学出版社，2009.

[6] 谭吉春. 夜视技术[M]. 北京：国防工业出版社，1999.

[7] 邢素霞. 红外热成像与信号处理[M]. 北京：国防工业出版社，2011.

[8] 杨晓峰，许丽萍. 物理学（下）[M]. 上海：复旦大学出版社，2013.

[9] Rafael C. Gonzalez，Richard E. Woods. 数字图像处理[M]. 2版. 阮秋琦，阮宇智，等译. 北京：电子工业出版社，2012.

[10] 陈钱，钱惟贤，张闻文. 红外目标探测[M]. 北京：电子工业出版社，2016.

# 第2章 辐射度量基础

## 引 言

光辐射的度量系统包括辐射度学和光度学两种度量系统。

辐射度学是建立在物理测量系统的基础上的辐射能的客观度量,它不受人眼主观视觉的限制。基于几何光学,辐射度学进行两个假设:第一,辐射按直线传播,辐射的波动性不会使辐射能的空间分布偏离几何光路;第二,辐射是不相干的,不考虑干涉效应。辐射度学的概念和方法适用于整个光辐射的波长范围,包括紫外辐射、可见光辐射和红外辐射等。

光度学建立在人眼对光的主观感觉的基础上,是一种心理物理法的测量,除包括辐射能这一客观物理量的度量外,还考虑人眼视觉机理的生理、感觉、印象等心理因素。光度学的概念和方法只适用于可见光范围。

本章内容:(1)掌握辐射度量的基础知识,阐述基本辐射量、光谱辐射量、光子辐射量,读者应熟练掌握这些基本概念,为后续各部分内容的学习奠定基础;(2)详细讲述朗伯余弦定律、朗伯辐射体及朗伯辐射度量中的基本规律。

## 2.1 辐 射 量

### 2.1.1 基本辐射量

(1)辐射能

辐射能是以电磁波的形式发射、传输或接收的能量,用 $Q$ 表示,单位是 J。辐射场内单位体积中的辐射能称为辐射能密度,用 $\omega$ 表示,单位是 $J/m^3$,其定义式为

$$\omega = \frac{\partial Q}{\partial V} \tag{2-1}$$

式中,$V$ 为体积,单位是 $m^3$。

因为辐射能还是波长、面积、立体角等许多因素的函数,所以 $\omega$ 和 $Q$ 的关系用 $Q$ 对 $V$ 的偏微分来定义。同理,后面将讨论的其他辐射量也用偏微分来定义。

(2)辐射功率

辐射功率是单位时间内发射、传输或接收的辐射能,用 $P$ 表示,单位是 W,其定义式为

$$P = \frac{\partial Q}{\partial t} \tag{2-2}$$

式中,$t$ 为时间,单位是 s。

### (3) 辐射通量

单位时间内通过某一面积的辐射能称为通过该面积的辐射通量，辐射通量也称为辐通量。

$$\Phi = \frac{\partial Q_S}{\partial t} \tag{2-3}$$

式中，$Q_S$ 为通过某一面积的辐射能。辐射功率 $P$ 有时与辐射通量 $\Phi$ 混用，但二者的物理意义不同。

### (4) 辐射强度

辐射源一般分为点辐射源（简称点源）和扩展辐射源（简称扩展源或面源）。点源是指其物理尺寸可以忽略不计，理论上可将其抽象为一个点的辐射源，否则，就是扩展源。真正的点源是不存在的。在实际情况下，能否把辐射源视为点源，不取决于辐射源的真实物理尺寸，而取决于它相对于观测者（或探测器）所张的立体角度。例如，距地面非常遥远的一颗星体，虽然它的真实物理尺寸可能很大，但是可以把它视为点源。同一辐射源在不同场合中可以是点源，也可以是扩展源。例如，喷气式飞机的尾喷口，在 1km 处观测，可以作为点源处理，而在 3m 处观测，就表现为一个扩展源。一般来说，如果测量装置没有使用光学系统，只要在辐射源的最大尺寸的 10 倍以上的距离处观测，那么就可将辐射源视为一个点源。如果测量装置使用了光学系统，那么基本的判断标准是探测器的尺寸和辐射源像的尺寸之间的关系：若像的尺寸比探测器小，则可将辐射源视为一个点源；若像的尺寸比探测器大，则可将辐射源视为一个扩展源。

辐射强度描述的是点源的辐射功率在空间不同方向上的分布特性，点源在某一方向上的辐射强度是指点源在包含该方向的单位立体角内所发射的辐射功率，用 $I$ 表示。如图 2-1 所示，若一个点源在某指定方向上的立体角元 $\Delta \Omega$ 内发射的辐射功率为 $\Delta P$，则 $\Delta P$ 与 $\Delta \Omega$ 之比的极限值就是点源在该方向上的辐射强度 $I$，即

$$I = \lim_{\Delta \Omega \to 0}\left(\frac{\Delta P}{\Delta \Omega}\right) = \frac{\partial P}{\partial \Omega} \tag{2-4}$$

所以说，辐射强度是辐射功率在某方向上的角密度的度量。按定义，辐射强度的单位是 W/sr（sr 代表球面度，是立体角的单位）。

将辐射强度 $I$ 对整个立体角 $\Omega$ 进行积分，就可得到点源发射的总辐射功率 $P$，即

$$P = \int_{\Omega} I \mathrm{d}\Omega \tag{2-5}$$

对于各向同性的点源，$I$ 为常数，则由式（2-5）可得 $P = 4\pi I$。对于辐射功率在空间分布不均匀的点源，一般来说，辐射强度 $I$ 与方向有关。

### (5) 辐射出射度

辐射出射度（简称辐出度）是描述扩展源的辐射特性的量。扩展源单位表面积向半球空间（$2\pi$ 立体角）内发射的辐射功率称为辐射出射度，用 $M$ 表示。

如图 2-2 所示，若面积为 $A$ 的扩展源上有一个围绕 $x$ 点的面元 $\Delta A$，向半球空间内发射的辐射功率为 $\Delta P$，则 $\Delta P$ 与 $\Delta A$ 之比的极限值就是该扩展源在 $x$ 点的辐射出射度，即

$$M = \lim_{\Delta A \to 0}\left(\frac{\Delta P}{\Delta A}\right) = \frac{\partial P}{\partial A} \tag{2-6}$$

辐射出射度是扩展源所发射的辐射功率在源表面分布特性的描述，它是辐射功率在某一点附近的面密度的度量。按定义，辐射出射度的单位是 $W/m^2$。

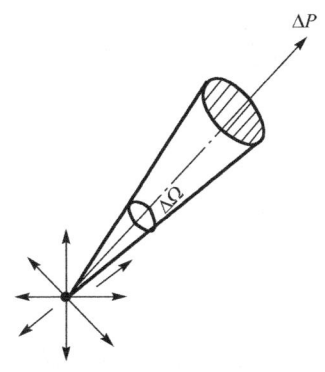
图 2-1 辐射强度的定义

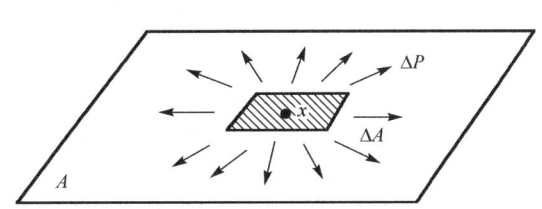
图 2-2 辐射出射度的定义

对于发射不均匀的扩展源表面，表面上各点附近将有不同的辐射出射度。一般来说，辐射出射度 $M$ 是源表面上的位置 $x$ 的函数。辐射出射度 $M$ 对发射源表面积 $A$ 的积分，就是该扩展源发射的总辐射功率，即

$$P = \int_A M dA \tag{2-7}$$

若扩展源表面的辐射出射度 $M$ 为常数，则它所发射的辐射功率为 $P = MA$。

（6）辐射亮度

辐射强度 $I$ 描述了点源在空间不同方向上的辐射功率分布，辐射出射度 $M$ 描述了扩展源在源表面不同位置上的辐射功率分布，那么如何描述扩展源所发射的辐射功率在源表面不同位置上沿空间不同方向的分布特性呢？

为此，引入辐射亮度的概念。辐射亮度（简称辐亮度）是描述扩展源辐射特性的量，其描述如下：扩展源在某方向上的辐射亮度是指扩展源在该方向上的单位投影面积上向单位立体角内发射的辐射功率，用 $L$ 表示。

如图 2-3 所示，若在扩展源表面上的某点 $x$ 附近取一面元 $\Delta A$，该面元向半球空间内发射的辐射功率为 $\Delta P$。如果进一步考虑，在与面元 $\Delta A$ 的法线（$\boldsymbol{n}$）夹角为 $\theta$ 的方向上取一个立体角元 $\Delta\Omega$，那么，从面元 $\Delta A$ 向立体角元 $\Delta\Omega$ 内发射的辐射通量是 $\Delta(\Delta P) = \Delta^2 P$。当在与面元 $\Delta A$ 的法线夹角为 $\theta$ 的方向观察到来自 $\Delta A$ 的辐射时，看到的面元 $\Delta A$ 的有效面积就是投影面积，公式是 $\Delta A_\theta = \Delta A \cos\theta$，所以在 $\Delta\Omega$ 内发出的辐射就等效于从扩展源的投影面积 $\Delta A_\theta$ 上发射出的辐射。因此，在与面元 $\Delta A$ 的法线夹角为 $\theta$ 的方向观测到的扩展源表面上的位置 $x$ 处的辐射亮度就是 $\Delta^2 P$ 除以 $\Delta A_\theta$ 与 $\Delta\Omega$ 之积的极限值，即

$$L = \lim_{\substack{\Delta A \to 0 \\ \Delta\Omega \to 0}} \left( \frac{\Delta^2 P}{\Delta A_\theta \Delta\Omega} \right) = \frac{\partial^2 P}{\partial A_\theta \partial \Omega} = \frac{\partial^2 P}{\partial A \partial \Omega \cos\theta} \tag{2-8}$$

式（2-8）表明，辐射亮度是扩展源辐射功率在空间分布特性的描述。辐射亮度的单位是 $W/(m^2 \cdot sr)$。一般来说，辐射亮度的数值应与扩展源表面上的位置 $x$ 及夹角 $\theta$ 有关。

辐射亮度 $L$ 和辐射出射度 $M$ 都表征辐射功率在表面上的分布特性。$M$ 表征单位表面积向半球空间内发射的辐射功率，而 $L$ 表征单位投影面积向特定方向上的单位立体角内发射的

辐射功率，由此可以推出二者之间的关系。

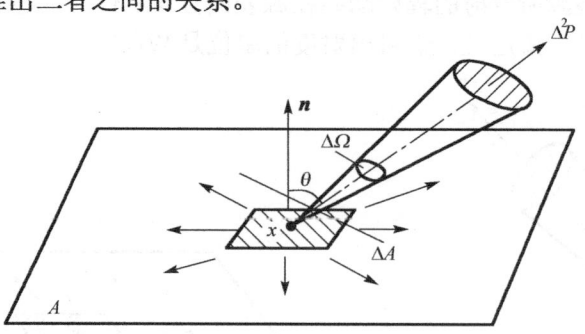

图 2-3 辐射亮度的定义

由式（2-8）可知，面元 $dA$ 在夹角为 $\theta$ 的方向上的立体角元 $d\Omega$ 内发射的辐射功率为 $d^2P = L\cos\theta d\Omega dA$，所以 $dA$ 向半球空间内发射的辐射功率可以通过对立体角元进行积分得到，即

$$dP = \int_{\text{半球空间}} d^2P = \int_{2\pi\text{球面度}} L\cos\theta d\Omega dA$$

根据 $M$ 的定义式（2-6），可得到 $L$ 与 $M$ 的关系式

$$M = \frac{dP}{dA} = \int_{2\pi\text{球面度}} L\cos\theta d\Omega \tag{2-9}$$

在实际测量辐射亮度时，总是用遮光板或光学装置将测量限制在扩展源的一小块面元 $\Delta A$ 上。在这种情况下，由于面元 $\Delta A$ 比较小，因此可以确定处于某一夹角为 $\theta$ 的方向上的探测器表面对 $\Delta A$ 中心所张的立体角元 $\Delta \Omega$。此时，根据式（2-8），用测得的辐射功率 $\Delta(\Delta P(\theta))$ 除以面元 $\Delta A$ 在该方向上的投影面积 $\Delta A \cos\theta$ 和探测器表面对 $\Delta A$ 中心所张的立体角元 $\Delta \Omega$，便可得到辐射亮度 $L$。从理论上讲，在立体角元 $\Delta \Omega$ 内所测得的辐射功率 $\Delta(\Delta P)$ 除以立体角元 $\Delta \Omega$，就是辐射强度 $I$。

辐射强度是描述点源辐射空间角的分布特性的物理量，只有当辐射源面积（严格地讲应该是空间尺度）比较小时，才可将其视为点源，此时将这类辐射源称为小面源或微面源。实际上，小面源是具有一定尺度的"点源"，它是联系理想点源和实际面源（又称为扩展源）的桥梁。对于小面源而言，它既有点源的辐射强度，又有面源的辐射亮度。

对于上述所测量的面元 $\Delta A$，有

$$L = \frac{\partial}{\partial A \cos\theta}\left(\frac{\partial P}{\partial \Omega}\right) = \frac{\partial I}{\partial A \cos\theta} \tag{2-10}$$

和

$$I = \int_{\Delta A} L dA \cos\theta \tag{2-11}$$

如果小面源的辐射亮度 $L$ 不随位置变化（由于小面源 $\Delta A$ 面积较小，因此通常可以不考虑 $L$ 随 $\Delta A$ 位置的变化），那么小面源的辐射强度为

$$I = L\Delta A \cos\theta \tag{2-12}$$

即小面源在空间某一方向上的辐射强度等于该小面源的辐射亮度乘以小面源在该方向上的投

影面积（或表观面积）。

（7）辐射照度

前面介绍的各辐射量都是对辐射源发射的辐射量的描述。在实际应用中，还需要一个表征物体表面接收辐照的程度的物理量，就是辐射照度（简称辐照度）。

辐射照度是指单位面积的被照表面接收到的辐射功率，用 $E$ 表示。如图 2-4 所示，若在被照表面上围绕 $x$ 点取面元 $\Delta A$，发射到 $\Delta A$ 上的辐射功率为 $\Delta P$，则被照表面上 $x$ 点处的辐射照度为

$$E = \lim_{\Delta A \to 0}\left(\frac{\Delta P}{\Delta A}\right) = \frac{\partial P}{\partial A} \quad (2\text{-}13)$$

按定义，辐射照度的单位是 $W/m^2$。

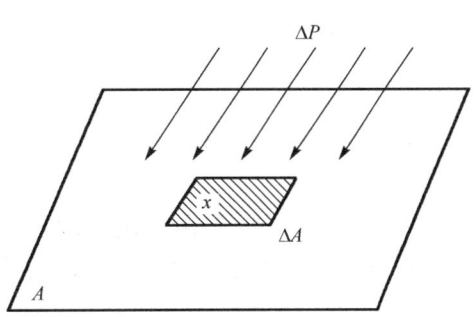

图 2-4 辐射照度的定义

一般来说，辐射照度与 $x$ 点在被照表面上的位置有关，而且与辐射源的特性及相对位置有关。

辐射照度和辐射出射度具有同样的单位，它们的定义相似，但应注意二者的差别。辐射出射度描述辐射源的特性，它包括辐射源向整个半球空间内发射的辐射功率；辐射照度描述被照表面的特性，它可以是由一个或多个辐射源发射的辐射功率，也可以是来自指定方向上的一个立体角发射的辐射功率。

基本辐射量的名称、符号、意义、定义式和单位如表 2-1 所示。

表 2-1 基本辐射量的名称、符号、意义、定义式和单位

| 名 称 | 符 号 | 意 义 | 定 义 式 | 单位（SI） |
|---|---|---|---|---|
| 辐射能 | $Q$ | 以电磁波的形式发射、传输或接收的能量 | — | J（焦耳） |
| 辐射能密度 | $\omega$ | 辐射场内单位体积中的辐射能 | $\omega = \frac{\partial Q}{\partial V}$ | $J/m^3$（焦耳/米$^3$） |
| 辐射功率 | $P$ | 单位时间内发射、传输或接收的辐射能 | $P = \frac{\partial Q}{\partial t}$ | W（瓦特） |
| 辐射通量 | $\Phi$ | 单位时间内通过某一面积的辐射能 | $\Phi = \frac{\partial Q_s}{\partial t}$ | J/s（焦耳/秒） |
| 辐射强度 | $I$ | 点源向某方向单位立体角内发射的辐射功率 | $I = \frac{\partial P}{\partial \Omega}$ | W/sr（瓦特/球面度） |
| 辐射出射度 | $M$ | 扩展源单位表面积向半球空间内发射的辐射功率 | $M = \frac{\partial P}{\partial A}$ | $W/m^2$（瓦特/米$^2$） |
| 辐射亮度 | $L$ | 扩展源在某方向上的单位投影面积上向单位立体角内发射的辐射功率 | $L = \frac{\partial^2 P}{\partial A_0 \partial \Omega}$ | $W/(m^2 \cdot sr)$ [瓦特/（米$^2$·球面度）] |
| 辐射照度 | $E$ | 单位面积的被照表面接收到的辐射功率 | $E = \frac{\partial P}{\partial A}$ | $W/m^2$（瓦特/米$^2$） |

## 2.1.2 光谱辐射量

前面介绍的辐射能、辐射功率、辐射通量、辐射强度、辐射出射度、辐射亮度和辐射照度等实际上包含波长从 0 到 ∞ 的全部辐射的辐射量，因此它们被称为全辐射量。然而，任何辐射源发射的辐射或发射到物体表面的辐射，都有一定的光谱分布范围与特点，因此上述各量均有相应的光谱辐射量。

如果关心的是在某特定波长 $\lambda$ 附近的辐射特性，那么就可以在指定波长 $\lambda$ 处取一个小的波长间隔 $\Delta\lambda$，将在此波长间隔内的辐射量 $X$（可以是 $Q$、$P$、$M$、$I$、$L$ 和 $E$）的增量 $\Delta X$ 与 $\Delta\lambda$ 之比的极限值，定义为相应的光谱辐射量，并记为

$$X_\lambda = \lim_{\Delta\lambda \to 0}\left(\frac{\Delta X}{\Delta\lambda}\right) = \frac{\partial X}{\partial \lambda} \tag{2-14}$$

例如，光谱辐射功率 $P_\lambda = \lim_{\Delta\lambda \to 0}\left(\frac{\Delta P}{\Delta\lambda}\right) = \frac{\partial P}{\partial \lambda}$，它表征在指定波长 $\lambda$ 处单位波长间隔内的辐射功率，其单位通常是 W/μm。$P_\lambda$ 通常是 $\lambda$ 的函数，即

$$P_\lambda = P(\lambda) \tag{2-15}$$

从光谱辐射功率的定义式可得，在波长 $\lambda$ 处的波长间隔 $\mathrm{d}\lambda$ 内的辐射功率为

$$\mathrm{d}P = P_\lambda \mathrm{d}\lambda \tag{2-16}$$

只要 $\mathrm{d}\lambda$ 足够小，式（2-16）中的 $\mathrm{d}P$ 就可以称为波长为 $\lambda$ 的单色辐射功率。将式（2-16）从 $\lambda_1$ 到 $\lambda_2$ 积分，可得到在光谱带 $(\lambda_1, \lambda_2)$ 内的辐射功率

$$P_{\Delta\lambda} = \int_{\lambda_1}^{\lambda_2} P_\lambda \mathrm{d}\lambda \tag{2-17}$$

若 $\lambda_1 = 0$ 而 $\lambda_2 = \infty$，则可得到全辐射功率，即

$$P = \int_0^\infty P_\lambda \mathrm{d}\lambda \tag{2-18}$$

光谱辐射功率 $P_\lambda$ 是指单位波长间隔的辐射功率，它是表征辐射功率波长分布特性的物理量，并非真正的辐射功率的度量。单色辐射功率 $\mathrm{d}P$ 是指在足够小的波长间隔内的辐射功率。光谱带内的辐射功率 $P_{\Delta\lambda}$ 是指在较大的波长间隔内的辐射功率。全辐射功率 $P$ 是指 $(0,\infty)$ 全部波长内的辐射功率。$\mathrm{d}P$ 和 $P_{\Delta\lambda}$ 的区别是波长范围不同，但单位都是 W，都是真正的辐射功率的度量。

与光谱辐射功率的定义类似，其他光谱辐射量的定义如下。

光谱辐射强度为

$$I_\lambda = \lim_{\Delta\lambda \to 0}\left(\frac{\Delta I}{\Delta\lambda}\right) = \frac{\partial I}{\partial \lambda} \tag{2-19}$$

光谱辐射出射度为

$$M_\lambda = \lim_{\Delta\lambda \to 0}\left(\frac{\Delta M}{\Delta\lambda}\right) = \frac{\partial M}{\partial \lambda} \tag{2-20}$$

光谱辐射亮度为

$$L_\lambda = \lim_{\Delta\lambda \to 0}\left(\frac{\Delta L}{\Delta\lambda}\right) = \frac{\partial L}{\partial \lambda} \tag{2-21}$$

光谱辐射照度为

$$E_\lambda = \lim_{\Delta\lambda \to 0}\left(\frac{\Delta E}{\Delta\lambda}\right) = \frac{\partial E}{\partial \lambda} \tag{2-22}$$

只要以各光谱辐射量取代式（2-16）中的 $P$，就能得到相应的单色辐射量；利用式（2-17）做类似的代换，就能得到相应的波段辐射量；利用式（2-18）做类似的代换，就能得到相应的全辐射量。

### 2.1.3 光子辐射量

光子探测器是红外技术中常用的一类探测器。对于入射辐射的响应，这类探测器通常考虑的是每秒接收到的光子数目，而不是入射辐射的功率。因此，描述这类探测器的性能和与其有关的辐射量时，通常用每秒接收（或发射、传输）的光子数代替辐射功率来定义各辐射量，这样定义的辐射量称为光子辐射量。

（1）光子数

光子数是指辐射源发射出的光子的数量，用 $N_p$ 表示，其无量纲。

由光谱辐射能 $Q_v$ 可推导出光子数为

$$dN_p = \frac{Q_v}{h\nu}d\nu \tag{2-23}$$

$$N_p = \int dN_p = \frac{1}{h}\int \frac{Q_v}{\nu}d\nu \tag{2-24}$$

式中，$\nu$ 为频率，$h$ 为普朗克常数。

（2）光子通量

光子通量是指在单位时间内发射、传输或接收到的光子数，用 $\Phi_p$ 表示，单位是 $1/s$，即

$$\Phi_p = \frac{\partial N_p}{\partial t} \tag{2-25}$$

（3）光子辐射强度

光子辐射强度是辐射源在给定方向上的单位立体角内所发射的光子通量，用 $I_p$ 表示，单位是 $1/(s\cdot sr)$，即

$$I_p = \frac{\partial \Phi_p}{\partial \Omega} \tag{2-26}$$

（4）光子辐射亮度

辐射源在给定方向上的光子辐射亮度是指在该方向上的单位投影面积上向单位立体角内发射的光子通量，用 $L_p$ 表示。在辐射源表面或辐射路径的某一点上，用离开、到达或通过该点附近面元并在给定方向上的立体角元内传播的光子通量除以该立体角元和面元在该方向上的投影面积，即得到光子辐射亮度，单位是 $1/(s\cdot m^2\cdot sr)$，即

$$L_p = \frac{\partial^2 \Phi_p}{\partial \Omega \partial A \cos\theta} \tag{2-27}$$

（5）光子辐射出射度

辐射源单位表面积向半球空间内发射的光子通量，称为光子辐射出射度，用 $M_p$ 表示，单位是 $1/(s\cdot m^2)$，即

$$M_{\mathrm{p}} = \frac{\partial \Phi_{\mathrm{p}}}{\partial A} = \int_{2\pi} L_{\mathrm{p}} \cos\theta \mathrm{d}\Omega \tag{2-28}$$

（6）光子辐射照度

光子辐射照度是指在被照表面的某一点附近，单位面积的被照表面接收到的光子通量，用 $E_{\mathrm{p}}$ 表示，单位是 $1/(\mathrm{s} \cdot \mathrm{m}^2)$，即

$$E_{\mathrm{p}} = \frac{\partial \Phi_{\mathrm{p}}}{\partial A} \tag{2-29}$$

（7）光子曝光量

光子曝光量是指在被照表面的某一点附近，单位面积的被照表面接收到的光子数，用 $H_{\mathrm{p}}$ 表示，即

$$H_{\mathrm{p}} = \frac{\partial N_{\mathrm{p}}}{\partial A} = \int E_{\mathrm{p}} \mathrm{d}t \tag{2-30}$$

光子曝光量 $H_{\mathrm{p}}$ 还有一个等效的定义，即光子辐射照度与辐射照射的持续时间的乘积。

## 2.2 光 度 量

光是能引起人眼光亮感觉的电磁辐射。实际上，人眼对很强的紫外线或红外线也会有反应，但这种反应实际上并不是光亮感觉，而是其他物理或生理的感觉。光线在进入人眼后产生的知觉称为视觉，视觉包括对视场内物体明暗、形状、颜色等的知觉。物体成像的信息要经过神经纤维传输到大脑后进行"处理"，才能使人眼中的原始信息变成一定的生理信号，从而形成视觉。

光度量是具有"标准人眼"视觉响应特性的人眼对所接收到的辐射量的度量。这样，光度学除包括对辐射能等客观物理量的度量外，还应考虑人眼视觉机理的生理、感觉、印象等心理因素。

### 2.2.1 光视效能与光视效率

光视效能 $K$ 定义为光通量 $\Phi_{\mathrm{v}}$ 与辐射通量 $\Phi_{\mathrm{e}}$ 之比，即

$$K = \frac{\Phi_{\mathrm{v}}}{\Phi_{\mathrm{e}}} \tag{2-31}$$

由于人眼对不同波长的光的响应是不同的，随着波长的变化，$K$ 值也在变化，因此人们定义了光谱光视效能 $K(\lambda)$，即

$$K(\lambda) = \frac{\Phi_{\mathrm{v}\lambda}}{\Phi_{\mathrm{e}\lambda}} \tag{2-32}$$

式中，$K(\lambda)$ 表示在某一波长上每 1W 光功率对目视引起刺激的光通量，它是衡量光源产生视觉效能的一个重要指标，量纲是 lm/W（流明/瓦特）。

显然，在整个可见光谱区的不同波长处，$K(\lambda)$ 均不同。评定辐射能对人眼引起视觉刺激值的基础是辐射的光谱光视效能 $K(\lambda)$，即人眼对不同波长光的光能产生光感觉的效率，根

据 $K(\lambda)$ 可定义一些光度量。

光视效能与光谱光视效能的关系为

$$K = \int \frac{\Phi_{v\lambda}}{\Phi_{e\lambda}} d\lambda = \int \frac{K(\lambda)\Phi_{v\lambda}}{\Phi_{e\lambda}} d\lambda \tag{2-33}$$

对大量具有正常视力的观察者所做的实验的结果表明，在光照足够的条件下，人眼对波长为555nm的绿光最灵敏，即光谱光视效能 $K(\lambda)$ 的最大值在波长 $\lambda=555$nm 处。

一些国家的实验室测得光谱光视效能的最大值为 $K_m = 683$lm/W。光视效能 $K$ 与最大光谱光视效能 $K_m$ 之比被定义为光视效率 $V$，即

$$V = \frac{K}{K_m} \tag{2-34}$$

随着波长 $\lambda$ 的变化，$V$ 值也在发生变化，因此光谱光视效率为

$$V(\lambda) = \frac{K(\lambda)}{K_m} \tag{2-35}$$

光视效率与光谱光视效率的关系为

$$V = \int V(\lambda) d\lambda = \frac{1}{K_m} \cdot \int \frac{\Phi_{v\lambda}}{\Phi_{e\lambda}} d\lambda = \int \frac{K(\lambda)\Phi_{v\lambda}}{\Phi_{e\lambda}} d\lambda \tag{2-36}$$

在人眼视网膜上分布着两种感光细胞——锥体细胞和杆体细胞，数目分别约为 $7\times10^6$ 个和 $1.3\times10^8$ 个。

一般来说，一个锥体细胞连着一个双极细胞，而几个杆体细胞与同一个双极细胞相连，因此，杆体细胞的感光能力比较强，能够感受到微弱光的刺激，但它并不能分辨颜色。

在杆体细胞的末端有起感光作用的化学物质，称为视紫红素。它吸收入射光后改变本身的性质，同时产生视觉信号。当遇到强光时，视紫红素会褪色而失去作用；当光变弱（经过暗适应过程）时，视紫红素逐渐恢复，对弱光敏感的杆体细胞重新发生作用。视紫红素的恢复需要一定的时间，从亮环境进入暗环境达到完全适应状态大约需要 30min，但视紫红素不被红光破坏。如果要缩短这种时间，那么在进入强光环境时可佩戴一副红色眼镜。

锥体细胞只在较强光线的作用下才反应灵敏，所以它能感受到强光的刺激，同时还具有分辨颜色的能力。

眼睛对强光和弱光的视觉适应过程是由这两种不同的感光细胞来完成的，这两种感光细胞的光谱响应特性是不同的，因此，将亮适应的视觉称为明视觉（或亮视觉、白昼视觉），将暗适应的视觉称为暗视觉（或微光视觉）。明视觉一般指人眼已适应亮度为几尼特（尼特是光亮度的单位）的环境，这时起作用的是锥体细胞；暗适应一般指眼睛已适应亮度为百分之几尼特以下的环境，由杆体细胞来完成视觉过程。若亮度处于明视觉和暗视觉所对应的亮度水平之间，则视网膜的锥体细胞和杆体细胞同时起作用，称为介视觉。通常，明视觉和暗视觉的光谱光视效率分别用 $V(\lambda)$ 和 $V'(\lambda)$ 表示。

由于不同人的视觉特性是有差别的，因此 1924 年国际照明委员会（英语：International Commission on Illumination，法语：Commission Internationale De L'Eclairage，采用法语简称 CIE）根据几组科学家对 200 多名观察者测定的结果，推荐了一个标准的明视觉函数，从 400nm

到 750nm 每隔 10nm 用表格的形式给出。1951 年，国际计量委员会公布了明视觉和暗视觉的光谱光视效率函数的标准值，其内插和外推后如表 2-2 所示，所绘制的光谱光视效率曲线如图 2-5 所示。

表 2-2 为经过内插和外推的、以 5nm 为间隔的标准的光谱光视效率函数表。在大多数情况下，按这个表中的值来进行的各种光度计算可满足一般要求。

表 2-2  $V(\lambda)$ 和 $V'(\lambda)$ 函数表

| 波长/nm | $V(\lambda)$ | $V'(\lambda)$ | 波长/nm | $V(\lambda)$ | $V'(\lambda)$ |
|---|---|---|---|---|---|
| 380 | 0.000 04 | 0.000 59 | 585 | 0.816 3 | 0.088 9 |
| 385 | 0.000 06 | 0.001 08 | 590 | 0.757 | 0.065 5 |
| 390 | 0.000 12 | 0.000 21 | 595 | 0.694 9 | 0.046 9 |
| 395 | 0.000 22 | 0.004 53 | 600 | 0.631 | 0.033 |
| 400 | 0.000 4 | 0.009 29 | 605 | 0.566 8 | 0.023 1 |
| 405 | 0.000 64 | 0.018 52 | 610 | 0.503 | 0.015 93 |
| 410 | 0.001 21 | 0.034 84 | 615 | 0.441 2 | 0.010 88 |
| 415 | 0.002 18 | 0.060 4 | 620 | 0.381 | 0.007 37 |
| 420 | 0.004 | 0.096 6 | 625 | 0.321 | 0.004 97 |
| 425 | 0.007 3 | 0.143 6 | 630 | 0.265 | 0.003 35 |
| 430 | 0.011 6 | 0.199 8 | 635 | 0.217 | 0.002 24 |
| 435 | 0.016 84 | 0.262 5 | 640 | 0.175 | 0.001 5 |
| 440 | 0.023 | 0.328 1 | 645 | 0.138 2 | 0.001 01 |
| 445 | 0.029 8 | 0.393 1 | 650 | 0.107 | 0.000 68 |
| 450 | 0.038 | 0.455 | 655 | 0.081 6 | 0.000 46 |
| 455 | 0.048 | 0.513 | 660 | 0.061 | 0.000 31 |
| 460 | 0.06 | 0.567 | 665 | 0.044 58 | 0.000 21 |
| 465 | 0.073 9 | 0.62 | 670 | 0.032 | 0.000 15 |
| 470 | 0.090 98 | 0.676 | 675 | 0.023 2 | 0.000 1 |
| 475 | 0.112 6 | 0.734 | 680 | 0.017 | 0.000 07 |
| 480 | 0.139 02 | 0.793 | 685 | 0.011 92 | 0.000 05 |
| 485 | 0.169 3 | 0.851 | 690 | 0.008 21 | 0.000 04 |
| 490 | 0.208 02 | 0.904 | 695 | 0.005 72 | 0.000 03 |
| 495 | 0.258 6 | 0.949 | 700 | 0.004 1 | 0.000 02 |
| 500 | 0.323 | 0.982 | 705 | 0.002 93 | 0.000 01 |
| 505 | 0.407 3 | 0.998 | 710 | 0.002 09 | 0.000 01 |
| 510 | 0.503 | 0.997 | 715 | 0.004 18 | 0.000 01 |
| 515 | 0.608 2 | 0.975 | 720 | 0.001 05 | 0 |
| 520 | 0.71 | 0.935 | 725 | 0.000 74 | 0 |
| 525 | 0.793 2 | 0.88 | 730 | 0.000 52 | 0 |
| 530 | 0.862 | 0.811 | 735 | 0.000 36 | — |
| 535 | 0.914 85 | 0.733 | 740 | 0.000 25 | — |
| 540 | 0.954 | 0.65 | 745 | 0.000 17 | — |
| 545 | 0.980 3 | 0.564 | 750 | 0.000 12 | — |
| 550 | 0.994 95 | 0.481 | 755 | 0.000 08 | — |
| 555 | 1 | 0.402 | 760 | 0.000 06 | — |
| 560 | 0.995 | 0.328 8 | 765 | 0.000 04 | — |
| 565 | 0.978 6 | 0.269 3 | 770 | 0.000 03 | — |
| 570 | 0.952 | 0.207 6 | 775 | 0.000 02 | — |
| 575 | 0.915 4 | 0.160 2 | 780 | 0.000 01 | — |
| 580 | 0.87 | 0.121 2 | | | |

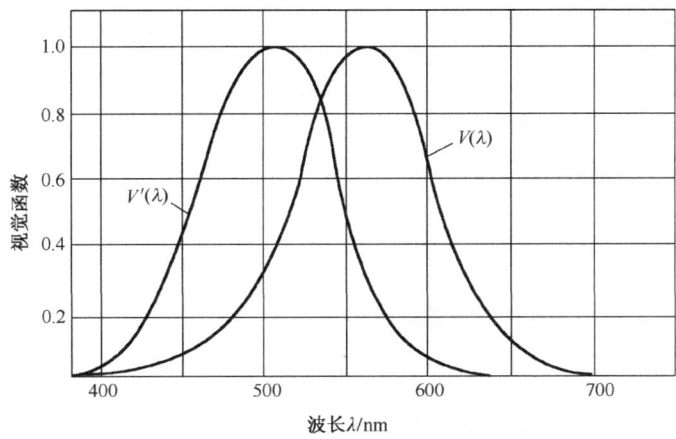

图 2-5 光谱光视效率曲线

由图 2-5 可知，$V(\lambda)$ 和 $V'(\lambda)$ 分别为一条有一中心波长、两边大致对称的光滑的钟形曲线，峰值波长分别为 555nm 和 507nm。

有了 $V(\lambda)$ 和 $V'(\lambda)$，便可借助以下的关系式，通过光谱辐射量的测定来计算光度量或光谱光度量。

$$X_{v\lambda} = K_m V(\lambda) X_{e\lambda} \tag{2-37}$$

$$X_v = \int X_{v\lambda} d\lambda = K_m \int V(\lambda) X_{e\lambda} d\lambda \tag{2-38}$$

式中，$X_v$ 为光度量，$X_{v\lambda}$ 为光谱光度量，$X_{e\lambda}$ 为光谱辐射量。

## 2.2.2 基本光度量

（1）光通量

如何度量光通量呢？如前所述，它表示用"标准人眼"来评价的光辐射通量，由式（2-38）可知光通量的表达式，对于明视觉

$$\Phi_v = K_m \int_{390nm}^{760nm} V(\lambda) \Phi_{e\lambda} d\lambda \tag{2-39}$$

对于暗视觉

$$\Phi_v' = K_m' \int_{390nm}^{760nm} V'(\lambda) \Phi_{e\lambda} d\lambda \tag{2-40}$$

在标准明视觉函数 $V(\lambda)$ 的峰值波长 555 nm 处的最大光谱光视效能 $K_m$，是一个重要的常数。这个值于 1977 年由国际计量委员会讨论通过，确定为 683 lm/W，并且指出这个值是 555nm 波长单色光的光效率，即每瓦光功率发出 683 lm 的可见光。

对于明视觉，由于峰值波长是 555nm，因此它就是最大光谱光视效能，即 $K_m=683$ lm/W。但对于暗视觉，$\lambda=555$nm，所对应的 $V'(555)=0.402$，而峰值波长是 507nm，即 $V'(507)=1$，

所以暗视觉的最大光谱光视效率为 $K'_m = 683 \times \dfrac{1}{0.402} \approx 1699 \text{lm/W}$。

国际计量委员会将其标准化为 $K'_m = 1700 \text{lm/W}$。由式（2-39）和式（2-40）可知，从辐射通量变换到光通量一般没有简单的公式，这是因为光谱光视效率 $V(\lambda)$ 没有简单的函数关系，因而积分值只能用图解法或离散数值法计算。

例如，对线光谱，其光通量为

$$\Phi_v = \sum_{\lambda_i=380\text{nm}}^{780\text{nm}} 683 V(\lambda_i) \Phi_{e\lambda}(\lambda_i) \Delta\lambda \tag{2-41}$$

由于在可见光谱区之外，$V(\lambda)$ 和 $V'(\lambda)$ 的值均为零，因此，在此范围内无论光辐射功率有多大，对光通量的贡献都为零，即"看不见"。

这里，光通量的单位用流明（lm）来表示。光通量的大小反映了某一光源所发射出的光辐射引起人眼光亮感觉能力的大小。与 1W 的辐射通量相当的流明数随波长的不同而不同。在红外线区和紫外线区，与 1W 相当的流明数为零；而在 $\lambda = 555 \text{nm}$ 波长处，光谱光视效能最大，即 $K_m = 683 \text{lm/W}$，并规定 $V(555) = 1$，则 1W 相当于 683lm。对于其他波长，1W 的辐射通量相当于 $683V(\lambda)\text{lm}$。例如，对于 650nm 波长的红光而言，$V(\lambda) = 0.107$，所以 1W 的辐射通量相当于 $0.107 \times 683 \approx 73.08 \text{lm}$；相反，当 $\lambda = 555 \text{nm}$ 时，由于 $V(555) = 1$，要得到 1lm 的光通量，需要的辐射通量的值很小，为 1/683lm，即约为 $1.46 \times 10^{-3} \text{W}$。一般来说，不能由光通量直接转变为辐射通量，除非光通量的光谱分布已知，且所研究的全部波长在光谱的可见区。

以上是从人眼对光辐射是否敏感这个角度来考虑的，反过来，也可以把光辐射引起视亮度的能力当成光辐射的一种属性来考虑，可以用其来描述一个光源发出可见光的效率，简称发光效率。例如，一个 1kW 的电炉，尽管它很热，看起来却只是暗红，在黑暗中起不了多大的作用；而一个 1kW 的电灯泡，点亮后却很亮。这是因为电灯泡的发光效率高于电炉的发光效率，虽然二者所消耗的电功率是一样的。

（2）发光强度

点光源在给定方向上的单位立体角内所发射的光通量，称为该点光源在该给定方向上的发光强度，用 $I_v$ 表示，即

$$I_v = \dfrac{\partial \Phi_v}{\partial \Omega} \tag{2-42}$$

发光强度在数值上等于在单位立体角内所发射的光通量。因此，在 MKS 单位制中，它的单位是 lm/sr。但是，在国际单位制（SI）中，发光强度的单位是 7 个基本单位之一，单位的名称为坎德拉（简写成"坎"或 cd），是 Candela 的译音。

（3）光出射度

光源单位面积向半球空间内发射的全部光通量，称为光出射度，用 $M_v$ 表示，单位是流明/平方米（lm/m²）。

$$M_v = \dfrac{\partial \Phi_v}{\partial A} \tag{2-43}$$

(4) 光亮度

光亮度简称亮度,光源在给定方向上的光亮度 $L_v$ 是指该方向上的单位投影面积向单位立体角内所发射的光通量。在与面元 d$A$ 法线夹角为 $\theta$ 的方向上,若面元 d$A$ 在该方向上的立体角元 d$\Omega$ 内发出的光通量为 d$^2\Phi_v$,则其光亮度为

$$L_v = \frac{\partial^2 \Phi_v}{\partial \Omega \partial A \cos\theta} \tag{2-44}$$

对比发光强度的定义,光亮度又可表示为

$$L_v = \frac{\partial I_v}{\partial A \cos\theta} \tag{2-45}$$

即在给定方向上的光亮度就是在该方向上的单位投影面积上的发光强度。

在国际单位制中,光亮度的单位是坎德拉/平方米(cd/m$^2$)。过去,人们曾采用不同的光亮度单位,这些单位的换算关系如表 2-3 所示。

表 2-3 光亮度单位的换算表

| 光亮度单位的名称和符号 | 1 尼特 (nit) nt | 1 熙提(stilb) sb | 1 阿熙提 (Apostilb) asb | 1 朗伯 (Lambert) L | 1 毫朗伯 (m-Lambert) mL | 1 英尺朗伯 (footLambert) fL | 1 烛光/英尺$^2$ (Candle/feet$^2$) cd/ft$^2$ | 1 烛光/英寸$^2$ (Candle/inch$^2$) cd/in$^2$ |
|---|---|---|---|---|---|---|---|---|
| 1 尼特(坎德拉/米$^2$ 或流明/球面·米$^2$) | 1 | $10^{-4}$ | 3.142 | $3.142\times10^{-4}$ | $3.142\times10^{-1}$ | $2.919\times10^{-1}$ | $9.29\times10^{-2}$ | $6.45\times10^{-4}$ |
| 1 熙提(坎德拉/厘米$^2$) | $10^4$ | 1 | $3.142\times10^4$ | 3.142 | $3.142\times10^3$ | $2.919\times10^3$ | $9.29\times10^2$ | 6.45 |
| 1 朗伯($\frac{1}{\pi}$坎德拉/厘米$^2$) | $3.183\times10^{-1}$ | $3.183\times10^{-5}$ | 1 | $10^{-4}$ | $10^{-1}$ | $9.29\times10^{-2}$ | $2.957\times10^{-2}$ | $2.05\times10^{-4}$ |
| 1 朗伯($\frac{1}{\pi}$烛光/厘米$^2$) | $3.183\times10^3$ | $3.183\times10^{-1}$ | $10^4$ | 1 | $10^3$ | $9.29\times10^2$ | $2.957\times10^2$ | 2.05 |
| 1 毫朗伯 | 3.183 | $3.183\times10^{-4}$ | 10 | $10^{-3}$ | 1 | $9.29\times10^{-1}$ | $2.957\times10^{-1}$ | $2.05\times10^{-3}$ |
| 1 英尺朗伯($\frac{1}{\pi}$坎德拉/英尺$^2$) | 3.426 | $3.426\times10^{-4}$ | 10.76 | $1.076\times10^{-3}$ | 1.076 | 1 | $3.183\times10^{-1}$ | $2.21\times10^{-3}$ |
| 1 烛光/英尺$^2$ | $1.076\times10$ | $1.076\times10^{-3}$ | $3.382\times10$ | $3.382\times10^{-3}$ | 3.382 | 3.142 | 1 | $6.94\times10^{-3}$ |
| 1 烛光/英寸$^2$ | $1.55\times10^3$ | $1.55\times10^{-1}$ | $4.87\times10^3$ | $4.87\times10^{-1}$ | $4.87\times10^2$ | $4.52\times10^2$ | $1.44\times10^2$ | 1 |

(5) 光照度

单位面积的被照表面所接收的光通量称为该被照表面的光照度,用 $E_v$ 表示,SI 单位是勒克斯(lx)。

$$E_v = \frac{\partial \Phi_v}{\partial A} \tag{2-46}$$

光照度简称照度,光照度还有以下单位:MKS 单位制中的勒克斯(1lx=1lm/m$^2$),CGS 单位制中的辐透(1ph=1lm/cm$^2$),英制单位制中的英尺烛光(1fc=1lm/ft$^2$)。常用的光照度单位的换算表如表 2-4 所示。

(6) 发光效率

一个光源发出的总光通量反映了该光源发出可见光的能力。由于光源的发光机制不同或

其设计、制造工艺不同，因此尽管它们消耗的功率一样，但发出的光通量可能相差甚远。发光效率定义为消耗 1W 功率所发出的光通量数，用 $\eta_v$ 表示，有

$$\eta_v = \frac{\Phi_v}{P} \tag{2-47}$$

发光效率的单位是 lm/W。在蜡烛和煤油灯等火焰光源的时代，发光效率估计为 0.1～0.3 lm/W。爱迪生发明了碳丝电灯泡，把发光效率提高到 2.5 lm/W 左右。1906 年开始使用钨做灯丝，发光效率又得到了较大的提高。自 1932 年第一个实用的气体放电灯问世以来，发光效率又得到了大幅的提高，如高压汞灯的发光效率从 32 lm/W 提高到近 60 lm/W，高压钠灯的发光效率从 90 lm/W 提高到 120 lm/W，低压钠灯的发光效率从 60 lm/W 提高到 180 lm/W。理论分析表明，接近白光的发光效率的理论极值是 250 lm/W，因此还有较大的提高空间。

表 2-4  常用的光照度单位的换算表

|  | 1 英尺烛光（fc） | 1 勒克斯（lx） | 1 辐透（ph） | 1 毫辐透（mph） | 流明/单位面积 |
|---|---|---|---|---|---|
| 1 英尺烛光（fc） | 1 | 10.76 | $1.08 \times 10^{-3}$ | 1.08 | 1 lm/ft$^2$ |
| 1 勒克斯（lx） | $9.29 \times 10^{-2}$ | 1 | $10^{-4}$ | $10^{-1}$ | 1 lm/m$^2$ |
| 1 辐透（ph） | $9.29 \times 10^{2}$ | $10^{4}$ | 1 | $10^{3}$ | 1 lm/cm$^2$ |
| 1 毫辐透（mph） | $9.29 \times 10^{-1}$ | 10 | $10^{-3}$ | 1 | $10^{-3}$ lm/cm$^2$ |

（7）光量

光量是指光通量与辐射照射持续时间的乘积，用 $Q_v$ 表示，单位是 lm·s。若光通量在所考虑的照射时间内是恒定的，则有

$$Q_v = \Phi_v \cdot t \tag{2-48}$$

若光通量在所考虑的照射时间内不是恒定的，则有

$$Q_v = \int \Phi_v(t) \mathrm{d}t \tag{2-49}$$

光量的概念与电学中的瓦特·秒、千瓦·小时等电能单位是相似的。光量 $Q_v$ 对描述发光时间很短的闪光特别有用。例如，照相时使用的闪光灯，在闪光的瞬间看起来十分亮，也就是说它能在极短的时间内发射很大的光量。一般照相用的闪光灯，发射光的脉冲持续时间为 1 ms 左右。当用闪光灯进行拍摄时，照相机的快门速度一般为 1/50 s，即 20 ms 左右，只要闪光是在快门打开的时间内发生的，底片上的感光程度就主要取决于闪光灯光量的大小。

仿照式（2-14）和式（2-19）～式（2-22），用 $X_{v\lambda} = \partial X_v / \partial \lambda$ 可定义一系列光谱光度量。

## 2.3  朗伯辐射体

在生活实践中会发现，对于一个磨得很光或镀得很好的反射镜，当有一束光入射到它上面时，反射的光线具有很好的方向性，只是当恰好从逆着反射光线的方向观察时，才感到十分耀眼，这种反射称为镜面反射。然而，对于一个表面粗糙的反射体而言，就观察不到耀眼的反射光了，其反射的光线没有方向性，在各个方向观察都没有什么差异，这种反射称为漫反射。

除漫反射体外，对于某些自身发射的辐射源，它的辐射亮度与方向无关，即该辐射源在各个方向上的辐射亮度不变，这类辐射源称为朗伯辐射体，简称朗伯体。

### 2.3.1 朗伯余弦定律

对于理想的漫反射体，其所反射的辐射功率的空间分布可描述为

$$\Delta^2 P = B\cos\theta \Delta A \Delta\Omega \tag{2-50}$$

式中，$B$ 是一个与方向无关的常数。由式（2-50）可知，理想反射体单位表面积向空间某方向的单位立体角内反射（发射）的辐射功率和该方向与表面法线夹角的余弦成正比。这个规律称为朗伯余弦定律。如图 2-6 所示为约翰·海因里希·朗伯。凡遵循朗伯余弦定律的辐射表面都称为朗伯辐射面，相应的辐射源都称为朗伯辐射源（简称朗伯源）或漫辐射源。

图 2-6　约翰·海因里希·朗伯

虽然朗伯余弦定律是一个理想化的定律，但是实际中遇到的许多辐射源，其辐射规律在一定的范围内都十分接近于朗伯余弦定律的辐射规律，例如，黑体辐射就精确地遵循朗伯余弦定律；当表面法线方向上的观察角不超过 60°时，大多数绝缘材料表面也都遵循朗伯余弦定律。

### 2.3.2 朗伯辐射体的特征

（1）朗伯辐射体的辐射亮度

由辐射亮度的定义式（2-8）和朗伯余弦定律的表达式（2-50），可以得出朗伯辐射源的辐射亮度的表达式为

$$L = \lim_{\substack{\Delta A \to 0 \\ \Delta\Omega \to 0}} \frac{\Delta^2 P}{\cos\theta \Delta A \Delta\Omega} = B \tag{2-51}$$

式（2-51）表明，朗伯辐射源的辐射亮度是一个与方向无关的常量。这是因为辐射源的表观面积随表面法线与观察方向夹角的余弦值的变化而变化，而朗伯辐射源的辐射功率的角分布遵循余弦定律，所以观测到辐射功率大的方向，所看到的辐射源的表观面积也大。二者之比即为辐射亮度，应与观测方向无关。

设面积很小的朗伯辐射源的辐射亮度为 $L$，该辐射源向空间中的某一方向与法线夹角为 $\theta$（如图 2-7 所示）的 $\Delta\Omega$ 立体角元内辐射的功率为

$$\Delta P = L\Delta A\cos\theta \Delta\Omega \tag{2-52}$$

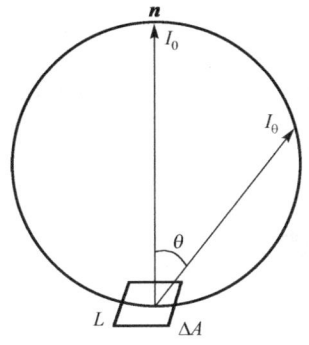

图 2-7　辐射强度分布曲线

由于该辐射源的面积很小，因此可以视为小面源，可用辐射强度来表征其辐射空间特性。由于该辐射源的辐射亮度在各个方向上都相等，因此与法线夹角为 $\theta$ 方向上的辐射强度 $I_\theta$ 为

$$I_\theta = \frac{\Delta P}{\Delta\Omega} = L\Delta A\cos\theta = I_0\cos\theta \tag{2-53}$$

式中，$I_0 = L\Delta A$ 为其法线方向上的辐射强度。

式（2-53）表明，各个方向上辐射亮度相等的小面源在某一方向上的辐射强度，等于这个面的垂直方向上的辐射强度乘以方向角的余弦，这就是朗伯余弦定律的最初形式。

根据式（2-53）可以描绘出朗伯辐射源的辐射强度分布曲线，如图 2-7 所示。它是一个与发射面相切的完整的圆形。在实际应用中，为了确定一个辐射面或漫反射面与理想朗伯辐射面的接近程度，通常可以测量其辐射强度分布曲线。如果一个辐射面的辐射强度分布曲线很接近图 2-7 所示的形状，就可以认为它是一个朗伯辐射面。

（2）朗伯辐射体的 $L$ 与 $M$ 的关系

$L$ 与 $M$ 的关系由式（2-9）给出。在一般情况下，如果不知道 $L$ 与方向角 $\theta$ 的明显函数关系，就无法由 $L$ 计算出 $M$。但是，对于朗伯辐射源而言，$L$ 与 $\theta$ 无关，于是式（2-9）可写为

$$M = L\int_{2\pi\text{球面度}} \cos\theta \mathrm{d}\Omega$$

因为球坐标的立体角元 $\mathrm{d}\Omega = \sin\theta \mathrm{d}\theta \mathrm{d}\varphi$，所以有

$$M = L\int \cos\theta \mathrm{d}\Omega = L\int_0^{2\pi} \mathrm{d}\varphi \int_0^{\frac{\pi}{2}} \cos\theta \sin\theta \mathrm{d}\theta = \pi L \tag{2-54}$$

利用这个关系，可使辐射量的计算过程大为简化。

（3）朗伯小面源的 $I$、$L$、$M$ 的相互关系

对于朗伯小面源，由于 $L$ 值为常数，利用式（2-12），有

$$I = L\cos\theta \Delta A \tag{2-55}$$

利用 $M = \pi L$，有如下关系

$$I = L\cos\theta \Delta A = \frac{M}{\pi}\cos\theta \Delta A \tag{2-56}$$

或

$$L = \frac{M}{\pi} = \frac{I}{\Delta A \cos\theta} \tag{2-57}$$

$$M = \pi L = \frac{\pi I}{\Delta A \cos\theta} \tag{2-58}$$

对于朗伯小面源，可利用这些关系式来简化运算过程。

## 2.4 朗伯辐射度量中的基本规律

### 2.4.1 距离平方反比定律

距离平方反比定律是描述点源（或小面源）的辐射强度 $I$ 与其所产生的辐射照度 $E$ 之间的关系的定律。

如图 2-8 所示，设点源的辐射强度为 $I$，它与被照表面上 $x$ 点处面元 $\mathrm{d}A$ 的距离为 $l$，$\mathrm{d}A$

的法线与 $l$ 的夹角为 $\theta$，则发射到 $dA$ 上的辐射功率为 $dP = Id\Omega = IdA\cos\theta/l^2$，所以点源在被照表面上 $x$ 点处产生的辐射照度为

$$E = \frac{dP}{dA} = \frac{I\cos\theta}{l^2} \quad (2\text{-}59)$$

式（2-59）表明，一个辐射强度为 $I$ 的点源，在距离 $l$ 处且与射线垂直的平面上产生的辐射照度与这个辐射源的辐射强度成正比，与距离的平方成反比，这个结论称为距离平方反比定律。若平面与射线不垂直，则必须乘以平面法线与射线之间的夹角的余弦值，称为照度的余弦法则。

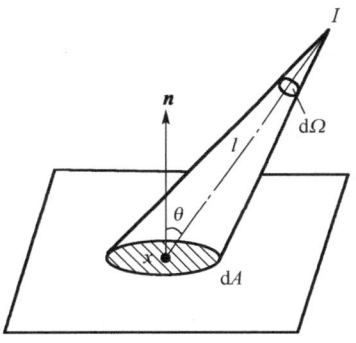

图 2-8　点源产生的辐射照度

### 2.4.2　互易定理

设有两个面积为 $A_1$ 和 $A_2$ 的均匀朗伯辐射面，其辐射亮度分别为 $L_1$ 和 $L_2$，如图 2-9 所示。现考察这两个朗伯辐射面之间的辐射能量传输过程。为此在 $A_1$ 和 $A_2$ 上分别取面元 $\Delta A_1$ 和 $\Delta A_2$，二者的距离为 $l$，$\theta_1$ 和 $\theta_2$ 分别为 $\Delta A_1$ 和 $\Delta A_2$ 的法线与 $l$ 的夹角。$\Delta A_2$ 从 $\Delta A_1$ 接收到的辐射功率 $\Delta P_{1\to 2}$ 为

$$\Delta P_{1\to 2} = \frac{L_1 \cos\theta_1 \cdot \cos\theta_2 \cdot \Delta A_1 \cdot \Delta A_2}{l^2} \quad (2\text{-}60)$$

而 $\Delta A_1$ 从 $\Delta A_2$ 接收到的辐射功率 $\Delta P_{2\to 1}$ 为

$$\Delta P_{2\to 1} = \frac{L_2 \cos\theta_1 \cdot \cos\theta_2 \cdot \Delta A_1 \cdot \Delta A_2}{l^2} \quad (2\text{-}61)$$

于是，两个朗伯辐射面所接收的辐射功率之比为

$$\frac{\Delta P_{1\to 2}}{\Delta P_{2\to 1}} = \frac{L_1}{L_2} \quad (2\text{-}62)$$

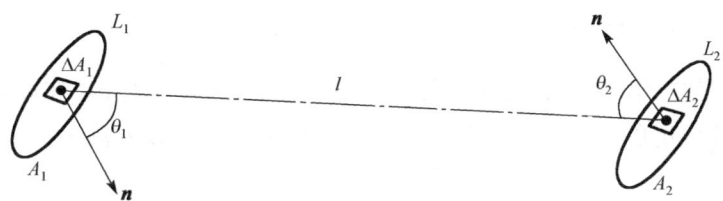

图 2-9　互易定理

式（2-62）表明，两个面元所接收的辐射功率之比等于两个朗伯辐射面的辐射亮度之比。由于 $A_1$ 和 $A_2$ 可以视为是由许多面元组成的，而且每一对组合的面元都具有上述性质，因此对整个表面，有

$$\frac{P_{1\to 2}}{P_{2\to 1}} = \frac{\sum \Delta P_{1\to 2}}{\sum \Delta P_{2\to 1}} = \frac{L_1}{L_2} \quad (2\text{-}63)$$

式（2-63）称为互易定理。互易定理在辐射传输计算中有广泛的用途，在某些情况下，

使用互易定理可使计算过程大为简化。

### 2.4.3 立体角投影定理

如图 2-10 所示，小面源的辐射亮度为 $L$，小面源和被照表面的面积分别为 $\Delta A_s$ 和 $\Delta A$，二者的距离为 $l$，$\theta_s$ 和 $\theta$ 分别为 $\Delta A_s$ 和 $\Delta A$ 的法线与 $l$ 的夹角。

小面源 $\Delta A_s$ 在夹角为 $\theta_s$ 的方向上的辐射强度为 $I = L\Delta A_s \cos\theta_s$，利用式（2-59），可得到 $\Delta A_s$ 在 $\Delta A$ 上所产生的辐射照度为

$$E = \frac{I\cos\theta}{l^2} = L \cdot \frac{\Delta A_s \cos\theta_s \cos\theta}{l^2} \tag{2-64}$$

因为 $\Delta A_s$ 对 $\Delta A$ 所张开的立体角 $\Delta\Omega_s = \Delta A_s \cos\theta_s / l^2$，所以有

$$E = L\Delta\Omega_s \cos\theta \tag{2-65}$$

式（2-65）称为立体角投影定理，即 $\Delta A_s$ 在 $\Delta A$ 上所产生的辐射照度等于 $\Delta A_s$ 的辐射亮度 $L$、$\Delta A_s$ 对 $\Delta A$ 所张的立体角、被照表面 $\Delta A$ 的法线和 $l$ 夹角的余弦值三者的乘积。

当 $\theta_s = \theta = 0$ 时，即 $\Delta A_s$ 与 $\Delta A$ 相互平行且垂直于二者的连线时，$E = L\Delta\Omega_s$。若 $l$ 一定，$\Delta A_s$ 的周界一定，则 $\Delta A_s$ 在 $\Delta A$ 上所产生的辐射照度与 $\Delta A_s$ 的形状无关，如图 2-11 所示。此定理可使许多具有复杂表面的辐射源所产生的辐射照度的计算过程变得简单。

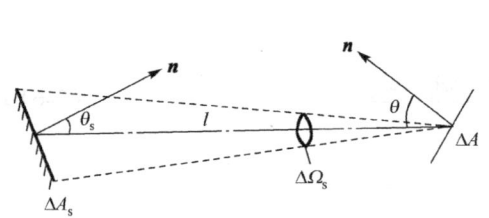

图 2-10 立体角投影定理

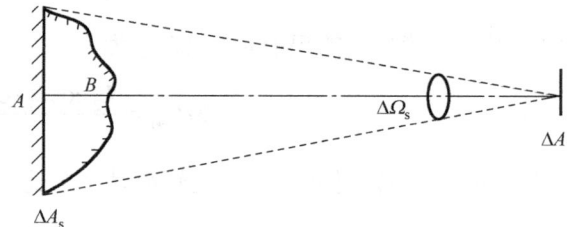

图 2-11 $\Delta A_s$ 对 $\Delta A$ 所产生的辐射照度

### 2.4.4 森普纳（Sumpner）定理

在球形腔内，腔内壁面元 $dA_1$ 从另一面元 $dA_2$ 接收的辐射功率与 $dA_1$ 在球面上的位置无关，即腔内壁某一面元辐射的能量均匀地分布在球形腔内壁，称为森普纳定理。

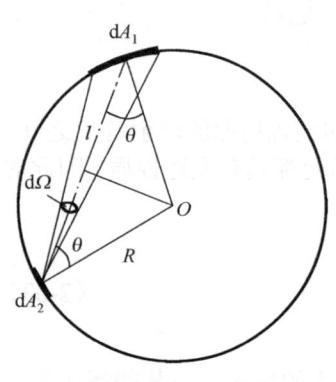

图 2-12 球形腔

球形腔如图 2-12 所示，按辐射亮度的定义，$dA_1$ 接收 $dA_2$ 的辐射功率为 $dP = L\cos\theta dA_2 d\Omega$。其中，$L$ 为腔内壁表面的辐射亮度。若腔内壁表面为理想的朗伯辐射面，则 $L$ 为常数。因为立体角元 $d\Omega = dA_1 \cos\theta / l^2$，所以

$$dP = LdA_1 dA_2 \frac{\cos^2\theta}{l^2} \tag{2-66}$$

由图 2-12 可知 $\cos\theta = (l/2)/R$，$R$ 为球腔的半径，则

$$dP = LdA_1 dA_2 \frac{1}{4R^2} \tag{2-67}$$

因为 $L$、$R$ 均为常数，所以 $dA_1$ 接收 $dA_2$ 的辐射功率 $dP$ 与 $dA_1$ 的位置无关。又因为腔内壁表面均为朗伯辐射面，有 $M = \pi L$，腔壁面积 $A = 4\pi R^2$，所以式（2-67）可改写为

$$dP = \frac{M}{\pi} dA_1 dA_2 \frac{1}{4R^2} = \frac{M dA_1 dA_2}{A} \tag{2-68}$$

于是，$dA_1$ 单位面积接收的辐射功率（辐射照度）为

$$\frac{dP}{dA_1} = \frac{M dA_2}{A} = 常数 \tag{2-69}$$

这就证明了 $dA_2$ 的辐射能量均匀地分布在球形腔内壁。

将 $dA_2$ 推广至部分球面积 $\Delta A_2$，同样有 $\Delta A_2$ 在球形腔内壁产生的辐射照度是均匀分布的。注意，在这个定理的讨论中，没有考虑辐射在球形腔内壁的多次反射。

### 2.4.5 角系数互换性关系

角系数又称为形状因子，在计算规则几何形状表面的辐射能量传输的过程中，利用角系数可使计算非常简便。下面来简单讨论角系数的基本概念。

（1）角系数表达式

设有两个面元 $dA_1$ 和 $dA_2$，其距离为 $l$，辐射亮度分别为 $L_1$ 和 $L_2$，两面元的法线与 $l$ 的夹角分别为 $\theta_1$ 和 $\theta_2$，如图 2-13 所示。

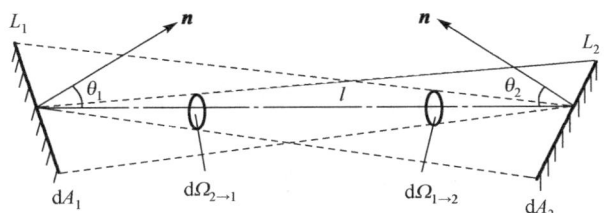

图 2-13　面元之间的辐射变换

根据辐射亮度的定义式，由 $dA_1$ 向 $dA_2$ 发射的辐射功率为

$$dP_{1\to 2} = L_1 \cos\theta_1 dA_1 d\Omega_{2\to 1} \tag{2-70}$$

因为 $dA_2$ 对 $dA_1$ 所张的立体角元为

$$d\Omega_{2\to 1} = \frac{dA_2 \cos\theta_2}{l^2} \tag{2-71}$$

所以

$$dP_{1\to 2} = L_1 \cos\theta_1 dA_1 \frac{dA_2 \cos\theta_2}{l^2} = \frac{M_1}{\pi} \frac{dA_1 \cos\theta_1 dA_2 \cos\theta_2}{l^2} \tag{2-72}$$

式中，$M_1$ 为 $dA_1$ 的辐射出射度。同理，由 $dA_2$ 向 $dA_1$ 发射的辐射功率为

$$dP_{2\to 1} = L_2 \cos\theta_2 dA_2 \frac{dA_1 \cos\theta_1}{l^2} = \frac{M_2}{\pi} \frac{dA_2 \cos\theta_2 dA_1 \cos\theta_1}{l^2} \tag{2-73}$$

式中，$M_2$ 为 $dA_2$ 的辐射出射度。于是，两个面元相互传输的净辐射功率为

$$\Delta dP_{1\to 2} = \left(\frac{M_1 - M_2}{\pi}\right)\frac{\cos\theta_1 \cos\theta_2}{l^2} \cdot dA_1 \cdot dA_2 \tag{2-74}$$

利用式（2-74）可以计算两个面元间辐射能量的传输。为了简化计算，引入角系数的概念。根据式（2-72）和式（2-73），令

$$dF_{1\to 2} = \frac{dP_{1\to 2}}{M_1 dA_1} = \frac{\cos\theta_1 \cos\theta_2}{\pi l^2} \cdot dA_2 \tag{2-75}$$

$$dF_{2\to 1} = \frac{dP_{2\to 1}}{M_2 dA_2} = \frac{\cos\theta_2 \cos\theta_1}{\pi l^2} \cdot dA_1 \tag{2-76}$$

$dF_{1\to 2}$ 和 $dF_{2\to 1}$ 分别称为面元 $dA_1$ 对 $dA_2$ 和 $dA_2$ 对 $dA_1$ 的角系数。其物理意义为一个面元发射出的被另一个面元接收的辐射功率与面元发射的总辐射功率的比值。

根据式（2-75）式（2-76），可以得到

$$dF_{1\to 2} \cdot dA_1 = dF_{2\to 1} \cdot dA_2 \tag{2-77}$$

这就是面元对面元角系数的互换性关系式。

对于有限的朗伯辐射面 $A_1$ 和 $A_2$，可以写出 $A_1$ 向 $A_2$ 发射的辐射功率为

$$P_{1\to 2} = M_1 \int_{A_1}\int_{A_2} \frac{\cos\theta_1 \cos\theta_2}{\pi l^2} dA_1 dA_2 \tag{2-78}$$

$A_2$ 向 $A_1$ 发射的辐射功率为

$$P_{2\to 1} = M_2 \int_{A_1}\int_{A_2} \frac{\cos\theta_2 \cos\theta_1}{\pi l^2} dA_2 dA_1 \tag{2-79}$$

根据面元角系数的定义，同样有两个有限表面的角系数为

$$F_{1\to 2} = \frac{P_{1\to 2}}{M_1 A_1} = \frac{1}{A_1} \int_{A_1}\int_{A_2} \frac{\cos\theta_1 \cos\theta_2}{\pi l^2} dA_1 dA_2 \tag{2-80}$$

$$F_{2\to 1} = \frac{P_{2\to 1}}{M_2 A_2} = \frac{1}{A_2} \int_{A_1}\int_{A_2} \frac{\cos\theta_1 \cos\theta_2}{\pi l^2} dA_1 dA_2 \tag{2-81}$$

而有限面元间的角系数互换性关系式为

$$F_{1\to 2} \cdot A_1 = F_{2\to 1} \cdot A_2 \tag{2-82}$$

由角系数的表达式可以看到，只要知道发射面所发射的辐射总功率及发射面和接收面间的角系数，就可以计算出发射面向接收面发射的辐射功率。另外，无论 $A_2$ 距 $A_1$ 远还是近，形状、方向是否相同，只要 $A_1$ 对 $A_2$ 具有相同的立体角，$A_1$ 对 $A_2$ 的角系数就都是相同的。如图 2-14 所示，$A_1$ 对曲面 $A_2'$ 和平面 $A_2''$ 的角系数相等。

(2) 角系数计算举例

设有两个朗伯圆盘 $A_1$ 与 $A_2$，它们的距离为 $l$，$A_1$ 很小，$A_2$ 的半径为 $R$，如图 2-15 所示，求它们之间的角系数。

在 $A_2$ 上取 $dA_2 = x dx d\varphi$，且有 $\cos\theta_1 = \cos\theta_2 = l/r$ 及 $r^2 = x^2 + l^2$。

根据式（2-80），考虑 $A_1$ 很小，则 $A_1$ 对 $A_2$ 的角系数为

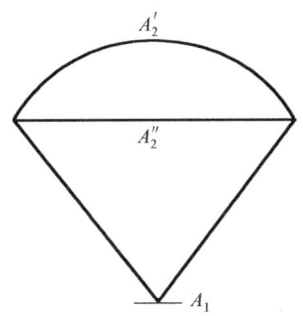
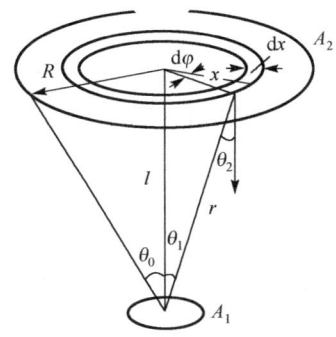

图 2-14  $A_1$ 对曲面 $A_2'$ 和平面 $A_2''$ 的角系数相等

图 2-15  两平行圆盘之间的角系数

$$F_{1\to2} = \frac{1}{A_1}\int_{A_1}\int_{A_2}\frac{\cos\theta_1\cos\theta_2}{\pi l^2}\mathrm{d}A_1\mathrm{d}A_2 = \int_0^R \frac{2l^2}{(x^2+l^2)^2}x\mathrm{d}x = \frac{R^2}{l^2+R^2} \qquad (2\text{-}83)$$

再由式（2-82）可得 $A_2$ 对 $A_1$ 的角系数为

$$F_{2\to1} = \frac{A_1}{A_2}\cdot F_{1\to2} = \frac{A_1}{A_2}\cdot\frac{R^2}{l^2+R^2} \qquad (2\text{-}84)$$

若 $A_2$ 的辐射亮度为 $L_2$，则 $A_1$ 接收 $A_2$ 的辐射功率为

$$P_{2\to1} = F_{2\to1}\pi L_2 A_2 = L_2\frac{\pi R^2}{l^2+R^2}A_1 \qquad (2\text{-}85)$$

$A_1$ 上的辐射照度为

$$E_1 = \frac{P_{2\to1}}{A_1} = L_2\frac{\pi R^2}{l^2+R^2} = \pi L_2\sin^2\theta_0 \qquad (2\text{-}86)$$

两个朗伯球的辐射出射度分别为 $M_1$ 和 $M_2$，半径分别为 $R_1$ 和 $R_2$，如图 2-16 所示，求两球间的角系数和两球的净辐射功率。

因为内球 $A_1$ 发射的辐射功率全部到达外球 $A_2$，所以 $F_{1\to2}=1$。

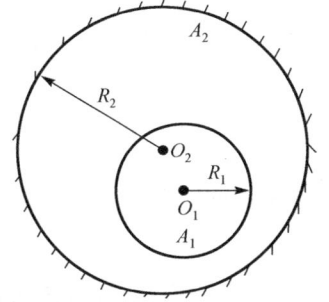

根据角系数的互换关系式

$$F_{2\to1} = F_{1\to2}\times\frac{A_1}{A_2} = \frac{R_1^2}{R_2^2} \qquad (2\text{-}87)$$

图 2-16  套在一起的球间的角系数

内球 $A_1$ 向外球 $A_2$ 传输的净辐射功率为

$$\Delta P_{1\to2} = P_{1\to2} - P_{2\to1} = F_{1\to2}M_1A_1 - F_{2\to1}M_2A_2 = (M_1-M_2)4\pi R_1^2 \qquad (2\text{-}88)$$

此式没有考虑二者之间的反射。

### 2.4.6  塔尔伯特定律

调制盘是一种齿轮式圆盘，是红外技术中常用的装置，利用其可以把发射到探测器上的辐射变为交变辐射，便于信息提取和进行抗干扰等操作。

假设一个带角度性开孔的调制盘旋转在辐射源和探测器之间，使辐射源仅有确定的部分可照射到探测器表面上，并且旋转速度足够快，使探测器感觉不到闪烁，那么接收面上的有效辐射量被减弱的程度等于辐射时间和总时间的比值，即通过调制盘的辐射量为

$$X = \frac{t}{t_0} \cdot X_0 = \frac{\theta}{360°} \cdot X_0 \tag{2-89}$$

式中，$t$ 为辐射量通过调制盘开口的时间，$t_0$ 为总的时间，$X_0$ 为原来的辐射量，$\theta$ 为调制盘上总开口的角度。式（2-89）称为塔尔伯特（Talbot）定律。

## 2.5 朗伯体的辐射量计算

（1）圆盘的辐射强度和辐射功率

设圆盘的辐射亮度为 $L$，面积为 $A$，如图 2-17 所示。圆盘在与其法线夹角为 $\theta$ 的方向上的辐射强度为

$$I_\theta = LA\cos\theta = I_0 \cos\theta \tag{2-90}$$

式中，$I_0 = LA$，是圆盘在其法线方向上的辐射强度。

圆盘向半球空间内发射的辐射功率为 $P$，按辐射亮度的定义有

$$dP = LA\cos\theta d\Omega \tag{2-91}$$

因为球坐标的 $d\Omega = \sin\theta d\theta d\varphi$，所以

$$P = LA\int_0^{2\pi} d\varphi \int_0^{\frac{\pi}{2}} \cos\theta \sin\theta d\theta = \pi LA = \pi I_0 \tag{2-92}$$

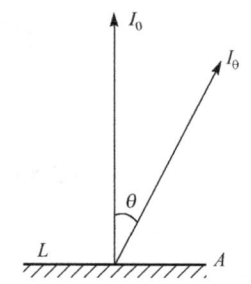

图 2-17 圆盘的辐射强度

也可根据辐射强度的定义，求得

$$P = \int_{2\pi} I_\theta d\Omega = \int_{2\pi} I_0 \cos\theta d\Omega = LA\int_0^{2\pi} d\varphi \int_0^{\frac{\pi}{2}} \cos\theta \sin\theta d\theta = \pi LA = \pi I_0 \tag{2-93}$$

或按朗伯辐射源的辐射规律 $M = \pi L$，同样可得

$$P = MA = \pi LA = \pi I_0 \tag{2-94}$$

可见，对于朗伯辐射面，利用辐射出射度来计算辐射功率最简单。

（2）球面的辐射强度和辐射功率

设球面的辐射亮度为 $L$，球的半径为 $R$，球的面积为 $A$，如图 2-18 所示，若球面在 $\theta = 0°$ 方向上的辐射强度为 $I_0$，则在球面上所取得的小面源 $dA = R^2\sin\theta d\theta d\varphi$，在 $\theta = 0$ 方向上的辐射强度为 $dI_\theta = LdA\cos\theta = LR^2\sin\theta\cos\theta d\theta d\varphi$，则

$$I_0 = \int_{2\pi} dI_0 = LR^2 \int_0^{2\pi} d\varphi \int_0^{\frac{\pi}{2}} \cos\theta \sin\theta d\theta = \pi LR^2 \tag{2-95}$$

同样可以求得球面在 $\theta$ 方向上的辐射强度 $I_\theta = I_0 = \pi LR^2$。可见球面在各方向上的辐射强度相等。

球面向整个空间内发射的辐射功率为

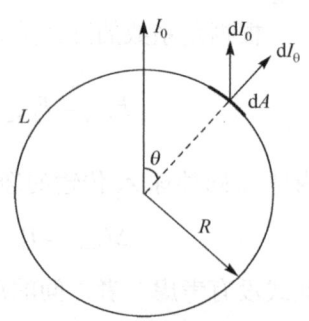

图 2-18 球面的辐射强度

$$P = \int_{4\pi} I_\theta d\Omega = \pi L R^2 \int_{4\pi} d\Omega = 4\pi^2 L R^2 = 4\pi I_0 \tag{2-96}$$

式中，$I_0 = \pi L R^2$，为球面的辐射强度。

(3) 半球球面的辐射强度和辐射功率

设半球球面的辐射亮度为 $L$，半径为 $R$，如图 2-19 所示，若球面在 $\theta = 0$ 方向上的辐射强度为 $I_0$，则有

$$I_0 = \pi L R^2 \tag{2-97}$$

半球球面在 $\theta$ 方向上的辐射强度为

$$I_\theta = \frac{1}{2}\pi L R^2 (1+\cos\theta) \tag{2-98}$$

可见半球球面在各方向上的辐射强度是不相等的。

半球球面向整个空间内发射的辐射功率为

$$P = \int_{4\pi} I_\theta d\Omega = \frac{1}{2}\pi L R^2 \int_0^{2\pi} d\varphi \int_0^\pi (1+\cos\theta)\sin\theta d\theta = 2\pi I_0 \tag{2-99}$$

以上计算针对的都是辐射亮度为常数的朗伯源的情况。对于非朗伯源，辐射亮度不是常数，而与方向有关。若给出辐射源的辐射亮度与方向的关系，则可利用式（2-11）求得辐射强度。

(4) 点源产生的辐射照度

设点源的辐射强度为 $I$，它与被照表面上 $x$ 点处面元 $dA$ 的距离为 $l$，$dA$ 的法线 $\boldsymbol{n}$ 与 $l$ 的夹角为 $\theta$，如图 2-20 所示，则发射到 $dA$ 上的辐射功率为 $dP = Id\Omega = IdA\cos\theta/l^2$，所以，点源在被照表面上 $x$ 点处产生的辐射照度为

$$E = \frac{dP}{dA} = \frac{I\cos\theta}{l^2} \tag{2-100}$$

此式就是辐射照度的距离平方反比定律。

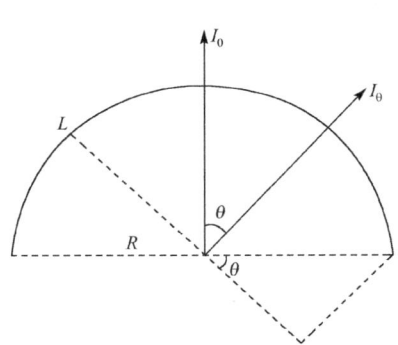

图 2-19 半球球面的辐射强度

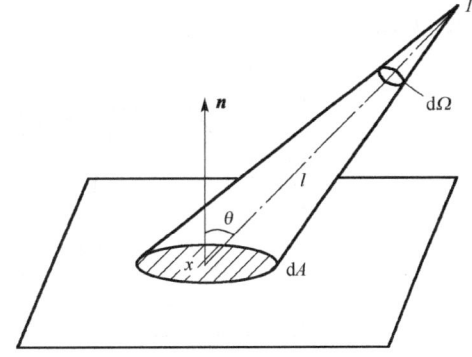

图 2-20 点源产生的辐射照度

(5) 小面源产生的辐射照度

设小面源的面积为 $\Delta A_s$，辐射亮度为 $L$，被照表面的面积为 $\Delta A$，$\Delta A_s$ 与 $\Delta A$ 的距离为 $l$，$\Delta A_s$ 和 $\Delta A$ 的法线与 $l$ 的夹角分别为 $\theta_s$ 和 $\theta$，如图 2-21 所示。

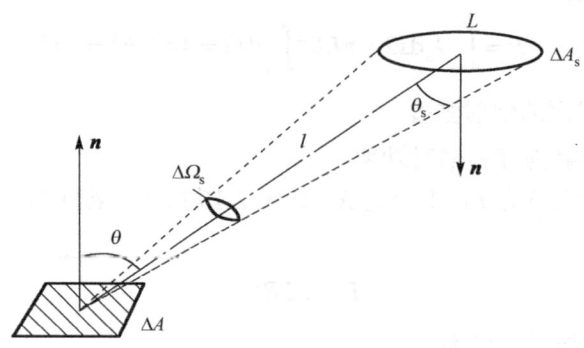

图 2-21 小面源产生的辐射照度

小面源 $\Delta A_s$ 的辐射强度为

$$I = L\cos\theta_s \Delta A_s \tag{2-101}$$

小面源产生的辐射照度为

$$E = \frac{I\cos\theta}{l^2} = L\Delta A_s \frac{\cos\theta_s \cos\theta}{l^2} \tag{2-102}$$

式（2-102）也可以直接利用立体角投影定理计算。小面源 $\Delta A_s$ 对被照点所张的立体角为 $\Delta\Omega_s = \Delta A_s \cos\theta_s / l^2$，由立体角投影定理有

$$E = L\Delta\Omega_s \cos\theta \tag{2-103}$$

应用以上公式时，要求小面源的线度（最大尺寸）比距离 $l$ 小得多。

（6）扩展源产生的辐射照度

设有一个朗伯大面积扩展源（如在室外工作的红外装置面对的天空背景），其各处的辐射亮度均相同。下面讨论在面积为 $A_d$ 的探测器表面上的辐射照度。

设探测器的半视场角为 $\theta_0$，在探测器的视场范围（扩展源被看到的部分）内的辐射源的面积为 $A_s = \pi R^2$，该辐射源与探测器之间的距离为 $l$，且辐射源表面与探测器表面平行，如图 2-22 所示，所以 $\theta_s = \theta_0$。

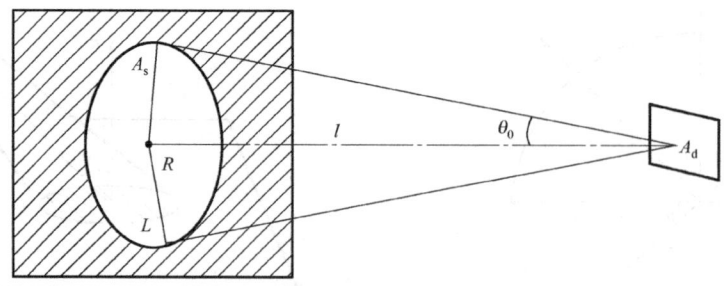

图 2-22 大面积扩展源产生的辐射照度

利用角系数的概念，由式（2-84）可知，辐射源对探测器的角系数为

$$F_{s\to d} = \frac{A_d}{A_s} \cdot \frac{R^2}{l^2 + R^2} \tag{2-104}$$

于是，从辐射源 $A_s$ 发射出的被 $A_d$ 接收的辐射功率为

$$P_{s \to d} = F_{s \to d} A_s \pi L = \frac{A_d}{A_s} \cdot A_s \pi L \cdot \frac{R^2}{l^2 + R^2} = A_d \pi L \cdot \frac{R^2}{l^2 + R^2} \tag{2-105}$$

则大面积扩展源在探测器表面上产生的辐射照度为

$$E = \frac{P_{s \to d}}{A_d} = \pi L \frac{R^2}{l^2 + R^2} = \pi L \sin^2 \theta_0 \tag{2-106}$$

对朗伯辐射源，$M = \pi L$，式（2-106）也可写为

$$E = M \sin^2 \theta_0 \tag{2-107}$$

由此可见，大面积扩展源在探测器上产生的辐射照度与扩展源的辐射出射度或辐射亮度成正比，与探测器的半视场角 $\theta_0$ 的正弦的平方成正比。如果探测器的视场角达到 $\pi$，扩展源面积又充满整个视场，那么在探测器表面上产生的辐射照度等于扩展源的辐射出射度，即当 $2\theta_0 = \pi$ 时，有

$$E = M \tag{2-108}$$

这是一个很重要的结论。

用互易定理求解，也可获得同样的结论：假设 $A_d$ 的辐射亮度也为 $L$，则按互易定理有

$$P_{s \to d} = P_{d \to s} \tag{2-109}$$

即朗伯圆盘与接收面 $A_d$ 之间相互传输的辐射功率相等。而 $A_d$ 向朗伯圆盘发射的辐射功率为

$$P_{d \to s} = \int_\Omega L A_d \cos \theta d\Omega = \int_0^{2\pi} d\varphi \int_0^{\theta_0} L A_d \sin \theta \cos \theta d\theta = \pi L A_d \sin^2 \theta_0 \tag{2-110}$$

所以圆盘在 $A_d$ 上产生的辐射照度为

$$E = \frac{P_{s \to d}}{A_d} = \frac{P_{d \to s}}{A_d} = \pi L \sin^2 \theta_0 \tag{2-111}$$

此公式与大面积扩展源产生的辐射照度的式（2-106）相同。在某些情况下，使用互易定理可使计算过程大幅简化。

下面讨论将辐射源作为小面源（点源）的近似条件和误差。从图 2-22 可得到

$$\sin^2 \theta_0 = \frac{R^2}{l^2 + R^2} \tag{2-112}$$

包括在探测器视场范围内的辐射源的面积为 $A_s = \pi R^2$，所以式（2-106）可改写为

$$E = L \cdot \frac{A_s}{l^2 + R^2} \tag{2-113}$$

若 $A_s$ 小到可近似为小面源（点源），则它在探测器上产生的辐射照度，可由式（2-103）（此时 $\theta_s = \theta_0 = 0$）得到

$$E_0 = L \cdot \frac{A_s}{l^2} \tag{2-114}$$

所以，从式（2-113）和式（2-114）可得到，将辐射源视为小面源（点源）的相对误差为

$$\frac{E_0 - E}{E} = \left(\frac{R}{l}\right)^2 = \tan^2\theta_0 \qquad (2\text{-}115)$$

式中，$E$ 是通过精确计算得到的扩展源产生的辐射照度，$E_0$ 是将扩展源视为小面源（点源）进行近似时得到的辐射照度。

若当 $R/l \leq 1/10$，即 $l \geq 10R$（$\theta_0 \leq 5.7°$）时，则有

$$\frac{E_0 - E}{E} \leq \frac{1}{100} \qquad (2\text{-}116)$$

式（2-116）表明，如果扩展源的线度小于或等于扩展源与被照表面之间距离的 1/10，或者扩展源对探测器所张的半视场角 $\theta_0 \leq 5.7°$，那么可将扩展源作为小面源来进行计算，所得到的辐射照度与精确计算值的相对误差将小于或等于 1/100。

（7）线状辐射源产生的辐射照度

如果一个辐射亮度均匀、各方向相同的圆柱形辐射源的直径与其长度之比相对很小，那么可将它视为一条细线状的辐射源，简称线状辐射源，例如，日光灯、管状碘钨灯、能斯特灯、硅碳棒和陶瓷远红外加热管等均属于此类辐射源。线状辐射源的辐射强度分布曲线如图 2-23 所示，是以其本身为对称轴并相切于 $O$ 点的圆环。

设线状辐射源的长度为 $l$、半径为 $R$、辐射亮度为 $L$，如图 2-23 所示，则在与线状辐射源垂直方向上的辐射强度为 $I_0 = 2LRl$，在与其法线夹角为 $\alpha$ 的方向上的辐射强度为 $I_\alpha$，有

$$I_\alpha = I_0 \cos\alpha \qquad (2\text{-}117)$$

因为 $\theta$ 与 $\alpha$ 互为余角，所以

$$I_\theta = I_0 \sin\theta \qquad (2\text{-}118)$$

下面计算线状辐射源发射的总功率，为此采用球坐标系，如图 2-23 所示。显然，由于辐射强度具有对称性，$I_\alpha$ 仅与 $\theta$（或 $\alpha$）有关，而与 $\varphi$ 无关。首先在 $\theta$ 方向上取一立体角元 $d\Omega$，在该立体角元中，线状辐射源发射的功率为

$$dP = I_\theta d\Omega = I_0 \sin\theta d\theta d\varphi \qquad (2\text{-}119)$$

又因为 $I_\theta = I_0 \sin\theta$，所以

$$dP = I_0 \sin^2\theta d\theta d\varphi \qquad (2\text{-}120)$$

线状辐射源发射的总辐射功率为

$$P = I_0 \int_0^{2\pi} d\varphi \int_0^\pi \sin^2\theta d\theta = \pi^2 I_0 \qquad (2\text{-}121)$$

直接利用辐射出射度计算得

$$P = 2\pi Rl M = 2\pi^2 LRl = \pi^2 I_0 \qquad (2\text{-}122)$$

下面讨论有限线状辐射源产生的辐射照度。如图 2-24 所示，$AB$ 代表一个线状辐射源，其辐射亮度为 $L$，长为 $l$，半径为 $R$，求在 $X$ 点处的辐射照度。

设单位长度上的最大辐射强度用 $I_1 = I_0/l = 2LR$ 表示，$X$ 点到线状辐射源的垂直距离用 $h$ 表示，$XB$、$XA$ 与 $XC$ 的夹角分别用 $\alpha_1$ 和 $\alpha_2$ 表示，借助这些量，可以得到 $X$ 点的辐射照度公式。

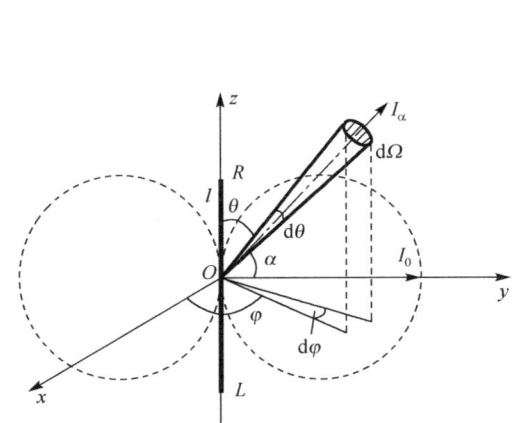

图 2-23　线状辐射源的辐射强度分布曲线

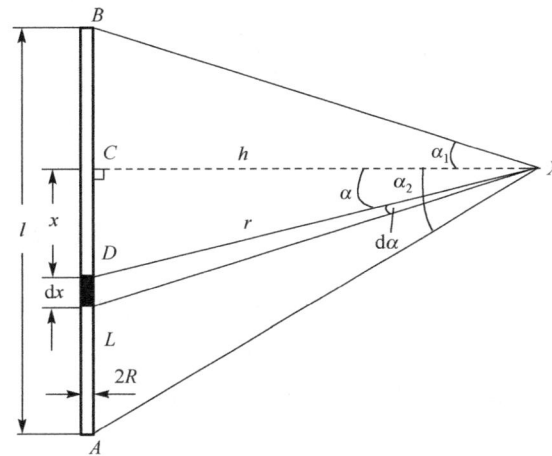

图 2-24　有限线状辐射源在 X 点处的辐射照度

首先计算线状辐射源 AB 上的一微长度 dx 对 X 点所产生的辐射照度。设 dx 位于图中距 C 点距离为 x 的 D 处，距离 DX 用 r 表示，dx 对 X 点的张角为 dα。dx 在 DX 方向上的辐射强度为

$$dI_\alpha = I_1 dx \cos\alpha \tag{2-123}$$

而 dx 在 X 点的辐射照度为

$$dE_\alpha = \frac{dI_\alpha}{r^2}\cos\alpha \tag{2-124}$$

式中的 r 和 dx 可以用 h、α 表示，即

$$r = \frac{h}{\cos\alpha}, \quad x = h\tan\alpha \tag{2-125}$$

$$dx = \frac{h d\alpha}{\cos^2\alpha} \tag{2-126}$$

将上述各量代入式（2-124），则有

$$dE_\alpha = I_1 \frac{1}{h}\cos^2\alpha\, d\alpha \tag{2-127}$$

在 $\alpha_1 \sim \alpha_2$ 范围内进行积分，可得线状辐射源 AB 在 X 点处的辐射照度为

$$E = \int dE_\alpha = I_1 \frac{1}{h}\int_{\alpha_1}^{\alpha_2}\cos^2\alpha\, d\alpha = I_1 \times \frac{1}{h} \times \frac{1}{4}[2|\alpha_2 - \alpha_1| + |\sin 2\alpha_1 - \sin 2\alpha_2|] \tag{2-128}$$

在图 2-24 中，BC 段上任一点到 X 的线段与 XC 所成角度均为负值，所以在式（2-128）中，$\alpha_1$ 为负值。如果 X 点位于该线状辐射源中心垂直向外的地方，此时 AB 对 X 点的张角为 $2\alpha$。在这种情况下，式（2-128）中的 $\alpha_1$ 和 $\alpha_2$ 数值相等、符号相反，所以有

$$E = \frac{I_1}{h} \times \frac{1}{2}(2\alpha + \sin 2\alpha) \tag{2-129}$$

因为 $\tan\alpha = l/2h$，所以因子 $(2\alpha + \sin 2\alpha)/2$ 可由 l 和 h 之比求得。

现在对式（2-129）的两种极端情况进行讨论。

第一种情况是 $h \gg l$。在这种情况下，可以把线状辐射源 $AB$ 视为位于 $C$ 点的点源，其辐射强度为

$$I_0 = I_1 l \tag{2-130}$$

所以，$X$ 点的辐射照度为

$$E = \frac{I_0}{h^2} = \frac{I_1 l}{h^2} \tag{2-131}$$

计算结果表明，当 $h/l = 2$ 时，用式（2-131）代替式（2-129）所带来的相对误差是 4%。如果 $h/l \gg 2$，那么误差会更小。

第二种情况是 $h \ll l$。在这种情况下，$\alpha = \pi/2$，所以式（2-129）转化为

$$E = \frac{\pi}{2} \cdot \frac{I_1}{h} \tag{2-132}$$

计算结果表明，当 $h < l/4$ 时，用式（2-132）代替式（2-129）可以得到足够精确的结果。

（8）简单几何形状辐射源的辐射特性

任何一个辐射源的辐射，都可用如下三个基本参数来描述：辐射源的总辐射功率、辐射的空间分布和辐射的光谱分布。

总辐射功率 $P$ 就是目标在各个方向上所发射的辐射功率的总和，也就是目标的辐射强度 $I$ 对整个发射立体角的积分，即

$$P = \int_{\text{发射立体角}} I \text{d}\Omega \tag{2-133}$$

辐射的空间分布表征辐射强度在空间的分布情况。

辐射的光谱分布表征物体的辐射能量在不同波长（或光谱区域）上的数值。

在一般情况下，任何目标的辐射都是由辐射源的固有辐射和它的反射辐射组成的。目标的固有辐射取决于它的表面温度、形状、尺寸和辐射表面的性能等。如表 2-5 所示为几种简单形状的均匀辐射源的空间分布，根据该表，通过综合方法，可以简化复杂形状辐射源的计算过程。

表 2-5 简单形状的均匀辐射源的空间分布

| 辐射体类型 | | 辐射强度 | 辐射指向 | 辐射功率 |
|---|---|---|---|---|
| 圆盘 | 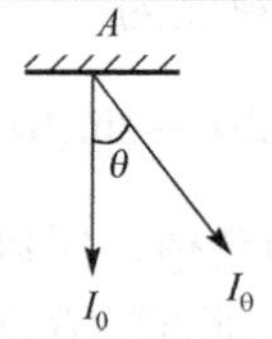 | $I_\theta = I_0 \cos\theta$<br>式中，$I_0 = LA$ | 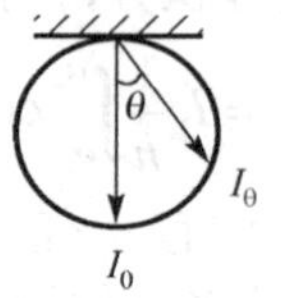 | $P = \pi I_0$ |
| 球 | 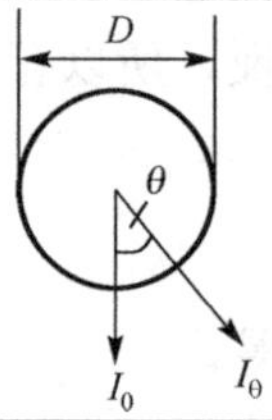 | $I_\theta = I_0 = L \cdot \dfrac{\pi D^2}{4}$ | 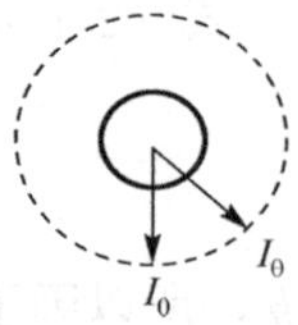 | $P = 4\pi I_0$ |

(续表)

| 辐射体类型 | | 辐射强度 | 辐射指向 | 辐射功率 |
|---|---|---|---|---|
| 半球 | | $I_\theta = \dfrac{I_0}{2}(1+\cos\theta)$<br>式中，$I_0 = L \cdot \dfrac{\pi D^2}{4}$ | | $P = 2\pi I_0$ |
| 圆柱 | | $I_\theta = I_\perp \sin\theta$<br>式中，$I_\perp = LHD$ | | $P = \pi^2 I_\perp$ |
| 有球面底的圆柱 | | $I_\theta = \dfrac{I_0}{2}(1+\cos\theta) + I_\perp \sin\theta$<br>式中，$I_0 = L \cdot \dfrac{\pi D^2}{4}$，$I_\perp = LHD$ | | $P = 2\pi I_0 + \pi^2 I_\perp$ |

## 小　结

本章列出了辐射能、辐射功率、辐射强度等基本辐射量，以及光谱辐射量、光子辐射量、光度量等诸多辐射量的参数，掌握各自的定义式，才能准确地表达所需的量。同样，朗伯辐射体作为新的概念，通过本章内容的学习应重点理解、掌握它具有哪些特征。朗伯辐射度量中的基本规律包括距离平方反比定律、互易定理、立体角投影定理、森普纳（Sumpner）定理等，这些规律是研究问题的基础和必要工具。本章通过多个实例来计算辐射量的参数，以使读者更直观地理解和掌握。

## 习　题

2-1　名词解释。

辐射能、辐射强度、辐射照度、光子辐射强度、光子辐射照度。

2-2　填空题。

（1）辐射出射度是描述_____的量。辐射源单位表面积向_____发射的_____称为辐射出射度，用_____表示。

（2）辐射出射度是_____所发射的辐射功率在_____分布特性的描述，它是辐射功率在某一点附近的_____的度量。

（3）辐射亮度是描述_____的量，其描述如下：辐射源在某一方向上的辐射亮度是指在该方向上的_____向_____中发射的辐射功率，用_____表示。

（4）辐射源一般分为_____源和_____源，其中_____源是其物理尺寸可以忽略不计，理论上可将其抽象为一个点的辐射源。

(5) 辐射照度和_____具有相同的物理量，它们之间的定义式相似，但二者的物理意义不同。

(6) 大量统计实验表明，在光照足够的条件下，标准人眼对波长为_____nm 的光最灵敏，一般平均光谱光视效能的最大值为_____lm/W。

(7) 人眼视网膜上分布着两种感光细胞_____和_____，其中_____细胞不能分辨颜色。

(8) 发光效率的单位是_____，1kW 的电炉没有 1kW 的灯泡亮，是因为后者的发光效率比前者____。

(9) 若辐射源在各个方向上的辐射亮度不变，则其被称为_____体。

(10) 辐射的总功率、_____、_____这三个参数一般用来描述辐射源的辐射特性。

(11) 若探测器的视场角为 π，辐射源面积充满整个视场，则探测器表面上的辐射照度等于_____。

(12) 朗伯体辐射度量中的基本规律有_____、_____、立体角投影定理、_____和_____。

2-3  已知一点辐射源，其辐射强度为 2.5W/sr，求与其距离为 50cm 的仪器（仪器物镜面积是 25cm$^2$）所接收到的辐射功率。

2-4  一点辐射源在上半空间发射出的辐射通量为 62.8W，求该辐射源在上半空间的平均辐射强度。

2-5  房间的尺寸为 4.58m×3.66m，用 100cd 的电灯照明，灯悬于天花板中央，离地 2.44m，求地面上不同位置（具体如下）的照度：

(1) 灯的正下方；

(2) 房屋的一角（假设灯在各个方向上的发光强度均相同）。

2-6  如题 2-6 图所示，小面源的面积为 $A_s$，辐射亮度为 $L$，写出与其距离为 $l$ 和 $l/\cos\theta$ 的接收面 $A_d$ 在如图所示的 5 个位置上所接收的辐射功率。

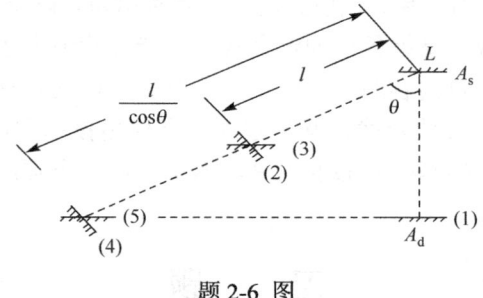

题 2-6 图

2-7  阳光在垂直地照射地面时，其照度为 $10^5$ lx。现认为太阳是朗伯辐射体，并忽略大气衰减，已知地球的轨道半径为 $1.5\times10^8$ km，太阳的直径为 $1.4\times10^6$ km，求太阳的辐射亮度。

2-8  有一个半径为 1m 的圆形桌子，在桌子中心正上方 2m 高处放置一点光源，这时桌面中心的照度为 90.01lx，桌面其他点处的照度随中心距离的增大而减小。当把光源置于离桌子中心 3m 高处时，求桌面中心和边缘处的照度。

2-9  已知飞机尾喷口的直径 $D_s = 60$cm，光学接收系统的直径 $D = 30$cm，飞机尾喷口与光学接收系统的距离 $d = 1.8$km。当飞机尾喷口的辐射出射度 $M = 1$W/cm$^2$ 时，忽略大气的影响，求光学接收系统所接收的辐射功率。

2-10  面积为 $A$ 的面元按余弦发射体发出辐射，其辐射亮度为 $L$，在与其法线夹角为 $\theta$ 的方向上发出辐射，求在与 $A$ 平行且距离为 $d$ 的平面上一点 $B$ 处产生的辐射照度。如果把 $B$ 点所在的平面在 $B$ 处逆时针

转动角度 $\varphi$，那么在 $B$ 点处的辐射照度如何？

2-11 如题 2-11 图所示，一主动红外系统所发射的辐射被一圆盘目标漫反射，该系统所发射的辐射强度为 $I_s$，接收孔径为 $D_0$，目标的半径为 $R$，漫反射率为 $\rho$，目标与系统的距离为 $l$，大气透过率为 1。试证明系统接收目标反射的辐射功率为 $\pi R^2 D_0^2 I_s \rho / 4l$。

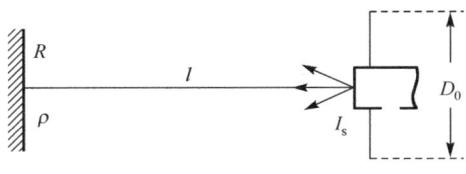

题 2-11 图

2-12 半径为 $R$ 的球体，其表面为朗伯辐射面，辐射亮度为 $L$，求在与球心距离为 $l$ 处的点上，球所产生的辐射照度的表达式。

2-13 证明如题 2-13 图所示的点源向圆盘发射的辐射功率（$I$ 为点源的辐射强度）为

$$P = 2\pi I \left(1 - \frac{1}{\sqrt{1+R^2/l^2}}\right)$$

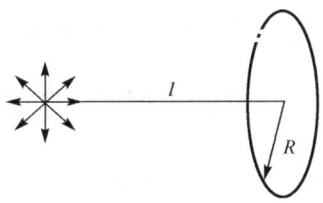

题 2-13 图

2-14 两个点源 $A$、$B$ 的距离为 $l$，它们的辐射强度分别为 $I_1$ 和 $I_2$，求 $AB$ 连线上两个点源产生辐射照度相等的点与 $A$ 的距离。

# 参 考 文 献

[1] 张建奇. 红外物理[M]. 2 版. 西安：西安电子科技大学出版社，2013.
[2] 叶玉堂，刘爽. 红外与微光技术[M]. 北京：国防工业出版社，2010.
[3] 张敬贤，李玉丹，金伟其. 微光与红外成像技术[M]. 北京：北京理工大学出版社，1995.
[4] 石晓光，宦克为，高兰兰. 红外物理[M]. 杭州：浙江大学出版社，2013.

# 第 3 章 热辐射的基本规律

## 引　言

热辐射是自然界中普遍存在的现象，它不依赖任何外界条件而存在。一切物体，只要其温度高于热力学零度，就会产生不同程度的辐射，如太阳对大地的照射、高炉内发出的炙热火焰等都是最常见的热辐射现象。热辐射遵循一定的规律，迄今为止，人类已经建立了完整的热辐射理论，包括基尔霍夫定律和普朗克辐射定律，并在此基础上推导出了普朗克辐射定律的特殊形式——维恩位移定律和斯蒂芬-玻尔兹曼定律。这些定律是研究物体红外热成像特性的基本依据，对红外热成像技术的发展具有十分重要的意义。

本章内容：(1)讨论任意物体在热平衡条件下的辐射规律，即基尔霍夫定律；(2)讨论黑体的辐射规律，即普朗克辐射定律、维恩位移定律、斯蒂芬-玻尔兹曼定律；(3)通过确定某温度下物体的光谱发射率，可得出任意物体的辐射特性，并将其与黑体辐射联系起来。

## 3.1　物体发光类型

物体的发光过程（物体的辐射）实际上是消耗能量的过程，消耗的能量一般有两种：一种是物体本身的能量；另一种是物体从外界获得的能量。根据能量供给方式的不同，可将物体发光分为以下几种类型。

(1) 化学发光：物体的发光是由物体内部的化学变化所引起的，如腐木的辉光、磷在空气中渐渐氧化的辉光等，都属于化学发光。在这种情况下，辐射能的发射与物质成分的变化和物质内能的减少是同时进行的。

(2) 光致发光：物体的发光是由预先照射或不断照射所引起的。在这种情况下，要想维持发光，必须以光的形式把能量不断地传输给发光物体，即消耗的能量是由外光源来提供的。

(3) 电致发光：物体发出的辉光是由电的作用直接引起的。这类常见的辉光一般是气体或金属蒸气在放电作用下产生的。放电可以有多种形式，如辉光放电、电弧放电、火花放电等。在这些情况下，辐射所需要的能量是由电能直接转化而来的。除此之外，用电场加速电子并轰击某些固体材料也可产生辉光，如变像管、显像管、荧光屏的发光就属于这类情况。

(4) 热辐射：物体在一定温度下发出电磁辐射。显然，要使物体发出辐射，就必须给物体加热。热辐射的性质可由热力学来预测和解释，且如果理想热辐射体的表面温度已知，那么其热辐射性质就可以完全确定。一般的钨丝灯发光表面上看似为电致发光，其实，因为所供给灯丝的电能并不直接转化为辐射能，而是首先转化为热能，使钨丝灯的温度升高，导致发光，所以钨丝灯的辐射属于热辐射。

除了极高温的情况，热辐射一般处于红外波段，所以又称为红外辐射。在所有的发光中，只有热辐射是一种能量交换过程，即平衡辐射。

## 3.2 基尔霍夫定律

物体在向周围发射辐射能的同时，也在吸收周围物体所释放的辐射能。若物体吸收的辐射能大于同一时间所发射的辐射能，则其总能量将增大，温度升高；反之，总能量减小，温度降低。

当辐射能入射到物体表面时，将发生三种过程：一部分能量被物体吸收；一部分能量被物体表面反射；一部分能量被透射。对于不透明的物体来说，一部分能量被吸收，另一部分能量从表面反射出去。

1885 年，由德国物理学家基尔霍夫（Gustav Robert Kirchhoff，如图 3-1 所示）提出了基尔霍夫定律，该定律是热辐射理论的基础之一。它不仅定量地描述了物体发射的能量和吸收的能量间的关系，而且指出一个好的吸收体必然是一个好的发射体。

（1）基尔霍夫定律

如图 3-2 所示，任意物体 $A$ 置于一等温腔内，腔内为真空。物体 $A$ 在吸收腔内辐射的同时又在发射辐射，直至物体 $A$ 与腔壁达到同一温度 $T$，这时称物体 $A$ 与等温腔达到了热平衡状态。在热平衡状态下，物体 $A$ 发射的辐射功率等于它所吸收的辐射功率，否则物体 $A$ 的温度将不能保持在 $T$。于是有

$$M = \alpha E \tag{3-1}$$

式中，$M$ 是物体 $A$ 的辐射出射度，$\alpha$ 是物体 $A$ 的吸收率，$E$ 是物体 $A$ 上的辐射照度。则式（3-1）可表示为

$$\frac{M}{\alpha} = E \tag{3-2}$$

这是基尔霍夫定律的另一种表达式，即在热平衡条件下，物体的辐射出射度与其吸收率的比值等于空腔中的辐射照度，这与物体的性质无关。物体的吸收率越大，它的辐射出射度就越大，即好的吸收体必然是好的发射体。

图 3-1 德国物理学家基尔霍夫

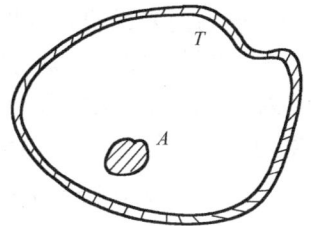

图 3-2 等温腔内的物体

对于不透明的物体，透射率为 0，则 $\alpha = 1 - \rho$，其中 $\rho$ 是物体的反射率。这表明好的发射体必是弱的反射体。

式（3-2）用光谱量可表示为

$$\frac{M_\lambda}{\alpha_\lambda} = E_\lambda \tag{3-3}$$

（2）密闭空腔中的辐射为黑体辐射

所谓黑体（或绝对黑体），是指在任何温度下都能够全部吸收任何波长入射辐射的物体。按此定义，黑体的反射率和透射率均为 0，吸收率为 1，即

$$\alpha_{bb} = \alpha_{\lambda bb} = 1 \tag{3-4}$$

式中，下角标 bb 代表黑体。

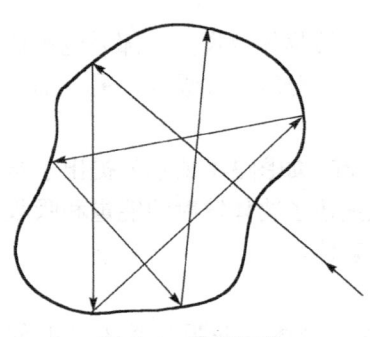

图 3-3 黑体模型

黑体是一个抽象或理想化的概念，自然界中并不存在真正的黑体。然而，一个开有小孔的空腔可视为一个黑体模型。如图 3-3 所示，在一个密封的空腔上开一个腔孔，当一束入射辐射由腔孔进入空腔后，在腔体表面上要经过多次反射，每反射一次，辐射就被吸收一部分，最后只有极少量的辐射从腔孔逸出。例如，腔壁的吸收率为 0.9，进入空腔内的辐射功率只进行三次反射，就可吸收入射辐射功率的 99.9%，此时可认为进入空腔的辐射被完全吸收。因此，腔孔的辐射相当于一个面积等于腔孔面积的黑体辐射。

现在来证明，密闭空腔中的辐射是黑体辐射，若在图 3-2 中，真空腔体中放置的物体 $A$ 是黑体，则由式（3-3）可得

$$E_\lambda = M_{\lambda bb} \tag{3-5}$$

即黑体的光谱辐射出射度等于空腔容器内的光谱辐射照度。而空腔在黑体上产生的光谱辐射照度可由大面源所产生的辐照公式 $E_\lambda = M_\lambda \sin^2 \theta_0$ 求得。由于黑体对大面源空腔所张的半视场角 $\theta_0 = \pi/2$，因此 $\sin^2 \theta_0 = 1$，于是得到 $E_\lambda = M_\lambda$，即空腔在黑体上的光谱辐射照度等于空腔的光谱辐射出射度。与式（3-5）联系，可得

$$M_\lambda = M_{\lambda bb} \tag{3-6}$$

即密闭空腔的光谱辐射出射度等于黑体的光谱辐射出射度。所以，密闭空腔中的辐射即为黑体的辐射，而与构成空腔的材料的性质无关。

（3）辐射亮度与能量密度的关系

以均匀的辐射场为例来说明。首先确定辐射到达某给定立体角元 $d\Omega$ 的那部分场对能量密度的贡献，然后把所有可能方向对能量密度的贡献相加。为此，在辐射场中取一面元 $dA$，如图 3-4 所示。$dA$ 在与其法线夹角为 $\theta$ 的方向上，在立体角元 $d\Omega$ 内的辐射功率为

$$d^2 P = L dA \cos\theta d\Omega \tag{3-7}$$

式中，$L$ 为 $dA$ 的辐射亮度。在 $dt$ 时间内，通过 $dA$ 的能量为

$$d^3 Q = L dA \cos\theta d\Omega dt \tag{3-8}$$

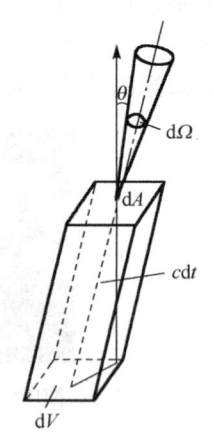

图 3-4 辐射亮度与能量密度的关系

由于该能量包含在以 $dA$ 为底，以 $cdt\cos\theta$ 为高的体积内（$c$ 为光速），因此包含的能量密度为

$$d\omega = \frac{d^3 Q}{d^3 V} = \frac{L dA \cos\theta d\Omega dt}{dA c dt \cos\theta} = \frac{L d\Omega}{c} \tag{3-9}$$

场内所有方向对 $d\omega$ 的贡献为

$$\omega = \int d\omega = \frac{4\pi L}{c} \tag{3-10}$$

或

$$L = \frac{c\omega}{4\pi} \tag{3-11}$$

因为能量密度 $\omega$ 与光子数密度 $n$ 的关系为 $\omega = nh\nu$，辐射亮度 $L$ 与光子辐射亮度 $L_p$ 的关系为 $L/h\nu = L_p$，所以有

$$L_p = \frac{cn}{4\pi} \tag{3-12}$$

（4）黑体为朗伯辐射体

前面已经证明了密闭等温空腔中的辐射为黑体辐射，在此将推证黑体辐射遵循朗伯体辐射规律。

如图 3-5 所示，在一密闭等温空腔中取一假想的 $dA$，其辐射亮度为 $L$，根据立体角投影定理可知，$dA$ 在腔壁上的辐射照度为

$$dE = L\cos\theta d\Omega \tag{3-13}$$

利用式（3-13）对 $2\pi$ 立体角求积分，可得腔壁上的总辐射照度为

$$E = \int_{2\pi} L\cos\theta d\Omega \tag{3-14}$$

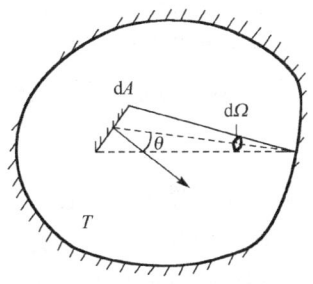

图 3-5 腔壁的辐射照度

由空腔的等温性可知，其能量密度是均匀的，按式（3-11），辐射亮度应为常数，与方向无关，于是有

$$E = \pi L = \frac{c\omega}{4} \tag{3-15}$$

假如在腔壁上开一个腔孔，腔内辐射将通过腔孔向外辐射。腔孔的辐射出射度就等于腔壁的总辐射照度，即 $M = E = \pi L$。这说明腔孔的辐射遵循朗伯体辐射规律，或称腔孔为朗伯源。

## 3.3 普朗克辐射定律

图 3-6 马克斯·普朗克

基尔霍夫定律指出黑体辐射出射度与波长和温度有关，因此寻找黑体辐射出射度的具体函数关系式成为研究热辐射理论的最基本的问题。历史上曾进行了很长时间的理论和实验研究，然而用经典理论得到的公式始终不能完全解释实验事实。直到 1900 年，德国物理学家、量子物理学的创始人马克斯·普朗克（Max Planck，如图 3-6 所示）提出了一种与经典理论完全不同的学说，才建立了与实验完全符合的辐射出射度公式。

普朗克公式是确定黑体辐射光谱分布的公式，又称为普朗克辐射

定律。它是黑体辐射理论的基本定律,在近代物理学发展中具有极其重要的作用。马克斯·普朗克首先将微观粒子能量不连续的假设用于普朗克公式的推导上,并借助空腔与谐振子理论,确定了物体的波长和温度与黑体的辐射出射度之间的关系,并得到了与实验结果一致的结论,从而奠定了量子论的基础。

(1) 普朗克公式的推导

由于普朗克公式可解决基尔霍夫定律提出的普适函数问题,因此它是黑体辐射理论的最基本公式之一,在此采用半经典的推导方法进行此公式的推导。以空腔为黑体模型,将空腔壁的原子视为电磁振子,发射的电磁波在空腔内叠加而形成驻波。当空腔处于热平衡状态时,空腔中形成稳定的驻波。首先确定空腔中的驻波数,即模式数;然后利用普朗克假设和玻尔兹曼分布规律确定每种模式的平均能量;最后求出单位体积和波长间隔内的辐射能量,可得到普朗克公式。

① 光子的状态和状态数。在经典力学中,质点的运动状态完全由其坐标 $(x,y,z)$ 和动量 $(p_x,p_y,p_z)$ 确定。若采用由广义笛卡儿坐标 $(x,y,z,p_x,p_y,p_z)$ 组成的六维空间来描述质点的运动状态,则将这六维空间称为相空间。相空间内的点表示质点的一种运动状态。由于受量子力学的测不准关系的制约,光子的运动状态和经典宏观质点的运动状态有着本质的区别。测不准关系表明:微观粒子的坐标和动量不能同时被准确测定。在三维运动情况下,测不准关系为

$$\Delta x \Delta y \Delta z \Delta p_x \Delta p_y \Delta p_z = h^3 \tag{3-16}$$

式中, $h$ 为普朗克常数。

在相空间中,一个光子对应的相空间体积元为 $h^3$,该相空间体积元称为相格。光子的运动状态在相空间中对应的不是一个点,而是一个相格。从式(3-16)可得出一个相格所占的坐标空间体积为

$$\Delta x \Delta y \Delta z = \frac{h^3}{\Delta p_x \Delta p_y \Delta p_z} \tag{3-17}$$

现在考虑一个体积为 $V$ 的空腔内的光子的集合。设空腔线度远远大于光子的波长,光子频率连续分布,光子的行进方向按 $4\pi$ 立体角均匀分布。该空腔内的光子集合所包含的所有可能状态是与相空间一定的相体积对应的。动量绝对值位于 $p \sim p+\mathrm{d}p$ 范围内的光子集合所对应的体积为

$$V_{相} = 4\pi p^2 \Delta p V \tag{3-18}$$

利用关系 $p=mc=h\nu/c$($m$ 为光子的运动质量,$c$ 为光速,$\nu$ 为光子的频率),将式(3-18)转化为频率 $\nu \sim \nu+\mathrm{d}\nu$ 范围内的光子集合所对应的相体积

$$V_{相} = 4\pi \frac{h^3}{c^3} \nu^2 \Delta \nu V \tag{3-19}$$

由于一个光子状态对应的相空间体积元为 $h^3$,因此按式(3-19)可得空间 $V$ 内频率处于 $\Delta \nu$ 内的光子集合所对应的状态数为

$$g_{\Delta \nu} = 4\pi \frac{\nu^2}{c^3} \Delta \nu V \tag{3-20}$$

若进一步考虑光子的偏振特性,则式(3-20)可表示为

$$g_{\Delta\nu} = 8\pi \frac{\nu^2}{c^3} \Delta\nu V \tag{3-21}$$

② 电磁波的模式数。根据经典的电磁理论，单色平面波函数是麦克斯韦方程的一种特解，而麦克斯韦方程的通解可表示为一系列单色平面波的线性叠加。在自由空间内，具有任意波矢 $k$ 的单色平面波都可以存在。但在一个有边界条件限制的空间 $V$ 内，只能存在一系列独立的具有特定波矢 $k$ 的平面单色驻波。这种能够存在的驻波称为电磁波的模式，在 $V$ 内能够存在的平面单色驻波数即为模式数或状态数。

现在来确定空腔内的模式数。设对于空腔体积为 $V = \Delta x \Delta y \Delta z$ 的立方体，空腔线度远大于电磁波的波长 $\lambda$。沿 3 个坐标轴传播的波分别满足驻波条件，即

$$\Delta x = m\frac{\lambda}{2}, \quad \Delta y = n\frac{\lambda}{2}, \quad \Delta z = q\frac{\lambda}{2} \tag{3-22}$$

式中，$m$、$n$、$q$ 为正整数。而波矢 $k$ （$k = 2\pi/\lambda$）应满足的条件为

$$k_x = m\frac{\pi}{\Delta x}, \quad k_y = n\frac{\pi}{\Delta y}, \quad k_z = q\frac{\pi}{\Delta z} \tag{3-23}$$

一组正整数 $m$、$n$、$q$ 对应腔内的一种模式。

如果在以 $k_x$、$k_y$、$k_z$ 为轴的直角坐标系（波矢空间）中表示波的模式，那么每种模式都对应波矢空间的一个点。在 3 个坐标方向上，每种模式与相邻模式的间隔为

$$\Delta k_x = \frac{\pi}{\Delta x}, \quad \Delta k_y = \frac{\pi}{\Delta y}, \quad \Delta k_z = \frac{\pi}{\Delta z} \tag{3-24}$$

因此，每种模式在波矢空间中占有的一个体积元为

$$\Delta k_x \Delta k_y \Delta k_z = \frac{\pi^3}{\Delta x \Delta y \Delta z} = \frac{\pi^3}{V} \tag{3-25}$$

在 $k$ 空间，波矢绝对值位于 $k \sim k + \Delta k$ 范围内的体积为 $4\pi k^2 \Delta k/8$，即在该体积内的模式数为

$$g_{\Delta k} = \frac{1}{8} \times 4\pi k^2 \Delta k \frac{V}{\pi^3} \tag{3-26}$$

利用 $k = 2\pi/\lambda = 2\pi\nu/c$ 和 $\Delta k = 2\pi\Delta\nu/c$ 关系式，可将式（3-26）转化为频率位于 $\nu \sim \nu + \Delta\nu$ 范围内的模式数

$$g_{\Delta\nu} = 4\pi \frac{\nu^2}{c^3} \Delta\nu V \tag{3-27}$$

考虑同一 $k$ 有两种不同的偏振，则式（3-27）应为

$$g_{\Delta\nu} = 8\pi \frac{\nu^2}{c^3} \Delta\nu V \tag{3-28}$$

将式（3-28）与式（3-21）进行比较，可看出光子态和电磁波模式是等效的，光子的状态数与电磁波的模式数是相同的。

③ 普朗克公式。普朗克假设在一个等温空腔内，电磁波每种模式的能量是不连续的，只能取 $E_n = nh\nu$ （$n = 1, 2, 3, \cdots$）中的任意一个值。而腔内电磁波的模式与光子态相对应，即

光子态的能量也不能取任意值,而只能取一系列不连续的值。

根据普朗克的这一假设,每种模式的平均能量为

$$\overline{E} = \frac{\sum_{n=0}^{\infty} nh\nu e^{-nh\nu/K_BT}}{\sum_{n=0}^{\infty} e^{-nh\nu/K_BT}} = \frac{\sum_{n=0}^{\infty} nh\nu e^{-nx}}{\sum_{n=0}^{\infty} e^{-nx}} \tag{3-29}$$

式中,$T$ 为空腔的热力学温度(K);$K_B$ 为玻尔兹曼常数,$K_B = 1.380\,649 \times 10^{-23}$ J/K;$x = h\nu/K_BT$。

因为 $\sum_{n=0}^{\infty} e^{-nx} = 1/(1-e^{-x})$,所以式(3-29)可写为

$$\begin{aligned}\overline{E} &= h\nu(1-e^{-x})\sum_{n=0}^{\infty} ne^{-nx} = -h\nu(1-e^{-x})\sum_{n=0}^{\infty} \frac{\mathrm{d}}{\mathrm{d}x}e^{-nx} \\ &= -h\nu(1-e^{-x})\frac{\mathrm{d}}{\mathrm{d}x}\sum_{n=0}^{\infty}e^{-nx} \\ &= h\nu(1-e^{-x})\frac{\mathrm{d}}{\mathrm{d}x}\left(\frac{1}{1-e^{-x}}\right) \\ &= h\nu\frac{e^{-x}}{1-e^{-x}} \\ &= \frac{h\nu}{e^x-1} \\ &= \frac{h\nu}{e^{h\nu/K_BT}-1}\end{aligned} \tag{3-30}$$

因为频率 $\nu \sim \nu+\Delta\nu$ 范围内的模式数为 $g_{\mathrm{d}\nu} = 8\pi\nu^2 V\mathrm{d}\nu/c^3$,所以这个范围内的总能量为

$$E_{\mathrm{d}\nu} = \frac{8\pi h\nu^3}{c^3}V \cdot \frac{1}{e^{h\nu/K_BT}-1}\mathrm{d}\nu \tag{3-31}$$

将式(3-31)除以 $V$,可得单位体积和 $\mathrm{d}\nu$ 范围内的能量为

$$\omega_\nu\mathrm{d}\nu = \frac{8\pi h\nu^3}{c^3} \cdot \frac{1}{e^{h\nu/K_BT}-1}\mathrm{d}\nu \tag{3-32}$$

式中,$\omega_\nu$ 为单位体积和单位频率间隔内的辐射能量,即为辐射场的光谱能量密度,单位是 $\mathrm{J}/(\mathrm{m}^3 \cdot \mathrm{Hz})$。

另外,也可根据 $\omega_\nu\mathrm{d}\nu = \omega_\lambda(-\mathrm{d}\lambda)$、$\lambda = c/\nu$ 和 $\mathrm{d}\lambda = -c\,\mathrm{d}\nu/\nu^2$,由式(3-32)求得单位体积和单位波长间隔的辐射能量

$$\omega_\lambda = \frac{8\pi hc}{\lambda^5} \cdot \frac{1}{e^{hc/\lambda K_BT}-1} \tag{3-33}$$

(2)普朗克公式的意义

前面已推导出以波长为变量的黑体辐射普朗克公式如式(3-33)所示。按光谱辐射亮度

与光谱能量密度的关系 $L_\lambda = c\omega_\lambda/4\pi$，以及黑体所遵循的朗伯辐射规律 $M_\lambda = \pi L_\lambda$，可得黑体的光谱辐射出射度为

$$M_{\lambda bb} = \frac{2\pi h c^2}{\lambda^5} \cdot \frac{1}{e^{hc/\lambda K_B T} - 1} = \frac{c_1}{\lambda^5} \cdot \frac{1}{e^{c_2/\lambda T} - 1} \tag{3-34}$$

式中，$M_{\lambda bb}$ 是黑体的光谱辐射出射度[W/(cm²·μm)]；$\lambda$ 是波长（μm）；$T$ 是热力学温度（K）；$c$ 是光速（m/s），$c_1$ 是第一辐射常数，且 $c_1 = 2\pi h c^2 = 3.741\,774\,9 \times 10^8$ W·μm⁴/m²，$c_2$ 是第二辐射常数，且 $c_2 = hc/K_B = 1.438\,769 \times 10^4$ μm·K；$K_B$ 是玻尔兹曼常数。式（3-34）即为描述黑体辐射光谱分布的普朗克公式，也称为普朗克辐射定律。

普朗克公式揭示了物体热辐射的基本规律，波长范围包括紫外线、可见光、红外线和毫米波的波长。如图 3-7 所示为在 500～900K 温度范围内黑体的光谱辐射出射度随波长的变化曲线，图中的虚线表示 $M_{\lambda bb}$ 取极大值的位置。

由图 3-7 可以看出，黑体辐射揭示了以下几条规律。

① 黑体的光谱辐射出射度随波长的变化而连续变化，且每条曲线只有一个极大值，极大值的连线近似为一条直线。

② 光谱辐射出射度曲线随黑体温度的升高而整体提高。在任意指定波长处，与较高温度对应的光谱辐射出射度也较大，反之亦然。因为每条曲线下包围的面积正比于全辐射出射度，所以上述特性表明黑体的全辐射出射度随温度的升高而迅速增大。

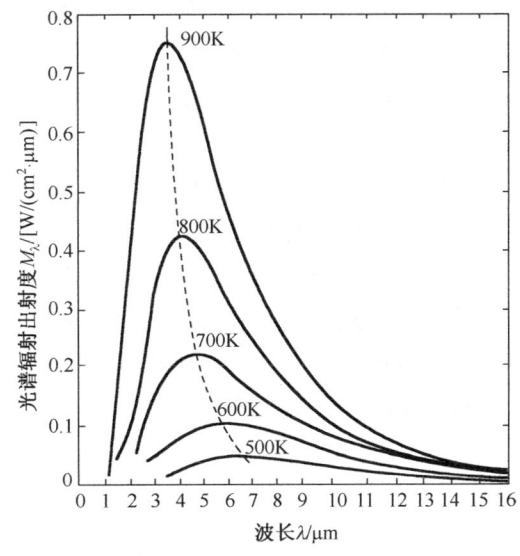

图 3-7　500～900K 温度范围内黑体的光谱辐射出射度随波长的变化曲线

③ 光谱辐射出射度曲线彼此不相交，所以温度越高，在所有波长上的光谱辐射出射度越大。

④ 每条光谱辐射出射度曲线的峰值 $M_{\lambda_m}$ 所对应的波长称为峰值波长 $\lambda_m$。随着温度的升高，峰值波长越来越小。也就是说，随着温度的升高，黑体的辐射中短波成分所占的比例在增大。

⑤ 黑体的辐射只与黑体的热力学温度有关。

（3）普朗克公式的近似

下面讨论普朗克公式（3-34）在以下两种极限条件下的情况。

① 当 $c_2/\lambda T \gg 1$，即 $hc/\lambda \gg K_B T$ 时，此时对应短波或低温情形，普朗克公式中的指数项远大于 1，将分母中的 1 忽略，则普朗克公式变为

$$M_{\lambda bb} = \frac{c_1}{\lambda^5} \cdot e^{-\frac{c_2}{\lambda T}} \tag{3-35}$$

这就是维恩公式，它仅适用于黑体辐射的短波部分。

② 当 $c_2/\lambda T \ll 1$，即 $hc/\lambda \ll K_B T$ 时，此时对应长波或高温情形，将普朗克公式中的指数项展开成级数形式，并取前两项 $e^{\frac{c_2}{\lambda T}} = 1 + c_2/\lambda T + \cdots$，则普朗克公式变为

$$M_{\lambda bb} = \frac{c_1}{c_2} \cdot \frac{T}{\lambda^4} \tag{3-36}$$

这就是瑞利-普金公式，它仅适用于黑体辐射的长波部分。

(4) 用光子数表示的普朗克公式

对于光子探测器来说，将普朗克公式直接用于其性能的研究过程中并不合适，必须将其以光子的形式给出，这对于研究该类探测器的性能是很有用的。将普朗克公式（3-34）除以一个光子的能量 $h\nu = hc/\lambda$，就可得到用光谱光子辐射出射度表示的普朗克公式

$$M_{p\lambda bb} = \frac{c_1}{hc\lambda^4} \cdot \frac{1}{e^{c_2/\lambda T} - 1} = \frac{c_1'}{\lambda^4} \cdot \frac{1}{e^{c_2/\lambda T} - 1} \tag{3-37}$$

式中，$c_1' = 2\pi c = 1.883\,65 \times 10^{27}\,\mu m^3/(s \cdot m^2)$；$M_{p\lambda bb}$ 表示单位时间内，黑体单位面积单位波长间隔向空间半球内发射的光子数，单位是 $1/(s \cdot m^2 \cdot \mu m)$。

(5) 用其他变量表示的普朗克公式

普朗克公式除可用波长作为变量来表示外，还可用其他变量来表示，如频率 $\nu$、圆频率 $\omega$、波数 $\tilde{\nu}$、波矢 $k$、归一化辐射变量 $x$（$x = h\nu/K_B T$）等。这些变量（包括波长）称为光谱变量，它们之间存在以下关系

$$\nu = c\tilde{\nu} = \frac{\omega}{2\pi} = \frac{c}{2\pi}k = \frac{K_B T}{h}x = \frac{c}{\lambda} \tag{3-38}$$

$$\lambda = \frac{c}{\nu} = \frac{1}{\tilde{\nu}} = 2\pi c \frac{1}{\omega} = 2\pi \frac{1}{k} = \frac{hc}{K_B T} \cdot \frac{1}{x} \tag{3-39}$$

由式（3-38）和式（3-39）可得光谱变量之间的微分关系

$$d\nu = c d\tilde{\nu} = \frac{1}{2\pi} d\omega = \frac{c}{2\pi} dk = \frac{K_B T}{h} dx = -c \frac{d\lambda}{\lambda^2} \tag{3-40}$$

$$d\lambda = -c \frac{d\nu}{\nu^2} = -\frac{d\tilde{\nu}}{\tilde{\nu}^2} = -2\pi c \cdot \frac{d\omega}{\omega^2} = -2\pi \cdot \frac{dk}{k^2} = -\left(\frac{hc}{K_B T}\right) \cdot \frac{dx}{x^2} \tag{3-41}$$

有了光谱变量之间的关系及其微分关系后，就可利用以波长为变量的普朗克公式（3-34）和式（3-37）求出用其他光谱变量表示的普朗克公式。例如，求以频率为变量的普朗克公式，可由

$$M_{p\lambda bb}(-d\lambda) = M_{p\nu bb}(d\nu) \tag{3-42}$$

得到。该式表明：无论用什么光谱变量来表示，在单位时间、单位面积内该黑体发射的光子数是不变的。按式（3-42）有

$$\frac{2\pi c}{\lambda^4} \cdot \frac{d\lambda}{e^x - 1} = \frac{2\pi c}{(c/\nu)^4} \cdot \frac{1}{e^x - 1} \cdot \frac{c d\nu}{\nu^2} = \frac{2\pi \nu^2}{c^2} \cdot \frac{d\nu}{e^x - 1} \tag{3-43}$$

于是得

$$M_{\text{pvbb}} = \frac{2\pi v^2}{c^2} \cdot \frac{1}{e^x - 1} \tag{3-44}$$

由 $M_{\text{vbb}} = M_{\text{pvbb}} \cdot hv$ 得

$$M_{\text{vbb}} = \frac{2\pi h v^3}{c^2} \cdot \frac{1}{e^x - 1} \tag{3-45}$$

同理，可得如下关系

$$M_{\lambda\text{bb}}\lambda = M_{\text{vbb}}v = M_{\omega\text{bb}}\omega = M_{\tilde{v}\text{bb}}\tilde{v} = M_{k\text{bb}}k = M_{x\text{bb}}x \tag{3-46}$$

如表 3-1 所示为利用相同方法求出的各种光谱变量表示的普朗克公式，包括辐射出射度、辐射亮度、光子数密度和能量密度等的表达式。

表 3-1  各种光谱变量表示的普朗克公式

| 函数 \ $y$ | $\lambda$ | $v$ | $\omega$ | $\tilde{v}$ | $k$ | $x = hv/(K_BT)$ |
|---|---|---|---|---|---|---|
| $n_y = \frac{4}{c}M_{py} = \frac{N_y}{V}$ | $\frac{8\pi}{\lambda^4}$ | $\frac{8\pi v^2}{c^3}$ | $\frac{\omega^2}{\pi^2 c^3}$ | $8\pi\tilde{v}^2$ | $\frac{k^2}{\pi^2}$ | $8\pi\left(\frac{K_BT}{ch}\right)^3 x^2$ |
| $\omega_y = \frac{4}{c}M_y = hv n_y$ | $\frac{8\pi hc}{\lambda^5}$ | $\frac{8\pi hv^3}{c^3}$ | $\frac{h\omega^3}{2\pi^3 c^3}$ | $8\pi hc\tilde{v}^3$ | $\frac{chk^3}{2\pi^3}$ | $\frac{8\pi h}{c^3}\left(\frac{K_BT}{h}\right)^4 x^3$ |
| $M_{py} = n\frac{c}{4}$ | $\frac{2\pi c}{\lambda^4}$ | $\frac{2\pi v^2}{c^2}$ | $\frac{\omega^2}{4\pi^2 c^2}$ | $2\pi hc\tilde{v}^2$ | $\frac{ck^2}{4\pi^2}$ | $\frac{2\pi}{c^2}\left(\frac{K_BT}{h}\right)^3 x^3$ |
| $M_y = \omega_y \frac{c}{4}$ | $\frac{2\pi hc^2}{\lambda^5}$ | $\frac{2\pi hv^3}{c^2}$ | $\frac{h\omega^3}{8\pi^3 c^2}$ | $2\pi c^2 h\tilde{v}^3$ | $\frac{c^2 hk^3}{8\pi^3}$ | $\frac{2\pi h}{c^2}\left(\frac{K_BT}{h}\right)^4 x^3$ |
| $L_{py} = \frac{M_{py}}{\pi}$ | $\frac{2c}{\lambda^4}$ | $\frac{2v^2}{c^2}$ | $\frac{\omega^2}{4\pi^3 c^2}$ | $2c\tilde{v}^2$ | $\frac{ck^2}{4\pi^3}$ | $\frac{2}{c^2}\left(\frac{K_BT}{h}\right)^3 x^2$ |
| $L_y = \frac{M_y}{\pi}$ | $\frac{2hc^2}{\lambda^5}$ | $\frac{2hv^3}{c^2}$ | $\frac{h\omega^3}{8\pi^4 c^2}$ | $2c^2 h\tilde{v}^3$ | $\frac{c^2 hk^3}{8\pi^4}$ | $\frac{2h}{c^2}\left(\frac{K_BT}{h}\right)^4 x^3$ |

（6）广义普朗克函数

表 3-1 中的各光谱变量表达式可用一个通用的函数 $R$ 表示为

$$R(x, T) = \frac{CT^l x^m}{e^x - 1} \tag{3-47}$$

式中，$C$ 为常数，$m$、$l$ 为整数。

若 $T$ 为常数，则式（3-47）可表示为

$$R = \frac{Ay^m}{e^x - 1} \tag{3-48}$$

式中，$y$ 为某个光谱变量，$A$ 为常数。式（3-47）和式（3-48）称为广义普朗克函数。

将广义普朗克函数对 $x$ 从 0 到 ∞ 进行积分，称为广义普朗克函数的积分

$$I_m = CT^l \int_0^\infty \frac{x^m}{e^x - 1} \mathrm{d}x \tag{3-49}$$

为了便于进行式（3-49）中的积分运算，首先，利用关系式

$$\frac{1}{1-e^{-x}} = 1 + e^{-x} + e^{-2x} + \cdots = \sum_{n=0}^{\infty} e^{-nx}$$

于是

$$\int_0^\infty \frac{x^m}{e^x-1} dx = \int_0^\infty x^m \frac{e^{-x}}{1-e^{-x}} dx = \int_0^\infty x^m \sum_{n=0}^{\infty} e^{-(n+1)x} dx = \sum_{n=0}^{\infty} \int_0^\infty x^m \cdot e^{-(n+1)x} dx \quad (3-50)$$

然后，再利用积分公式

$$\int_0^\infty x^m \cdot e^{-\alpha x} dx = \frac{m!}{\alpha^{m+1}}$$

将式（3-50）转化为

$$\int_0^\infty \frac{x^m}{e^x-1} dx = \sum_{n=0}^{\infty} \frac{m!}{(n+1)^{m+1}} = m! \sum_{n=0}^{\infty} \frac{1}{(n+1)^{m+1}} \quad (3-51)$$

最后，利用 $\zeta$ 函数

$$\zeta(x) = \sum_{n=1}^{\infty} \frac{1}{n^x}$$

得到

$$\int_0^\infty \frac{x^m}{e^x-1} dx = m!\zeta(m+1) \quad (3-52)$$

如表 3-2 所示为当 $m = 1,2,3,4,5$ 时 $\zeta(m+1)$ 和 $m!\zeta(m+1)$ 的值，以便在计算时引用。

表 3-2　$\zeta(m+1)$ 和 $m!\zeta(m+1)$ 的值

| $m$ | 1 | 2 | 3 | 4 | 5 |
|---|---|---|---|---|---|
| $\zeta(m+1)$ | $\pi^2/6$ | 1.202 1 | $\pi^4/90$ | 1.036 9 | $\pi^6/945$ |
| $m!\zeta(m+1)$ | $\pi^2/6$ | 2.404 1 | $\pi^4/15$ | 24.986 3 | $8\pi^6/63$ |

## 3.4　维恩位移定律

图 3-8　德国物理学家
威廉·维恩

维恩位移定律是描述黑体光谱辐射出射度的峰值 $M_{\lambda_m}$ 所对应的峰值波长 $\lambda_m$ 与黑体的热力学温度 $T$ 的关系表达式。

虽然德国物理学家威廉·维恩（如图 3-8 所示）提出本定律的时间是在普朗克辐射定律出现之前的 1893 年，且过程完全基于的是对实验数据的经验总结，但可以证明，本定律是更广义的普朗克辐射定律的一个直接推论。

（1）维恩位移定律的推导

将 3.3 节中的普朗克公式（3-34）对波长求导，并令其导数等于 0，可得

$$\frac{\partial M_{\lambda bb}}{\partial \lambda} = \frac{\partial}{\partial \lambda}\left(\frac{c_1}{\lambda^5} \cdot \frac{1}{e^{c_2/\lambda T}-1}\right) = 0 \quad (3-53)$$

可得
$$\left(1-\frac{x}{5}\right)\cdot e^x = 1 \tag{3-54}$$

式中，$x = c_2/\lambda T$。

利用逐次逼近法，得
$$x = \frac{c_2}{\lambda_m T} = 4.965\ 114\ 2$$

则维恩位移定律的最后表达式为
$$\lambda_m T = b \tag{3-55}$$

式中，$b$ 为常数，且 $b = c_2/x = 2\ 897.756\mu m\cdot K$。

维恩位移定律表明，黑体的光谱辐射出射度的峰值所对应的峰值波长 $\lambda_m$ 与黑体的热力学温度 $T$ 成反比。图 3-7 中的虚线就是这些峰值的轨迹，其近似为一条直线。由维恩位移定律可计算出：人体（$T = 310K$）辐射的峰值波长约为 $9.4\mu m$；太阳（视为 $T = 5900K$ 的黑体）辐射的峰值波长约为 $0.48\mu m$。可见，太阳辐射的 50% 以上的功率是在可见光区和紫外线区，而人体辐射几乎全部在红外线区。

（2）黑体光谱辐射出射度的峰值

将维恩位移定律 $\lambda_m T$ 的值代入普朗克公式，可得黑体光谱辐射出射度的峰值 $M_{\lambda_m bb}$ 为
$$M_{\lambda_m bb} = \frac{c_1}{\lambda_m^5}\cdot\frac{1}{e^{c_2/\lambda_m T}-1} = \frac{c_1}{b^5}\cdot\frac{T^5}{e^{c_2/b}-1} = b_1 T^5 \tag{3-56}$$

式中，$b_1$ 为常数，且 $b_1 = 1.286\ 73\times 10^{-11} W/(m^2\cdot\mu m\cdot K^5)$。

式（3-56）表明，黑体的光谱辐射出射度的峰值与热力学温度的 5 次方成正比。这与图 3-7 中的辐射曲线峰值随温度的升高而迅速增大相一致。

（3）光子辐射量的维恩位移定律

将用光子数表示的普朗克公式（3-37）对波长求导，并令其导数等于 0，可得
$$\frac{dM_{p\lambda bb}}{d\lambda} = \frac{d}{d\lambda}\left(\frac{c_1'}{\lambda^4}\cdot\frac{1}{e^x-1}\right) = 0 \tag{3-57}$$

化简得
$$\left(1-\frac{x}{4}\right)e^x = 1 \tag{3-58}$$

式中，$x = c_2/\lambda T$。

利用逐步逼近法，得
$$x = 3.920\ 690\ 395$$

于是，得到光谱光子辐射出射度峰值对应的峰值波长与热力学温度的关系为
$$\lambda_m' T = b' \tag{3-59}$$

式中，$b'$ 为常数，且 $b' = 3\ 669.683\mu m\cdot K$。

式（3-59）与维恩位移定律[式（3-55）]具有相同的形式，但两种情况下的常数 $b$ 和 $b'$ 的数值不相等。这表明，黑体的光谱辐射出射度与光谱光子辐射出射度的峰值所对应的波长并不相同。一般情况下，光谱光子辐射出射度的峰值波长要比光谱辐射出射度的峰值波长大

25%左右。

将式（3-59）代入式（3-37），可得黑体的光谱光子辐射出射度的峰值为

$$M_{p\lambda bb} = \frac{c_1'}{(b'/T)^4} \cdot \frac{1}{e^{c_2/b'}-1} = b_1' T^4 \tag{3-60}$$

式中，$b_1'$ 为常数，且 $b_1' = 2.101\,14 \times 10^{11}\ \text{s}^{-1} \cdot \text{m}^{-2} \cdot \mu\text{m}^{-1} \cdot \text{K}^{-4}$。

（4）维恩位移定律的广义表达式

为得到某确定温度下，广义普朗克函数的峰值 $R_{\max}$ 所对应的峰值变量 $x_{\max}$，可从广义普朗克函数 $R = Ay^m/(e^x - 1)$ 出发，首先将 $x$ 视为 $y$、$T$ 的函数，然后将 $R$ 对 $y$ 求导数，并令其导数等于 0，得

$$\pm m \frac{1}{y} + \frac{x e^x}{e^x - 1}\left(\frac{1}{T}\frac{dT}{dy} \mp \frac{1}{y}\right) = 0 \tag{3-61}$$

在等温情况下，有

$$\frac{x e^x}{e^x - 1} = m \tag{3-62}$$

这就是维恩位移定律的广义表达式。由此可得峰值变量 $x_{\max}$，将 $x_{\max}$ 代入广义普朗克函数，可以得到

$$R_{\max} = C \cdot x_{\max}^m \cdot \frac{T^m}{e^{x_{\max}} - 1} \tag{3-63}$$

式中，$C$ 为常数，令 $R_{\max}' = x_{\max}^m/(e^{x_{\max}} - 1)$，则

$$R_{\max} = R_{\max}' \cdot C \cdot T^m \tag{3-64}$$

如表 3-3 所示为几种情况下广义维恩位移定律的 $x_{\max}$ 和 $R_{\max}'$ 值。

表 3-3　广义维恩位移定律的 $x_{\max}$ 和 $R_{\max}'$ 值

| 函数 | | $m$ | $x_{\max}$ | $R_{\max}' = \dfrac{x_{\max}^m}{e^{x_{\max}}-1}$ |
| --- | --- | --- | --- | --- |
| 因变量 | 自变量 | | | |
| 光子量 | $\tilde{\nu}$ | 2 | 1.593 624 26 | 0.647 4 |
| 功率量 | $\nu$ | 3 | 2.821 439 372 | 1.421 4 |
| 光子量 | $\lambda$ | 4 | 3.920 690 395 | 4.779 6 |
| 功率量 | $\lambda$ | 5 | 4.965 114 23 | 21.203 6 |
| 功率对比度 | $\lambda$ | 6 | 5.969 409 17 | 115.935 9 |

## 3.5　斯蒂芬-玻尔兹曼定律

图 3-9　奥地利物理学家路德维希·玻尔兹曼

斯蒂芬-玻尔兹曼定律给出了黑体的全辐射出射度与温度的关系。该定律由物理学家约瑟夫·斯蒂芬和奥地利物理学家路德维希·玻尔兹曼（如图 3-9 所示）分别于 1879 年和 1884 年独立提出。在提出过程中，斯蒂芬使用的是对实验数据的归纳总结，而玻尔兹曼则从热力学理论出发，通过假设用光（电磁波辐射）代替气体作为热机的工作介质，最终推导出与斯蒂芬相同的结论。可以证明，本定律是广义普朗克辐射定律的一个特殊推论。

# 第 3 章 热辐射的基本规律

（1）斯蒂芬-玻尔兹曼定律推导

利用普朗克公式（3-34），对波长从 0 到 ∞ 进行积分可得

$$M_{bb} = \int_0^\infty M_{\lambda bb} d\lambda = \int_0^\infty \frac{c_1}{\lambda^5} \cdot \frac{d\lambda}{e^{c_2/\lambda T} - 1} \tag{3-65}$$

利用 $\lambda = c_2/xT$ 及 $d\lambda = -c_2 dx/Tx^2$，将式（3-65）中的变量 $\lambda$ 换为 $x$，有

$$M_{bb} = \int_\infty^0 \frac{c_1}{(c_2/xT)^5} \cdot \frac{-\frac{c_2 dx}{Tx^2}}{e^x - 1} = \frac{c_1}{c_2^4} T^4 \int_0^\infty \frac{x^3}{e^x - 1} dx \tag{3-66}$$

由表 3-2 可知，当 $m = 3$ 时，式（3-66）中的积分等于 $\pi^4/15$，所以有

$$M_{bb} = \frac{c_1}{c_2^4} T^4 \cdot \frac{\pi^4}{15} = \sigma T^4 \tag{3-67}$$

式中，$\sigma = c_1 \pi^4 / 15 c_2^4 = 5.670\ 51 \times 10^{-8}\ \text{W}/(\text{m}^2 \cdot \text{K}^4)$。这就是斯蒂芬-玻尔兹曼定律。

该定律表明，黑体的全辐射出射度与其温度的 4 次方成正比，因此，很小的温度变化就会引起很大的辐射出射度的变化，这与图 3-7 反映的规律相一致。

图 3-7 中每条光谱辐射出射度曲线下的面积，代表该曲线对应黑体的全辐射出射度。可以看出，随着温度的升高，曲线下的面积迅速增大。

（2）用光子数表示的斯蒂芬-玻尔兹曼定律

将光谱光子辐射出射度表达式（3-37）对波长从 0 到 ∞ 进行积分，可得到黑体的光子全辐射出射度。其推导方法与式（3-67）的推导方法相同，最后可得

$$M_{pbb} = \sigma' T^3 \tag{3-68}$$

式中，$\sigma' = 2c_1' \pi^3 / (c_2^3 \cdot 25.794\ 36) = 1.520\ 486 \times 10^{15} [1/(\text{s} \cdot \text{m}^2 \cdot \text{K}^3)]$。

式（3-68）表明，黑体的光子全辐射出射度与其热力学温度的 3 次方成正比。

## 3.6 黑体辐射的计算

利用式（3-34）虽然可以对有关的黑体辐射量进行计算，但过程往往非常麻烦。为简化计算，可采用简易的计算方法，下面介绍黑体辐射函数的简易计算方法。

此处主要介绍两个函数，即 $f(\lambda T)$ 函数和 $F(\lambda T)$ 函数。用这些函数，可以计算任意波长附近的黑体光谱辐射出射度 $M_\lambda$，也可计算任意波长间隔内的黑体辐射出射度 $M_{\lambda_1 \sim \lambda_2}$。

（1）$f(\lambda T) = M_\lambda / M_{\lambda_m}$ 函数

由式（3-34）和式（3-56），可得

$$f(\lambda T) = \frac{M_\lambda}{M_{\lambda_m}} = \frac{c_1}{b_1} (\lambda T)^{-5} \cdot \frac{1}{e^{c_2/\lambda T} - 1} \tag{3-69}$$

以 $\lambda T$ 为变量，可计算出每组 $\lambda T$ 值对应的 $f(\lambda T)$ 值。于是便构成了 $f(\lambda T)$ 函数，该函数的图解表示如图 3-10 的曲线(a)所示。

当黑体的温度 $T$ 已知时，对某一特定波长 $\lambda$，可计算出 $\lambda T$ 值。再由函数 $f(\lambda T)$ 计算 $f(\lambda T)$ 的值，最后可计算出黑体的光谱辐射出射度

$$M_\lambda = f(\lambda T) M_{\lambda_m} = f(\lambda T) \cdot b_1 T^5 \tag{3-70}$$

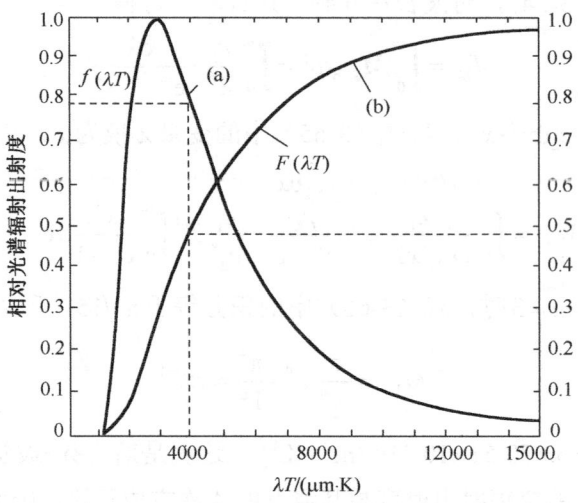

图 3-10 黑体通用曲线

（2）$F(\lambda T) = M_{0\sim\lambda} / M_{0\sim\infty}$ 函数

由式（3-34）可写出波长 0 到 $\lambda$ 范围内的辐射出射度为

$$M_{0\sim\lambda} = \int_0^\lambda M_\lambda \mathrm{d}\lambda = \int_0^\lambda \frac{c_1}{\lambda^5} \cdot \frac{\mathrm{d}\lambda}{\mathrm{e}^{c_2/\lambda T} - 1} = \int_x^\infty \frac{c_1 T^4}{c_2^4} \cdot \frac{x^3 \mathrm{d}x}{\mathrm{e}^x - 1}$$

$$= \frac{c_1 T^4}{c_2^4} \int_{\frac{c_2}{\lambda T}}^\infty \frac{(c_2/\lambda T)^3 \mathrm{d}(c_2/\lambda T)}{\mathrm{e}^{c_2/\lambda T} - 1}$$

由式（3-67）可知

$$M_{0\sim\infty} = M_{\mathrm{bb}} = \frac{c_1 \pi^4}{15 c_2^4} T^4$$

于是可得

$$F(\lambda T) = \frac{M_{0\sim\lambda}}{M_{0\sim\infty}} = \frac{15}{\pi^4} \int_{\frac{c_2}{\lambda T}}^\infty \frac{(c_2/\lambda T)^3 \mathrm{d}(c_2/\lambda T)}{\mathrm{e}^{c_2/\lambda T} - 1} \tag{3-71}$$

根据给定的一系列 $\lambda T$ 值可以计算出相应的函数值 $F(\lambda T)$。$F(\lambda T)$ 函数的图解表示如图 3-10 的曲线(b)所示。

利用 $F(\lambda T)$ 函数可完成下列计算。波长 0 到 $\lambda$ 范围内的黑体辐射出射度 $M_{0\sim\lambda}$ 为

$$M_{0\sim\lambda} = F(\lambda T) M_{0\sim\infty} = F(\lambda T) \cdot \sigma T^4 \tag{3-72}$$

波长 $\lambda_1$ 到 $\lambda_2$ 范围内的黑体辐射出射度 $M_{\lambda_1 \sim \lambda_2}$ 为

$$M_{\lambda_1 \sim \lambda_2} = M_{0\sim\lambda_2} - M_{0\sim\lambda_1} = [F(\lambda_2 T) - F(\lambda_1 T)] \cdot \sigma T^4 \tag{3-73}$$

如表 3-4 和表 3-5 所示为黑体的 $f(\lambda T)$ 和 $F(\lambda T)$ 函数取值表，在计算时查表即可。表中数据后面的括号内的数字为 10 的幂指数，如 0.170915(−18) 表示 $0.170915 \times 10^{-18}$。

## 第3章 热辐射的基本规律

**表 3-4 黑体的 $f(\lambda T)$ 函数取值表**

| $\lambda T/\mu m\cdot K$ | $f(\lambda T)$ | $\lambda T/\mu m\cdot K$ | $f(\lambda T)$ | $\lambda T/\mu m\cdot K$ | $f(\lambda T)$ | $\lambda T/\mu m\cdot K$ | $f(\lambda T)$ | $\lambda T/\mu m\cdot K$ | $f(\lambda T)$ |
|---|---|---|---|---|---|---|---|---|---|
| 200 | 0.170915(−18) | 300 | 0.177693(−13) | 400 | 0.679290(−9) | 500 | 0.296314(−6) | 520 | 0.736612(−6) |
| 540 | 0.169956(−5) | 560 | 0.366965(−5) | 580 | 0.746766(−5) | 600 | 0.144104(−4) | 620 | 0.265104(−4) |
| 640 | 0.467109(−4) | 660 | 0.791508(−4) | 680 | 0.129445(−3) | 700 | 0.204965(−3) | 720 | 0.315111(−3) |
| 740 | 0.471543(−3) | 760 | 0.688366(−3) | 780 | 0.982263(−3) | 800 | 0.137253(−2) | 820 | 0.188108(−2) |
| 840 | 0.253227(−2) | 860 | 0.335280(−2) | 880 | 0.437135(−2) | 900 | 0.561832(−2) | 920 | 0.712541(−2) |
| 940 | 0.892519(−2) | 960 | 0.110506(−1) | 980 | 0.135346(−1) | 1000 | 0.164095(−1) | 1020 | 0.197068(−1) |
| 1040 | 0.234561(−1) | 1060 | 0.276857(−1) | 1080 | 0.324212(−1) | 1100 | 0.376859(−1) | 1120 | 0.434999(−1) |
| 1140 | 0.498807(−1) | 1160 | 0.568420(−1) | 1180 | 0.643945(−1) | 1200 | 0.725451(−1) | 1220 | 0.812977(−1) |
| 1240 | 0.906521(−1) | 1260 | 0.100605(0) | 1280 | 0.111142(0) | 1300 | 0.122277(0) | 1320 | 0.133974(0) |
| 1340 | 0.146225(0) | 1360 | 0.159011(0) | 1380 | 0.172311(0) | 1400 | 0.186104(0) | 1420 | 0.200363(0) |
| 1440 | 0.215063(0) | 1460 | 0.230175(0) | 1480 | 0.245670(0) | 1500 | 0.261518(0) | 1520 | 0.277686(0) |
| 1540 | 0.294145(0) | 1560 | 0.310860(0) | 1580 | 0.327801(0) | 1600 | 0.344934(0) | 1620 | 0.362227(0) |
| 1640 | 0.379648(0) | 1660 | 0.397165(0) | 1680 | 0.414749(0) | 1700 | 0.432367(0) | 1720 | 0.449991(0) |
| 1740 | 0.467592(0) | 1760 | 0.485141(0) | 1780 | 0.502614(0) | 1800 | 0.519983(0) | 1820 | 0.537224(0) |
| 1840 | 0.554313(0) | 1860 | 0.571229(0) | 1880 | 0.587950(0) | 1900 | 0.604456(0) | 1920 | 0.620729(0) |
| 1940 | 0.636751(0) | 1960 | 0.652506(0) | 1980 | 0.667979(0) | 2000 | 0.683156(0) | 2020 | 0.698023(0) |
| 2040 | 0.712571(0) | 2060 | 0.726787(0) | 2080 | 0.740662(0) | 2100 | 0.754189(0) | 2120 | 0.767359(0) |
| 2140 | 0.780166(0) | 2160 | 0.792604(0) | 2180 | 0.804669(0) | 2200 | 0.816357(0) | 2220 | 0.827665(0) |
| 2240 | 0.838590(0) | 2260 | 0.949131(0) | 2280 | 0.859288(0) | 2300 | 0.869059(0) | 2320 | 0.878445(0) |
| 2340 | 0.887449(0) | 2360 | 0.896070(0) | 2380 | 0.904311(0) | 2400 | 0.912175(0) | 2420 | 0.919665(0) |
| 2440 | 0.926784(0) | 2460 | 0.933535(0) | 2480 | 0.939924(0) | 2500 | 0.945954(0) | 2520 | 0.951630(0) |
| 2560 | 0.961942(0) | 2600 | 0.970903(0) | 2640 | 0.978559(0) | 2680 | 0.984958(0) | 2720 | 0.990151(0) |
| 2760 | 0.994189(0) | 2800 | 0.997127(0) | 2800 | 0.997127(0) | 2840 | 0.999016(0) | 2880 | 0.999909(0) |
| 2920 | 0.999860(0) | 2960 | 0.998920(0) | 3000 | 0.997141(0) | 3040 | 0.994572(0) | 3080 | 0.991263(0) |
| 3120 | 0.987262(0) | 3160 | 0.982614(0) | 3200 | 0.977364(0) | 3240 | 0.971556(0) | 3280 | 0.965230(0) |
| 3320 | 0.958426(0) | 3360 | 0.951183(0) | 3400 | 0.943537(0) | 3440 | 0.935522(0) | 3480 | 0.927171(0) |
| 3520 | 0.918517(0) | 3560 | 0.909587(0) | 3600 | 0.900411(0) | 3660 | 0.886243(0) | 3720 | 0.871664(0) |
| 3780 | 0.856750(0) | 3840 | 0.841572(0) | 3900 | 0.826193(0) | 3960 | 0.810671(0) | 4020 | 0.795058(0) |
| 4080 | 0.779400(0) | 4140 | 0.763740(0) | 4200 | 0.748116(0) | 4260 | 0.732561(0) | 4320 | 0.717105(0) |
| 4380 | 0.701775(0) | 4440 | 0.686593(0) | 4500 | 0.671580(0) | 4560 | 0.656754(0) | 4620 | 0.642129(0) |
| 4680 | 0.627719(0) | 4740 | 0.613535(0) | 4800 | 0.599587(0) | 4860 | 0.585880(0) | 4920 | 0.572423(0) |
| 4980 | 0.559219(0) | 5040 | 0.546272(0) | 5100 | 0.533585(0) | 5120 | 0.529414(0) | 5200 | 0.513021(0) |
| 5280 | 0.497093(0) | 5360 | 0.481629(0) | 5440 | 0.466626(0) | 5520 | 0.452079(0) | 5600 | 0.437981(0) |
| 5680 | 0.424325(0) | 5760 | 0.411103(0) | 5840 | 0.398305(0) | 5920 | 0.385923(0) | 6000 | 0.373946(0) |
| 6080 | 0.362363(0) | 6160 | 0.351165(0) | 6240 | 0.340340(0) | 6320 | 0.329877(0) | 6400 | 0.319766(0) |
| 6480 | 0.309996(0) | 6560 | 0.300556(0) | 6640 | 0.291436(0) | 6720 | 0.282625(0) | 6800 | 0.274113(0) |
| 6900 | 0.263878(0) | 7000 | 0.254076(0) | 7100 | 0.244687(0) | 7200 | 0.235695(0) | 7300 | 0.227081(0) |
| 7400 | 0.218829(0) | 7500 | 0.210923(0) | 7600 | 0.203348(0) | 7700 | 0.196089(0) | 7800 | 0.189131(0) |
| 7900 | 0.182462(0) | 8000 | 0.176068(0) | 8100 | 0.169936(0) | 8200 | 0.164056(0) | 8300 | 0.158415(0) |
| 8400 | 0.153003(0) | 8500 | 0.147810(0) | 8600 | 0.142825(0) | 8800 | 0.133445(0) | 9000 | 0.124793(0) |
| 9200 | 0.116807(0) | 9400 | 0.109427(0) | 9600 | 0.102603(0) | 9800 | 0.962871(−1) | 10000 | 0.904360(−1) |
| 10200 | 0.850108(−1) | 10400 | 0.799762(−1) | 10600 | 0.752999(−1) | 10800 | 0.709527(−1) | 11000 | 0.669080(−1) |
| 11200 | 0.631415(−1) | 11400 | 0.596311(−1) | 11600 | 0.563568(−1) | 11800 | 0.533001(−1) | 12000 | 0.504443(−1) |
| 12200 | 0.477741(−1) | 12400 | 0.452754(−1) | 12600 | 0.429356(−1) | 12800 | 0.407428(−1) | 13000 | 0.386862(−1) |
| 13200 | 0.367560(−1) | 13400 | 0.349432(−1) | 13600 | 0.332394(−1) | 13800 | 0.316369(−1) | 14000 | 0.301287(−1) |
| 14200 | 0.287083(−1) | 14400 | 0.273697(−1) | 14600 | 0.261075(−1) | 14800 | 0.249164(−1) | 15000 | 0.237919(−1) |
| 15200 | 0.227294(−1) | 15400 | 0.217251(−1) | 15600 | 0.207751(−1) | 15800 | 0.198761(−1) | 16000 | 0.190247(−1) |
| 16200 | 0.182181(−1) | 16400 | 0.174535(−1) | 16600 | 0.167282(−1) | 16800 | 0.160400(−1) | 17000 | 0.153865(−1) |
| 17200 | 0.147657(−1) | 17400 | 0.141751(−1) | 17800 | 0.130810(−1) | 18000 | 0.125730(−1) | 18200 | 0.120893(−1) |

(续表)

| $\lambda T/\mu m\cdot K$ | $f(\lambda T)$ | $\lambda T/\mu m\cdot K$ | $f(\lambda T)$ | $\lambda T/\mu m\cdot K$ | $f(\lambda T)$ | $\lambda T/\mu m\cdot K$ | $f(\lambda T)$ | $\lambda T/\mu m\cdot K$ | $f(\lambda T)$ |
|---|---|---|---|---|---|---|---|---|---|
| 18400 | 0.116285(−1) | 18600 | 0.111893(−1) | 18800 | 0.107705(−1) | 19000 | 0.103711(−1) | 19200 | 0.998985(−2) |
| 19400 | 0.962589(−2) | 19600 | 0.927827(−2) | 19800 | 0.894613(−2) | 20000 | 0.862864(−2) | 20200 | 0.832504(−2) |
| 20400 | 0.803462(−2) | 20600 | 0.775669(−2) | 20800 | 0.749062(−2) | 21000 | 0.723581(−2) | 22000 | 0.611203(−2) |
| 23000 | 0.519748(−2) | 24000 | 0.444727(−2) | 25000 | 0.382730(−2) | 26000 | 0.331143(−2) | 28000 | 0.251547(−2) |
| 30000 | 0.194455(−2) | 32000 | 0.152656(−2) | 34000 | 0.121495(−2) | 36000 | 0.978854(−3) | 38000 | 0.797364(−3) |
| 40000 | 0.656016(−3) | 42000 | 0.544620(−3) | 44000 | 0.455879(−3) | 46000 | 0.384486(−3) | 48000 | 0.326529(−3) |
| 50000 | 0.279085(−3) | 60000 | 0.138001(−3) | 70000 | 0.758247(−4) | 80000 | 0.450403(−4) | 90000 | 0.284088(−4) |
| 100000 | 0.187924(−4) | 150000 | 0.380399(−5) | 200000 | 0.121833(−6) | 400000 | 0.378759(−7) | 500000 | 0.000000(0) |

表 3-5 黑体的 $F(\lambda T)$ 函数取值表

| $\lambda T/\mu m\cdot K$ | $F(\lambda T)$ | $\lambda T/\mu m\cdot K$ | $F(\lambda T)$ | $\lambda T/\mu m\cdot K$ | $F(\lambda T)$ | $\lambda T/\mu m\cdot K$ | $F(\lambda T)$ | $\lambda T/\mu m\cdot K$ | $F(\lambda T)$ |
|---|---|---|---|---|---|---|---|---|---|
| 400 | 0.186529(−11) | 500 | 0.129890(−8) | 510 | 0.215649(−8) | 520 | 0.350750(−8) | 530 | 0.559549(−8) |
| 540 | 0.876488(−8) | 550 | 0.134947(−7) | 560 | 0.204407(−7) | 570 | 0.304879(−7) | 580 | 0.448135(−7) |
| 590 | 0.649640(−7) | 600 | 0.929445(−7) | 610 | 0.131326(−6) | 620 | 0.183367(−6) | 630 | 0.253154(−6) |
| 640 | 0.345764(−6) | 650 | 0.467439(−6) | 660 | 0.625787(−6) | 670 | 0.830004(−6) | 680 | 0109111(−5) |
| 690 | 0.142221(−5) | 700 | 0.183877(−5) | 710 | 0.235892(−5) | 720 | 0.300377(−5) | 730 | 0.379772(−5) |
| 740 | 0.476882(−5) | 750 | 0.594912(−5) | 760 | 0.737503(−5) | 770 | 0.908769(−5) | 780 | 0.111334(−4) |
| 790 | 0.135637(−4) | 800 | 0.164663(−4) | 810 | 0.198151(−4) | 820 | 0.237702(−4) | 830 | 0.283789(−4) |
| 840 | 0.337259(−4) | 850 | 0.399032(−4) | 860 | 0.470108(−4) | 870 | 0.551567(−4) | 880 | 0.644576(−4) |
| 890 | 0.750385(−4) | 900 | 0.870335(−4) | 910 | 0.100586(−3) | 920 | 0.115847(−3) | 930 | 0.132978(−3) |
| 940 | 0.152151(−3) | 950 | 0.173545(−3) | 960 | 0.197350(−3) | 970 | 0.223764(−3) | 980 | 0.252996(−3) |
| 990 | 0.285263(−3) | 1000 | 0.320790(−3) | 1020 | 0.402579(−3) | 1040 | 0.500346(−3) | 1060 | 0.616209(−3) |
| 1080 | 0.752406(−3) | 1100 | 0.911286(−3) | 1120 | 0.109530(−2) | 1140 | 0.130698(−2) | 1160 | 0.154893(−2) |
| 1180 | 0.182381(−2) | 1200 | 0.213432(−2) | 1220 | 0.248319(−2) | 1240 | 0.287314(−2) | 1260 | 0.330691(−2) |
| 1280 | 0.378719(−2) | 1300 | 0.431666(−2) | 1320 | 0.489792(−2) | 1340 | 0.553354(−2) | 1360 | 0.622597(−2) |
| 1380 | 0.697760(−2) | 1400 | 0.779072(−2) | 1420 | 0.866750(−2) | 1440 | 0.961001(−2) | 1460 | 0.106202(−1) |
| 1480 | 0.116998(−1) | 1500 | 0.128506(−1) | 1520 | 0.140740(−1) | 1540 | 0.153715(−1) | 1560 | 0.167442(−1) |
| 1580 | 0.181934(−1) | 1600 | 0.197199(−1) | 1620 | 0.213245(−1) | 1640 | 0.230079(−1) | 1660 | 0.247706(−1) |
| 1680 | 0.266129(−1) | 1700 | 0.285351(−1) | 1720 | 0.305373(−1) | 1740 | 0.326195(−1) | 1760 | 0.347814(−1) |
| 1780 | 0.370229(−1) | 1800 | 0.393433(−1) | 1820 | 0.417424(−1) | 1840 | 0.442193(−1) | 1860 | 0.467734(−1) |
| 1880 | 0.494039(−1) | 1900 | 0.521097(−1) | 1920 | 0.548899(−1) | 1940 | 0.577435(−1) | 1960 | 0.606691(−1) |
| 1980 | 0.636656(−1) | 2000 | 0.667317(−1) | 2020 | 0.698659(−1) | 2040 | 0.730669(−1) | 2060 | 0.763332(−1) |
| 2080 | 0.796632(−1) | 2100 | 0.830554(−1) | 2120 | 0.865081(−1) | 2140 | 0.900199(−1) | 2160 | 0.935889(−1) |
| 2180 | 0.972135(−1) | 2200 | 0.100892(0) | 2220 | 0.104623(0) | 2240 | 0.108404(0) | 2260 | 0.112234(0) |
| 2280 | 0.116111(0) | 2300 | 0.120033(0) | 2320 | 0.123998(0) | 2340 | 0.128005(0) | 2360 | 0.132053(0) |
| 2380 | 0.136138(0) | 2400 | 0.140260(0) | 2420 | 0.144417(0) | 2440 | 0.148607(0) | 2460 | 0.152829(0) |
| 2480 | 0.157050(0) | 2500 | 0.161359(0) | 2520 | 0.165665(0) | 2540 | 0.169997(0) | 2560 | 0.174351(0) |
| 2580 | 0.178727(0) | 2600 | 0.183124(0) | 2620 | 0.187539(0) | 2640 | 0.191972(0) | 2660 | 0.196421(0) |
| 2680 | 0.200884(0) | 2700 | 0.205361(0) | 2720 | 0.209849(0) | 2740 | 0.214347(0) | 2760 | 0.218855(0) |
| 2780 | 0.223371(0) | 2800 | 0.227893(0) | 2820 | 0.232421(0) | 2840 | 0.236953(0) | 2860 | 0.241488(0) |
| 2880 | 0.246026(0) | 2900 | 0.250564(0) | 2920 | 0.255102(0) | 2940 | 0.259639(0) | 2960 | 0.264174(0) |
| 2980 | 0.268705(0) | 3000 | 0.273233(0) | 3020 | 0.277756(0) | 3040 | 0.282273(0) | 3060 | 0.286783(0) |
| 3080 | 0.291286(0) | 3100 | 0.295780(0) | 3120 | 0.300265(0) | 3140 | 0.304741(0) | 3160 | 0.309206(0) |
| 3180 | 0.313659(0) | 3200 | 0.318101(0) | 3220 | 0.322530(0) | 3240 | 0.326946(0) | 3260 | 0.331349(0) |
| 3280 | 0.335737(0) | 3300 | 0.340110(0) | 3320 | 0.344467(0) | 3340 | 0.348809(0) | 3360 | 0.353134(0) |
| 3380 | 0.357442(0) | 3400 | 0.361733(0) | 3420 | 0.366006(0) | 3440 | 0.370261(0) | 3460 | 0.374497(0) |
| 3480 | 0.378715(0) | 3500 | 0.382913(0) | 3520 | 0.387091(0) | 3540 | 0.391250(0) | 3560 | 0.395388(0) |
| 3580 | 0.399506(0) | 3600 | 0.403603(0) | 3620 | 0.407678(0) | 3640 | 0.411733(0) | 3660 | 0.415766(0) |
| 3680 | 0.419777(0) | 3700 | 0.423766(0) | 3720 | 0.427733(0) | 3740 | 0.431678(0) | 3760 | 0.435600(0) |
| 3780 | 0.439500(0) | 3800 | 0.443376(0) | 3820 | 0.447230(0) | 3840 | 0.451061(0) | 3860 | 0.454869(0) |

(续表)

| $\lambda T/\mu m \cdot K$ | $F(\lambda T)$ | $\lambda T/\mu m \cdot K$ | $F(\lambda T)$ | $\lambda T/\mu m \cdot K$ | $F(\lambda T)$ | $\lambda T/\mu m \cdot K$ | $F(\lambda T)$ | $\lambda T/\mu m \cdot K$ | $F(\lambda T)$ |
|---|---|---|---|---|---|---|---|---|---|
| 3880 | 0.458654(0) | 3900 | 0.462415(0) | 3920 | 0.466153(0) | 3940 | 0.469867(0) | 3960 | 0.473558(0) |
| 3980 | 0.477225(0) | 4000 | 0.480869(0) | 4100 | 0.498732(0) | 4200 | 0.516004(0) | 4300 | 0.532686(0) |
| 4400 | 0.548784(0) | 4500 | 0.564307(0) | 4600 | 0.579266(0) | 4700 | 0.593674(0) | 4800 | 0.607543(0) |
| 4900 | 0.620890(0) | 5000 | 0.633730(0) | 5100 | 0.646078(0) | 5200 | 0.657951(0) | 5300 | 0.669366(0) |
| 5400 | 0.680339(0) | 5500 | 0.690886(0) | 5600 | 0.701024(0) | 5700 | 0.710768(0) | 5800 | 0.720134(0) |
| 5900 | 0.729138(0) | 6000 | 0.737792(0) | 6100 | 0.746113(0) | 6200 | 0.754114(0) | 6300 | 0.761807(0) |
| 6400 | 0.769206(0) | 6500 | 0.776323(0) | 6600 | 0.783170(0) | 6700 | 0.789758(0) | 6800 | 0.796099(0) |
| 6900 | 0.802202(0) | 7000 | 0.808077(0) | 7100 | 0.813736(0) | 7200 | 0.819185(0) | 7300 | 0.824435(0) |
| 7400 | 0.829493(0) | 7500 | 0.834369(0) | 7600 | 0.839068(0) | 7700 | 0.843600(0) | 7800 | 0.847970(0) |
| 7900 | 0.852185(0) | 8000 | 0.856253(0) | 8100 | 0.860178(0) | 8200 | 0.863967(0) | 8300 | 0.867625(0) |
| 8400 | 0.871158(0) | 8500 | 0.874570(0) | 8600 | 0.877868(0) | 8700 | 0.881054(0) | 8800 | 0.884134(0) |
| 8900 | 0.887111(0) | 9000 | 0.889991(0) | 9100 | 0.892776(0) | 9200 | 0.895471(0) | 9300 | 0.898079(0) |
| 9400 | 0.900602(0) | 9500 | 0.903046(0) | 9600 | 0.905412(0) | 9700 | 0.907703(0) | 9800 | 0.909923(0) |
| 9900 | 0.912074(0) | 10000 | 0.914158(0) | 10200 | 0.918138(0) | 10400 | 0.921880(0) | 10600 | 0.925403(0) |
| 10800 | 0.928720(0) | 11000 | 0.931847(0) | 11200 | 0.934797(0) | 11400 | 0.937582(0) | 11600 | 0.940213(0) |
| 11800 | 0.942701(0) | 12000 | 0.945054(0) | 12200 | 0.947282(0) | 12400 | 0.949393(0) | 12600 | 0.951394(0) |
| 12800 | 0.953292(0) | 13000 | 0.955094(0) | 13200 | 0.956806(0) | 13400 | 0.958432(0) | 13600 | 0.959979(0) |
| 13800 | 0.961451(0) | 14000 | 0.962852(0) | 14200 | 0.964187(0) | 14400 | 0.965459(0) | 14600 | 0.966672(0) |
| 14800 | 0.967830(0) | 15000 | 0.968935(0) | 15200 | 0.969990(0) | 15400 | 0.970999(0) | 15600 | 0.971963(0) |
| 15800 | 0.972885(0) | 16000 | 0.973768(0) | 16200 | 0.974613(0) | 16400 | 0.975422(0) | 16600 | 0.976198(0) |
| 16800 | 0.976941(0) | 17000 | 0.977654(0) | 17200 | 0.978338(0) | 17400 | 0.978995(0) | 17600 | 0.979625(0) |
| 17800 | 0.980231(0) | 18000 | 0.980813(0) | 18200 | 0.981373(0) | 18400 | 0.981911(0) | 18600 | 0.982428(0) |
| 18800 | 0.982926(0) | 19000 | 0.983406(0) | 19200 | 0.983868(0) | 19400 | 0.984313(0) | 19600 | 0.984742(0) |
| 19800 | 0.985156(0) | 20000 | 0.985554(0) | 21000 | 0.987348(0) | 22000 | 0.988858(0) | 23000 | 0.990138(0) |
| 24000 | 0.991230(0) | 25000 | 0.992166(0) | 26000 | 0.992974(0) | 27000 | 0.993675(0) | 28000 | 0.994286(0) |
| 29000 | 0.994821(0) | 30000 | 0.995291(0) | 31000 | 0.995706(0) | 32000 | 0.996075(0) | 33000 | 0.996401(0) |
| 34000 | 0.996693(0) | 35000 | 0.996954(0) | 36000 | 0.997188(0) | 37000 | 0.997399(0) | 38000 | 0.997590(0) |
| 39000 | 0.997762(0) | 40000 | 0.997918(0) | 41000 | 0.998060(0) | 42000 | 0.998190(0) | 43000 | 0.998308(0) |
| 44000 | 0.998416(0) | 45000 | 0.998515(0) | 46000 | 0.998606(0) | 47000 | 0.998690(0) | 48000 | 0.998767(0) |
| 49000 | 0.998838(0) | 50000 | 0.998904(0) | 60000 | 0.999354(0) | 80000 | 0.999721(0) | 100000 | 0.999855(0) |
| 120000 | 0.999916(0) | 132000 | 0.999937(0) | 139000 | 0.999945(0) | $\infty$ | 1.000000(0) | | |

**【例3-1】** 以人体为例,已知人体温度$T=310$K(假定人体的皮肤是黑体),则其峰值波长为

$$\lambda_m = \frac{2898}{T} = \frac{2898}{310} \approx 9.3 \mu m$$

全辐射出射度为

$$M = \sigma T^4 \approx 5.67 \times 10^{-8} \times 310^4 \approx 5.2 \times 10^2 \text{ W/m}^2$$

处于紫外线区时,波长(0~0.38μm)的辐射出射度为

$$M_{0 \sim 0.38} = 0$$

处于可见光区时,波长(0.38~0.75μm)的辐射出射度为

$$M_{0.38 \sim 0.75} = 0$$

处于红外线区时,波长(0.75~1000μm)的辐射出射度为

$$M_{0.75 \sim 1000} = M$$

**【例 3-2】** 以太阳为例，已知太阳的温度 $T = 6000\text{K}$，并假定其为黑体，则其峰值波长为

$$\lambda_m = \frac{2898}{6000} = 0.483\mu\text{m}$$

全辐射出射度为

$$M = \sigma T^4 \approx 5.67 \times 10^{-8} \times 6000^4 \approx 7.3 \times 10^7 \text{ W/m}^2$$

紫外线区的辐射出射度为

$$M_{0 \sim 0.38} = 0.14M$$

可见光区的辐射出射度为

$$M_{0.38 \sim 0.75} = 0.42M$$

红外线区的辐射出射度为

$$M_{0.75 \sim 1000} = 0.44M$$

## 3.7 辐射效率和辐射对比度

以上对热辐射基本规律的讨论，实质上都是从物理学的角度来进行的，重点研究了物体辐射功率的大小及其光谱分布特性。下面讨论工程上常涉及的两个概念，即辐射效率和辐射对比度。

（1）辐射效率

从工程设计的角度来说，人们往往只对热辐射产生的效率感兴趣。虽然大多数红外系统都是针对非合作目标（如飞机、导弹、地面装备和人员的搜索系统等）设计的，但当该系统有两个合作装置时，如一架飞机与另一架加油机的合作，系统可通过飞行器上的一个红外装置去搜索和跟踪另一个飞行器上所载的信标的组成。此时系统设计的关键问题就是有效地利用信标的极限功率。假定所研究的系统工作在单一的波长上，在信标所考虑的工作范围内，输入功率转换成辐射通量的效率是常数，那么，问题就归结为恰当地选择信标的工作温度，从而使系统的工作效率最高。直观上来看也许会认为：信标的工作温度可以通过维恩位移定律来选定，使其光谱分布曲线的峰值波长相一致。但是，从下面的讨论可看出，从工程设计的角度来看，这样的温度选择并不是最佳的。

将辐射源在特定波长 $\lambda$ 上的辐射效率定义为

$$\eta = \frac{M_\lambda}{M} = \frac{c_1}{\lambda^5} \cdot \frac{1}{\mathrm{e}^{c_2/\lambda T} - 1} \cdot \frac{1}{\sigma T^4} \tag{3-74}$$

这样，系统设计的关键就是确定辐射效率最高时的温度。这可由 $\mathrm{d}\eta/\mathrm{d}T = 0$ 来确定，通过这样的数学运算可得

$$\frac{x\mathrm{e}^x}{4} - \mathrm{e}^x + 1 = 0$$

仍用逐次逼近法，得

$$x = \frac{c_2}{\lambda T} = 3.920\ 69$$

最后得到当辐射效率最高时，波长与温度的关系为

$$\lambda_e T_e = 3\,669.73 \mu m \cdot K \tag{3-75}$$

式（3-75）表明，对于辐射源辐射功率固定的情况，在指定波长 $\lambda_e$ 处，存在一个最佳的温度，在此温度下，在 $\lambda_e$ 上产生的辐射效率最高。

为了与维恩位移定律 $\lambda_m T_m = 2898$ 相区别，式（3-75）给出的值称为工程最大值。对于同一波长，$T_e$ 与 $T_m$ 存在以下关系

$$T_e = \frac{3669}{2898} \times T_m \approx 1.266 T_m \tag{3-76}$$

可见，温度的工程最大值比维恩位移定律最大值高约 26.6%。

上述两个温度的不同，可用热辐射治疗人体组织的例子来说明：皮肤在 1.1μm 深处是相对透明的，但是由于热效应限制了入射到皮肤上总辐射功率的大小，因此，在不超过皮肤所允许的总辐射功率的情况下，在 1.1μm 深处辐射源的温度是多少呢？按照维恩位移定律，在 1.1μm 深处产生的温度的维恩位移定律最大值是 2630K，而工程最大值是 3360K，这样，工程最大值比维恩位移定律最大值在 1.1μm 深处产生的辐射出射度高 27.76%，如图 3-11 所示。

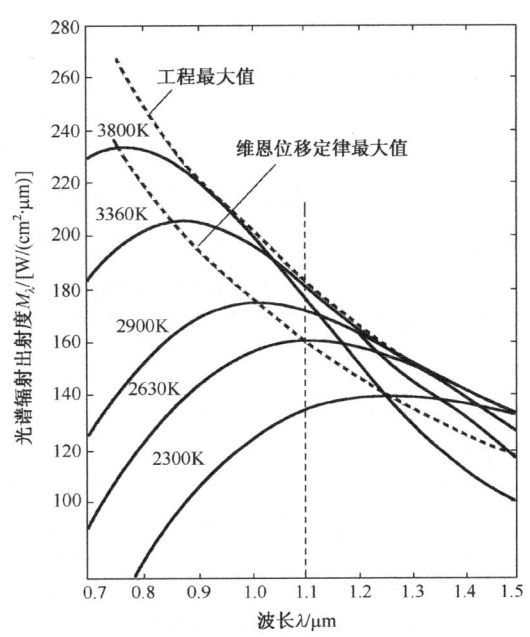

图 3-11 温度的工程最大值与维恩位移定律最大值的比较

（2）辐射对比度

当目标和背景的温度基本相同或目标和背景的辐射出射度差别不大时，很难利用红外热像仪来探测背景中的目标。为了有效地描述目标和背景的辐射差别，在此引入辐射对比度的概念。

辐射对比度是指目标和背景的辐射出射度之差与背景的辐射出射度的比值，即

$$C = \frac{M_T - M_B}{M_B} \tag{3-77}$$

式中，$M_T = \int_{\lambda_1}^{\lambda_2} M_\lambda(T_T) d\lambda$ 为目标在 $\lambda_1 \sim \lambda_2$ 波长范围内的辐射出射度；$M_B = \int_{\lambda_1}^{\lambda_2} M_\lambda(T_B) d\lambda$ 为背景在 $\lambda_1 \sim \lambda_2$ 波长范围内的辐射出射度。

现在讨论能否通过选择合适的波段来获得最大的辐射对比度。首先计算波长 $0 \sim \infty$ 范围内的全波带的辐射对比度。设目标和背景均可视为黑体，背景温度为 300K，目标温度为 310K。由 $M = \sigma T^4$ 可得 $\partial M / \partial T = 4\sigma T^3$。当 $\Delta T$ 很小时，有

$$C_{0\sim\infty} = \frac{M_T - M_B}{M_B} = \frac{\Delta M}{M} = \frac{(\partial M / \partial T)\Delta T}{M} = \frac{4\sigma T^3 \Delta T}{\sigma T^4} = \frac{4\Delta T}{T} = \frac{4 \times 10}{300} \approx 0.133$$

然后利用式（3-77）计算常用的两个波段 $3\sim 5\mu m$ 和 $8\sim 14\mu m$ 的辐射对比度

$$C_{3\sim 5\mu m} = 0.413$$

$$C_{8\sim14\mu m} = 0.159$$

根据以上计算结果可以看出，三种情况的辐射对比度都比较低，且波段宽的辐射对比度比波段窄的辐射对比度更低。

在表征红外热成像系统的性能时，常把光谱辐射出射度与温度的微分 $\partial M/\partial T$ 称为热导数。因为当 $e^{c_2/\lambda T} \gg 1$ 时，普朗克公式的热导数为

$$\frac{\partial M_\lambda}{\partial T} = \frac{\partial}{\partial T}\left[\frac{c_1}{\lambda^5} \cdot \frac{1}{e^{c_2/\lambda T} - 1}\right] = \frac{c_1}{\lambda^5} \cdot \frac{e^{c_2/\lambda T} \cdot \frac{c_2}{\lambda T^2}}{\left(e^{c_2/\lambda T} - 1\right)^2} = M_\lambda \cdot \frac{c_2}{\lambda T^2} \tag{3-78}$$

则辐射出射度与温度的微分的关系为

$$\frac{\Delta M_{\lambda_1\sim\lambda_2}}{\Delta T} = \int_{\lambda_1}^{\lambda_2} \frac{\partial M_\lambda}{\partial T} d\lambda = \int_{\lambda_1}^{\lambda_2} M_\lambda \frac{c_2}{\lambda T^2} d\lambda \tag{3-79}$$

由于辐射对比度对温度的变化率与 $\Delta M_{\lambda_1\sim\lambda_2}/\Delta T$ 相对应，因此为求得辐射对比度，只需求 $\Delta M_{\lambda_1\sim\lambda_2}/\Delta T$ 即可。如表 3-6 所示为常用波段在几种温度下的 $\Delta M_{\lambda_1\sim\lambda_2}/\Delta T$ 值。

表 3-6　常用波段在几种温度下的 $\Delta M_{\lambda_1\sim\lambda_2}/\Delta T$ 值

| 波段 | | $\Delta M_{\lambda_1\sim\lambda_2}/\Delta T = \int_{\lambda_1}^{\lambda_2}\frac{\partial M_\lambda}{\partial T}d\lambda$　(W/m²·K) | | | |
|---|---|---|---|---|---|
| $\lambda_1/\mu m$ | $\lambda_2/\mu m$ | $T=280K$ | $T=290K$ | $T=300K$ | $T=310K$ |
| 3 | 5 | $1.1\times10^{-1}$ | $1.54\times10^{-1}$ | $2.1\times10^{-1}$ | $2.81\times10^{-1}$ |
| 3 | 5.5 | $2.1\times10^{-1}$ | $2.73\times10^{-1}$ | $3.62\times10^{-1}$ | $4.72\times10^{-1}$ |
| 3.5 | 5 | $1.06\times10^{-1}$ | $1.47\times10^{-1}$ | $2\times10^{-1}$ | $2.65\times10^{-1}$ |
| 3.5 | 5.5 | $1.97\times10^{-1}$ | $2.66\times10^{-1}$ | $3.52\times10^{-1}$ | $4.57\times10^{-1}$ |
| 4 | 5 | $9.18\times10^{-2}$ | $1.26\times10^{-1}$ | $1.69\times10^{-1}$ | $2.23\times10^{-1}$ |
| 4 | 5.5 | $1.83\times10^{-1}$ | $2.45\times10^{-1}$ | $3.22\times10^{-1}$ | $4.14\times10^{-1}$ |
| 8 | 10 | $8.47\times10^{-1}$ | $9.65\times10^{-1}$ | 1.09 | 1.21 |
| 8 | 12 | 1.58 | 1.77 | 1.97 | 2.17 |
| 8 | 14 | 2.15 | 2.38 | 2.62 | 2.86 |
| 10 | 12 | $7.341\times10^{-1}$ | $8.08\times10^{-1}$ | $8.81\times10^{-1}$ | $9.55\times10^{-1}$ |
| 10 | 14 | 1.3 | 1.42 | 1.53 | $1.65\times10^{-1}$ |
| 12 | 14 | $5.67\times10^{-1}$ | $6.1\times10^{-1}$ | $6.52\times10^{-1}$ | $6.92\times10^{-1}$ |

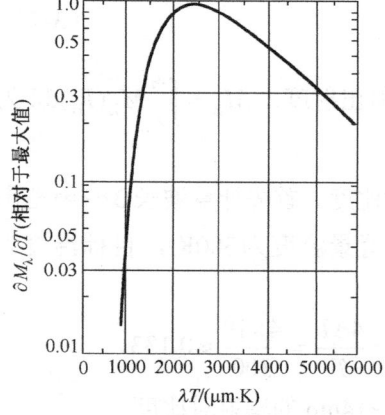

图 3-12　$\partial M_\lambda/\partial T - \partial T$ 关系曲线

如图 3-12 所示为 $\partial M_\lambda/\partial T - \lambda T$ 关系曲线。

从图 3-12 可以看出，曲线有一个峰值。利用推导维恩位移定律的方法可求得光谱辐射出射度变化率的峰值波长 $\lambda_c$ 与热力学温度 $T$ 的关系

$$\lambda_c T = 2\ 411\mu m \tag{3-80}$$

由于辐射的峰值波长满足 $\lambda_m T = 2\ 898\mu m \cdot K$，因此最大辐射对比度的波长 $\lambda_c$ 与辐射峰值波长 $\lambda_m$ 的关系满足

$$\lambda_c = \frac{2411}{2898}\lambda_m \approx 0.832\lambda_m \tag{3-81}$$

在利用红外热像仪观察地面目标时，由于地面背景的温度通常为 300K，其 $\lambda_c$ 近似为 $8\mu m$，因此在不考虑其他因素的情况下，用 $8\sim14\mu m$ 波段来探测背景最为理想。

## 3.8 发射率

前面讨论了黑体辐射的基本规律，但黑体只是一种理想化的物体，其辐射与实际物体的辐射是不同的。为了把黑体辐射规律推广到实际物体的辐射过程中，下面引入另一个物理量——发射率，来表征实际物体的辐射与黑体辐射的接近程度。

### 3.8.1 发射率的定义

物体的发射率又称为比辐射率，是指该物体在指定温度 $T$ 时的辐射量与同温度黑体的辐射量的比值。显然，该比值越接近 1，表明该物体的辐射与黑体辐射越接近。因此，只要获得了某物体的发射率，利用黑体辐射的基本规律就可揭示该物体的辐射规律，或者计算其辐射量。

（1）半球发射率

辐射体的辐射出射度与同温度下黑体的辐射出射度之比称为半球发射率，分为半球全发射率和半球光谱发射率两种。

半球全发射率定义为

$$\varepsilon_h = \frac{M(T)}{M_{bb}(T)} \tag{3-82}$$

式中，$M(T)$ 为实际物体在温度 $T$ 时的全辐射出射度，$M_{bb}(T)$ 为黑体在相同温度下的全辐射出射度。

半球光谱发射率定义为

$$\varepsilon_{\lambda h} = \frac{M_\lambda(T)}{M_{\lambda bb}(T)} \tag{3-83}$$

式中，$M_\lambda(T)$ 为实际物体在温度 $T$ 时的光谱辐射出射度，$M_{\lambda bb}(T)$ 为黑体在相同温度下的光谱辐射出射度。

由式（3-3）、式（3-5）及式（3-83），可得任意物体在温度 $T$ 时的半球光谱发射率为

$$\varepsilon_{\lambda h}(T) = \alpha_\lambda(T) \tag{3-84}$$

可见，任何物体的半球光谱发射率与该物体在相同温度下的吸收率相等。同理可得，物体的半球全发射率与该物体在相同温度下的全吸收率相等，即

$$\varepsilon_h(T) = \alpha(T) \tag{3-85}$$

式（3-84）和式（3-85）为基尔霍夫定律的另一种表示形式，即物体吸收辐射的本领越高，其发射辐射的本领也越高。

（2）方向发射率

方向发射率也称为角比辐射率或定向发射本领，是指在与辐射表面法线夹角为 $\theta$ 的小立体角内测量的发射率。特殊地，当 $\theta$ 为 0° 时称为法向发射率 $\varepsilon_n$，其也可分为方向全发射率和方向光谱发射率两种。

方向全发射率定义为

$$\varepsilon(\theta) = \frac{L}{L_{bb}} \tag{3-86}$$

式中，$L$ 和 $L_{bb}$ 分别是在相同温度下实际物体和黑体的辐射亮度。因为 $L$ 一般与方向有关，所以 $\varepsilon(\theta)$ 也与方向有关。

方向光谱发射率定义为

$$\varepsilon_\lambda(\theta) = \frac{L_\lambda}{L_{\lambda bb}} \tag{3-87}$$

由于物体的辐射亮度 $L_\lambda$ 与方向和波长有关，因此 $\varepsilon_\lambda(\theta)$ 是 $\theta$ 和 $\lambda$ 的函数。

从以上各发射率的定义可看出，对于黑体来说，各发射率的数值均等于 1；而对于实际的物体来说，各种发射率的数值均小于 1。

对于朗伯辐射体，其辐射出射度与辐射亮度、光谱辐射出射度与光谱辐射亮度之间具有以下关系

$$M = \pi L$$
$$M_\lambda = \pi L_\lambda$$

而黑体又是朗伯辐射体，于是

$$M_{bb} = \pi L_{bb}$$
$$M_{\lambda bb} = \pi L_{\lambda bb}$$

由此可得，朗伯辐射体的方向全发射率和方向光谱发射率为

$$\varepsilon(\theta) = \frac{L}{L_{bb}} = \frac{\pi L}{\pi L_{bb}} = \frac{M}{M_{bb}} = \varepsilon_h \tag{3-88}$$

$$\varepsilon_\lambda(\theta) = \frac{L_\lambda}{L_{\lambda bb}} = \frac{\pi L_\lambda}{\pi L_{\lambda bb}} = \frac{M_\lambda}{M_{\lambda bb}} = \varepsilon_{\lambda h} \tag{3-89}$$

由式（3-88）和式（3-89）可知，朗伯辐射体的方向全发射率和方向光谱发射率与方向无关，且黑体的各种发射率均为 1，也与方向无关，因此黑体是朗伯辐射体。对于朗伯辐射体，三种发射率 $\varepsilon_h$、$\varepsilon(\theta)$ 和 $\varepsilon_n$ 彼此相等。对于其他辐射源（磨光的金属除外）来说，都在某种程度上接近于朗伯辐射体，其三种发射率之间的差别通常都比较小，以至于可以忽略。因而，除在区别半球发射率和方向发射率时需要使用脚注外，一般统一用 $\varepsilon$ 来表示全发射率（简称发射率），而用 $\varepsilon_\lambda$ 表示光谱发射率。如表 3-7 所示为几种常见材料的发射率。

表 3-7 几种常见材料的发射率

| | 材料 | | 温度/℃ | 发射率 | | 材料 | 温度/℃ | 发射率 |
|---|---|---|---|---|---|---|---|---|
| 金属及其氧化物 | 铝 | 抛光板材 | 100 | 0.05 | 砖 | 普通红砖 | 20 | 0.93 |
| | | 普通板材 | 100 | 0.09 | | 烛烟 | 20 | 0.95 |
| | | 铬酸处理的阳极化板材 | 100 | 0.55 | 碳 | 表面挫平的石磨 | 20 | 0.98 |
| | | 真空沉积的 | 20 | 0.04 | 其他材料 | 混凝土 | 20 | 0.92 |
| | 黄铜 | 高度抛光的 | 100 | 0.03 | 玻璃 | 抛光玻璃板 | 20 | 0.94 |
| | | 氧化处理的 | 100 | 0.61 | 漆 | 白漆 | 100 | 0.92 |
| | | 用80#粗金钢砂磨光的 | 20 | 0.2 | | 退光黑漆 | 100 | 0.97 |

(续表)

| 材料 | | 温度/°C | 发射率 | 材料 | | 温度/°C | 发射率 |
|---|---|---|---|---|---|---|---|
| 金属及其氧化物 | 铜 抛光的 | 100 | 0.05 | 纸 | 白胶膜纸 | 20 | 0.93 |
| | 铜 强氧化处理的 | 20 | 0.78 | 熟石膏 | 粗涂层 | 20 | 0.91 |
| | 金 高度抛光的 | 100 | 0.02 | — | 砂 | 20 | 0.9 |
| | 铁 抛光的铸件 | 40 | 0.21 | — | 人类的皮肤 | 32 | 0.98 |
| | 铁 氧化处理的铸件 | 100 | 0.64 | 土壤 | 干土 | 20 | 0.92 |
| | 铁 锈蚀严重的板材 | 20 | 0.69 | | 含有饱和水的 | 20 | 0.95 |
| | 镁 抛光的 | 20 | 0.07 | 水 | 蒸馏水 | 20 | 0.96 |
| | 银 抛光的 | 100 | 0.03 | | 平坦的水 | −10 | 0.96 |
| | 不锈钢 18—8型抛光的 | 20 | 0.16 | | 霜晶 | −10 | 0.98 |
| | 不锈钢 18—8型在800°C温度下氧化的 | 60 | 0.85 | | 雪 | −10 | 0.85 |
| | 钢 抛光的 | 100 | 0.07 | 木材 | 刨光的栎木 | 20 | 0.9 |
| | 钢 氧化处理的 | 200 | 0.79 | | | | |
| | 锡 镀锡薄铁板 | 100 | 0.07 | | | | |

## 3.8.2 物体发射率的变化规律

物体发射率的一般变化规律如下。

（1）不同类物体的发射率不同。对于朗伯辐射体来说，三种发射率 $\varepsilon_h$、$\varepsilon(\theta)$ 和 $\varepsilon_n$ 彼此相等；对于电绝缘体来说，$\varepsilon_h/\varepsilon_n$ 在 0.95～1.05 范围内，其平均值为 0.98，但在 $\theta$ 不超过 70°时，$\varepsilon(\theta)$ 和 $\varepsilon_n$ 仍然相等；对于导电体来说，$\varepsilon_h/\varepsilon_n$ 在 1.05～1.33 范围内，对大多数磨光金属，其平均值为 1.2，即半球全发射率比法向发射率高约 20%，当 $\theta$ 超过 45°时，$\varepsilon(\theta)$ 和 $\varepsilon_n$ 的差别较明显。

（2）金属的发射率较低，但它随温度的升高而升高，且当表面形成氧化层时，可以成 10 倍或更大倍数地升高。

（3）非金属的发射率较高，一般大于 0.8，且随温度的升高而降低。

（4）金属及其他非透明材料的辐射一般发生在表面几微米内，因此发射率是表面状态的函数，与尺寸无关。据此，涂敷或刷漆的表面发射率是涂层的特性，而不是基层表面的特性。对于同一种材料来说，只要样品表面条件不同，测得的发射率就会有差别。

（5）材料的光谱发射率随波长的变化而变化，如图 3-13 所示。在红外线区，大多数材料的光谱发射率随波长的增大而降低。在对各种现象进行解释时，必须注意这一点。例如，白漆和涂料 $TiO_2$ 等在可见光区有较低的发射率，但当波长超过 $3\mu m$ 时，几乎相当于黑体。用它们覆盖的物体在太阳光下的温度相对较低，主要是因为它不仅反射了部分太阳光，而且几乎像黑体一样重新辐射所吸收的能量。而铝板在太阳光的直接照射下，相对温度较高，这是由于它在 $10\mu m$ 波长附近有相当低的发射率，因此不能有效地辐射所吸收的能量。

值得注意的是，并不能完全根据人眼的观察来判断物体发射率的高低。例如，对雪来说，如表 3-7 所示，其发射率较高，为 0.85。但根据人眼的判断，雪是很好的漫反射体，或者说它的反射率高而吸收率低，所以它的发射率也低。其实，在雪所处的温度下的黑体峰值波长为 $10.5\mu m$，而且整个辐射能量的 98% 处于 3～$70\mu m$ 波段内。而人眼仅对 $0.5\mu m$ 左右的波长敏感，不可能感觉到 $10\mu m$ 波长处的情况，所以眼睛的判断是毫无意义的。另外，太阳可被视为6000K的黑体，其峰值波长为0.5μm，而且整个辐射能量的98%处于0.15～3μm波段内，因此被太阳照射的雪相当于吸收了0.5μm波段的辐射能，而在10μm波段上重新辐射出去。

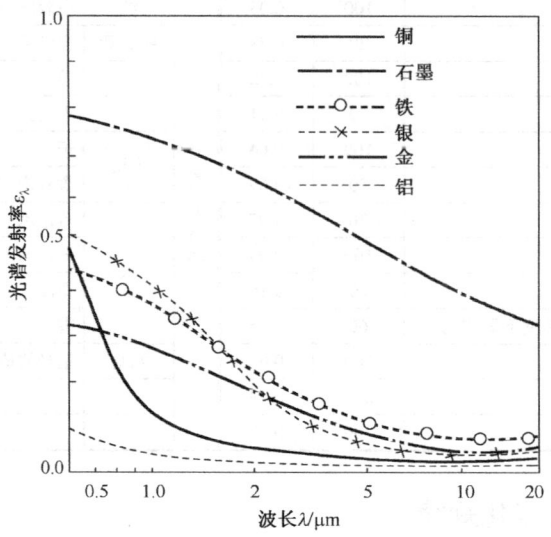

图 3-13　各种材料的光谱发射率

### 3.8.3　热辐射体的分类

根据光谱发射率的变化规律，热辐射体通常被分为以下三类。

（1）黑体或普朗克辐射体

黑体或普朗克辐射体的发射率、光谱发射率均等于1。黑体的辐射特性遵循普朗克公式、维恩位移定律和斯蒂芬-玻尔兹曼定律。

（2）灰体

灰体的发射率、光谱发射率均为小于1的不变常数。若用脚注g表示灰体的辐射量，则

$$\begin{cases} M_g = \varepsilon M_{bb} \\ M_{\lambda g} = \varepsilon M_{\lambda bb} \\ L_g = \varepsilon(\theta) L_{bb} \\ L_{\lambda g} = \varepsilon(\theta) L_{\lambda bb} \end{cases} \quad (3\text{-}90)$$

式中，$\varepsilon$是发射率，$L$是对应的辐射亮度。

当灰体是朗伯辐射体时，$\varepsilon(\theta)=\varepsilon$。于是，适用于灰体的普朗克公式和斯蒂芬-玻尔兹曼定律的形式为

$$M_{\lambda g} = \varepsilon M_{\lambda bb} = \frac{\varepsilon c_1}{\lambda^5}(e^{c_2/\lambda T}-1) \quad (3\text{-}91)$$

$$M_g = \varepsilon M_{bb} = \varepsilon \sigma T^4 \quad (3\text{-}92)$$

而维恩位移定律的形式不变。

（3）选择性辐射体

选择性辐射体的光谱发射率随波长的变化而变化。

如图 3-14 和图 3-15 所示为三类辐射体的光谱发射率和光谱辐射出射度曲线。

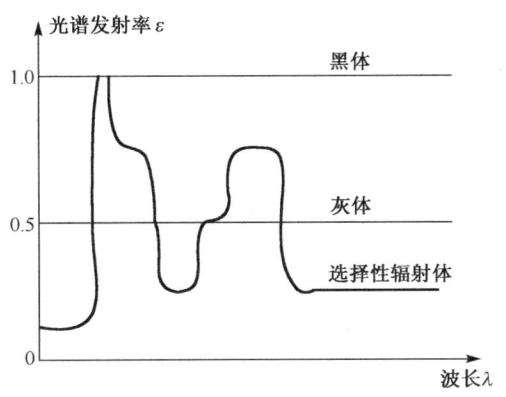

图 3-14　三类辐射体的光谱发射率曲线

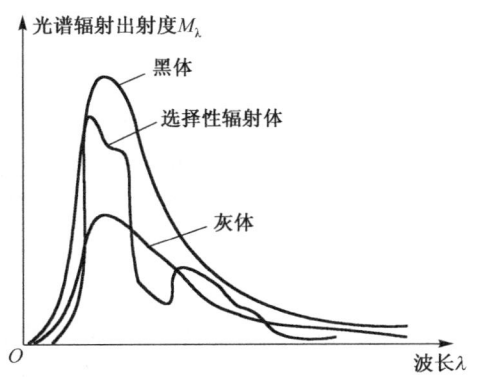

图 3-15　三类辐射体的光谱辐射出射度曲线

由图 3-14 与图 3-15 可知，黑体辐射的光谱分布曲线是各种辐射体曲线的包络线，这表明，在相同的温度下，黑体总的或任意的光谱区间的辐射比其他辐射体的都大。灰体的发射率是一个不变的常数，这一概念在红外辐射研究中非常有用，有些辐射源（如喷气机尾喷管、气动加热表面、无动力空间飞行器、人、大地及空间背景等）可以视为灰体，因此只要知道它们的发射率，就可根据相关的辐射规律进行准确的计算。灰体的光谱辐射出射度曲线与黑体的光谱辐射出射度曲线有相同的形状，但其发射率小于1，所以在黑体曲线的下方。在有限的光谱区间，有时选择性辐射体也可被视为灰体来简化计算。

## 小　　结

本章讨论了热辐射理论的基本定律，即基尔霍夫定律、普朗克辐射定律、维恩位移定律和斯蒂芬-玻尔兹曼定律；介绍了黑体辐射的计算方法，引入辐射效率、辐射对比度等物理量来描述黑体辐射，并将任意物体的辐射特性与黑体辐射联系起来，为读者提供了完整的热辐射理论基础，方便对任意物体的辐射特性进行研究。本章内容将为后续章节中的红外目标仿真、红外成像技术的研究提供依据。

## 习　　题

3-1　名词解释。

热辐射、辐射效率、辐射对比度、黑体、发射率。

3-2　填空题。

（1）物体的发光包括_____、_____、_____、_____等形式。

（2）普朗克公式揭示了物体热辐射的基本规律，波长范围包括_____、_____、_____和_____。

（3）黑体的全辐射出射度与_____成正比，黑体的光子全辐射出射度与_____成正比。

（4）热辐射体通常可分为_____、_____、_____三大类。

（5）在腔壁上开一个腔孔，腔孔的辐射出射度等于腔壁的总辐射照度，这说明_____。

（6）金属的发射率较低，但其随着_____的升高而增高，当金属表面形成_____层时，发射率成

10倍地增高。

(7) 好的吸收体必然是好的_____体。

(8) 黑体的光谱辐射出射度与_____成正比,黑体的光谱光子辐射出射度与_____成正比。

(9) 用于黑体辐射简化计算的两个函数分别是_____和_____函数。

(10) 在红外线区,大多数材料的光谱发射率随波长的_____而降低。

(11) 普朗克公式在极限条件下,当 $c_2/\lambda T \gg 1$ 时,其变为_____公式,当 $c_2/\lambda T \ll 1$ 时,其变为_____公式。

(12) 对于朗伯辐射体,_____率、_____率和_____率三种发射率彼此相等。

3-3 根据普朗克公式,黑体辐射具有哪些规律?

3-4 什么是物体的发射率?它具有哪些变化规律?

3-5 简述黑体辐射的几条定律,并讨论其物理意义。

3-6 黑体在某一温度时的辐射出射度为 $3.45 \times 10^5 \text{ W/cm}^2$,求这时光谱辐射出射度最大值所对应的波长 $\lambda_m$。

3-7 黑体辐射源的面积为 $1500 \text{cm}^2$,当温度从 700℃升高到 850℃时,辐射的功率增大了多少?

3-8 一灰体表面的吸收率为 0.4,当温度为 25℃时,求它在每秒内每平方厘米表面所发出的能量。

3-9 在一次原子弹爆炸中,在直径为15cm球形的整个范围内产生 $1 \times 10^7$ ℃的温度。若按黑体辐射处理,试计算:

(1) 在这个范围内的辐射能密度;

(2) 辐射的总功率;

(3) 辐射的最大能量所对应的波长。

3-10 如题 3-10 图所示的液氦低温恒温器,吸收靶面表面黑化,面积较大且紧挨窗口,此液氦低温恒温器要接收环境的辐射,当环境温度为 300K 时,可近似视为黑体,其窗口面积为 $1\text{cm}^2$。若液氦的汽化潜热为 25.115J/g,则每分钟消耗多少液氦?

题 3-10 图

3-11 已知普朗克公式,试证 $\lambda_m \nu_m = 0.568c$,其中 $c$ 为光速。

3-12 已知单位波长间隔的辐射出射度为 $M_{\lambda bb}$,试证明 $0 \sim \infty$ 整个波段范围内的光子数为

$$N = \frac{\sigma T^4}{2.75 K_B T}$$

3-13 试证明温度为 $T$ 的黑体,其单位表面积向半球空间内辐射的功率 $M_{\nu T} = \frac{2\pi h \nu^3}{c^2} \cdot \frac{1}{e^{h\nu/K_B T}-1}$。设 $\nu_m$

为 $M_{\nu T}$ 极大值所对应的频率，而 $\lambda'_m = c/\nu_m$，证明 $\lambda'_m T = 5099\mu m \cdot K$。并说明为什么在相同温度下，$\lambda'_m$ 与维恩位移定律中得到的 $\lambda_m$ 值不同。

# 参 考 文 献

[1] 张建奇. 红外物理[M]. 2 版. 西安：西安电子科技大学出版社，2013.

[2] 石晓光，宦克为，高兰兰. 红外物理[M]. 杭州：浙江大学出版社，2013.

[3] 叶玉堂，刘爽. 红外与微光技术[M]. 北京：国防工业出版社，2010.

[4] 常本康，蔡毅. 红外成像阵列与系统[M]. 修订版. 北京：科学出版社，2009.

[5] 白廷柱，金伟其. 光电成像原理与技术[M]. 北京：北京理工大学出版社，2006.

[6] 谭吉春. 夜视技术[M]. 北京：国防工业出版社，1999.

[7] 张敬贤，李玉丹，金伟其. 微光与红外成像技术[M]. 北京：北京理工大学出版社，1995.

[8] 刘景生. 红外物理[M]. 北京：兵器工业出版社，1992.

[9] 陈衡. 红外物理学[M]. 北京：国防工业出版社，1985.

[10] 卢杰，薛占林，张登杰. 红外物理基础中某些常数新值与新函数表（III）[J]. 哈尔滨科学技术大学学报，1993，17（1）：40-48.

# 第4章 红外辐射源

## 引 言

任何发射红外波段电磁波的物体均可称为红外辐射源。红外辐射源一般分为标准辐射源（黑体）、实用红外辐射源、自然背景辐射源和人工目标辐射源。黑体型辐射源作为标准辐射源，广泛用于红外设备的绝对标准。实用红外辐射源主要是实验室和光谱仪器中常用的一些红外辐射源。自然背景辐射源是自然界中的太阳、月亮、星星、地面、云层等自然红外辐射源。人工目标辐射源主要是典型目标（如火箭、飞机、坦克、火炮、红外诱饵、人体等）辐射源。

本章内容：（1）分析腔体辐射理论；（2）讨论作为标准并可用于校准的黑体型辐射源；（3）介绍实验室常用的实用红外辐射源及红外激光器；（4）重点讨论自然景物光辐射和人工目标的红外辐射，以及在自然景物和人工目标的红外辐射特性研究中所涉及的一些理论与测量问题。

## 4.1 腔体辐射理论

黑体型辐射源作为标准辐射源，是研制红外设备的绝对标准。然而，在自然界并不存在绝对的黑体，黑体只是一种理想化的概念，因此，不可能制作出一个绝对的黑体。基尔霍夫定律证明了封闭腔内的辐射就是黑体的辐射，在实际应用中，黑体型辐射源都是开有腔孔的空腔，腔孔的辐射只能近似于黑体的辐射，由于从腔孔入射的辐射总有一小部分会从腔孔逸出，因此其发射率略低于1。习惯上把这种开有腔孔的空腔称为黑体型辐射源或黑体炉。

腔体辐射理论是制作黑体型辐射源的基础，主要有哥福（Gouffé）理论、德法斯（Devos）理论等。本节首先介绍制作黑体型辐射源所涉及的腔体辐射理论，给出腔孔的有效发射率的推导过程，从而描述开有腔孔的空腔与绝对黑体的差别及近似程度。

### 4.1.1 哥福（Gouffé）理论

哥福（Gouffé）于1954年提出了一个计算有腔孔的空腔的有效发射率的表达式，可对球形腔、圆柱形腔和圆锥形腔的腔孔的有效发射率进行理论计算。尽管在推导中做了一些近似的假设，但是由于它的表达式意义明确、使用方便，因此一直沿用至今。

（1）有效发射率的推导

设有一腔孔面积为 $A$、内表面积（包括腔孔面积）为 $S_t$ 的空腔。腔体具有均匀的温度 $T$，其内表面是吸收率 $\alpha=\varepsilon$ 的不透明（$\tau=0$）朗伯面（理想的漫反射表面）。

哥福首先推导腔孔的有效吸收率 $\alpha_0$，然后根据基尔霍夫定律，求出腔孔的有效发射率

$\varepsilon_0 = \alpha_0$。

如图 4-1 所示，设有一束辐射（功率为 $P_0$），从外部垂直于腔孔表面的方向射入空腔内，发射到腔壁上的 $x$ 位置附近的小面积 $\Delta S(x)$ 上，在此位置产生的辐射照度为

$$E(x) = \frac{P_0}{\Delta S(x)} \quad (4\text{-}1)$$

若把 $\Delta S(x)$ 也视为辐射源，则其辐射出射度为

$$M(x) = \rho E(x) = \rho \frac{P_0}{\Delta S(x)} \quad (4\text{-}2)$$

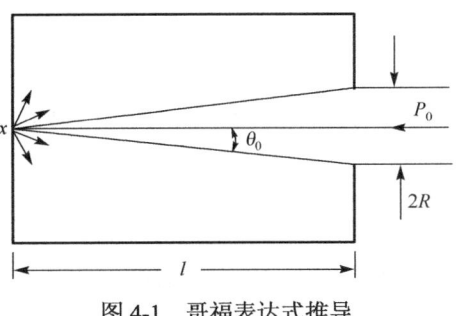

图 4-1 哥福表达式推导

式中，$\rho$ 为腔壁的反射率。

经第一次反射后，反射到腔内的辐射功率为

$$P' = M \Delta S(x) = \rho P_0 \quad (4\text{-}3)$$

根据朗伯余弦定律，从腔孔中逸出的辐射功率为

$$\Delta P_1 = \int_\Omega \mathrm{d}^2 P = \int_\Omega L \Delta S(x) \cos\theta \mathrm{d}\Omega = \frac{M}{\pi} \Delta S(x) \int_\Omega \cos\theta \mathrm{d}\Omega = \rho P_0 F(x, \Omega) \quad (4\text{-}4)$$

式中，$F(x, \Omega) = \frac{1}{\pi} \int_\Omega \cos\theta \mathrm{d}\Omega$ 称为腔孔的角度因子，它与腔孔对 $x$ 点所张的立体角 $\theta$ 及 $x$ 点的位置有关。

经过第一次反射后，净留在腔内的辐射功率为

$$P_1 = P' - \Delta P_1 = [1 - F(x, \Omega)] \rho P_0 \quad (4\text{-}5)$$

此时，净留在腔内的辐射功率 $P_1$ 又被腔壁第二次反射到腔内，且第二次反射到腔内的辐射功率为

$$P'' = \rho P_1 \quad (4\text{-}6)$$

假设经第二次反射后，辐射功率 $P''$ 均匀地发射在整个空腔内壁。因为腔孔面积为 $A$，腔壁面积为 $S_t$，所以 $P''$ 中有占比为 $A/S_t$ 的分量从腔孔中逸出，即第二次从腔孔中逸出的辐射功率为

$$\Delta P_2 = P'' \frac{A}{S_t} = \frac{A}{S_t} \rho P_1 \quad (4\text{-}7)$$

于是，经过腔壁的第二次反射，净留在腔内的辐射功率为

$$P_2 = P'' - \Delta P_2 = \left(1 - \frac{A}{S_t}\right) \rho P_1 \quad (4\text{-}8)$$

以此类推，经腔壁的第三次反射后，从腔孔中逸出的辐射功率为

$$\Delta P_3 = \frac{A}{S_t} \rho P_2 = \left(1 - \frac{A}{S_t}\right) \frac{A}{S_t} \rho^2 P_1 \quad (4\text{-}9)$$

经过第三次反射后，净留在腔内的辐射功率为

$$P_3 = \left(1 - \frac{A}{S_t}\right) \cdot \rho P_2 = \left(1 - \frac{A}{S_t}\right)^2 \rho^2 P_1 \tag{4-10}$$

所以，经第 $n$ 次反射后，从腔孔中逸出的辐射功率为

$$\Delta P_n = \frac{A}{S_t} \cdot \rho P_{n-1} = \left(1 - \frac{A}{S_t}\right)^{n-2} \frac{A}{S_t} \rho^{n-1} P_1 \tag{4-11}$$

这样，经无数次反射后，从腔孔中逸出的总辐射功率为

$$\begin{aligned}
P_r &= \Delta P_1 + \Delta P_2 + \Delta P_3 + \cdots + \Delta P_n + \cdots \\
&= \Delta P_1 + \frac{A}{S_t} \rho P_1 + \left(1 - \frac{A}{S_t}\right) \frac{A}{S_t} \rho^2 P_1 + \cdots + \left(1 - \frac{A}{S_t}\right)^{n-2} \frac{A}{S_t} \rho^{n-1} P_1 + \cdots \\
&= \Delta P_1 + \frac{A}{S_t} \rho P_1 \left[1 + \left(1 - \frac{A}{S_t}\right) \rho + \left(1 - \frac{A}{S_t}\right)^2 \rho^2 + \cdots + \left(1 - \frac{A}{S_t}\right)^{n-2} \rho^{n-2} + \cdots \right] \\
&= \Delta P_1 + \frac{A}{S_t} \rho P_1 \frac{1}{1 - \rho\left(1 - \frac{A}{S_t}\right)} \\
&= F(x, \Omega) \rho P_0 + \frac{A}{S_t} \frac{[1 - F(x, \Omega)] \rho^2 P_0}{1 - \rho\left(1 - \frac{A}{S_t}\right)}
\end{aligned} \tag{4-12}$$

所以，腔孔的有效反射比为

$$\rho_0 = \frac{P_r}{P_0} = \rho F(x, \Omega) + \frac{[1 - F(x, \Omega)]\frac{A}{S_t} \rho^2}{1 - \rho\left(1 - \frac{A}{S_t}\right)} \tag{4-13}$$

根据基尔霍夫定律，腔孔的有效发射率为

$$\varepsilon_0 = \alpha_0 = 1 - \rho_0 = \frac{(1-\rho)\left\{1 + \rho\left[\frac{A}{S_t} - F(x, \Omega)\right]\right\}}{1 - \rho\left(1 - \frac{A}{S_t}\right)} \tag{4-14}$$

（2）角度因子的推导和发射率公式的简化

由式（4-14）可见，要计算腔孔的有效发射率 $\varepsilon_0$，关键在于计算角度因子 $F(x, \Omega)$。因为 $F(x, \Omega)$ 与位置 $x$ 有关，所以要计算所有 $x$ 点的 $F(x, \Omega)$ 势必十分复杂。为了简单起见，只计算特殊情况下的 $F(x, \Omega)$ 值即可。此处仅需要考虑当入射辐射垂直于腔孔表面入射时的情况，即计算正对腔孔的 $\Delta S(x)$ 与腔孔表面平行情况下的 $F(x, \Omega)$ 便可。在这种情况下，可使得第一次反射时从腔孔逸出的辐射功率最大，$F(x, \Omega)$ 的值也最大，用此情况下的 $F(x, \Omega)$ 来计算 $\varepsilon_0$ 是比较合理的。这样，$F(x, \Omega)$ 可利用以下公式计算得到

$$F(x,\Omega)=\frac{1}{\pi}\int_{\Omega}\cos\theta\mathrm{d}\Omega=\frac{1}{\pi}\int_{0}^{2\pi}\mathrm{d}\varphi\int_{0}^{\theta_0}\cos\theta\sin\theta\mathrm{d}\theta=\sin^2\theta_0=\frac{R^2}{l^2+R^2} \quad (4\text{-}15)$$

式中，$R$ 是腔孔的半径，$l$ 是从腔孔平面算起的腔体的深度。

若令 $g=R/l$，$g$ 称为腔孔的几何因子，则有

$$F(x,\Omega)=\frac{g^2}{1+g^2} \quad (4\text{-}16)$$

对于通常应用的黑体型辐射源，其几何因子 $g=R/l\ll 1$，故式（4-16）可近似为

$$F(x,\Omega)\approx g^2 \quad (4\text{-}17)$$

（3）三种典型腔体结构的 $A/S_t$ 计算

对于如图 4-2 所示的三种典型的腔体结构，可以计算出它们的 $A/S_t$。

① 圆锥形腔的 $A/S_t$ 为

$$\frac{A}{S_t}=\frac{g}{g+\sqrt{1+g^2}}\approx g(1-g) \quad (4\text{-}18)$$

② 圆柱形腔的 $A/S_t$ 为

$$\frac{A}{S_t}=\frac{g}{2(1+g)}\approx \frac{g}{2}(1-g) \quad (4\text{-}19)$$

③ 球形腔的 $A/S_t$ 为

$$\frac{A}{S_t}=\frac{g^2}{1+2g^2}\approx g^2 \quad (4\text{-}20)$$

将球形腔的 $\frac{A}{S_t}$ 记为 $\frac{A}{S_0}$，当 $g\ll 1$ 时，它恰好等于角度因子 $F(x,\Omega)$，所以有

$$F(x,\Omega)=g^2=\frac{A}{S_0} \quad (4\text{-}21)$$

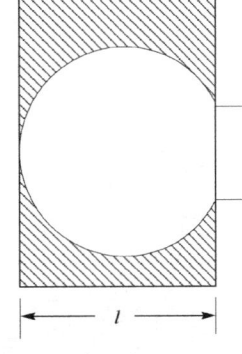

图 4-2 三种典型的腔体结构

（4）公式简化

由于腔壁是不透明的，因此，腔壁材料的发射率 $\varepsilon=\alpha$，或者说腔壁的反射率为 $\rho=1-\varepsilon$。常见腔孔的有效发射率的表达式为

$$\varepsilon_0=\frac{\varepsilon\left[1+(1-\varepsilon)\left(\dfrac{A}{S_t}-\dfrac{A}{S_0}\right)\right]}{\varepsilon\left(1-\dfrac{A}{S_t}\right)+\dfrac{A}{S_t}} \quad (4\text{-}22)$$

若令

$$k=(1-\varepsilon)\left(\frac{A}{S_t}-\frac{A}{S_0}\right) \quad (4\text{-}23)$$

$$\varepsilon_0' = \frac{\varepsilon}{\varepsilon\left(1-\dfrac{A}{S_t}\right)+\dfrac{A}{S_t}} \tag{4-24}$$

则可得

$$\varepsilon_0 = \varepsilon_0'(1+k) \tag{4-25}$$

(5) 数图

根据前面的有关公式可绘制如图 4-3 和图 4-4 所示的数图。利用这些数图，可方便地计算 $\varepsilon_0$。

数图的使用方法如下。

① 根据给定的腔体形状和比值 $l/R$（$1/g$），便可从图 4-3 中查出 $A/S_t$ 的值。

② 根据给定的腔壁的发射率 $\varepsilon$，利用从图 4-3 查出的 $A/S_t$ 的值，即可从图 4-4 中查出相应的 $\varepsilon_0'$ 的值。

③ 对于球形腔，因为 $A/S_t = A/S_0$，所以 $k=(1-\varepsilon)(A/S_t - A/S_0)=0$，因此所查出的 $\varepsilon_0'$ 就是所求的 $\varepsilon_0$。

④ 对于圆柱形腔或圆锥形腔，根据同样的 $l/R$ 可从图 4-3 中查出 $A/S_t$ 和相应的 $A/S_0$（与球形腔曲线对应的 $A/S_t$）。根据查出的这两个值，先用式（4-23）计算出 $k$ 值，再利用查出的 $A/S_t$ 和给定的 $\varepsilon$，从图 4-4 中查出 $\varepsilon_0'$，最后利用式（4-25）计算 $\varepsilon_0$。

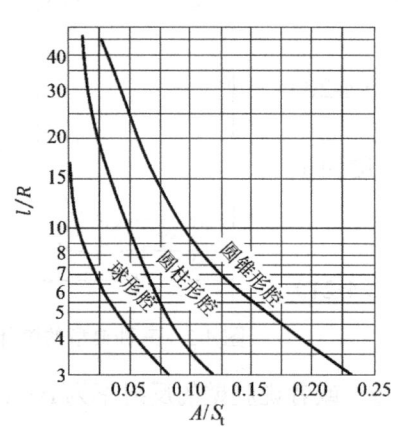

图 4-3　圆锥形腔、圆柱形腔和球形腔的 $A/S_t$

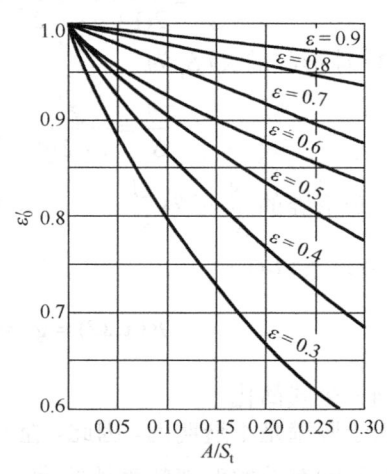

图 4-4　圆锥形腔、圆柱形腔和球形腔的 $\varepsilon_0'$

例如，已知 $l/R=6$，$\varepsilon=0.9$ 的圆锥形腔，用数图近似计算其腔孔的有效发射率 $\varepsilon_0$。利用 $l/R=6$，从图 4-3 中查出 $A/S_t=0.14$，$A/S_0=0.026$，再利用 $\varepsilon=0.9$ 和 $A/S_t=0.14$，从图 4-4 中查出 $\varepsilon_0'=0.98$，计算出 $k=(1-\varepsilon)(A/S_t-A/S_0)=(1-0.9)\times(0.14-0.026)=0.0114$，最后得 $\varepsilon_0=\varepsilon_0'(1+k)=0.98\times(1+0.0114)\approx 0.99$。

(6) 结论

通过具体的计算，从数图上可得出如下结论。

① 腔孔的有效发射率 $\varepsilon_0$ 总是大于腔壁材料的发射率 $\varepsilon$。

由于内表面积最大，因此 $A/S_t > A/S_0$，又因为 $1-\varepsilon>0$，根据式（4-23）有 $k>0$。因为

$\varepsilon < 1$，所以有

$$\varepsilon\left(1 - \frac{A}{S_t}\right) < \left(1 - \frac{A}{S_t}\right)$$

$$\varepsilon\left(1 - \frac{A}{S_t}\right) + \frac{A}{S_t} < 1$$

$$\frac{1}{\varepsilon\left(1 - \frac{A}{S_t}\right) + \frac{A}{S_t}} > 1$$

则有

$$\varepsilon_0' = \frac{\varepsilon}{\varepsilon\left(1 - \frac{A}{S_t}\right) + \frac{A}{S_t}} > \varepsilon$$

于是根据式（4-25），有 $\varepsilon_0 > \varepsilon_0' > \varepsilon$。此结论称为腔体效应。

② 在 $l/R$ 值相同的情况下，$\varepsilon$ 越大，$\varepsilon_0$ 就越大。

③ 在 $\varepsilon$ 值相同的情况下，$l/R$ 越大，$\varepsilon_0$ 就越大。

④ 对于同一 $l/R$ 的值，内表面积越大，$\varepsilon_0$ 就越大，即对于同一 $l/R$，球形腔的 $\varepsilon_0$ 最大，圆柱形腔的 $\varepsilon_0$ 次之，圆锥形腔的 $\varepsilon_0$ 最小。

⑤ 若 $\varepsilon$ 足够大，$l/R$ 足够大，则 $\varepsilon_0$ 将趋于 1，故空腔型辐射源在此条件下可视为黑体型辐射源。

（7）对有限制开口孔径腔体的修正

为了限制腔体的开口孔径（腔孔），往往做成如图 4-5 所示的 $R' < R$ 的腔体。此时在用上述公式和数图计算 $\varepsilon_0$ 时，应进行如下修正。

因为这时内表面积 $S_t$ 没有变化，而腔孔的面积变为

$$A' = \pi R'^2 = \pi R^2 \cdot \frac{R'^2}{R^2} = A\left(\frac{R'}{R}\right)^2 \tag{4-26}$$

所以，有限制的腔孔的面积与内表面积之比变为

$$\frac{A'}{S_t} = \frac{A}{S_t}\left(\frac{R'}{R}\right)^2 \tag{4-27}$$

若已知腔体的深度为 $l$，圆柱形腔或圆锥形腔的半径为 $R$，腔孔半径为 $R'$，则可按下述步骤计算 $\varepsilon_0$。

① 用 $l/R$ 查出 $A/S_t$，根据式（4-27）计算 $A'/S_t$，利用此值和给定的 $\varepsilon$ 查出 $\varepsilon_0'$。

② 用 $l/R'$ 查出 $A'/S_0$，再用上面计算出的 $A'/S_t$，由式（4-23）计算出 $k$ 值。

③ 根据 $\varepsilon_0'$ 和 $k$ 值，由式（4-25）计算出 $\varepsilon_0$ 值。

若腔体形状不是前面给出的三种形状，则应计算出具体形状的 $A/S_t$，而 $A/S_0$ 可由图 4-3 查出，然后用上述有关计算求得 $\varepsilon_0$。

（8）计算举例

如图 4-6 所示为圆柱-圆锥形腔，圆柱部分长 $l = 5.4\text{cm}$，半径 $R = 1.5\text{cm}$，腔孔半径 $R' = 1\text{cm}$。圆锥部分高 $h = 2.6\text{cm}$，顶角 $\theta = 60°$。腔壁的发射率 $\varepsilon = 0.78$，试计算其腔孔的有效发射率 $\varepsilon_0$。

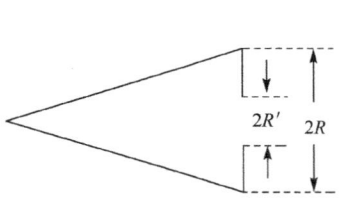
图 4-5 有限制开口孔径的腔体

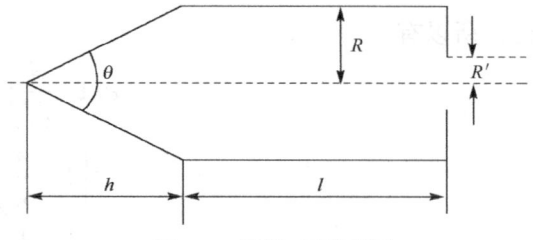
图 4-6 圆柱-圆锥形腔

解：先计算腔孔的面积 $A$ 和内表面积 $S_t$（包括腔孔面积），即可求出 $A/S_t$ 为

$$A = \pi R'^2 = \pi \times 1^2 = \pi \text{ cm}^2$$

$$S_t = \pi R \times \frac{h}{\cos 30°} + 2\pi R l + \pi R^2$$

$$= \pi \left( \frac{1.5 \times 2.6}{0.866} + 2 \times 1.5 \times 5.4 + 1.5^2 \right)$$

$$\approx \pi \times 22.953 \text{ cm}^2$$

$$\frac{A}{S_t} = \frac{\pi}{22.953\pi} \approx 0.043\ 6$$

再用近似公式求出 $A/S_0$ 为

$$\frac{A}{S_0} \approx g^2 = \left(\frac{1}{8}\right)^2 = 0.015\ 6$$

最后求出 $\varepsilon_0$ 为

$$\varepsilon_0 = \frac{\varepsilon \left[1 + (1-\varepsilon)\left(\dfrac{A}{S_t} - \dfrac{A}{S_0}\right)\right]}{\varepsilon\left(1 - \dfrac{A}{S_t}\right) + \dfrac{A}{S_t}}$$

$$= \frac{0.78 \times [1 + 0.22 \times (0.043\ 6 - 0.015\ 6)]}{0.78 \times (1 - 0.043\ 6) + 0.043\ 6}$$

$$\approx 0.993\ 9$$

## 4.1.2 德法斯（Devos）理论

德法斯（Devos）在 1954 年给出了黑体型辐射源的腔孔的有效发射率的计算公式。在该公式的推导过程中，不像哥福理论那样先推导吸收率，而是直接推导发射率，并且考虑的是任意形状的腔体，也没有假设腔壁是漫反射表面，所以一般认为它是比较完善、比较系统的理论，当等温腔腔壁为漫反射时，其根据哥福理论所得出的结果极为相近，计算却比哥福理论复杂得多。在介绍德法斯理论之前，先介绍一些与其有关的基础知识。

（1）双向反射率

对于反射率 $\rho$、吸收率 $\alpha$ 和透过率 $\tau$，有 $\alpha + \rho + \tau = 1$。通常被照射的物体是不透明物体，辐射功率除可以被照射的物体吸收一部分外，其余都被反射了，即 $\tau = 0$，则有

$$\alpha + \rho = 1 \tag{4-28}$$

所以，只要测出物体的反射率 $\rho$，就可计算出物体的吸收率 $\alpha$，再根据基尔霍夫定律有 $\alpha = \varepsilon$，则可以得到物体的有效发射率 $\varepsilon_0$。而物体的反射通常是有方向性的，所以为了研究反射辐射随入射与收集角状态的变化关系，特引入双向反射率：特定立体角的反射辐射功率与特定立体角的入射辐射功率之比，可用数学表达式表示为

$$\rho(\Omega_i, \Omega_r) = \frac{P_r(\Omega_r)}{P_i(\Omega_i)} \tag{4-29}$$

式中，$\Omega_r$ 为反射立体角，$P_r(\Omega_r)$ 是 $\Omega_r$ 立体角内的反射功率，$\Omega_i$ 为入射立体角，$P_i(\Omega_i)$ 为 $\Omega_i$ 立体角内入射的辐射功率。其物理意义由图4-7说明。

由于入射和反射可以是半球入射和反射，也可以是在某一有限立体角内的入射和反射或特定方向（小立体角元内）的入射和反射，因此它们组合后可得9种不同的反射率。这9种反射率还被冠以"光谱"或"波段范围"，以表示光谱反射率和某波段范围的反射率。

为了方便地描述反射率按角度的分布情况，可引入部分反射率：在某方向上单位立体角内的反射率，可表示为

$$\rho_A^{ir} = \frac{\mathrm{d}P_r(\Omega_r)/\mathrm{d}\Omega_r}{\mathrm{d}P_i(\Omega_i)} \tag{4-30}$$

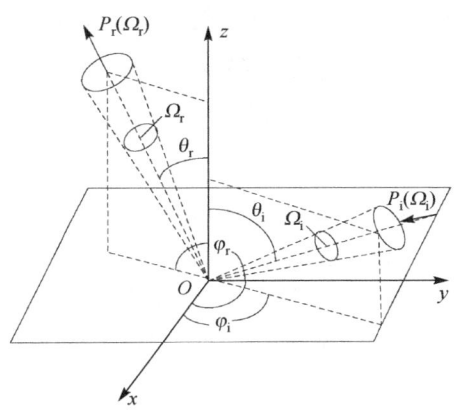

图4-7 入射与反射辐射功率的角度状态

实际上，$\rho_A^{ir}$ 表示辐射由 $i$ 方向入射，经面元 $\mathrm{d}A$ 向 $r$ 方向单位立体角内的反射本领，它是双向反射分布函数的另一种定义形式。

（2）Helmholtz 互易性定理

如图4-8所示，两个面元 $\mathrm{d}A_1$ 和 $\mathrm{d}A_2$ 经面元 $\mathrm{d}A$ 反射从而相互传递辐射能量。设面元 $\mathrm{d}A_1$ 垂直于 $r_1$，$\mathrm{d}A_2$ 垂直于 $r_2$。根据辐射亮度的定义式，可以写出 $\mathrm{d}A_1$ 到 $\mathrm{d}A$ 的辐射功率 $\mathrm{d}P_1$ 为

$$\mathrm{d}P_1 = L_1 \mathrm{d}A_1 \mathrm{d}\Omega_1 = L_1 \mathrm{d}A_1 \frac{\mathrm{d}A \cos\theta_A^{A_1}}{r_1^2} \tag{4-31}$$

式中，$\theta_A^{A_1}$ 是 $\mathrm{d}A_1$ 和 $\mathrm{d}A$ 的连线与 $\mathrm{d}A$ 法线方向的夹角。

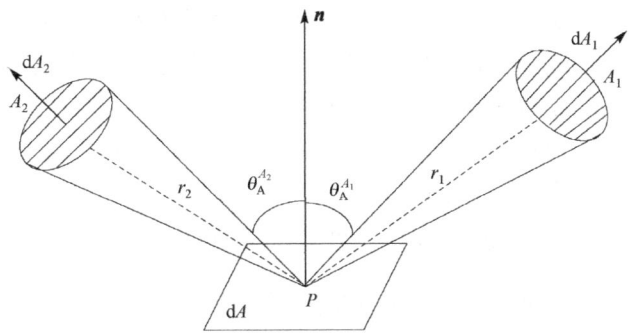

图4-8 Helmholtz 互易性定理

这个辐射功率经 $dA$ 反射到 $dA_2$ 的部分为

$$dP_1^2 = \rho_A^{A_1 A_2} L_1 \cos\theta_A^{A_1} dA \frac{dA_1}{r_1^2} \frac{dA_2}{r_2^2} \tag{4-32}$$

式中，$\rho_A^{A_1 A_2}$ 是 $dA_1$ 的辐射由 $A_1 P$ 的方向入射，经面元 $dA$ 向 $PA_2$ 方向上的单位立体角内的反射率。

同理可得来自 $dA_2$，经 $dA$ 反射到 $dA_1$ 的辐射功率 $dP_2^1$ 为

$$dP_2^1 = \rho_A^{A_2 A_1} L_2 \cos\theta_A^{A_2} dA \frac{dA_2}{r_2^2} \frac{dA_1}{r_1^2} \tag{4-33}$$

式中，$\theta_A^{A_2}$ 是 $dA_2$ 和 $dA$ 的连线与 $dA$ 法线方向的夹角，$\rho_A^{A_2 A_1}$ 是 $dA_2$ 的辐射由 $A_2 P$ 方向入射，经面元 $dA$ 向 $PA_1$ 方向上的单位立体角内的反射率（双向反射分布函数）。

若面元 $dA_1$ 和 $dA_2$ 是温度恒定的同一物体上的两部分，则应有 $L_1 = L_2 = L$，于是，在辐射热平衡条件下，$dP_1^2 = dP_2^1$，则可得到

$$\rho_A^{A_1 A_2} \cos\theta_A^{A_1} = \rho_A^{A_2 A_1} \cos\theta_A^{A_2} \tag{4-34}$$

式（4-34）就是 Helmholtz 互易性定理的数学表达式。

（3）Devos 腔体理论

如图 4-9 所示，Devos 腔体理论的推导思路如下。第一，考虑一个封闭腔，推出腔壁上的任意面元 $d\omega$ 在任意方向 $do$ 的有效发射率。若腔体是等温的，则求出其有效发射率为 1，若腔体不是等温的，则得出温度的修正项，就是封闭腔体的有效发射率。第二，考虑开口腔有效发射率的近似计算公式，它相当于封闭腔下 $d\omega$ 面元在 $do$ 方向上的有效发射率减去 $do$ 直接或间接对 $d\omega$ 在 $do$ 方向上的有效发射率的贡献。

① 封闭腔内壁任意面元的有效发射率。由图 4-9 可知，$d\omega$ 在 $do$ 方向上的辐射功率等于 $d\omega$ 自身在 $do$ 方向上的辐射功率加上整个腔体经 $d\omega$ 向 $do$ 方向反射的辐射功率。

$d\omega$ 自身在 $do$ 方向上的辐射功率为

$$dP_\omega^o = \varepsilon_\omega^o L_{bb}(T_\omega) d\omega \cos\theta_\omega^o d\Omega_\omega^o \tag{4-35}$$

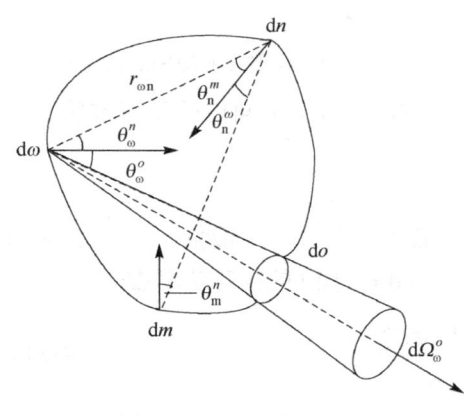

图 4-9 Devos 腔体理论

式中，$\varepsilon_\omega^o$ 是 $d\omega$ 面元在 $do$ 方向上的发射率；$L_{bb}(T_\omega)$ 是当温度为 $T_\omega$ 时黑体的辐射亮度；$d\Omega_\omega^o$ 为 $do$ 对 $d\omega$ 所张的立体角；$\theta_\omega^o$ 为 $do$ 和 $d\omega$ 的连线与 $d\omega$ 法线方向之间的夹角。

整个腔壁经 $d\omega$ 向 $do$ 方向反射的辐射功率的计算过程如下。

首先考虑一次反射的情况，在腔内取面元 $dn$，要求面元 $dn$ 的辐射经 $d\omega$ 向 $do$ 方向反射的辐射功率，需先求 $dn$ 入射到 $d\omega$ 上的辐射功率，则有

$$dP_\omega^n = \varepsilon_n^\omega L_{bb}(T_n) dn \cos\theta_n^\omega d\Omega_n^\omega \tag{4-36}$$

式中，$\varepsilon_n^\omega$ 为 $dn$ 在 $d\omega$ 方向上的发射率，$L_{bb}(T_n)$ 为当温度为 $T_n$ 时黑体的辐射亮度，$\theta_n^\omega$ 为 $dn$ 和 $d\omega$ 的连线与 $dn$ 法线方向之间的夹角，$d\Omega_n^\omega$ 为 $d\omega$ 对 $dn$ 所张的立体角。由于

$$\mathrm{d}\Omega_\mathrm{n}^\omega = \frac{\mathrm{d}\omega \cdot \cos\theta_\mathrm{n}^\omega}{r_{\omega\mathrm{n}}^2} \tag{4-37}$$

式中，$\theta_\omega^n$ 为 $\mathrm{d}n$ 和 $\mathrm{d}\omega$ 的连线与 $\mathrm{d}\omega$ 法线方向间的夹角，$r_{\omega\mathrm{n}}$ 为 $\mathrm{d}\omega$ 与 $\mathrm{d}n$ 的距离，而 $\mathrm{d}n$ 对 $\mathrm{d}\omega$ 所张的立体角 $\mathrm{d}\Omega_\omega^n$ 为

$$\mathrm{d}\Omega_\omega^n = \frac{\mathrm{d}n \cdot \cos\theta_\mathrm{n}^\omega}{r_{\omega\mathrm{n}}^2} \tag{4-38}$$

因此 $\mathrm{d}n$ 入射到 $\mathrm{d}\omega$ 上的辐射功率可改写为

$$\mathrm{d}P_\omega^n = \varepsilon_\mathrm{n}^\omega L_\mathrm{bb}(T_\mathrm{n})\mathrm{d}\omega \cos\theta_\mathrm{n}^n \mathrm{d}\Omega_\omega^n \tag{4-39}$$

则 $\mathrm{d}n$ 经 $\mathrm{d}\omega$ 反射到 $\mathrm{d}o$ 方向，$\mathrm{d}\Omega_\omega^o$ 立体角内的辐射功率 $\mathrm{d}P_\omega^{no}$ 可写成

$$\mathrm{d}P_\omega^{no} = \varepsilon_\mathrm{n}^\omega L_\mathrm{bb}(T_\mathrm{n})\mathrm{d}\omega \cos\theta_\mathrm{n}^n \mathrm{d}\Omega_\omega^n \rho_\omega^{no}\mathrm{d}\Omega_\omega^o \tag{4-40}$$

式中，$\rho_\omega^{no}$ 为 $\mathrm{d}n$ 经 $\mathrm{d}\omega$ 反射到 $\mathrm{d}o$ 方向上的单位立体角的反射率。当 Helmholtz 互易性定理近似成立时，有

$$\rho_\omega^{no}\cos\theta_\omega^n = \rho_\omega^{on}\cos\theta_\omega^o \tag{4-41}$$

可把式（4-40）简化为

$$\mathrm{d}P_\omega^o = \varepsilon_\mathrm{n}^\omega L_\mathrm{bb}(T_\mathrm{n})\mathrm{d}\omega \rho_\omega^{on}\cos\theta_\omega^o \mathrm{d}\Omega_\omega^n \mathrm{d}\Omega_\omega^o \tag{4-42}$$

这样可以得到整个腔体经 $\mathrm{d}\omega$ 反射到 $\mathrm{d}o$ 方向上的 $\mathrm{d}\Omega_\omega^o$ 立体角内的辐射功率 $P_\omega^{no}$ 为

$$P_{\omega(1)}^o = \mathrm{d}\omega \cos\theta_\omega^o \mathrm{d}\Omega_\omega^o \int_{\text{半球}} \varepsilon_\mathrm{n}^\omega L_\mathrm{bb}(T_\mathrm{n})\rho_\omega^{on}\mathrm{d}\Omega_\omega^n \tag{4-43}$$

现在再来考虑二次反射的情况，即由面元 $\mathrm{d}m$ 入射到 $\mathrm{d}n$，并从 $\mathrm{d}n$ 向 $\mathrm{d}\omega$ 反射，然后又被 $\mathrm{d}\omega$ 向 $\mathrm{d}o$ 方向反射。用与一次反射相同的方法可得

$$\mathrm{d}P_\mathrm{n\omega}^{mo} = \varepsilon_\mathrm{m}^n L_\mathrm{bb}(T_\mathrm{m})\mathrm{d}\omega\cos\theta_\omega^o\mathrm{d}\Omega_\omega^o \rho_\mathrm{n}^{\omega m}\mathrm{d}\Omega_\omega^n \rho_\omega^{on}\mathrm{d}\Omega_\mathrm{n}^o \tag{4-44}$$

对 $\mathrm{d}m$ 和 $\mathrm{d}n$ 积分，就可得到整个腔体通过 $\mathrm{d}\omega$ 向 $\mathrm{d}o$ 方向反射的辐射功率

$$P_{\omega(2)}^o = \mathrm{d}\omega\cos\theta_\omega^o \mathrm{d}\Omega_\omega^o \iint_{\text{半球}} \varepsilon_\mathrm{m}^n L_\mathrm{bb}(T_\mathrm{m})\rho_\mathrm{n}^{on}\mathrm{d}\Omega_\omega^n \rho_\omega^{\omega m}\mathrm{d}\Omega_\mathrm{n}^m \tag{4-45}$$

如此继续下去，可同样求得通过 $\mathrm{d}\omega$ 的三次、四次……反射到 $\mathrm{d}o$ 的辐射功率。所以总的由 $\mathrm{d}\omega$ 到 $\mathrm{d}o$ 方向的辐射功率等于 $\mathrm{d}\omega$ 自身辐射的功率加上多次反射的辐射功率之和，从而得到

$$\begin{aligned}P_\omega^o = \mathrm{d}\omega\cos\theta_\omega^o\mathrm{d}\Omega_\omega^o\bigg[\varepsilon_\omega^o L_\mathrm{bb}(T_\omega) + \int_{\text{半球}}\varepsilon_\mathrm{n}^\omega L_\mathrm{bb}(T_\mathrm{n})\rho_\omega^{on}\mathrm{d}\Omega_\omega^n + \\ \iint_{\text{半球}}\varepsilon_\mathrm{m}^n L_\mathrm{bb}(T_\mathrm{m})\rho_\mathrm{n}^{\omega m}\mathrm{d}\Omega_\omega^n \rho_\omega^{on}\mathrm{d}\Omega_\mathrm{n}^m + \cdots\bigg]\end{aligned} \tag{4-46}$$

若令

$$C_\mathrm{n} = \frac{L_\mathrm{bb}(T_\omega) - L_\mathrm{bb}(T_\mathrm{n})}{L_\mathrm{bb}(T_\omega)} \tag{4-47}$$

$$C_m = \frac{L_{bb}(T_\omega) - L_{bb}(T_m)}{L_{bb}(T_\omega)} \tag{4-48}$$

则有

$$P_\omega^o = L_{bb}(T_\omega)d\omega\cos\theta_\omega^o d\Omega_\omega^o \Big[ \varepsilon_\omega^o + \int_{半球}(1-C_n)\varepsilon_n^\omega \rho_\omega^{on} d\Omega_\omega^n + \\ \iint_{半球}(1-C_m)\varepsilon_m^n \rho_n^{\omega m} d\Omega_\omega^n \rho_\omega^{on} d\Omega_n^m + \cdots \Big] \tag{4-49}$$

由此可知，面元 $d\omega$ 在 $do$ 方向上的有效发射率为

$$\varepsilon_\omega' = \varepsilon_\omega^o + \int_{半球}(1-C_n)\varepsilon_n^\omega \rho_\omega^{on} d\Omega_\omega^n + \iint_{半球}(1-C_m)\varepsilon_m^n \rho_n^{\omega m}\rho_\omega^{on} d\Omega_\omega^n d\Omega_n^m + \cdots \tag{4-50}$$

若封闭腔为等温腔，即腔壁的温度处处相等，则 $C_n = C_m = \cdots = 0$，此时的发射率为

$$\varepsilon_\omega' = \varepsilon_\omega^o + \int_{半球}\varepsilon_n^\omega \rho_\omega^{on} d\Omega_\omega^n + \iint_{半球}\varepsilon_m^n \rho_n^{\omega m}\rho_\omega^{on} d\Omega_\omega^n d\Omega_n^m + \cdots \tag{4-51}$$

式中，$\varepsilon_\omega^o$、$\varepsilon_n^\omega$、$\varepsilon_m^n$ 为 $d\omega$、$dn$、$dm$ 处腔壁的发射率（或吸收率）。

若有单位辐射能从 $do$ 经 $o\omega$ 入射到 $d\omega$ 上，首先被 $d\omega$ 吸收了 $\varepsilon_\omega^o$ 这一部分的辐射，经 $d\omega$ 反射后，整个腔壁对一次反射后的辐射吸收部分为 $\int_{半球}\varepsilon_n^\omega \rho_\omega^{on} d\Omega_\omega^n$，同样地，整个腔壁对二次反射后的辐射吸收部分为 $\iint_{半球}\varepsilon_m^n \rho_n^{\omega m}\rho_\omega^{on} d\Omega_\omega^n d\Omega_n^m$，以此类推。由于腔体是密闭的，入射辐射将全部被吸收，因此得到等温封闭腔的有效发射率 $\varepsilon_\omega' = 1$。

若封闭腔不等温，则 $d\omega$ 在 $do$ 方向上的有效发射率为

$$\varepsilon_\omega' = 1 - \int_{半球}C_n \varepsilon_n^\omega \rho_\omega^{on} d\Omega_\omega^n - \iint_{半球}C_m \varepsilon_m^n \rho_n^{\omega m}\rho_\omega^{on} d\Omega_\omega^n d\Omega_n^m + \cdots \tag{4-52}$$

令

$$\delta\varepsilon_\omega' = \int_{半球}C_n \varepsilon_n^\omega \rho_\omega^{on} d\Omega_\omega^n + \iint_{半球}C_m \varepsilon_m^n \rho_n^{\omega m}\rho_\omega^{on} d\Omega_\omega^n d\Omega_n^m + \cdots \tag{4-53}$$

则有

$$\varepsilon_\omega' = 1 - \delta\varepsilon_\omega' \tag{4-54}$$

由此可以得到如下三条结论：

a. 当腔壁的温度均匀时，$\delta\varepsilon_\omega' = 0$，而腔壁 $d\omega$ 在 $do$ 方向上的有效发射率 $\varepsilon_\omega' = 1$。

b. 当 $C_n > 0$、$C_m > 0$，即腔壁其他部分的温度比 $d\omega$ 面元的温度低时，面元 $d\omega$ 在 $do$ 方向上的有效发射率 $\varepsilon_\omega' < 1$。

c. 当 $C_n < 0$、$C_m < 0$，即腔壁其他部分的温度比 $d\omega$ 面元的温度高时，面元 $d\omega$ 在 $do$ 方向上的有效发射率 $\varepsilon_\omega' > 1$。

由于面元 $d\omega$ 和 $do$ 是任意取的，因此推导的结论是普遍适用的。

② 开口腔的有效发射率。如图 4-9 所示，首先考虑等温开口腔的有效发射率。其指导思想是：等温封闭腔壁上的小口 $do$ 对腔壁上任意面元 $d\omega$ 的有效发射率的影响，等价于等温封闭腔的情况，在面元 $d\omega$ 的有效发射率中应扣除面元 $do$ 的有效辐射直接和间接地到达面元 $d\omega$ 所产生的贡献。其具体推导如下。

由于等温封闭腔 $d\omega$ 的有效发射率是 1，因此 $d\omega$ 向 $do$ 发射的辐射功率为

$$dP_\omega^o = L_{bb}(T)d\omega\cos\theta_\omega^o d\Omega_\omega^o \tag{4-55}$$

它减去从 do 发射出经 dω 反射到 do 的辐射功率及从 do 发射出经腔壁反射到 dω，然后反射回 do 的辐射功率，就是 do 为开孔情况下 dω 向 do 发射出的总功率。

从有效发射率为 1 的面元 do 发射出的经 dω 反射到 do 的辐射功率可写为

$$dP_\omega^{oo} = L_{bb}(T)do\cos\theta_o^\omega d\Omega_o^\omega \rho_\omega^{oo} d\Omega_\omega^o \tag{4-56}$$

因为
$$d\Omega_o^\omega = \frac{d\omega\cos\theta_o^o}{r_{o\omega}^2}, \quad d\Omega_\omega^o = \frac{do\cos\theta_o^\omega}{r_{o\omega}^2}$$

所以式（4-56）可改写为

$$dP_\omega^{oo} = L_{bb}(T)d\omega\cos\theta_\omega^o d\Omega_\omega^o[\rho_\omega^{oo}d\Omega_\omega^o] \tag{4-57}$$

从面元 do 发射到面元 dn 后被反射到 dω 面元，再由 dω 反射到 do 的辐射功率为

$$dP_{n\omega}^{oo} = L_{bb}(T)do\cos\theta_o^n d\Omega_o^n \left(\rho_n^{o\omega}d\Omega_n^\omega\right)\left(\rho_\omega^{no}d\Omega_\omega^o\right) \tag{4-58}$$

注意到
$$d\Omega_o^n = \frac{dn\cos\theta_n^o}{r_{on}^2}, \quad d\Omega_n^o = \frac{do\cos\theta_o^n}{r_{on}^2}$$

且利用 Helmholtz 互易性定理

$$\rho_n^{o\omega}\cos\theta_n^o = \rho_n^{\omega o}\cos\theta_n^\omega$$

式（4-58）可变为

$$dP_{n\omega}^{oo} = L_{bb}(T)dn\cos\theta_n^\omega d\Omega_n^o\left(\rho_n^{\omega o}d\Omega_n^\omega\right)\left(\rho_\omega^{no}d\Omega_\omega^o\right) \tag{4-59}$$

再利用
$$d\Omega_n^\omega = \frac{d\omega\cos\theta_\omega^n}{r_{n\omega}^2}, \quad d\Omega_\omega^n = \frac{dn\cos\theta_n^\omega}{r_{n\omega}^2}$$

及 Helmholtz 互易性定理

$$\rho_\omega^{no}\cos\theta_\omega^n = \rho_\omega^{on}\cos\theta_\omega^o$$

则式（4-59）又可写为

$$dP_{n\omega}^{oo} = L_{bb}(T)d\omega\cos\theta_\omega^o d\Omega_\omega^o\left(\rho_n^{\omega o}d\Omega_n^o\right)\left(\rho_\omega^{on}d\Omega_\omega^n\right) \tag{4-60}$$

对 dn 在半球减去 do 所对应的立体角的范围内进行积分，可以得到由 do 发射出经整个腔壁反射到 dω，再由 dω 反射到 do 的辐射功率为

$$dP_\omega^{oo} = L_{bb}(T)d\omega\cos\theta_\omega^o d\Omega_\omega^o \iint_{\text{半球-(do)}} \rho_\omega^{on}\rho_n^{\omega o}d\Omega_\omega^n d\Omega_\omega^n \tag{4-61}$$

这样，在 do 为腔孔的等温腔，dω 在 do 方向上的总发射辐射功率等于式（4-55）减去式（4-57）和式（4-61），即有

$$P_\omega^o = L_{bb}(T)\mathrm{d}\omega\cos\theta_\omega^o\mathrm{d}\Omega_\omega^o\left[1-\rho_\omega^{oo}\mathrm{d}\Omega_\omega^o-\iint_{\text{半球}-(do)}\rho_\omega^{on}\rho_n^{\omega o}\mathrm{d}\Omega_n^o\mathrm{d}\Omega_\omega^n\right] \quad (4\text{-}62)$$

根据有效发射率的定义，在有腔孔的情况下，面元 $\mathrm{d}\omega$ 在 $\mathrm{d}o$ 方向上的有效发射率为

$$\varepsilon_\omega' = 1 - \rho_\omega^{oo}\mathrm{d}\Omega_\omega^o - \iint_{\text{半球}-(do)}\rho_\omega^{on}\rho_n^{\omega o}\mathrm{d}\Omega_n^o\mathrm{d}\Omega_\omega^n \quad (4\text{-}63)$$

这就是在均匀壁等温情况下，开口空腔的 Devos 二级近似有效发射率的计算公式。

对于非等温腔，其有效发射率的二级近似公式，只是从式（4-63）中减去由温度不均匀所引起的修正项因子 $\delta\varepsilon''$，其中 $\delta\varepsilon''$ 与式（4-53）的区别在于其积分限不是半球，而是半球减去 $\mathrm{d}o$ 所张的相应立体角，即

$$\delta\varepsilon_\omega'' = \int_{\text{半球}-(do)}C_n\varepsilon_n^\omega\rho_\omega^{on}\mathrm{d}\Omega_\omega^n + \iint_{\text{半球}-(do)}C_m\varepsilon_m^n\rho_n^{\omega m}\rho_\omega^{on}\mathrm{d}\Omega_n^m\mathrm{d}\Omega_\omega^n + \cdots \quad (4\text{-}64)$$

式中，$C_n$ 和 $C_m$ 由式（4-47）和式（4-48）定义。

所以，非等温腔的有效发射率的二级近似公式为

$$\varepsilon_\omega'' = 1 - \rho_\omega^{oo}\mathrm{d}\Omega_\omega^o - \iint_{\text{半球}-(do)}\rho_\omega^{on}\rho_n^{\omega o}\mathrm{d}\Omega_n^o\mathrm{d}\Omega_\omega^n - \delta\varepsilon_\omega'' \quad (4\text{-}65)$$

（4）举例

对于等温球形腔，如图 4-10 所示，由几何关系有

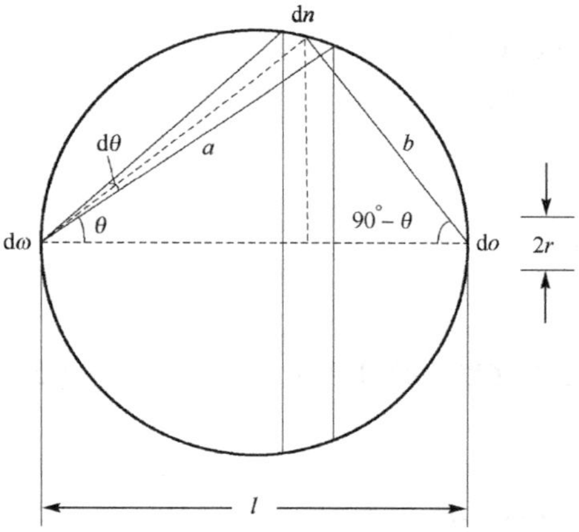

$$\mathrm{d}\Omega_\omega^o = \frac{\pi r^2}{l^2}$$

$$\Omega_\omega^n = 2\pi(1-\cos\theta)$$

所以有

$$\mathrm{d}\Omega_\omega^n = 2\pi\sin\theta\mathrm{d}\theta$$

且

$$\mathrm{d}\Omega_n^o = \frac{\pi r^2\cos(90°-\theta)}{b^2} = \frac{\pi r^2\sin\theta}{l^2\sin^2\theta} = \frac{\pi r^2}{l^2\sin\theta}$$

图 4-10 等温球形腔

所以，对于腔孔为 $\mathrm{d}o$ 的球形腔，一级近似的有效发射率为

$$\varepsilon_0 = 1 - \frac{\pi r^2}{l^2}\rho_\omega^{oo} \quad (4\text{-}66)$$

二级近似的有效发射率为

$$\varepsilon_0 = 1 - \frac{\pi r^2}{l^2}\rho_\omega^{oo} - \frac{2\pi^2 r^2}{l^2}\int_0^{\pi/2}\rho_\omega^{on}\rho_n^{\omega o}\mathrm{d}\theta \quad (4\text{-}67)$$

对于等温圆柱形腔，如图 4-11 所示，因为

$$\mathrm{d}\Omega_\omega^o = \frac{\pi r^2}{l^2}$$

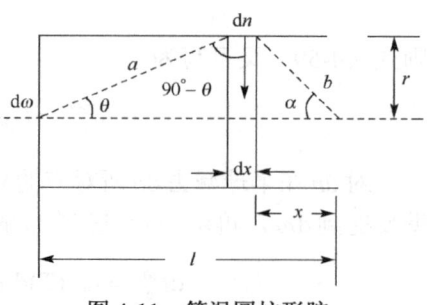

图 4-11 等温圆柱形腔

$$\mathrm{d}\Omega_\omega^n = \frac{2\pi r\mathrm{d}x\cos(90°-\theta)}{a^2} = \frac{2\pi r\mathrm{d}x}{a^2}\frac{r}{a} = \frac{2\pi r^2\mathrm{d}x}{\left[(l-x)^2+r^2\right]^{3/2}}$$

$$\mathrm{d}\Omega_n^o = \frac{\pi r^2 \cos\alpha}{b^2} = \frac{\pi r^2 x}{b^3} = \frac{2\pi r^2 \mathrm{d}x}{(x^2+r^2)^{3/2}}$$

所以一级近似为

$$\varepsilon_0 = 1 - \frac{\pi r^2}{l^2}\rho_\omega^{oo} \quad (4\text{-}68)$$

二级近似为

$$\varepsilon_0 = 1 - \frac{\pi r^2}{l^2}\rho_\omega^{oo} - 2\pi^2 r^4 \int_0^l \frac{\rho_\omega^{on}\rho_n^{\omega o} x \mathrm{d}x}{(x^2+r^2)^{3/2}\left[(l-x)^2+r^2\right]^{3/2}} \quad (4\text{-}69)$$

## 4.2 黑体型辐射源

由前面的讨论可知,开有腔孔的空腔很像黑体,所以通常把开有腔孔的空腔称为黑体型辐射源(或标准黑体型辐射源)。黑体型辐射源通常作为辐射标准,它被用于:标定各种红外辐射源的辐射强度;标定各类红外探测器的响应率;测定红外光学系统的透射比;研究各种物质表面的热辐射特性;研究大气或其他物质对辐射的吸收或透射性能。

典型的实用黑体型辐射源的结构如图4-12所示,它主要由包含腔体的腔芯、加热线圈、测量腔体温度的温度控制器及腔体外的保温层等组成。

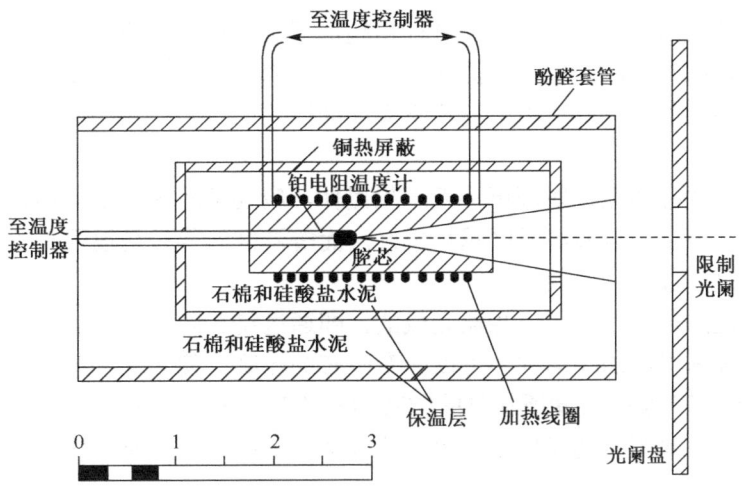

图 4-12 典型的实用黑体型辐射源的结构

若按辐射腔孔的口径尺寸来分类,则可把黑体型辐射源分为以下三类。

大型:$\Phi \geqslant 100\mathrm{mm}$;

中型:$\Phi \approx 30\mathrm{mm}$;

小型:$\Phi \leqslant 10\mathrm{mm}$。

若按工作温度的范围来分类,则可把黑体型辐射源分为以下三类。

高温:2000～3000K;

中温:500～900K;

低温：200~400K。

在设计与制造黑体型辐射源时，应考虑以下几个问题。

(1) 腔形的选择

一般考虑选用圆锥形腔、圆柱形腔或球形腔。根据 Gouffé 理论，对于给定的 $l/R$ 值，圆锥形腔的有效发射率最低，球形腔的有效发射率最高。但是从源的体积和质量较小、易于保温、温度均匀及加工容易等方面来看，圆柱形腔和圆锥形腔具有较多优点，所以在高温、中温、低温黑体型辐射源中广泛采用圆柱形腔作为高精度黑体，而工业标准中的中温黑体型辐射源通常采用圆锥形腔，球形腔仅在大口径黑体型辐射源的情况下被采用。

(2) 对腔芯材料加热的要求

做成腔体的材料称为腔芯。理想的腔芯应满足三个要求：①具有高的导热率，以降低腔壁的温度梯度；②在使用温度范围内（尤其是在高温时），要有好的抗氧化能力和氧化层不易脱落的性能；③材料的表面发射率要高。

能满足上述所有要求的材料并不多，所以一般采取一些折中方案。对于 1400K 以上的高温黑体，通常选用石墨和陶瓷材料制作。对于 1400K 以下的中温黑体，选用铬镍（18-8 系列）不锈钢最好，它有较高的导热率；加热到 300℃，则表面变暗，发射率可升高到 0.5；用铬酸和硫酸处理表面，发射率可达 0.6；将表面加热到 800℃，则表面形成一层发射率为 0.85 的稳定性很好又很牢固的氧化层。对于低于 600K 的黑体，可用铜制作，铜的导热率较高，但应注意，铜表面由于受热而形成的发黑的氧化层是不稳定的，当温度高于 600K 时，氧化层就会脱落。

为提高腔壁的发射率，可对其表面进行粗糙加工，以形成好的漫反射体。另外，还可在腔壁上涂上某种发射率高的涂层，来提高腔壁的发射率。但是，当温度较高时，涂料层较易脱落，所以腔壁涂层的方法只适用于温度不太高的情况。

(3) 腔体的等温加热

为了使空腔型的黑体型辐射源更接近理想黑体，应要求腔体等温加热。实际上开口处的温度总要低一些，所以一般其等温区越长越好，而等温区做得长是很困难的，通常 1/3~2/3 的等温区就可满足一般实验室的要求。

对腔体的等温加热通常是用电热丝完成的，即通过绕在腔芯外围的镍铬丝加热线圈来进行加热。为改善腔体温度的均匀性，可以改变腔芯的轮廓，使其在任意一点上腔芯横断面的面积相等，以保证每个加热线圈所加热的腔芯体积相等。在腔体开口附近，应增加线圈匝数，以弥补其热损失。质量更高的黑体还可用热管式加热器或通过高温气体加热，但其成本要高得多。

等温区的测量通常有两种方法：一种是测腔壁的温度；另一种是测腔内沿轴线的温度分布。

(4) 腔体的温度控制和测量

根据斯蒂芬-玻尔兹曼定律，黑体型辐射源的辐射出射度 $M = \varepsilon_0 \sigma T^4$，$\varepsilon_0$ 为黑体型辐射源的有效发射率，$T$ 为腔体的工作温度。若该温度有一个微小的变化 $dT$，则引起的辐射源的辐射出射度的变化 $dM$ 为

$$dM = 4\varepsilon_0 \sigma T^3 dT$$

于是,辐射出射度的相对变化为

$$\frac{\mathrm{d}M}{M} = 4 \times \frac{\mathrm{d}T}{T}$$

以上说明腔体的温度变化对辐射出射度变化的影响是很大的。若要求供给红外设备校准用的黑体型辐射源的辐射出射度变化小于 1%,则要求其腔体温度变化不能超过 0.25%。对于一个 1000K 的黑体型辐射源,要保证 0.5%的辐射精度,则要求温度的控制精度大约为 0.1%,即对 1000K 的黑体型辐射源而言,要求控制和测量精度达 1K。

由此可见,对黑体温度的控制和测量的好坏,直接影响黑体的性能。为此,通常对黑体提出控温精度和温度稳定性的要求。由于黑体内的温度不可能是完全恒定的,因此测温点的选择非常重要。一般规定,对圆柱形腔,测温点取在腔的底部中央;对圆锥形腔,测温点一般取在锥顶点处;而对球形腔,测温点则取在开口的对称中心位置。温度计一般采用热电偶温度计或铂电阻温度计。

(5)降低黑体前表面的辐射

在黑体前方紧挨开口处应放置光阑,且用水冷却,以降低黑体前表面的辐射。由于存在光阑,因此规定了黑体有一定的视场,如图 4-13 所示。

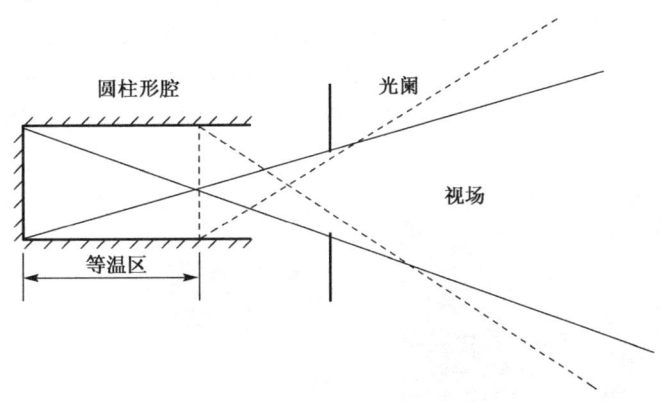

图 4-13 黑体的视场示意图

通常在标定黑体时,只标定腔底的温度。一般腔的底部及光阑决定了它的视场。若等温区较稳定且较长,则黑体的视场较大。一般要在黑体的视场范围内使用。

总之,对黑体型辐射源有如下指标要求:有效发射率、环境温度范围、孔径尺寸、加热时间、质量、尺寸、控温精度、温度稳定性、视场及等温区等。要根据使用的场合、目的,合理地选择和设计黑体。如表 4-1 所示为黑体通用标准系列的技术规格。

表 4-1 黑体通用标准系列的技术规格

| 规 格 | 600℃的型号 | 600℃以上的型号 | 1900℃的型号 |
| --- | --- | --- | --- |
| 控温精度 | ±1℃ | ±1℃ | ±1℃ |
| 温度稳定性(长期) | 0.1℃ | 0.5℃ | 0.05% |
| 温度稳定性(短期) | 0.02℃ | 0.25℃ | 0.25℃ |
| 敏感元件 | 铂电阻温度计 | 铂电阻温度计 | 硅测温仪 |
| 控制类型 | 线性比例实际调零 | 线性比例实际调零 | 线性比例实际调零 |
| 腔体 | 15°凹锥 | 15°凹锥 | 15°凹锥 |

(续表)

| 规　　格 | 600℃的型号 | 600℃以上的型号 | 1900℃的型号 |
|---|---|---|---|
| 有效发射率 | 0.99±0.01 | 0.99±0.01 | 0.99±0.01 |
| 源外壳温度 | <环境温度+10℃ | <环境温度+10℃ | <环境温度+10℃ |
| 环境温度范围 | −40～60℃ | −40～60℃ | −40～60℃ |

## 4.3　实用红外辐射源

下面主要介绍实验室和光谱仪器中常用的实用红外辐射源。

### 4.3.1　电热固体辐射源

（1）能斯特灯

能斯特灯常作为红外分光光度计中的实用红外辐射源，由德国物理学家和化学家瓦尔特·赫尔曼·能斯特（Walther Hermann Nernst）发明，如图4-14所示。它有体积小、寿命长、工作温度高、黑体特性好等特性。能斯特灯一般是由氧化锆（$ZrO_2$）、氧化钇（$Y_2O_3$）、氧化铈（$CeO_2$）和氧化钍（$ThO_2$）的混合物烧结而成的一种很脆的圆柱体或空心管。管子两端绕有铂丝，以作为电极与电路的连接，它要求用很稳定的直流或交流供电。在室温下它是非导体，在工作之前必须对其进行预热。当用火焰或电热丝对其加热到800℃时，其开始导电。能斯特灯具有负的电阻温度系数，所以在电路中需要使用镇流器，以防止管子烧坏。

图4-14　德国物理学家和化学家瓦尔特·赫尔曼·能斯特与能斯特灯

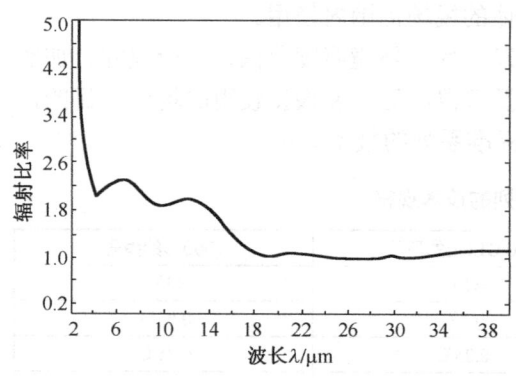

图4-15　能斯特灯的光谱特性曲线

由能斯特灯的辐射输出与900℃黑体的辐射输出之比（辐射比率）所表示的光谱特性曲线如图4-15所示。能斯特灯的光谱发射率如图4-16所示。可以看出，能斯特灯的光谱在1～6μm波段类似于选择性辐射体，其光谱发射率很低；而7～15μm波段接近于黑体辐射，其光谱发射率约为0.9。

能斯特灯是近代红外技术中常用的辐射源，其典型参数值为：功率消耗45W，工作电流0.1A；工作温度1980K；直径3.1mm，长度12.7mm。

（2）硅碳棒

硅碳棒是用碳化硅（SiC）材料制成的棒状或管状辐射源，如图4-17所示。一般硅碳棒的直径为6～50mm，长度为5～100cm，其两端做成银或铝电极，用50V、5A的电流输入，它同样需要镇流器，在空气中的工作温度一般为1200～1400K，寿命约为250h。由于它在室温下是导体，加热电流可直接通过，因此不需要像能斯特灯那样在工作之前进行预热。

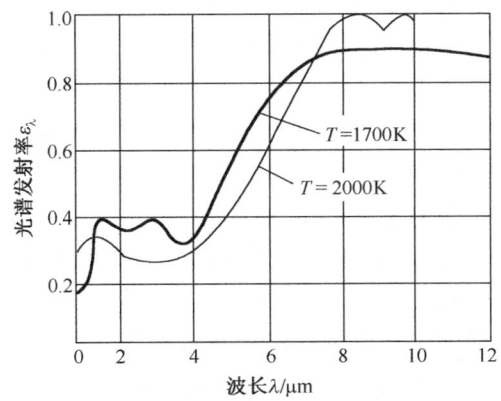

图4-16 能斯特灯的光谱发射率

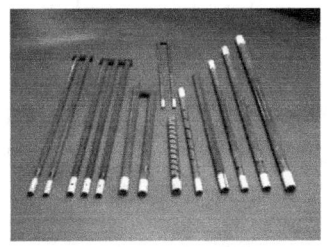

图4-17 硅碳棒

如图4-18所示为由硅碳棒的辐射输出与900℃黑体的辐射输出之比（辐射比率）所表示的光谱特性曲线，如图4-19所示为硅碳棒的光谱发射率。可以看出，2～15μm波段内的平均光谱发射率约为0.8。

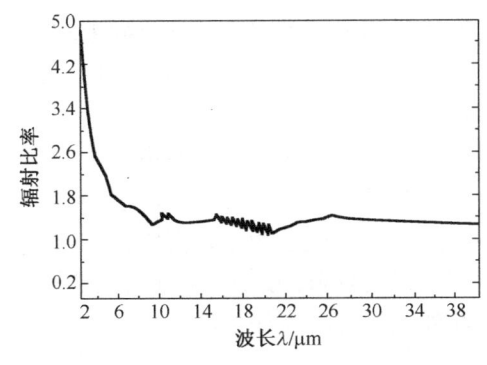

图4-18 硅碳棒的光谱特性曲线

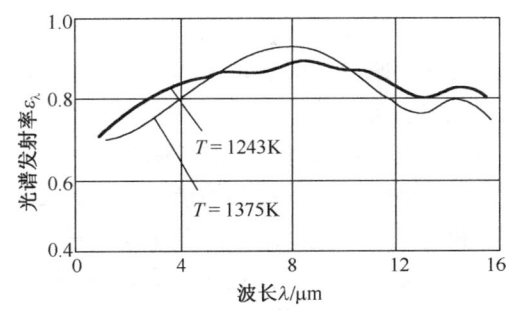

图4-19 硅碳棒的光谱发射率

硅碳棒的机械强度好，工作寿命长，使用简便，受电压波动的影响较小；但它体积大，电阻小，供电需用低电压、大电流的电源，功率消耗较大。

一般来说，大尺寸硅碳棒常用于工业生产中，作为红外加热元件；小尺寸硅碳棒则广泛用于红外分光光度计中，作为高温辐射标准。

（3）钨丝灯、钨带灯和钨管灯

由于钨的熔点高（3680K），蒸发率较低，在可见光波段的辐射选择性好，在高温下有较大的机械强度，容易加工，因此钨丝灯、钨带灯和钨管灯可以应用于光度测量、高温测量、光辐射测量、旋光测定、分光测定、比色测定、显微术和闪光灯技术中。

钨丝灯也是近红外测量中常用的辐射源，通常将钨丝装在一个充满惰性气体并带有红外透射窗口的灯泡内,根据不同需要,灯丝可做成各种形状。使用时,要求供电电源稳定。

钨带灯是将钨带通电加热而使其发光的光源。通常将钨带制成狭长条形,宽约为 2mm,厚度为 0.05mm 左右。通电加热后,整条钨带的温度分布并不均匀,两端靠近电极支架处的温度较低,中间的温度较高,因此测量时要选择温度均匀的中间部分的钨带辐射。钨带的电阻很小,因此钨带灯要求有低电压、大电流且稳定的供电电源,一般以稳流(或稳压)直流电源供电,但在要求不高的情况下,也可由电子稳压器输出,经降压后供电。

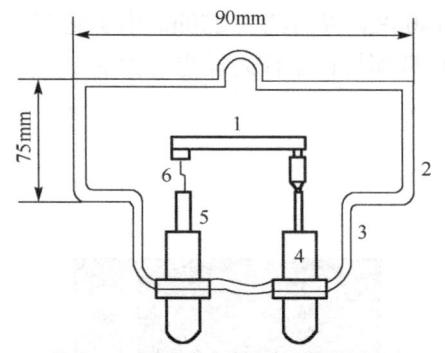

1—钨管;2—硬质玻璃窗;3—硬质玻璃泡壳;
4—镀银的铜棒;5—钼棒;6—钨丝

图 4-20　钨管灯的结构

钨管灯是由一根在真空或氩气中通电加热的钨管做成的。真空灯的温度可达 1100℃,充氩灯的温度可达 2700℃,其结构如图 4-20 所示。

钨管由约 25μm 厚的钨皮制成,长度约为 45mm,直径约为 2mm,在一端有一个直径约为 1mm 的孔,钨管的辐射就是从这个孔沿钨管轴线向外发射的。通常管心装有一束直径约为 23μm 的钨丝,钨丝先拧在一起,然后切断成毛刷状的断面,塞入钨管内。这样一个由大量钨丝做成的发光断面使钨管灯在可见光区域内的光谱发射率很高(可达 0.95),且改变很少(在 500～700nm 波长范围内只改变千分之几),同时,钨管灯的温度变化很小,可以说,钨管灯是最接近黑体的辐射源之一,通常用作光谱分布标准光源。

(4)乳白石英加热管

在红外加热技术中,有多种加热辐射源,如金属陶瓷加热器、电阻带、碳化硅板和陶瓷板等。与这些加热元件不同,乳白石英加热管不存在基体与涂层之分,不必担心在使用过程中出现涂层脱落的问题,所以乳白石英加热管是一种新型红外加热元件。

乳白石英加热管是以天然水晶为原料,在以石墨电极为坩埚发热体的真空电阻炉中熔融(1740℃)拉制而成的。在熔融过程中,气体在熔体中形成大量的小气泡,故外观呈乳白色,乳白石英玻璃材料的耐热性能好(可耐 200～1300℃高温),热膨胀系数小,有优良的抗热震性能和电绝缘性能,此外,还具有很好的化学稳定性,但其机械强度较低、耐冲击性能较差。

与碳化硅辐射元件相比,乳白石英加热管在用作红外辐射源时有如下特点。

① 发射率高,并具有选择性发射性能,在 4～8μm 和 11～22μm 波段内,光谱发射率可达 0.92。在 8～11μm 波段内具有较强的选择反射光谱带。其光谱发射率曲线如图 4-21 所示。

② 热容量小,热容量仅为碳化硅及金属管的 1/10。

③ 工作温度范围大,通常为 400～500℃,也可制作表面温度为 750℃以下、100℃以上的加热辐射源。

④ 升温、降温速度快,只需 7～10min(碳化硅需 30～35min)。

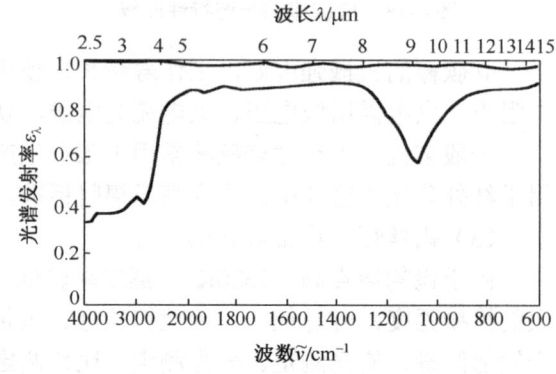

图 4-21　乳白石英加热管的光谱发射率曲线

⑤ 表面纯净洁白，可以用在工艺卫生要求高的场所。

## 4.3.2 气体放电辐射源

当电流通过气体媒质时，会产生放电现象，利用这种放电现象可制作辐射源。常见的放电现象有辉光放电和弧光放电两类。各种气体放电灯的基本结构大同小异，一般如图 4-22 所示。图中，B 是灯的泡壳，通常是由透明玻璃或石英按所需要的形状加工而成的。A 和 C 是气体放电灯的电极，其中 A 是阳极，C 是阴极，这样的区分是对直流灯而言的。对交流灯来说没有阴阳极之分，可交替作为阴阳极使用。G 代表灯中所充的气体。很明显，这些气体应不与泡壳和电极材料发生化学反应，它们可以是惰性气体，也可以是一些金属或金属化合物的蒸气。

如果将灯接入电路中，那么灯就会放电发光。发光的基本过程包括三个阶段，即自由电子被外场加速；被加速的电子与气体原子碰撞，使气体原子受激发；当受激发的原子返回基态时，其以辐射的形式释放能量。

（1）水银灯

水银灯是指利用水银蒸气放电制成的灯，按水银蒸气的压强不同，水银灯可分为低压水银灯、高压水银灯和超高压水银灯三种。因为低压水银灯的辐射主要是紫外辐射，所以这里只介绍高压水银灯和超高压水银灯。

高压水银灯的核心结构与工作线路如图 4-23 所示，灯管用石英玻璃制成，内部充有一定量的水银和少量氩气，电极和石英玻璃靠铝箔实现气密封接，内有启动用的辅助电极。另外，它还有玻璃外壳和灯头（图中未画出）。在正常工作时，灯管内的水银气压为 0.1～0.5MPa。

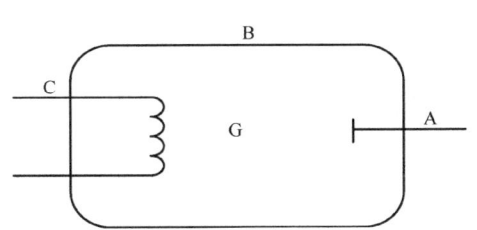

图 4-22　气体放电灯的基本结构示意图

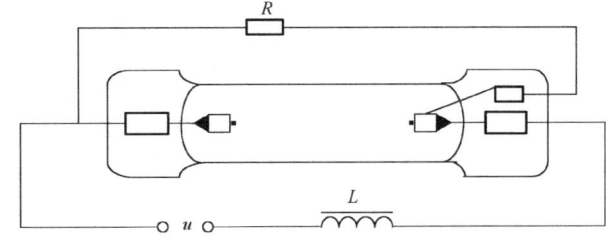

图 4-23　高压水银灯的核心结构与工作线路

在 220V 电压下，高压水银灯是不能启动的，需借助辅助电极的帮助。将灯接入电路后，辅助电极与相邻的主电极之间加有 220V 的交流电。这两个电极之间的距离很近，通常只有 2～3mm，所以它们之间有很强的电场。在电场的作用下，两个电极间的气体被击穿，发生辉光放电，产生大量的电子和离子，这些带电粒子在两个主电极之间电场的作用下很快产生繁流过程，并在两个主电极之间过渡时进行弧光放电。

在灯点燃的初始阶段，主要有低气压的水银蒸气和氩气放电，这时管压很低，约为 25V，放电电流很大，为 5～6A，称为启动电流。低压放电时放出的热量使管壁温度升高，水银逐渐气化，水银蒸气压和管压逐渐增大，电弧开始收缩，放电逐渐由低压放电向高压放电过渡。在水银全部蒸发后，管压开始稳定，进入稳定的高压水银蒸气放电，可见高压水银灯从启动到正常工作需要一段时间，通常为 4～10min。

高压水银灯熄灭以后，不能立即启动，因为灯熄灭后，内部还保持着较高的蒸气压，此时电子的自由程很短，在原来的电压下，电子不能积累足够的能量来电离气体，所以要在灯管中冷却，待水银蒸气凝结后才能启动。

水银蒸气压为 1~2MPa 时的水银灯称为超高压水银灯。随着水银蒸气压的增大，谱线增宽并形成带有一系列峰尖的连续谱，在红外线区的辐射增多，当压强超过 20MPa 时，红外辐射占全部辐射的 34%，因此，超高压水银灯是良好的近红外辐射源。

超高压水银灯（不同水银气压下的）相对光谱分布如图 4-24 所示。

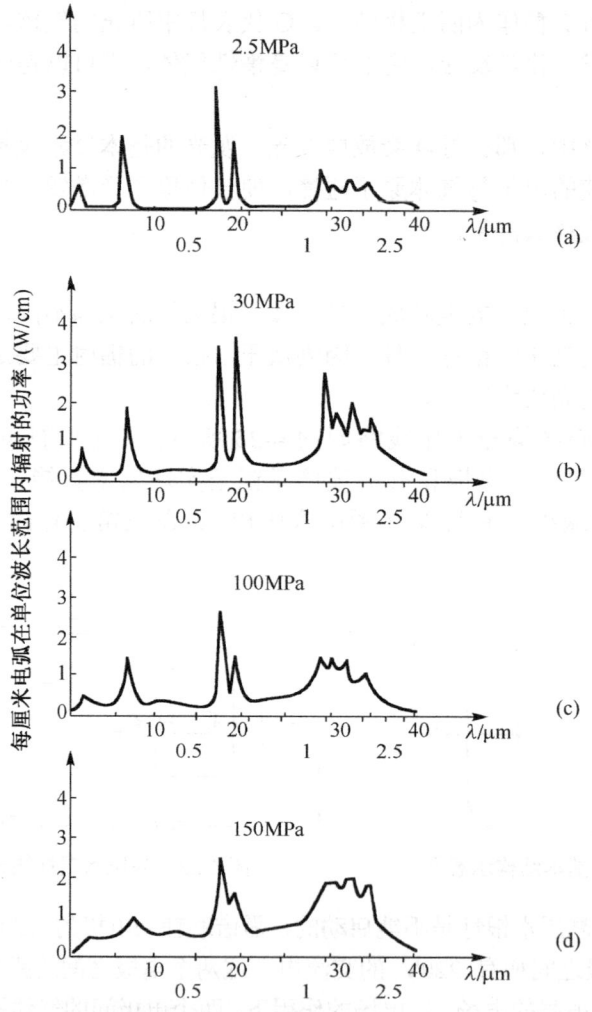

图 4-24 超高压水银灯（不同水银气压下的）相对光谱分布

（2）氙灯

除可利用金属蒸气放电制成辐射源外，还可利用高压、超高压惰性气体的放电现象制成辐射源。超高压下氩、氪、氙等惰性气体放电的光谱分布如图 4-25 所示。

由图 4-25 可知，惰性气体放电在紫外线区和可见光区具有连续光谱，在红外线区有明显的线光谱叠加在连续光谱上，红外部分辐射的极大值随气体原子量的增大而向长波方向移动。

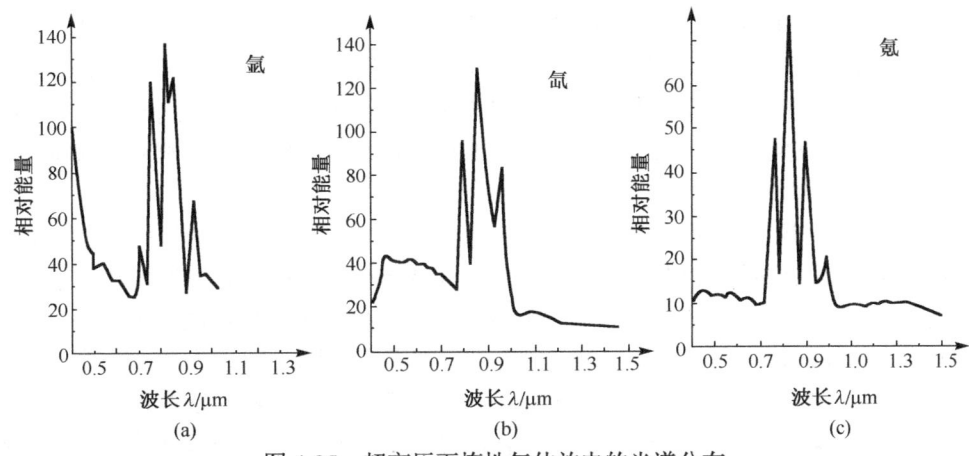

图 4-25 超高压下惰性气体放电的光谱分布

在这些惰性气体中，以氙气放电最为常见，由氙气放电制成的辐射源称为氙灯。典型的超高压短弧氙灯的结构和光谱分布如图 4-26 和图 4-27 所示。

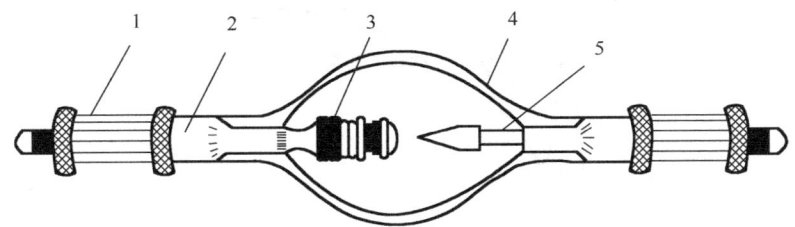

1—灯头；2—钼箔；3—钨阳极；4—石英泡壳；5—铈钨阴极

图 4-26 典型的超高压短弧氙灯的结构

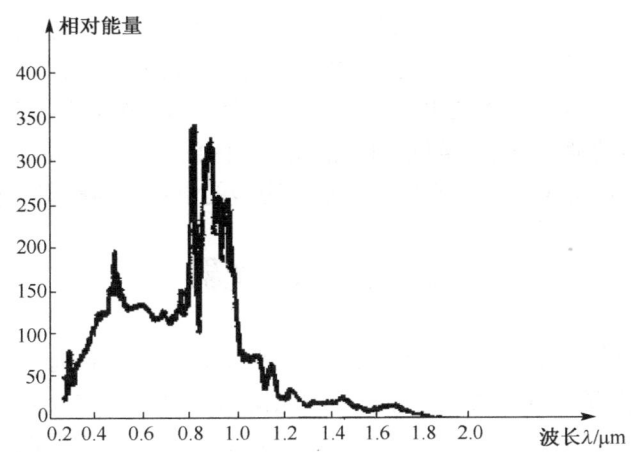

图 4-27 典型的超高压短弧氙灯的光谱分布

这种灯的工作气压在 0.5~3.0MPa 范围内，它的实际光谱与太阳光谱很接近，在近红外线区也是很强的辐射源。

（3）碳弧

前面讨论的各种气体放电灯的放电都是在密封的泡壳内进行的，碳弧则是开放式放电，电弧发生在大气中的两个碳棒之间。为使电弧保持稳定，阳极做成有芯结构，一般由外壳和灯芯组成。普通碳弧阳极的外壳和灯芯都是用纯碳素材料（炭黑、石墨、焦炭）制成的，只是灯芯材料较软。由于放电时阳极大量放热，造成碳的蒸发，而灯芯的蒸发又比外壳厉害得多，因此在阳极中心形成稳定的喷火口（弧坎）。普通碳弧的辐射约有 90%是从阳极弧坎发射出的，其中主要是热辐射。

碳弧的光谱是由炽热电极的连续光谱和气体混合物的特征谱线及带光谱叠加而成的。如图 4-28 所示为普通碳弧的相对光谱分布，除在 0.38~0.39μm 的氰带外，其光谱与 3800K 的黑体十分接近。在可见光范围内，碳弧的发射率达 0.99，在紫外线区的 0.28μm 波长处和红外线区的 1.7μm 波长处，发射率达 0.96，所以可把普通碳弧近似视为 3800K 的黑体。

碳弧的辐射随电流的增大而增多，在大部分光谱范围内，辐射的增多正比于电流，而在波长 0.4μm 附近，辐射增多的速度超过电流增大的速度。电流增大为原来的 2 倍，辐射增多为原来的 2.5~5 倍。

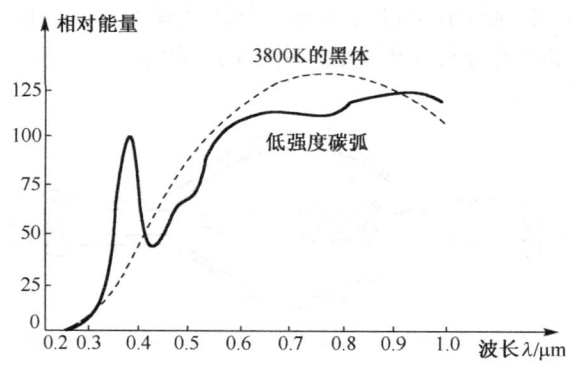

图 4-28  普通碳弧的相对光谱分布

普通碳弧一般采用直流供电，其伏安特性是负的，即电流增大时，电极间的电压减小。因此，为使工作稳定，在电路中要串联适当的附加电阻，碳弧即可稳定。

碳弧的启动方式与一般的气体放电灯不同。需先将两个电极接触，然后拉开一定距离才能起弧。放电过程中阳极的消耗速度是阴极的 2 倍左右，因而阳极要做得比阴极粗。在放电过程中，为了使两个电极的相对位置保持不变，阳极和阴极的电极支架都附有自动移动调节装置。

## 4.4  红外激光器

红外激光器是 20 世纪 60 年代发展起来的一种新型光源。与普通光源相比，激光具有方向性好、亮度高、单色性和相干性好等特性。激光器的出现从根本上突破了以往普通光源的种种局限（如亮度低、方向性和单色性差等），赋予古老光学技术以新的生命力，产生了许多新的分支学科，如全息照相、光信息处理、非线性光学等。本节将简单介绍激光的特性及常用的红外激光器。

### 4.4.1  激光的特性

激光与普通光源相比，有如下 3 个特性。

(1) 激光的方向性好

普通光源发出的光向四面八方发射，分散到 $4\pi$ 立体角内，而激光发射的光束不同，其光束的发散角很小，一般为 $10^{-6}$ sr，所以激光的方向性很好，光束的能量在空间高度集中。例如，普通光源中方向性较好的探照灯，其光束在几千米外会扩展到几十米的范围内，而激光光束在几千米外，扩展的距离不到几厘米。

(2) 激光光束具有高亮度

一般激光器发射的立体角 $\Delta\Omega$ 约为 $10^{-6}$ sr，而且有些激光器（如 Q 突变激光器）可使能量集中在很短的时间（约 $10^{-15}$ s）内发射，这样激光器发出的瞬时功率很大，所以激光光源具有非常高的亮度。例如，一台红宝石巨脉冲激光器每平方厘米的输出功率可达 1000MW，其亮度可达 $10^9$ MW/(cm²·sr) 或 $37\times10^{14}$ cd/cm²，而太阳的亮度只有 $0.16$ cd/cm²，因此，此种激光器的亮度是太阳亮度的几十亿倍。

(3) 单色性和相干性好

激光的另一个特点是谱线宽度很窄。人们通常所说的单色光，实际上都包含一定的谱线宽度，例如，普通光源中单色性最好的氪灯（$Kr^{86}$），它所发出红光的波长 $\lambda=605.7$ nm，在低温条件下其谱线宽度为 $4.7\times10^{-4}$ nm。与之相比，单模稳频氦氖激光器发出的激光波长 $\lambda=632.8$ nm，其谱线宽度为 $10^{-8}$ nm，可见该激光的单色性是氪灯的数万倍。

因为每个粒子在跃迁的过程中所发出的光都是一个有限长度的波列，每个波列的频率完全一样，初相位也一样，所以同一波列在空间相遇时将会出现干涉现象，其相干长度与每个波列维持的时间成正比。光源发出的光的相干长度与谱线宽度 $\Delta\lambda$ 成反比，与辐射的波长 $\lambda^2$ 成正比，即 $l=\lambda^2/\Delta\lambda$。由于相干长度越大，波列维持的时间越长，因此激光的时间相干性好。除时间相干性外，激光还具有很好的空间相干性，即在辐射场的空间波场中，波前各点都是相干的，所以激光是理想的相干光源。

## 4.4.2 常用的红外激光器

红外激光器的基本结构一般包括以下 3 部分。

(1) 工作物质：用来在特定能级间实现粒子数反转并产生受激发射。

(2) 抽运（汞浦）装置：用来激励工作物质，使其产生并维持特定能级间的粒子数反转和相应的受激发射。

(3) 光学谐振腔：其作用是保证受激发射光子在腔内产生持续的激光振荡，此外还对振荡光子的特征（频率、方向等）加以限制，以保证激光输出的高定向性和高单色性。

按所采用的工作物质和汞浦方式，以及使用目的和工作方式的不同，红外激光器大致可分为如下 4 种。

(1) 单次脉冲方式工作。按此方式，工作物质的激励及激光发射均是一个单次脉冲的发射过程，一般的固体激光均以此方式工作，可获得大能量激光输出。

(2) 重复脉冲方式工作。按此方式，激励是采取重复脉冲的方式进行的，故可获得相应的重复脉冲激光输出。

(3) 连续方式工作。按此方式，工作物质的激励和激光的输出均是连续的。

(4) Q 突变工作。这是一种特殊的超短脉冲工作方式，其特点是将单次激光能量压缩在极短的振荡时间内并输出,从而获得极高的脉冲输出功率。当激光器在这种状态下工作时,通常在工作物质和组成谐振腔的反射镜之间放置一种特殊的快速光开关,激励开始后,光开关处于关闭状态,切断了腔内的光振荡回路,这时工作物质虽然处于粒子数反转状态,但不能形成有效的振荡。只有当工作物质的粒子数反转增大到一定程度时,光开关才迅速打开,形成光振荡回路,在极短的时间内产生极强的受激发射。这种开关的作用,是控制谐振腔内的一个反射面的光学"反馈"能力,即是控制谐振腔内的品质因数的,所以通常称为Q开关,这种方式称为Q突变方式。

按照红外激光器采用的工作物质、泵浦方式、工作方式和输出波段的不同,可对红外激光器进行如下分类。

(1) 按工作物质分类,可分为固体(含半导体)、液体(含染料)、气体(含分子的、原子的、离子的)红外激光器。

(2) 按泵浦方式分类,可分为光泵式、电光式、化学反应式等红外激光器。

(3) 按工作方式分类,可分为脉冲式、重复脉冲式、连续式和Q突变式等红外激光器。

(4) 按输出波段分类,可分为紫外、可见光、红外和远红外等红外激光器。

如表 4-2 所示为一些典型的红外激光器的特性。

表 4-2 一些典型的红外激光器的特性

| 类 型 | 工作物质 | 波长/μm | 技术特点 | 应 用 |
|---|---|---|---|---|
| YAG 激光器 | Nd:YAG | 1.06 | 板条结构,输出功率为 40MW/1000W 或 100MW/400W | 软破坏、热处理等 |
| 喇曼激光器 | Nd:YAG | 1.54 | 喇曼平移 1.06~1.54μm,输出能量 35mJ | 安全测距等 |
| 掺铒玻璃激光器 | 掺 $Er^{3+}$ 粒子的磷酸盐玻璃 | 1.54 | 非 Q 开关输出 25~30mJ(输入 12~15J) | 安全测距等 |
| BF-$CO_2$ 激光器 | $CO_2$ | 10.6 | 连续,BF 激励,波导,寿命 25 000h,输出功率 25~35W | 测距、激光雷达、软破坏、热处理等 |
| TEA-$CO_2$ 激光器 | $CO_2$ | 10.6 | 脉冲式,输出脉冲能量 30~50mJ,功率 1MW/30W,寿命 $10^5$~$10^7$ 次 | 测距、照射等 |
| 半导体激光泵浦固体激光器 | Nd:YAG | 1.06 | 连续功率 100W,脉冲能量 1J(重复频率 30Hz),准连续输出 1000W | 通信、测量等 |
| 半导体激光器 | GaAs 双异质结和 InGaAs/GaAs 应变层量子阱 | 远红外,可变 | 功率密度 200W/mm²,寿命 $10^6$~$10^7$ 次,输出功率 10W | 光纤通信、传感、测距、模拟等 |

## 4.5 自然景物光辐射

自然界中,太阳、月亮、星星、地面、云层等均是自然红外辐射源。在自然红外辐射源中,太阳是最强的辐射源。这些光辐射可来自地物、海面、大气、气溶液和星体的自身发射,也可来自这些环境的反射辐射或散射辐射。

### 4.5.1 太阳光辐射

太阳是距地球最近的球形炽热恒星天体。太阳的半径约为 $6.96×10^5$ km,太阳与地球之间的平均距离 AU=$1.49×10^8$ km,在太阳与地球距离为 1AU 时,太阳在地球大气层外产生的

总辐照度为 $E_0 = 1353\,\text{W/m}^2$（太阳常数），利用黑体辐射的斯蒂芬-玻尔兹曼定理，可以求得此时太阳等效为黑体辐射温度为 $T = 5770\text{K}$ 的黑体。若用黑体曲线的最佳拟合来表示太阳温度，则太阳温度约为 5900K。

如图 4-29 所示为地球上大气层外的太阳光谱辐照度，即当太阳天顶角为 0° 时经过一个大气质量后在海平面上太阳光谱辐照度的近似值，以及 5900K 黑体的光辐射分布。

当太阳天顶角为 0° 且天空较晴朗时，太阳在海平面上产生的可见光辐照度为 $E_v = 1.24 \times 10^5\,\text{lx}$。

太阳在地球上的辐照度与太阳的高度角、观测者的海平面高度及天空中云霾和尘埃的含量有关。其计算较复杂，可采用 MODTRAN 软件，根据不同的大气模型进行计算。在工程估算中，若仅关心地表的太阳总辐照度，则可采用以下公式近似计算。

假设波长大于 $0.9\mu\text{m}$ 的太阳辐射主要被大气吸收，而波长小于 $0.9\mu\text{m}$ 的太阳辐射受瑞利散射的影响，无云时太阳在水平地面上的辐照度 $E_{s0}$ 为

$$E_{s0} = \left[1 - A(U^*, \beta)\right](0.349E_0)\sin\beta + \left(\frac{1-\rho_0}{1-\rho_0\bar{\rho}_g}\right)(0.651E_0)\sin\beta \tag{4-70}$$

式中，$0.349E_0$ 为波长大于 $0.9\mu\text{m}$ 的太阳辐射量；$0.651E_0$ 为波长小于 $0.9\mu\text{m}$ 的太阳辐射量；$A(U^*, \beta)$ 为吸收系数；$\beta$ 为太阳的高度角；$\bar{\rho}_g$ 为区域地表反射率；$\rho_0$ 为瑞利大气反射率，且有

$$\rho_0 = 0.085 - 0.247\lg\left(\frac{P_a}{P_0}\sin\beta\right) \tag{4-71}$$

式中，$P_a$ 为近地面大气压（hPa，百帕）；$P_0 = 1000\text{hPa}$。

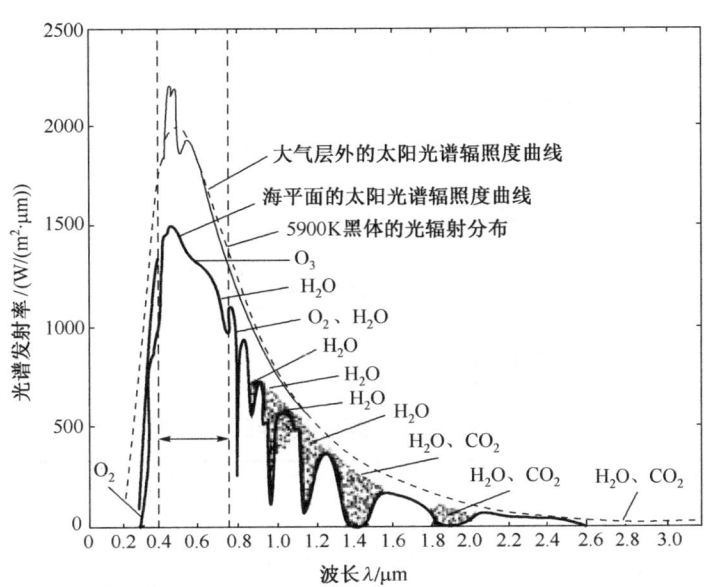

图 4-29 地球上大气层外的太阳光谱辐照度

太阳的高度角 $\beta$ 的计算表达式为

$$\sin\beta = \sin\varphi\sin\delta + \cos\varphi\cos\delta\cos\omega \tag{4-72}$$

式中，$\varphi$ 为地理纬度，$\delta$ 为太阳赤纬，$\omega$ 为时角。太阳赤纬可根据日序计算得

$$\delta = \arcsin(0.398\sin(\mathrm{SL})) \tag{4-73}$$

$$\mathrm{SL} = 4.87 + 0.017\,5\mathrm{day} + 0.033\sin(0.017\,5\mathrm{day}) \tag{4-74}$$

$$\mathrm{day} = 30(\mathrm{mon}-1) + \mathrm{md} \tag{4-75}$$

式中，day 为日序，mon 为一年中的月份，md 为该月的日期。时角可根据式（4-76）计算得

$$\omega = (t-12)\times\frac{\pi}{12} \tag{4-76}$$

式中，$t$ 为从正午算起的地方时。

吸收系数 $A(U^*,\beta)$ 的计算表达式为

$$A(U^*,\beta) = 0.271\left(U^*\frac{1}{\sin\beta}\right)^{0.303} \tag{4-77}$$

式中，$U^*$ 为大气等效水蒸气含量（可凝结水量，单位为 g/cm³），它可由空气温度和相对湿度计算得

$$U^* = \exp(0.070\,74 t_\mathrm{d} + A_\mathrm{s}) \tag{4-78}$$

式中，$t_\mathrm{d}$ 为露点温度（℃），$A_\mathrm{s}$ 为经验常数（4—6 月取 –0.022 9，其他月份取 0.020 3）。露点温度与大气相对湿度和温度有关，数学表达式为

$$t_\mathrm{d} = \frac{2\,371.78}{11.286 - \lg\left[\mathrm{Rh}\times 611\times 10^{8.5(T_\mathrm{a}-T_0)/T_\mathrm{a}}\right]} - T_0 \tag{4-79}$$

式中，$T_\mathrm{a}$ 为近地面大气温度，Rh 为近地面大气湿度，$T_0$ 为三相点温度。

当天空有云覆盖时，太阳的辐照度为

$$E_\mathrm{sun} = E_\mathrm{s0}\left[1-(1-\mathrm{CA})\cdot\mathrm{CC}^2\right] \tag{4-80}$$

式中，CC 为云的覆盖率，CA 为校正因子，有

$$\mathrm{CA} = \frac{B_\mathrm{c}}{94.4}\exp\left(-\frac{C_\mathrm{c}-0.059}{\sin\beta}\right) \tag{4-81}$$

式中，$B_\mathrm{c}$ 和 $C_\mathrm{c}$ 是由云的类型所决定的系数，如表 4-3 所示。

表 4-3 由云的类型所决定的系数

| 系数 | 卷云（CI） | 卷层云（CS） | 高积云（AC） | 高层云（SS） | 层积云（SC） | 层云（ST） | 雾（FOG） |
|---|---|---|---|---|---|---|---|
| $B_\mathrm{c}$ | 82.2 | 87.1 | 52.5 | 39.0 | 34.7 | 23.8 | 15.4 |
| $C_\mathrm{c}$ | 0.079 | 0.148 | 0.112 | 0.063 | 0.104 | 0.159 | 0.028 |

当地面为倾斜面时，太阳辐射在其上面的辐照度 $E_\mathrm{fsun}$ 为

$$E_\mathrm{fsun} = E_\mathrm{sd} + (E_\mathrm{sun}-E_\mathrm{sd})\frac{\mathrm{SF}}{\sin\beta} \tag{4-82}$$

式中，$E_{sd}$ 为由大气散射所产生的辐照度，SF 为倾斜因子。

$$E_{sd} = 0.05E_{sun} + 0.10(1-\sin\beta)E_{sun} \tag{4-83}$$

$$SF = \sin\beta\cos\alpha + \cos\beta\sin\alpha\cos(\varphi_s - \varphi_1) \tag{4-84}$$

式中，$\alpha$ 为地面的倾斜角，$\varphi_s$ 为太阳的方位角，$\varphi_1$ 为倾斜面的方位角。

### 4.5.2 月亮光辐射

月亮经过晴朗大气在地表水平面的辐照度是月亮仰角和月相角的函数。用 LOWTRAN 程序计算海平面上垂直于射线的满月的光谱辐照度，当空气质量参数 $m_a=1$ 时，计算结果如图 4-30 所示；当 $m_a=2$ 时，计算结果如图 4-31 所示，其计算条件取自 1976 年美国标准大气。

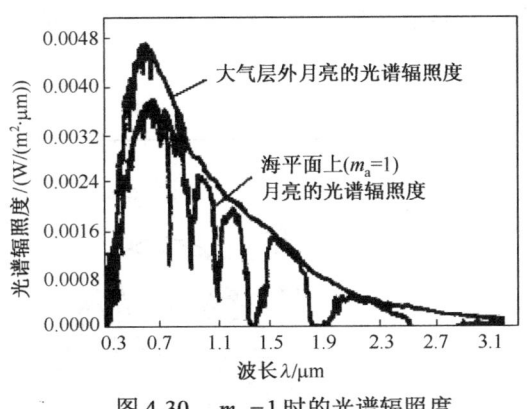

图 4-30　$m_a=1$ 时的光谱辐照度

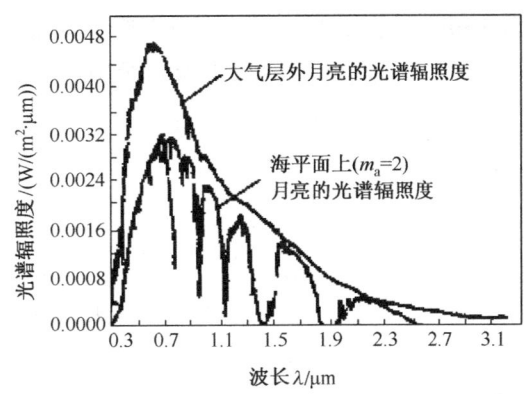

图 4-31　$m_a=2$ 时的光谱辐照度

### 4.5.3 天空背景光辐射

天空的光辐射来自大气对太阳光（含星光）的散射和大气自身的热辐射。

（1）天空的可见光辐射

晴天，地面上总辐照度的 1/5 来自天空（来自大气对太阳光的散射）。如表 4-4 所示为不同条件下的地面辐照度，如表 4-5 所示为不同条件下靠近地平方向上的天空亮度。

表 4-4　不同条件下的地面辐照度 $E_v$

| 天空状态 | 地面辐照度/(lm/m²) |
|---|---|
| 直射太阳 | $1\sim1.3\times10^5$ |
| 全部散射太阳光 | $1\sim2\times10^4$ |
| 阴天 | $10^3$ |
| 阴暗天 | $10^2$ |
| 曙光 | 10 |
| 暗曙光 | 1 |
| 满月 | $10^{-1}$ |
| 1/4 月亮 | $10^{-2}$ |
| 晴天无月 | $10^{-3}$ |
| 阴天无月 | $10^{-4}$ |

表 4-5　不同条件下靠近地平方向上的天空亮度 $L_v$

| 天空状态 | 天空亮度/(cd/m²) |
|---|---|
| 晴天 | $10^4$ |
| 阴天 | $10^3$ |
| 阴暗天 | $10^2$ |
| 阴天日落时 | 10 |
| 晴天日落后 15min | 1 |
| 晴天日落后 30min | $10^{-1}$ |
| 很亮月光 | $10^{-2}$ |
| 无月的晴朗夜空 | $10^{-3}$ |
| 无月的阴天夜空 | $10^{-4}$ |

（2）天空的红外辐射

白天，天空背景的红外辐射是散射太阳光和大气热辐射的组合。如图 4-32 所示为白天天空的红外光谱辐射亮度。图 4-32 显示的光谱被分隔成两个区域：波长小于 3μm 的太阳散射区和波长在 4μm 以上的热发射区。太阳的散射用明亮的日耀云（指在太阳光照射下的云）反射或交替地用晴空散射的曲线来表示，用 300K 黑体代表热发射区。在波长 3～5μm 之间，天空的红外辐射最少。

夜间，因不存在散射的太阳光，故天空的红外辐射为大气自身的热辐射。大气自身的热辐射主要与水蒸气、二氧化碳和臭氧等的含量有关。

如图 4-33 所示为晴朗夜空的光谱辐射亮度随仰角的变化情况。在低仰角时，大气路程很长，光谱辐射为底层大气温度（图中为 8℃）的黑体辐射；在高仰角时，大气路径变短，在那些吸收率（发射率）很小的波段上，红外辐射变少了，但在 6.3μm 波长处的水蒸气发射带和 15μm 波长处的二氧化碳发射带上，吸收得很严重，甚至在某一段的路程上，发射率基本等于 1，而 9.6μm 波长处的发射是由臭氧引起的。

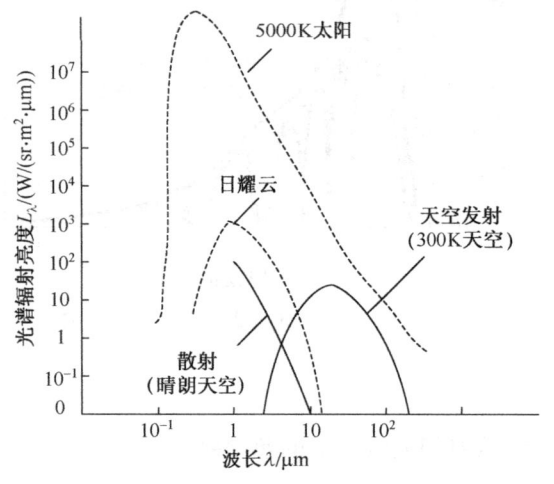 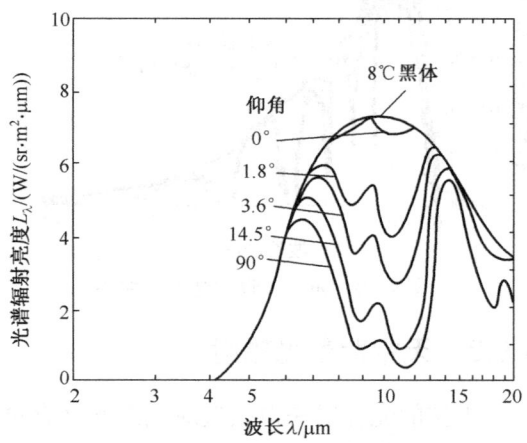

图 4-32　白天天空的红外光谱辐射亮度　　图 4-33　晴朗夜空的光谱辐射亮度随仰角的变化情况

有云时，近红外太阳散射和热发射都会受影响。在云层中，近红外辐射呈现出强的正向散射，因此，太阳、观测仪和云覆盖的相对位置就特别重要。对于昏暗的阴天，多次散射会减少这种强烈的正向散射。

浓厚云层是良好的黑体。云层的发射在 8～13μm 波段内，其发射与云的温度有关。由于大气的发射带和吸收带在 6.3μm 波长和 15μm 波长上，因此，在这个波长处看不到云，而该处的辐射由大气的温度决定，如图 4-34 所示为暗积云下侧的光谱辐射亮度，此时的大气温度为+10℃的地面温度，而发射带在 6.3μm 波长和 15μm 波长上具有与该温度相当的辐射值。云层下侧的温度为–10℃，在 8～13μm 波长大气窗口内的辐射趋于相同温度下黑体的辐射。如图 4-35 所示为天空光谱辐射亮度相对于环境温度的变化情况。

对于阴天天空，从地表上看到的阴天天空亮度 $L_v$ 的关系为

$$L_v(\theta) = L_v(0)(1 + A\cos\theta)$$

式中，$\theta$ 为天顶角；$A$ 为经验常数，通常取 2。

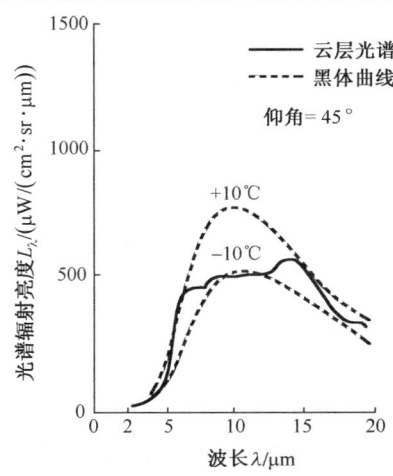
图 4-34 暗积云下侧的光谱辐射亮度

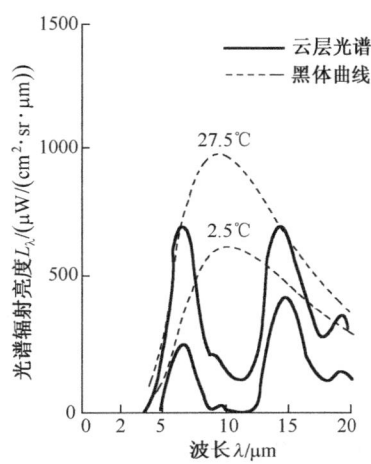
图 4-35 天空光谱辐射亮度相对于环境温度的变化情况

海平面上，晴朗天空的总辐照度可利用地面气象学的热力学温度 $T_a$，按如下的经验公式进行估算

$$E_{sky0} = \sigma T_a^4 \left( B_k + C_k \sqrt{E_a} \right) \tag{4-85}$$

式中，$B_k$、$C_k$ 为经验常数，通常取 $B_k = 0.61$、$C_k = 0.05$；$E_a$ 为近地水蒸气压（hPa）。

$$E_a = \text{Rh} \times 6.108 \times \exp\left[ \frac{17.269(T_a - T_0)}{T_a - 35.86} \right] \tag{4-86}$$

当有云覆盖时，应考虑云的红外辐射贡献，此时天空的总辐照度为

$$E_{sky} = E_{sky0}(1 + \text{CAR} \cdot \text{CC}^2) \tag{4-87}$$

式中，CAR 是与云的类型有关的系数。

### 4.5.4 地物光辐射

由于地球表面的物质种类太多，因此地物光辐射不仅与物质种类有关，而且同一种地物的光辐射还与它的地理位置、季节、昼夜时间和气象条件等有关。这里仅定性地叙述植被、水、冰雪的可见光和近红外光谱反射特性，以及对军事应用有重要意义的地物的红外辐射特性。

（1）几类地物的可见光和近红外光谱反射特性

① 植被的光谱反射特性。绿色植被的光谱反射率具有如图 4-36 所示的明显特征。在可见光波段，对于健康的绿色植被，在蓝色区域（中心波长在 0.45μm 处的谱带）和红色区域（中心波长在 0.65μm 处的谱带），其反射率都非常低，这两个低反射率区就是通常所说的叶绿素吸收带。在上述两个叶绿素吸收带之间，即在 0.54μm 波长附近形成一个反射峰，这个反射峰正好位于可见光的绿色波长区域，因此植被在人眼中呈现绿色。

当植被患病或成熟时，叶绿素含量减少，导致两个叶绿素吸收带的吸收减弱，光谱反射率升高，尤其在上述可见光的红色吸收区，光谱反射率升高得更明显，所以患病植被或成熟庄稼呈黄色或红色。

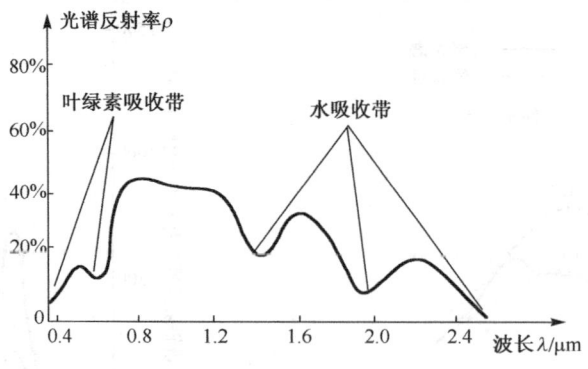

图 4-36　绿色植被的光谱反射率

从波长 0.7μm 附近开始，植被的光谱反射率迅速升高，形成近红外反射峰，与可见光波段相比，植被在近红外波段的光谱特征是：光谱反射率很高，透射率也很高，但吸收率很低。大多数植被在近红外波段的光谱反射率为 45%～50%，透射率为 45%～50%，但吸收率小于 5%。

在波长大于 1.3μm 的近红外区域，植被的光谱反射率主要受 1.4μm 波长和 1.9μm 波长附近的水吸收带的支配，植被的含水量控制着这个区域的光谱反射率，在这两个水吸收带之间的 1.6μm 波长处有一个反射峰。

② 水的光谱反射特性。如图 4-37 所示为水在 0.4～1.1μm 波段的光谱反射率曲线。清洁水和湖泊水的光学特性基本与纯水相同。清洁水除蓝绿波段有 10%左右的反射外，其他波段的反射率都很低，特别是在近红外波段。混浊水中的悬浮泥沙能提高水在各波段的反射率，尤其在红黄波段（0.6～0.7μm）的光谱反射率随泥沙含量的增大而有较大的提高，因而泥沙量大的水呈红黄色。由于藻类浮游生物含有叶绿素，因此它会降低水在蓝光波段的光谱反射率，而在绿光波段却有所升高，尤其是在近红外波段。

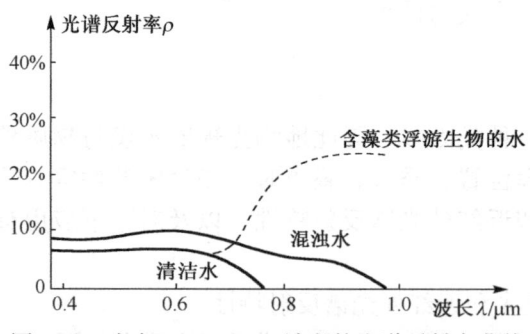

图 4-37　水在 0.4～1.1μm 波段的光谱反射率曲线

应当注意，当太阳的天顶角很大（大于 70°）时，水的光谱反射率会大大升高，甚至会出现全反射现象。

③ 冰雪的光谱反射特性。冰和雪的光谱反射特性基本相同，如图 4-38 所示为雪的光谱反射率曲线。从图中可以看出，在可见光波段，雪的光谱反射率很高，特别是新雪，几乎接近 100%。但在近红外波段，雪的光谱反射率明显下降。这样的光谱反射特性在天然存在的地物中几乎是独一无二的。

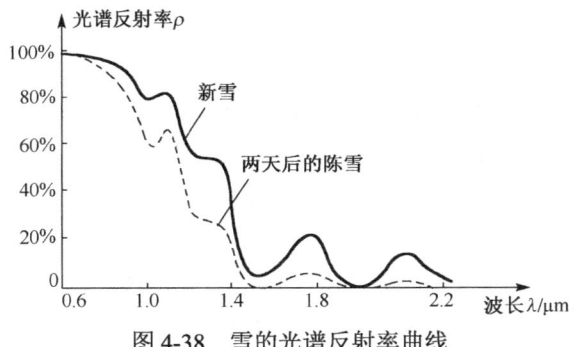

图 4-38 雪的光谱反射率曲线

随着积雪的老化，雪的光谱反射率普遍下降，但降低程度随波长而异，一般在可见光波段下降得不大，但在波长大于 0.8μm 的红外波段，光谱反射率明显下降。

（2）地物的红外辐射特性

在白天，当波长小于 4μm 时，地物的红外辐射与太阳光和构成地物的物质反射率有关；当波长超过 4μm 时，地物的红外辐射主要来源于自身的热辐射。地物的热辐射与其温度和光谱反射率有关，大多数地物有较高的光谱反射率。

白天，地物的温度与可见光吸收率、红外发射率，以及与空气的热接触、热传导和热容量有关。夜晚，地物温度的冷却速度与热容量、热传导、周围空气热接触、红外发射率及大气湿度有关。

如图 4-39 所示为几种地物白天在 1～6μm 波段的光谱辐射亮度。从图中可看到，在波长 3μm 以下，由于太阳散射占支配地位，因此光谱辐射亮度差别较大；当波长超过 4μm 时，不同地物的光谱辐射亮度差别较小。在波长 3μm 以下，雪对太阳光有强的散射，其光谱辐射亮度最大，而草在波长 3μm 以下有最小的太阳光反射率，其光谱辐射亮度最小。

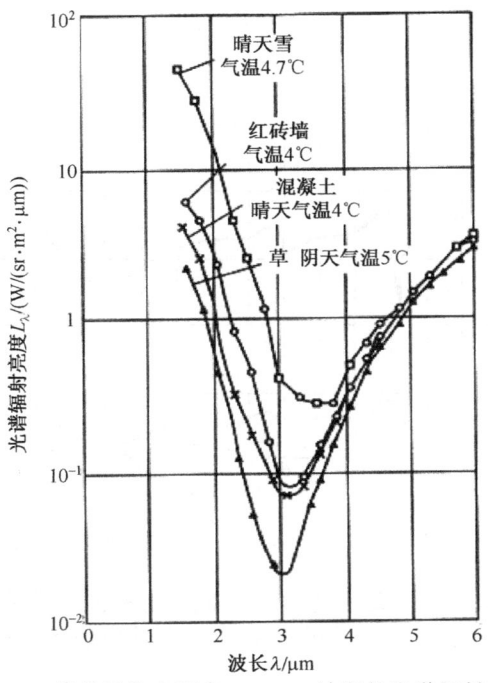

图 4-39 几种地物白天在 1～6μm 波段的光谱辐射亮度

### 4.5.5 海洋光辐射

海洋的光辐射由海洋本身的热辐射和它对环境（如太阳、天空）辐射的反射组成。如图 4-40 所示为海洋在白天时的光谱辐射亮度，在波长 3μm 以下，白天海洋的光辐射主要是对太阳和天空辐射的反射；在波长 4μm 以上，无论是白天还是晚上，海洋的光辐射都主要来自海洋的热辐射。

如图 4-41 所示为平静水面（粗糙度为 $\sigma = 0$）在不同入射角下水面反射率与波长的关系。如图 4-42 所示为水面反射率和发射率（在 2~15μm 波段内的平均值）与入射角的关系。

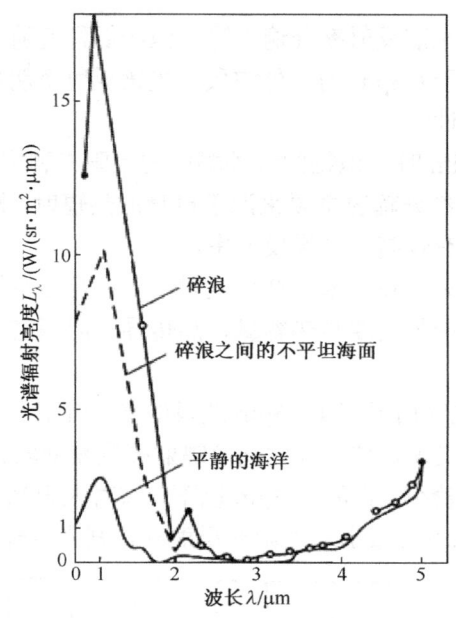

图 4-40 海洋在白天时的光谱辐射亮度

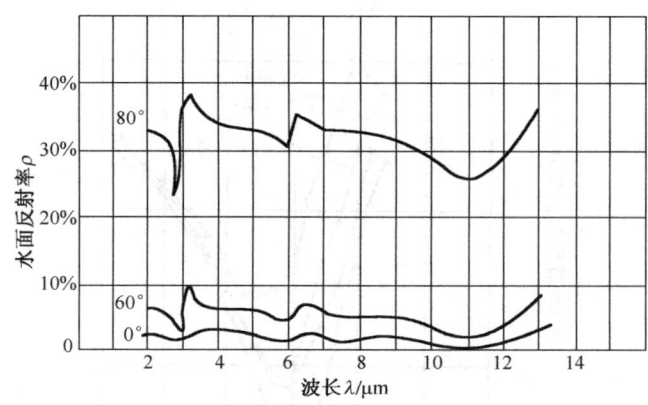

图 4-41 平静水面在不同入射角下水面反射率与波长的关系

水面的反射率和发射率（尤其是靠近水平方向）与海面粗糙度有关。如图 4-43 所示为不同粗糙度下的水面的反射率 $\rho$ 与入射角的关系，水面的发射率 $\varepsilon = 1 - \rho$。而海面粗糙度 $\sigma$ 与海风风速 $v$ 有如下关系

$$\sigma^2 = 0.003 + 5.12 \times 10^{-3} v \tag{4-88}$$

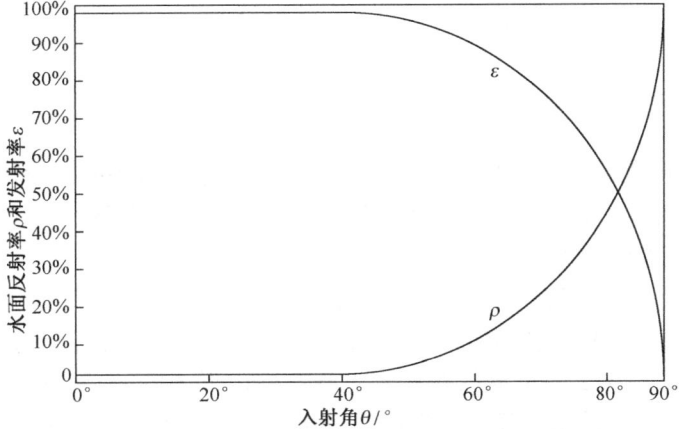

图 4-42  水面反射率和发射率与入射角的关系

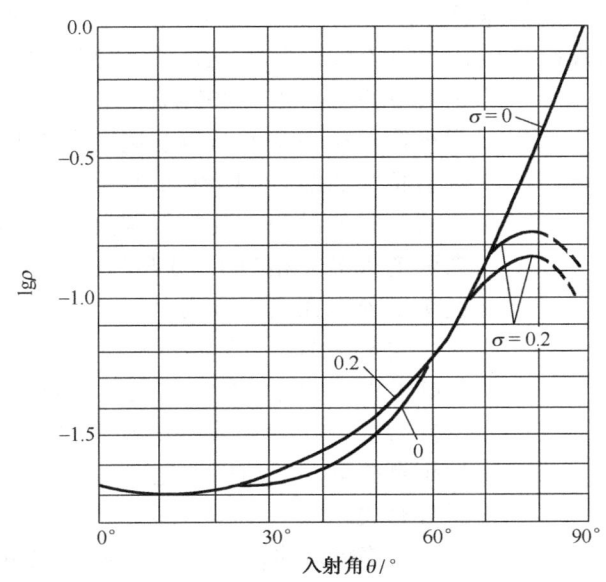

图 4-43  不同粗糙度下水面的反射率与入射角的关系

在用探测器测量海洋光辐射时，探测器接收到的海洋光辐射包括海面的热辐射、海面反射的太阳和天空的辐射，以及海面至探测器间光学路径上的大气辐射。

由于海面存在镜面反射现象，因此在波长 5μm 以下，当探测器指向由太阳反射而形成的海面亮带区，或者探测器俯仰角较小且按照反射定律在对应的低空方向存在云层时，海洋的光辐射亮度因太阳和云层的强烈反射而增大。有实验表明，在红外 3~5μm 波段内水面亮带区的平均辐射温度达 44.2℃，而非亮带区的平均辐射温度只有 27℃，但在红外 8~14μm 波段内，海洋的光谱辐射亮度基本不受太阳和云层的影响。所以利用红外 8~14μm 波段成像系统，可以有效地抑制海背景的杂波干扰，来探测和识别海面舰船。

## 4.6 人工目标的红外辐射

### 4.6.1 火箭的红外辐射

飞行中的弹道火箭是一种强烈的红外辐射源，由于火箭发动机在工作时会散发热量、存在空气气动加热和太阳辐射，因此其壳体可达到很高的温度。在飞行的初始阶段，短时间的辐射源是燃料燃烧后的产物和尾焰。

由于发动机工作时火箭壳体（尤其是尾部）的温度很高，因此燃烧室内的温度高达 2000～3000℃。壳体最强烈的加热原因是火箭在稠密大气层内飞行时与空气产生摩擦会导致高热量。例如，德国 V-2 弹道火箭在稠密大气层内以近 5000km/h 的速度飞行时，其头部的温度可达 950℃。美国丘比特弹道火箭在稠密大气层内飞行时，其锥形头部的温度达到白炽程度，肉眼就能看得很清楚。

火箭穿过稠密大气层时的速度及其外壳平均温度是：射程为 1600km 的火箭是 3500m/s 和 3700K；射程为 8000km 的火箭是 6700m/s 和 7400K；轨道高度为 480km 的人造卫星火箭是 7600m/s 和 8900K。如图 4-44 所示为美国红石式弹道火箭以相当于 5 马赫的速度在 20km 高度飞行时外壳的辐射特性曲线。美国红石式弹道火箭的外壳最大辐射方向垂直于它的轴向，其辐射强度为 4.4W/sr。当美国阿特拉斯弹道火箭以相当于 10 马赫的速度在 40km 高度飞行时，其头部外壳在飞行方向（沿纵轴）的辐射强度为 $6×10^4$ W/sr。

战术导弹，尤其是战略导弹，一般在其发动机工作时伴随着很强的光辐射，辐射功率可达 $10^5$～$10^6$ W（与发动机推力有关）。利用发动机发出的光辐射，可以对导弹进行远距离探测。发动机的光辐射与发动机喷焰的结构和化学组分有关。

喷焰辐射的光谱分布同构成喷焰的分子种类有关。火箭推进剂燃烧产物的含量与氧化剂/燃料比和发动机的工作状态有关。

因为火箭的发动机工作于富油状态，所以喷焰含有可燃烧的燃料，在低高度飞行时，它与大气中的氧混合后产生补燃，补燃使喷焰温度升高约 500K。随着高度的增加，氧气减少，补燃降低。除分子成分外，在喷焰中还可以存在固态粒子。

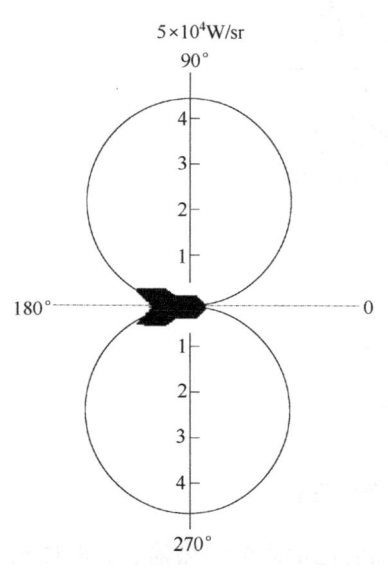

图 4-44 美国红石式弹道火箭外壳的辐射特性曲线

如图 4-45 所示为液体火箭低空飞行时的喷焰结构图，其中，非扰动圆锥是各向同性的等温区，圆锥区外与大气混合，产生补燃。随着高度的增加，喷焰膨胀，温度降低，如图 4-46 所示。

火箭发动机喷焰的辐射由气体分子辐射带和固体粒子辐射带组成。如图 4-47 所示为含铅的固体推进剂在燃烧时的理论光谱辐射亮度。从图 4-47 可以看出，除气体分子辐射带外，还含有明显的固体粒子辐射带。

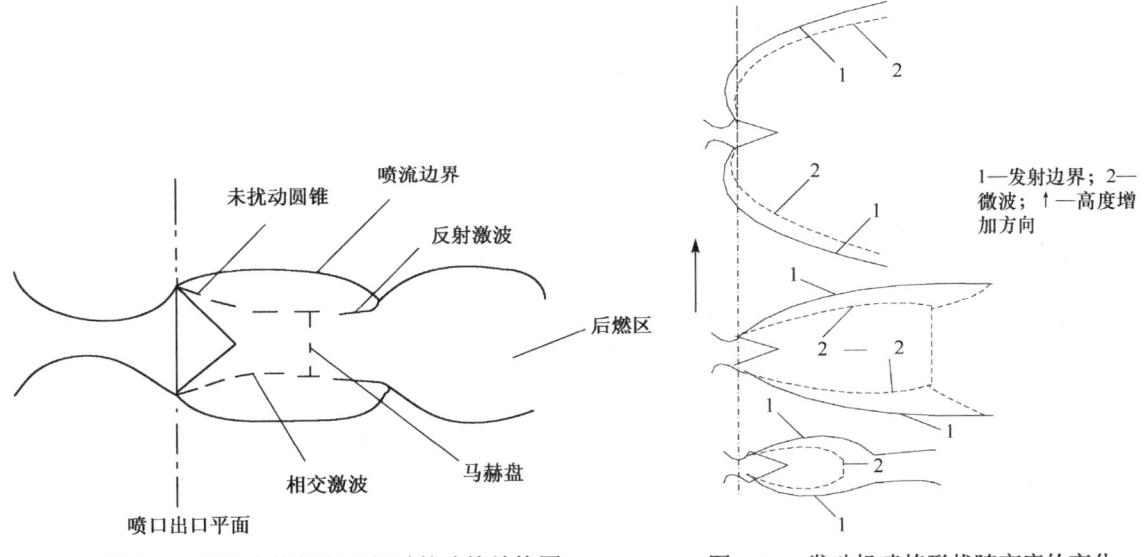

图 4-45 液体火箭低空飞行时的喷焰结构图　　图 4-46 发动机喷焰形状随高度的变化

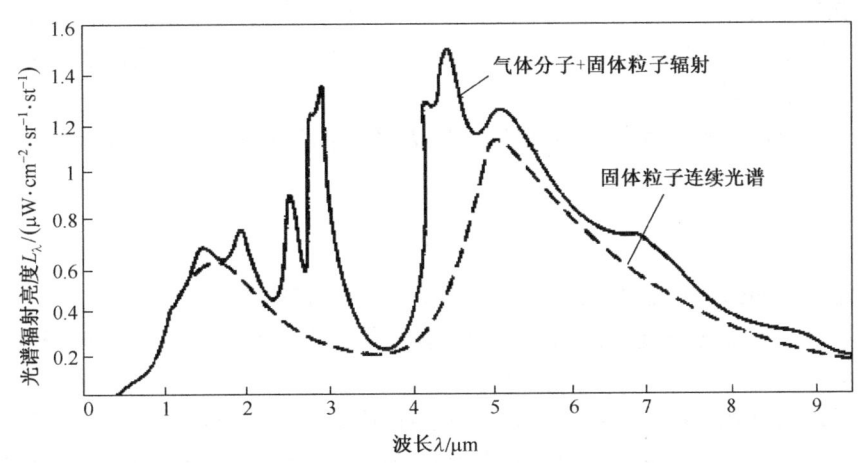

图 4-47　含铅的固体推进剂在燃烧时的理论光谱辐射亮度

## 4.6.2 飞机的红外辐射

喷气飞机的红外辐射来源于被加热的金属尾喷管热辐射、发动机排出的高温尾喷焰辐射、飞机飞行时气动加热形成的蒙皮热辐射、对环境（太阳、地面和天空）辐射的反射。喷气飞机因所使用的发动机类型、飞行速度、飞行高度及有无加力燃料等因素不同，其辐射情况有很大的区别。

涡轮喷气发动机有两个热辐射源：尾喷管和尾焰。从无加力燃料室发动机的后部来看，尾喷管辐射远大于尾焰辐射。但有加力燃料室后，尾焰就成为主要辐射源了。

尾喷管是被排出的气体加热形成的圆柱形腔，可以视为一个长度与半径比 $l/R = 3 \sim 8$ 的黑体型辐射源，利用其温度和喷管面积可计算它的辐射出射度。在工程计算时，往往把涡轮喷气发动机视为发射率为 0.9 的灰体，其温度等于排出气体的温度，而面积等于排气喷嘴的面积。就现在的发动机而言，只能在短时间内（如起飞时）经受高达 700℃ 的排出气体温度；在长时间飞行时能经受的温度为 500～600℃；低速飞行时可降到 350℃ 或 400℃。

由于尾焰的主要成分是二氧化碳和水蒸气，它们在 2.7μm 和 4.3μm 波长附近有较强的辐射。同时，大气中含有水蒸气和二氧化碳，当辐射在大气中传输时，在 2.7μm 和 4.3μm 波长附近往往容易引起吸收衰减。但是由于尾焰的温度比大气的温度高，在上述波长处，尾焰辐射的谱带宽度比空气吸收的谱带宽度宽，所以某些弱谱线辐射就超出了大气的强吸收范围，在大气的强吸收范围外，其传输衰减比大气吸收谱带内小得多，这种现象在 4.3μm 波长处的二氧化碳吸收带内最为显著。因此，从探测的角度来看，4.3μm 波长处的发射带要比 2.7μm 波长处的更有用（可以减少太阳光线干扰，同时具有较好的大气透射）。

由于通过排气喷嘴的膨胀是绝热膨胀，用绝热过程公式 $T^{-\lambda}P^{\gamma-1}$ = 常数可以得到通过排气喷嘴膨胀后的气体温度为

$$T_2 = T_1 \left( \frac{P_2}{P_1} \right)^{\frac{\gamma-1}{\gamma}} \qquad (4\text{-}89)$$

式中，$T_2$ 是通过排气喷嘴膨胀后的气体温度，$T_1$ 是尾喷管内的气体温度（排出气体温度），$P_2$ 是膨胀后的气体压强，$P_1$ 是尾喷管内的气体压强，$\gamma$ 是气体的定压热容量与定容热容量之比。对于燃烧的产物，$\gamma = 1.3$。

对于现代亚音速飞行的涡轮喷气飞机，$P_2/P_1$ 的值约为 0.5。如果假定其膨胀至周围环境的压力值，则式（4-89）变为

$$T_2 = 0.85 T_1 \qquad (4\text{-}90)$$

因此，喷嘴处尾焰的热力学温度约比尾喷管内的气温低 15%。

很明显，尾焰的辐射亮度与排出气体中气体分子的温度和数目有关，这些值取决于燃料的消耗，它是飞机飞行高度和节流阀位置的函数。

涡轮风扇发动机就是在涡轮喷气发动机上装置风扇的。若风扇位于压缩机的前面，则称为前向风扇；若风扇位于涡轮的后面，则称为后向风扇。涡轮风扇发动机将吸取更多的空气，产生附加的推力。

涡轮风扇发动机比涡轮喷气发动机的辐射低一些，这是由涡轮风扇发动机的排出气体的温度较低所致的。涡轮风扇发动机的尾焰形状和温度分布与涡轮喷气发动机大不相同。具有前向风扇时，过量的空气相对于发动机以轴线同心地被排出，在羽状气柱周围形成了一个冷套，其发动机的尾焰比一般的涡轮喷气发动机的尾焰小得多。在后向风扇发动机中，一些过量的空气与尾喷管中排出的热气流混合，其发动机的尾焰和尾喷管的温度都降低了。

以波音 707 系列的两种民用运输机为例，把涡轮风扇发动机与涡轮喷气发动机的特性进行比较，如表 4-6 所示。这两种发动机的外形结构大体相同，推力大致相等，但是，它们的辐射有很大的差别。如图 4-48 所示为在海平面上当以最大推力工作时，两种发动机排出气流的等温线。可以明显看出，风扇空气使尾焰的直径变小了。两种发动机的尾焰长度约和飞机长度相等，所以几乎从任何方位都可以看到尾焰或尾焰的一部分。如果具有多个发动机的飞机中有个别发动机被机翼、机身或机尾挡住，其辐射方向图将会显示出剧烈的变化。

表 4-6　波音 707 系列的两种民用运输机的特性

| 型　号 | 707—320 | 707—320B |
|---|---|---|
| 发动机类型 | 涡轮喷气（4 台） | 涡轮风扇（4 台） |
| 最大推力/kg（每台发动机） | 7620 | 8165 |
| 发动机排气喷嘴的面积/cm² | 3660 | 3502 |
| 起飞时的排气温度/℃ | 634.85 | 554.85 |
| 辐射峰值波长/μm | 3.19 | 3.50 |
| 能量集中度/% | 16.20 | 22.30 |
| 巡航温度/℃ | 454.85 | 414.85 |
| 巡航时的峰值波长/μm | 3.82 | 4.03 |
| 巡航条件下的辐射强度/(W/Sr) | 1962（每台发动机） | 1512（每台发动机） |
| 4 个发动机的总辐射强度/(W/Sr) | 7848 | 6048 |
| 最大速率/(km/h) | 941.5 | 925.7 |

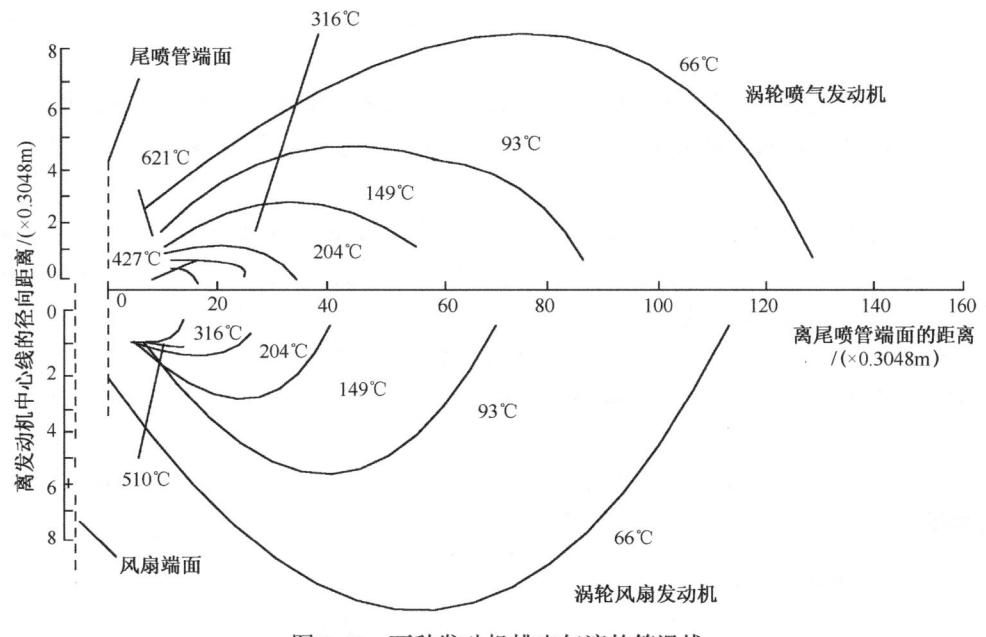

图 4-48　两种发动机排出气流的等温线

当与精确量的空气进行混合（化学计量混合）时，能产生完全燃烧。对于典型的喷气燃料，其燃烧温度可达 2700℃。由于这个温度远远超过所允许的 900℃的涡轮进气温度，因此需要过量的空气与燃料混合，以降低这一温度。燃烧室里只消耗 1/3 的氧气，其余的氧气用于燃烧尾喷管里的附加燃料，这一过程称为加力燃烧，其结果是增大推力。由于加力燃烧是在靠近尾喷管的一端进行的，因此尾焰的温度明显升高、尺寸明显增大，如图 4-49 所示为涡轮喷气发动机在加力燃烧和无加力燃烧时排出气流的等温线。

飞机在空中飞行时，当速度接近或大于声速时，气动加热产生的飞机蒙皮热辐射不能忽视，尤其是在飞机的前向和侧向。飞机蒙皮温度 $T_s$ 为

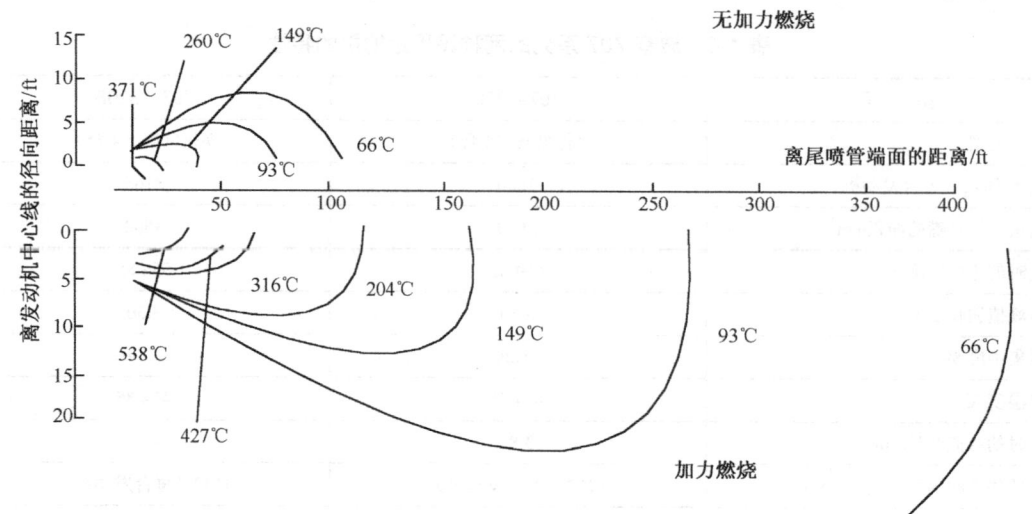

图 4-49 涡轮喷气发动机排出气流的等温线

$$T_s = T_0\left[1 + k\left(\frac{\gamma-1}{2}\right)M_a^2\right] \tag{4-91}$$

式中，$T_s$ 为飞机蒙皮温度；$T_0$ 为周围的大气温度；$k$ 为恢复系数，其值取决于附面层中气流的流场，层流取 0.82，紊流取 0.87；$\gamma$ 为空气的定压热容量和定容热容量之比，通常取 1.3；$M_a$ 为飞行马赫数。

因为太阳是近似 5900K 的黑体辐射，所以飞机反射的太阳光谱类似于大气衰减后的 5900K 黑体辐射光谱。飞机反射的太阳光辐射主要在近红外 1～3μm 和中红外 3～5μm 波段内，而飞机对地面和天空热辐射的反射主要在远红外 8～14μm 和中红外 3～5μm 波段内。

飞机红外辐射强度随其方位角而变化的关系曲线称为辐射方向图，它是表征飞机红外辐射特征的重要参数。在 0°～180° 极坐标平面内，由于不同方位上可观测到的喷口和尾焰投射面积不同，因此红外辐射强度也不同，一般随方位角的增大，红外辐射强度减小。如图 4-50 和图 4-51 所示为米格 21 飞机发动机在非加力和加力状态下，在 3～5μm 波段的辐射强度方向图。

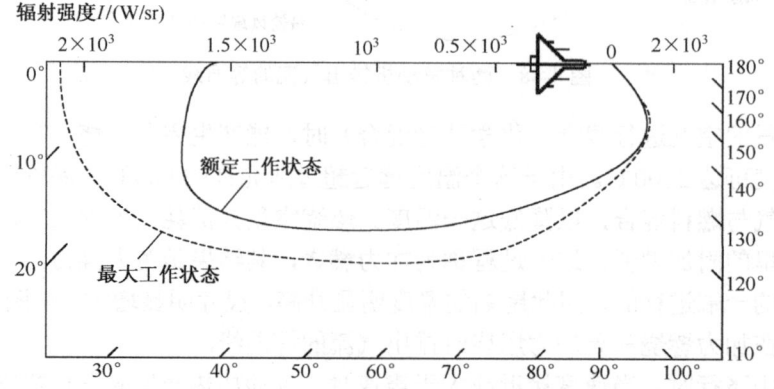

图 4-50 米格 21 飞机发动机在非加力状态下的 3～5μm 波段的辐射强度方向图

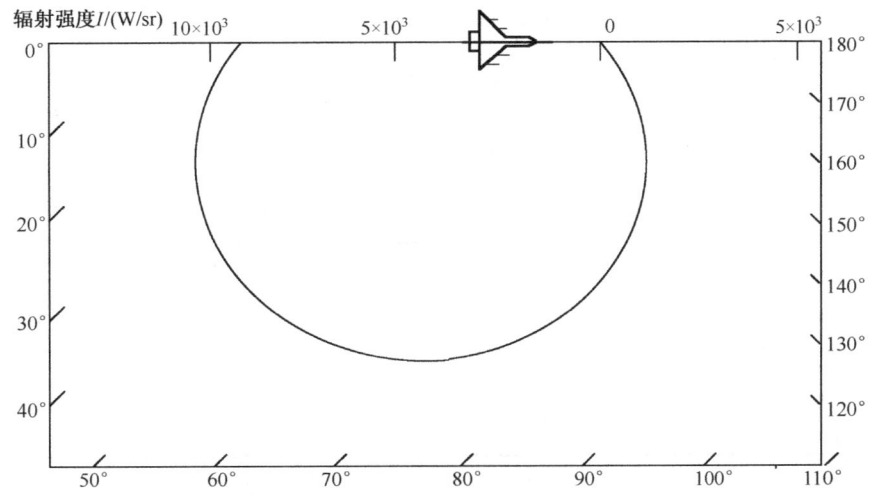

图 4-51　米格 21 飞机发动机在加力状态下的 3～5μm 波段的辐射强度方向图

飞机红外辐射包含尾喷管和蒙皮的近似为灰体连续谱的热辐射，以及有选择性的带状谱的喷焰气体辐射。其红外辐射光谱随飞机工作状态（加力或非加力状态）和目标的方位角的变化而变化。在非加力状态下，飞机尾向的辐射光谱是峰值波长位于 4μm 左右的连续谱。但在实际应用中，由于大气中 $H_2O$ 和 $CO_2$ 分子的吸收，在 2.7μm 和 4.3μm 波长附近易形成凹陷，如图 4-52 所示为通过 200ft 大气观察并用三个不同的光谱分辨率测量的飞机喷气尾焰的光谱。

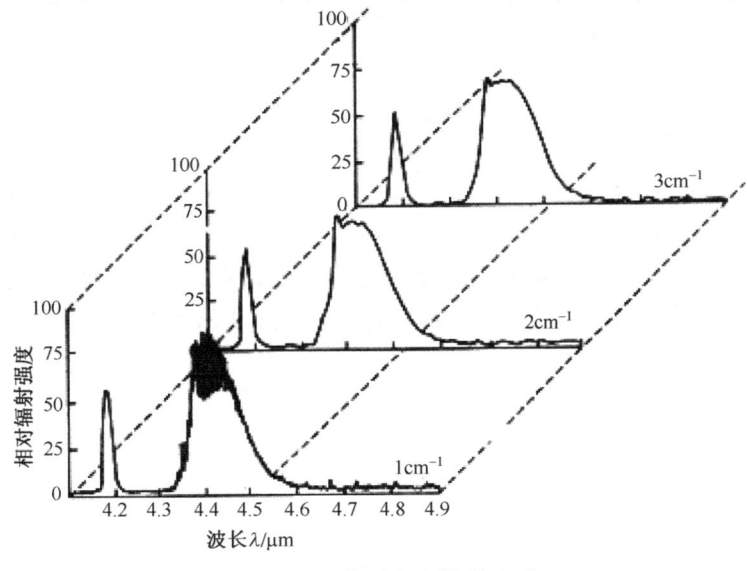

图 4-52　飞机喷气尾焰的光谱

## 4.6.3　坦克的红外辐射

不同型号的坦克由于使用的发动机功率不同或效率不同，采用的热伪装与屏蔽措施不同，因此红外辐射特性也不同。如美国 M48 坦克的发动机排气装置位于坦克底部，而苏制 T—58 坦克的发动机排气装置位于侧面，发动机性能较差，所以在相同速度下，T—58 坦克表面的红外辐射温度较高，尤其在排气装置的一侧，辐射温度明显变高。因而，苏制 T—58 坦克与美国 M48 坦克相比，在红外波段更容易被探测和识别。

由于坦克形状复杂、各部分结构不同，因此从不同方位上观测，坦克表面的红外辐射温度也有所差别。如表 4-7 所示为对 T—58 坦克在水平方向、不同观测方位测量得到的平均辐射亮度。

表 4-7 对 T—58 坦克在水平方向、不同观测方位测量得到的平均辐射亮度

| 观测方位 | 平均辐射亮度/(W/sr·m²) | |
|---|---|---|
| | 8～14μm 波段 | 3～5μm 波段 |
| 左外侧 | 50.2 | 3.81 |
| 右外侧 | 45.5 | 2.9 |
| 尾向 | 58.4 | 6.24 |
| 前向 | 47.5 | 2.9 |

注：左侧为发动机排气方向，尾向较大的红外辐射值是由坦克运动所形成的"热烟尾迹"所引起的。

由于白天太阳会对坦克进行辐射加热，而且昼夜环境温度会发生变化，因此静止状态或运动状态的坦克的表面温度会随时间的变化而变化。在日出前 5～6h，表面温度最低，日出后，在太阳光的照射下，表面温度逐渐升高，大约在下午 2～3 时，表面温度最高，然后表面温度又慢慢下降，一直降到日出前的极小值。如表 4-8 所示为 T—58 坦克白天和晚上的平均辐射亮度。

表 4-8 T-58 坦克白天和晚上的平均辐射亮度

| 测量时间 | 测量方位 | 平均辐射亮度/(W/sr·m²) | | 发动机转速/(r/min) |
|---|---|---|---|---|
| | | 8～14μm 波段 | 3～5μm 波段 | |
| 10:00 | 左外侧 | 45.5 | 2.9 | 0 |
| 21:43 | 右外侧 | 38.6 | 2.29 | 0 |
| 10:42 | 尾向 | 47.5 | 2.9 | 600 |
| 21:25 | 前向 | 39 | 2.33 | 600 |

另外注意到，对于静止不动的坦克，受太阳照射的坦克表面的红外辐射温度，比不受太阳照射的坦克表面的红外辐射温度高 5～10℃。如图 4-53 所示为 2.7～5.3μm 波段的坦克辐射特性曲线。

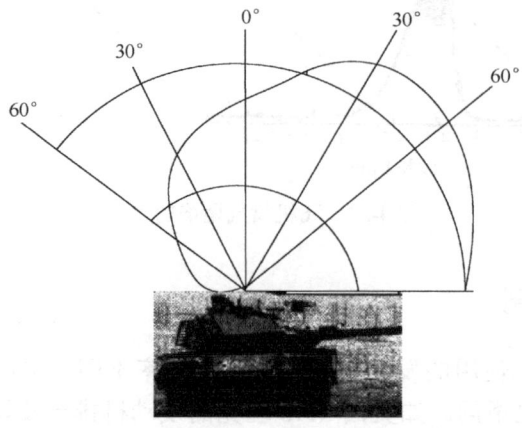

图 4-53 2.7～5.3μm 波段的坦克辐射特性曲线

### 4.6.4 火炮的红外辐射

炮口喷出的热燃气除含有一些杂质外,还含有大量的易燃成分,如一氧化碳($CO$)、氢气($H_2$)、二氧化碳($CO_2$)、氮气($N_2$)及温度相当高的水蒸气。因此伴随着炮口闪光的出现,聚集在炮口附近的热燃气将发射出大量的红外辐射,从这个区域内发射出的辐射称为初次闪光。如图 4-54 所示为炮口前的气流图形。气流通过正冲击波时受热而产生的辐射称为中间闪光,和大气混合后,热燃气点燃并燃烧成具有高亮度的火焰,称为二次闪光,这时火炮相当于一个强红外辐射源。

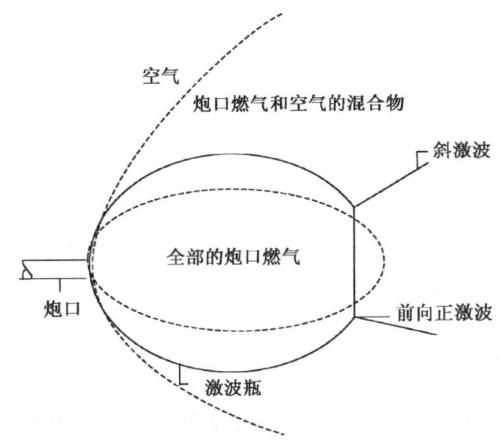

图 4-54 炮口前的气流图形(虚线表示合成物的边界)

如图 4-55 所示为二次闪光的相对辐射光谱分布与火炮距离变化的关系曲线。

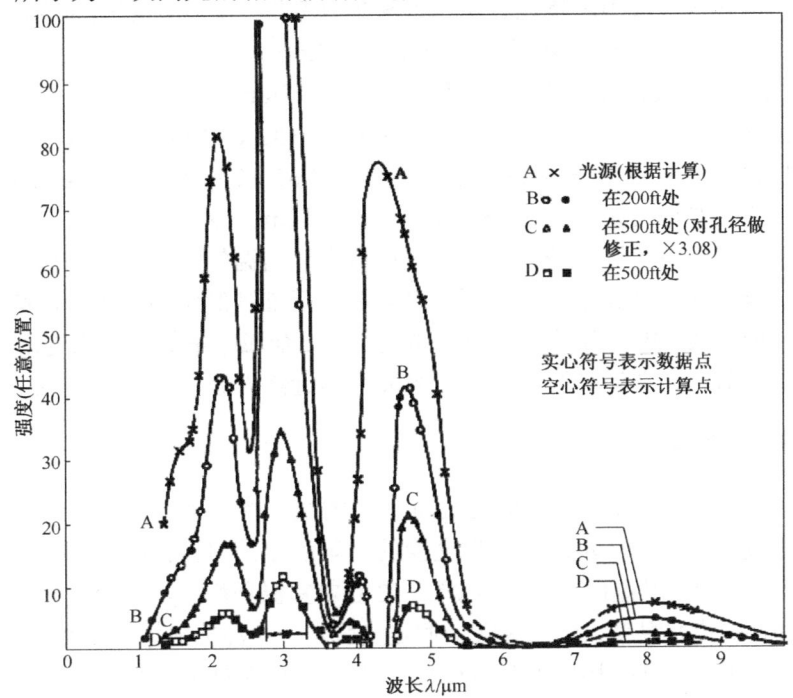

图 4-55 二次闪光的相对辐射光谱分布与火炮距离变化的关系曲线

此外，当火炮射击时，炮管温度升高，当环境温度为 28℃时，以 1 发/s 的速度射出 57 发炮弹后，炮口内的温度可达 124℃。如图 4-56 所示为火炮射击后的温度变化情况。

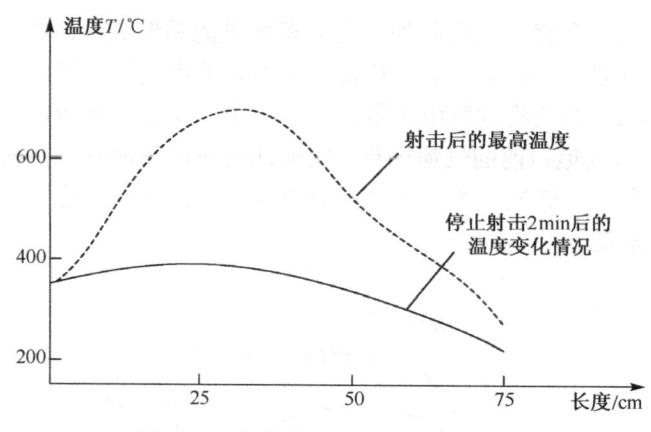

图 4-56  火炮射击后的温度变化情况

通常情况下，为了避免二次闪光被探测到，常用专用装置将火炮固定在炮口，以防止冲击波的形成。此外，也可将化学抑制剂加在推进剂中，来防止点燃炮口的易燃气体。

### 4.6.5  红外诱饵的辐射

红外诱饵是可以最有效地干扰各类红外制导武器的重要手段之一。按红外诱饵的辐射源性质，红外诱饵可分为烟火剂类诱饵、凝固油料类诱饵、红外热气球诱饵和红外综合箔条。

（1）烟火剂类诱饵。该诱饵是利用物质燃烧时的化学反应产生大量烟云，并发射红外辐射的一种诱饵。烟火剂一般由燃烧剂、氧气剂和黏合剂按一定比例配制而成，其中燃烧剂常选用燃烧时能产生大量热量的元素，如 Er、Al、Ca、Mg 等。这类诱饵的辐射波长一般为 1.8～5.2μm。若添加了四氧化钛，则辐射波长可拓展到 8～12μm。

（2）凝固油料类诱饵。凝固油料燃烧将产生 CO、$CO_2$、$H_2O$ 等物质，并发射红外辐射，且它们是选择性辐射。$CO_2$ 红外辐射的主要光谱带是 2.65～2.8μm、4.15～4.45μm、13～17μm；$H_2O$ 红外辐射的主要光谱带是 2.55～2.84μm、5.6～7.6μm、12～30μm。

（3）红外热气球诱饵。这类诱饵在特制气球内充以高温气体作为红外诱饵。

（4）红外综合箔条。金属箔条的一面涂以无烟火箭推进剂作为引燃药，在投放时，大量箔条燃烧在空气中形成"热云"，来吸引红外寻的导弹。金属箔条的另一面光滑，散布在空中，通过对太阳光进行散射，在紫外波段、可见光波段和近红外波段对导弹形成干扰。

### 4.6.6  人体的红外辐射

人体皮肤的发射率是很高的，波长在 4μm 以上的发射率的平均值为 0.99，而与肤色无关。

皮肤温度是皮肤和周围环境之间辐射交换的复杂函数，并且与血液循环和新陈代谢有关。当人体皮肤剧烈受冷时，其温度可降低到 0℃。在正常室温环境下，当空气温度为 21℃时，裸露在外部的脸和手的皮肤温度大约是 32℃。假定皮肤是一个漫辐射体，有效辐射面积等于人体的投影面积（对于男子，其平均值可取 $0.6m^2$）。当皮肤温度为 32℃时，裸露皮肤的平均辐照度为 93.5W/sr。若忽略大气的吸收，则在 305m 的距离处，它所产生的辐照度为 $10^{-3}W/m^2$，其中大约有 32%的能量处在 8～13μm 波段，仅有 1%的能量处在 3.2～4.8μm 波段。

## 小　　结

本章介绍了各种类型的红外辐射源，其中，黑体型辐射源是标定其他人工辐射源、辐射测量仪器的基础，在工程应用中占据重要的地位；红外激光器的应用非常普及，红外激光是一种不容忽视的辐射源；自然景物和人工目标的辐射特性对提高红外探测技术的针对性与有效性具有重要作用，也是红外信号和图像分析、处理及目标识别的依据，这部分内容是后续章节的基础。

## 习　　题

4-1　填空题。

（1）腔体辐射理论是制作_____的基础，主要有_____理论、_____理论等。

（2）_____理论考虑的是任意形状的腔体，没有假设腔壁是漫反射表面，但计算比_____理论复杂得多。

（3）在制造黑体型辐射源时，要考虑腔形选择、_____、_____、_____和降低黑体前表面辐射等问题。

（4）红外激光器的基本结构由_____、_____、_____三部分组成。

（5）太阳在地球上的辐照度与_____、_____和天空中云霾尘埃的含量有关。

（6）白天，天空背景的红外辐射由_____和_____组成；夜间，天空背景的红外辐射主要是_____，其与水蒸气、_____和_____的含量有关。

（7）白天，当波长超过____μm 时，地物的红外辐射主要来源于自身的热辐射，不同地物的光谱辐射亮度差别_____。

（8）在用探测器测量海洋光辐射时，接收到的光辐射包括_____、_____，以及光学路径上的大气辐射。

（9）海洋光辐射的辐射亮度在_____μm 波段基本不受太阳和云层的影响，故利用____波探测器探测和识别海面舰船的效果更好。

（10）喷气飞机的红外辐射主要来源于_____、尾喷焰辐射、气动加热形成的蒙皮热辐射、_____。

（11）静止坦克表面的红外辐射受_____照射的影响大。处于运动状态的坦克的红外辐射特性与_____安装位置有关。

（12）常见的红外诱饵有_____、_____、_____和红外综合箔条。

（13）人体辐射的峰值波长在____μm 左右，大约 32%的辐射能量处在_____μm 波段。

4-2　直径为 $D$ 的球体，腔壁的反射遵循朗伯余弦定律。已知壁的反射率 $\rho$ 为 0.4，当腔孔的直径 $d$ 为多大时，才能把空腔视为准确度可达 0.1%的黑体（只考虑一级近似的情况）？

4-3　设计一个圆柱形腔的黑体，材料用氧化铜，$\varepsilon = 0.85$，腔体的开口半径 $R = 1\text{cm}$，腔体的深度 $l = 6\text{cm}$，求腔体的有效发射率 $\varepsilon_0$。

4-4　用 Gouffé 理论计算：

（1）当腔体为球形，材料选用表面反射率为 0.8 的不锈钢，要求圆形开口的直径为 20mm 时，若要求有效发射率达到 0.998,则应如何设计腔长?

(2) 若用表面发射率为 0.5 的材料,当几何因子 $l/R=9$ 时,球形腔、圆柱形腔及圆锥形腔的 $\varepsilon_0$ 各为多少?

4-5 一球形腔的开口半径与腔的直径之比为 1:9.5,部分反射率为 0.15,用 Devos 理论的一级近似求该腔的有效发射率。

4-6 若将太阳与地球都近似地视为黑体,已知太阳的平均直径 $D=1.39\times10^9$m,太阳的表面温度为 5900K,地球到太阳的平均距离 $l=1.49\times10^{11}$m,试估计:

(1) 地球表面的平均温度;

(2) 太阳常数;

(3) 若地球大气层吸收太阳辐射能的 10%,则当太阳仰角为 30°时,求地面上 5000m² 的区域所接收的辐射功率。

4-7 温度 $T=1000$K 的红外星球,对直径为 1m 的红外望远镜所张的立体角为 $\Omega=0.25\times10^{-6}$sr,此红外望远镜工作于 10μm 波长,波段间隔为 1μm。

(1) 求入射到红外望远镜上的辐射功率;

(2) 设在 10μm 波长处,大气的透过率为 $\tau_a(\lambda)=0.8$,求温度为 300K 的大气在红外望远镜上所形成的背景辐射功率。

4-8 为了制造一架红外隐身飞机,可能采取的隐身措施有哪些?

4-9 在飞机尾焰中加入碳颗粒,可以减少飞机尾焰 3~5μm 波段的辐射,试解释其原因。

# 参 考 文 献

[1] 张建奇. 红外物理[M]. 2版. 西安:西安电子科技大学出版社,2013.

[2] 白长城,张海兴,方湖宝. 红外物理[M]. 北京:电子工业出版社,1989.

[3] 叶玉堂,刘爽. 红外与微光技术[M]. 北京:国防工业出版社,2010.

[4] 陈衡. 红外物理学[M]. 北京:国防工业出版社,1985.

[5] 石晓光,宦克为,高兰兰. 红外物理[M]. 杭州:浙江大学出版社,2013.

[6] 刘景生. 红外物理[M]. 北京:兵器工业出版社,1992.

[7] A. R. 杰哈. 红外技术应用——光电、光子器件及传感器[M]. 张孝霖,陈世达,舒郁文,译. 北京:化学工业出版社,2004.

# 第5章 红外辐射的测量

## 引　言

红外辐射的测量是描述物体辐射特性的重要手段。由于不同物体的辐射特性不同,因此导致了成像特性的差异,而成像特性的差异会直接影响红外热成像技术的发展。随着对红外热成像技术要求的不断提高,红外辐射的测量引起了人们的高度重视,成为红外物理与技术领域中不容忽视的内容。

本章内容:(1)介绍红外辐射测量中常用的测量仪器;(2)讨论红外辐射的基本参数(如辐射亮度、辐射强度及总辐射通量等)、红外发射率及红外反射比的测量原理和方法;(3)研究红外辐射的测温技术。

## 5.1　常用的红外辐射测量仪器

针对物体的发射、吸收、反射和透射特性的测量,可用的仪器有很多。本节主要介绍一些常用的红外辐射测量仪器的基本结构和工作原理。

### 5.1.1　单色仪

单色仪是一种常用的分光仪器,适用于单色光的产生。如图 5-1 所示为单色仪示意图。单色仪分为棱镜单色仪和光栅单色仪两种,其中光栅单色仪应用得较为广泛,在科研、生产、质控等环节都占据重要地位。

单色仪是利用分光元件(棱镜或光栅)从复杂辐射中获得紫外线光谱、可见光谱和红外线光谱,且具有一定单色程度光束的仪器,一般由狭缝、准直镜和分光元件按一定排列方式组合而成。单独使用时,单色仪可用来对物体的发射、吸收、反射和透射特性等的分光辐射进行测量与光谱研究,或用来测量各种探测器的光谱响应。将单色仪与其他系统相结合,可构成各种光谱测量仪器,如红外光谱辐射计、红外分光光度计等。

下面分别对两种单色仪进行介绍。

(1)棱镜单色仪

早期的单色仪大都采用棱镜作为分光元件,其原理是棱镜材料的光折射率 $n$ 随波长 $\lambda$ 的变化而变化。根据几何光学,入射光线和经过棱镜的出射光线之间的夹角称为偏向角,用 $\theta$ 来表示,如图 5-2 所示。角色散表示偏向角随波长的变化率,即波长相差 $d\lambda$ 的两条光线被棱镜分开后的角度 $d\theta$ 与 $d\lambda$ 之比。当入射角 $i_1$ 等于出射角 $i_2$ 时,角色散为

$$\frac{d\theta}{d\lambda}=\frac{2\sin(A/2)}{[1-n^2\sin^2(A/2)]^{1/2}}\cdot\frac{dn}{d\lambda} \tag{5-1}$$

式中, $A$ 为棱镜的顶角, $dn/d\lambda$ 为棱镜材料的色散率。

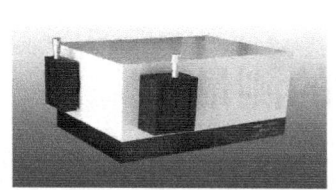

图 5-1 单色仪示意图

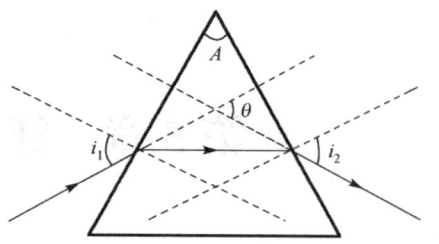

图 5-2 棱镜对单色光的折射

式（5-1）表明，角色散取决于棱镜和光线的几何条件与棱镜材料的色散率。

棱镜的分辨本领与其本身的材料和形状有关。棱镜的分辨本领是指分辨两条邻近谱线的能力，它是影响红外单色仪光谱分辨本领的重要因素。若棱镜能分辨波长为 $\lambda$ 和 $\lambda+\delta\lambda$ 的单色光，由瑞利判据可知，一条谱带的最大值刚好与邻近谱带的最小值相重叠，则理论分辨本领 $R$ 为

$$R = \frac{\lambda}{\delta\lambda} \tag{5-2}$$

进一步推导可得

$$R = b \cdot \frac{\mathrm{d}n}{\mathrm{d}\lambda} \tag{5-3}$$

式中，$b$ 为棱镜的有效底边长度。

由式（5-3）可知，棱镜的分辨本领与棱镜的有效底边长度 $b$ 及棱镜材料的色散率 $\mathrm{d}n/\mathrm{d}\lambda$ 成正比。

（2）光栅单色仪

光栅单色仪利用的是光栅的每条缝对光线的衍射和缝间的干涉，且与衍射花样的极大位置和波长有关。如图 5-3 所示为三角形线槽的反射式平面衍射光栅（闪耀光栅）的横剖面图。它的每个缝的平面和光栅平面之间都有一个角度 $\theta$，每个缝都会对入射光产生衍射作用。

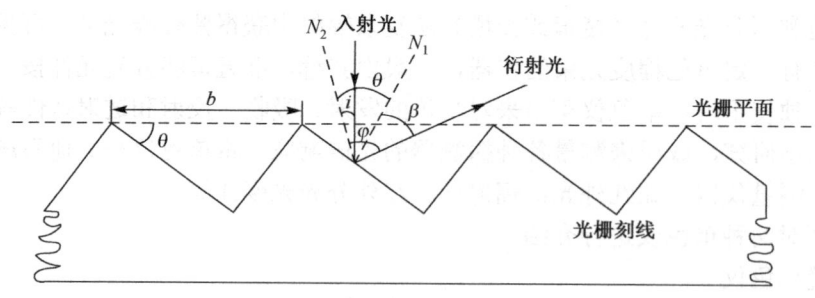

图 5-3 闪耀光栅的横剖面图

闪耀光栅主极大的位置服从光栅方程

$$m\lambda = b(\sin i + \sin \varphi) \tag{5-4}$$

式中，$m$ 为衍射级次，$m = 0, \pm 1, \pm 2, \cdots$；$b$ 为光栅常数；$i$ 为入射角；$\varphi$ 为衍射角。

由式（5-4）可知，当入射角和衍射角不变时，乘积 $m\lambda$ 可由不同的 $m$ 和 $\lambda$ 组成，即 $m_1\lambda_1 = m_2\lambda_2 = \cdots$，其中 $m$ 为整数。这就说明：同一衍射角会出现不同波长的衍射极大，从而出现光谱级次的重叠，因此要想从以光栅作为分光元件的单色仪中获得单色光，必须用滤光

器滤去不需要的级次光。将式（5-4）对 $\lambda$ 微分，便可求得角色散率

$$\frac{d\varphi}{d\lambda} = \frac{m}{b\cos\varphi} \tag{5-5}$$

光栅的角色散率比棱镜大得多，尤其是红外线区，光栅可得到棱镜无法达到的高色散率。光栅的分辨本领 $R$ 具有式（5-2）的形式，即

$$R = W\frac{d\varphi}{d\lambda} \tag{5-6}$$

式中，$W$ 为有效孔径宽度，且 $W = bN\cos\varphi$，$b$ 为一条划线的宽度，$N$ 为划线总数；$\varphi$ 为衍射角。

将式（5-5）代入式（5-6），可得

$$R = mN \tag{5-7}$$

式（5-7）表明，光栅的分辨本领 $R$ 与划线总数 $N$ 和衍射级次 $m$ 成正比。因此，对于同一光栅来说，用高级次光谱可得到较高的分辨本领。但级次分离的困难及光谱强度随级次的升高而迅速减弱的问题使得利用高级次光谱有一定的困难。即便如此，使用一级光谱，光栅达到的分辨本领也远远高于棱镜。

下面以反射式单色仪光路系统来说明光栅单色仪的工作原理，其示意图如图 5-4 所示。

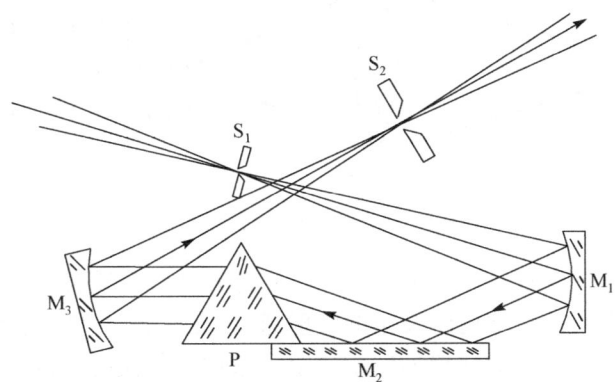

图 5-4 反射式单色仪光路系统的示意图

当来自辐射源的辐射束穿过入射狭缝 $S_1$ 后，经抛物面准直反射镜 $M_1$ 反射变成平行光束并投射到平面反射镜 $M_2$，再被反射进入色散棱镜 P，便被分解为不同折射角的单色平行光束，经另一抛物面反射镜 $M_3$ 反射，聚焦于出射狭缝 $S_2$ 并输出。色散棱镜 P 与平面反射镜 $M_2$ 的组合称为瓦茨伏尔士（Wadsworth）色散系统。通过转动该系统，可在出射狭缝 $S_2$ 后面获得不同波长的单色光束。

光栅单色仪的组合形式除可采用如图 5-4 所示的结构外，还可采用立托夫（Littrow）和法司脱-尔波特（Fastie-Ebert）组合结构。由于篇幅所限，在此不对这些组合结构进行介绍。

## 5.1.2 红外光谱辐射计

光谱辐射计又称为光谱仪、光谱分析仪、光谱分析系统，可用于测量光源或物体的辐射照度、辐射通量、辐射强度和辐射亮度等基本参量。但由于测量一次所需的时间较长，因此较难实现连续测量，且仪器价格昂贵，对环境和人员素质的要求较高。如图 5-5 所示为

HAAS—3000 高精度快速光谱辐射计的示意图。光谱辐射计是在窄光谱区间测量光谱辐射通量的装置，辐射计是在宽光谱区间测量辐射通量的装置。

光谱辐射计一般由光学系统、光谱元件、探测器和电子部件等组成，其原理图如图 5-6 所示。从辐射源发出的一部分辐射通量经过光学系统的接收聚焦在探测器上。探测器产生一个正比于输入辐射通量的电信号（当在探测器前放置一个斩光器时，得到的信号为交流信号）。

图 5-5　HAAS—3000 高精度快速光谱辐射计的示意图

在辐射参量的测量中，只有辐射照度可以用光谱辐射计直接测量来获得，而辐射通量、辐射强度和辐射亮度等都是通过辐射照度来计算获得的。

在图 5-6 的光谱辐射计中，光谱区间由探测器的光谱响应和光学系统的投射特性决定。如果探测器均匀地响应所有波长，而光学系统对所有波长全部透过而无吸收，那么输出将与光学系统的入射光瞳上的总辐射照度成正比。光谱辐射计可以做到十分接近这些条件，如用探测器和反射式光学系统就可得到 2~40μm 波段上的近似均匀的响应；若要获得所需要的任意较小的光谱区间，则可在探测器前放置一个适当的滤光片。

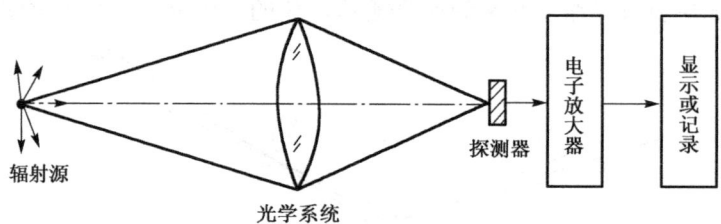

图 5-6　光谱辐射计的原理图

光谱辐射计主要由产生窄谱带辐射的单色仪和测量此辐射通量的辐射计两部分组成，其结构示意图如图 5-7 所示。从辐射源发出的辐射通量经过棱镜色散成光谱，再通过单色仪的出射狭缝投射到探测器上。出射狭缝的宽度决定了通过单色仪的光谱宽度。通过旋转棱镜和反射镜组合件，可以改变通过出射狭缝的波长，因此整个光谱辐射计可以给出光源的辐射通量的光谱分布，即辐射通量随波长的变化关系。

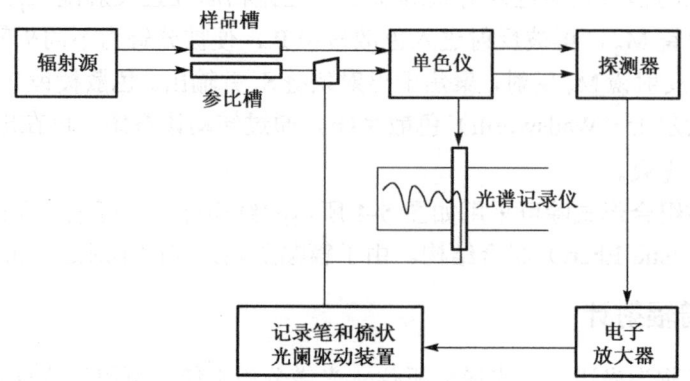

图 5-7　光谱辐射计的结构示意图

## 5.1.3 红外分光光度计

红外分光光度计又称为红外光谱仪，是进行红外光谱测量的基本设备。如图 5-8 所示为 WGH—30A 专用型红外分光光度计。

红外分光光度计一般由辐射源、单色仪、探测器、电子放大器和自动记录系统等组成。根据红外分光光度计的结构和工作原理的不同，可将其分为色散型和傅里叶变换型两种。

红外分光光度计根据其结构特征的不同，可分为单光束红外分光光度计和双光束红外分光光度计两种。在全自动快速光谱分析中，多采用双光束红外分光光度计。如图 5-9 所示为色散型双光束红外分光光度计的结构示意图。

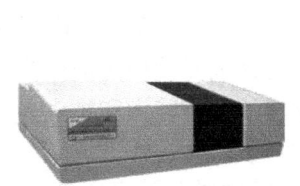

图 5-8　WGH—30A 专用型红外分光光度计　　图 5-9　色散型双光束红外分光光度计的结构示意图

由于各种双光束红外分光光度计的结构特征不同，因此其工作原理也不相同，最常见的是双光束光学自动平衡系统和双光束电学平衡系统。下面分别对这两种系统的工作原理进行介绍。

（1）双光束光学自动平衡系统

该系统的光学部分如图 5-10 所示。

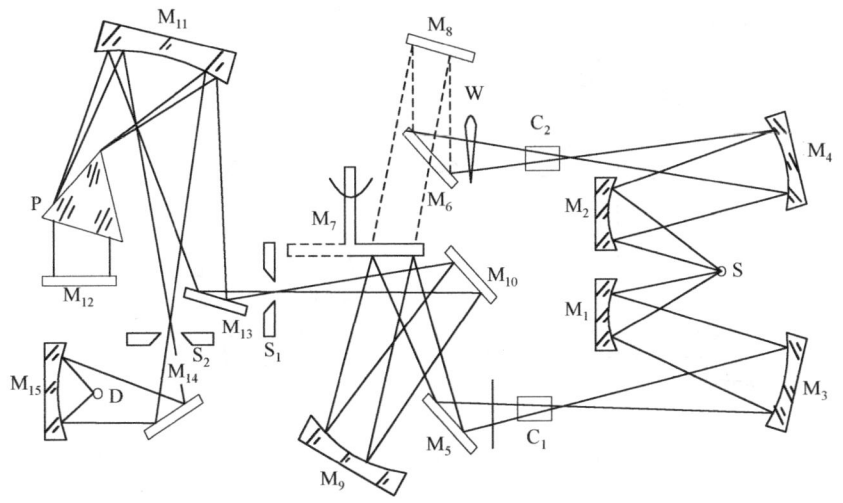

图 5-10　双光束光学自动平衡系统的光学部分

该系统的工作原理为：辐射源 S 的辐射被反射镜 $M_1$、$M_3$ 和 $M_2$、$M_4$ 反射成强度相同的两束光，然后分别通过样品槽 $C_1$ 和参比槽 $C_2$，并经均匀旋转的扇形反射镜 $M_7$（斩光器），使透过样品的光束送到单色仪的入射狭缝 $S_1$。在另一个瞬间，转动的扇形反射镜使透过参比槽的光束送到入射狭缝 $S_1$。经反复交替，进入单色仪的光线经分光后由出射狭缝输出到探测器 D。如果光路中未放置待测的吸收样品，或者样品光路与参比光路的吸收情况相同，那么探测器不产生信号；如果在样品中放入吸收样品，那么会破坏与参比光路的平衡，于是探测器就有信号输出。该信号被放大后用来驱动梳状光阑（衰减器）W，使它进入参比光路遮挡辐射，直到参比光路的辐射强度和样品光路的辐射强度相等为止，这就是"光零位平衡"原理。显然，参比光路中梳状光阑削弱的能量就是样品吸收的能量。因此，若记录笔和梳状光阑在同步运动，则可直接记录样品的吸收（或透射）百分率。连续转动立托夫反射镜 $M_{12}$，到达探测器 D 上的入射光波数将随其变化。若随后的光束未被吸收，则当光被扇形反射器送到探测器上时，梳状光阑会退出参比光路，记录笔向基线方向移动。据此，在连续扫描过程中就能得到样品的整个吸收光谱。

应该注意的是，红外分光光度计或单色仪的色散棱镜（通常用 NaCl、KBr 和 LiF 材料制作）很容易受水汽的腐蚀或发生潮解，所以仪器对工作的环境温度和湿度有严格要求，而且还受材料透射性能和色散能力的限制。因此，目前红外分光光度计大多使用光栅作为分光元件，不仅降低了对仪器工作环境的恒温恒湿要求，还可以提高仪器的分辨能力和扩大光谱范围。

（2）双光束电学平衡系统

该系统在光路的安排上，要求斩光器放在样品槽之前，通过样品的光束是间断的脉冲光束。在参比光路上不使用光学衰减器，而是用斩光器将参比光束变为间断的脉冲光束。然后分别将两条光束的强度转换成电信号，经放大后测量两个电信号的比率。因此要求系统对两个光束信号进行分离，而每个信号的大小应与相应光束的强度成正比。

典型的双光束电学平衡式红外光谱仪的光学系统如图 5-11 所示。在样品光路和参比光路上，利用转速不同的斩光器将两束光变为间断的脉冲光束。设样品光束和参比光束变化的频率分别为 $f_1$ 和 $f_2$，用光束复合镜将两束光复合在一起，使两束光投向同一方向，后经棱镜式或光栅式单色仪投射到探测器上；将探测器输出的电信号进行放大，用调谐电路将信号按频率进行分离，再测量其比率。

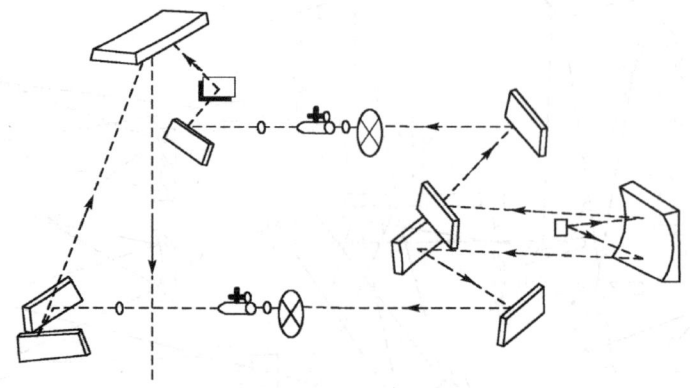

图 5-11 典型的双光束电学平衡式红外光谱仪的光学系统

目前，测量电信号比率的方法大多是把检波出来的参比信号直流成分和样品信号直流成分反极性串联，分别加到串联的电阻和滑线电阻上，如图 5-12 所示。通过可逆电动机可以调节与记录笔联动的滑线电阻点，使 $u_s = u'_s$。当 $u_s \neq u'_s$ 时，差信号（$u_s - u'_s$）被振子放大器转换为交流信号，经功率放大器后将其输入到可逆电动机，驱动滑点直至 $u_s = u'_s$，同时在记录器上画出曲线。显然，透过率为

$$\tau = \frac{u_s}{u_R} \tag{5-8}$$

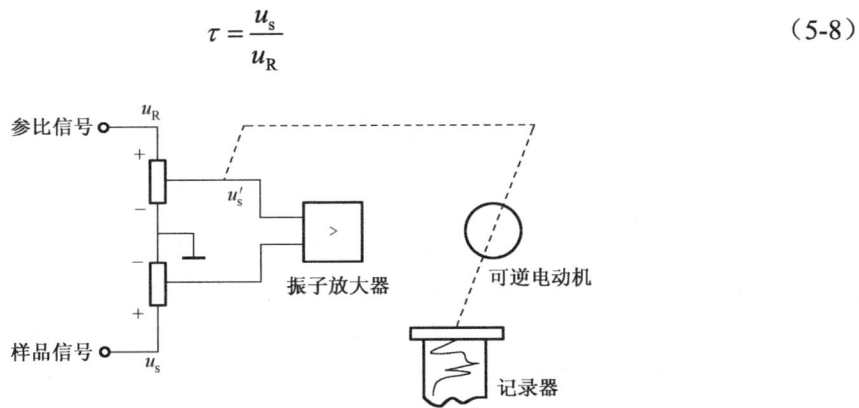

图 5-12　电信号比率测量原理图

## 5.1.4　傅里叶变换红外光谱仪

傅里叶变换红外光谱仪简称傅里叶红外光谱仪。它不同于色散型红外分光的原理，而是基于对干涉后的红外光进行傅里叶变换的原理而开发的一种红外光谱仪，可以对样品进行定性和定量分析，在医药、化工、地矿、石油、煤炭、环保、海关、宝石鉴定、刑侦鉴定等领域具有广泛的应用。如图 5-13 所示为 FTIR—850 傅里叶变换红外光谱仪。

图 5-13　FTIR—850 傅里叶变换红外光谱仪

傅里叶变换红外光谱仪主要由迈克尔逊干涉仪和计算机组成。迈克尔逊干涉仪的主要作用是将光源发出的光分成两束以产生一定的光程差，然后将它们复合来产生干涉，这样得到的干涉图函数包含光源的全部频率和强度信息。计算机的作用是将干涉图函数进行傅里叶变换，以得到原始光源的强度按频率的分布情况。如果在复合光束中放置一个能吸收红外辐射的试样，将所测得的干涉图函数经过傅里叶变换后与未放试样时的光源强度按频率分布做商，即可得到试样的吸收光谱。

实际上，干涉仪没有将光按频率（按波长）分开，而只是把各种频率的光信号经干涉作用调制为干涉图函数，再由计算机通过傅里叶变换计算出原来的光谱。

傅里叶变换红外光谱仪主要由以下 4 部分组成。

（1）光源

为了测定不同范围的光谱，傅里叶变换红外光谱仪设有多个光源，常见的有钨丝灯或碘钨灯（近红外）、硅碳棒（中红外）、高压汞灯及氧化钍灯（远红外）。

（2）分束器

分束器是迈克尔逊干涉仪的关键元件，它的作用是将入射光束分成反射和透射两部分，然

后将其复合。如果动镜会使两束光产生一定的光程差,那么复合光束即可造成相长和相消干涉。对分束器的要求是:应在波数$\tilde{\nu}$处使入射光束的透射和反射各减半,此时被调制的光束振幅最大。根据使用波段范围的不同,在不同的介质材料上加相应的表面涂层,即可构成分束器。

(3)探测器

傅里叶变换红外光谱仪所用的探测器与色散型红外分光光度计所用的探测器没有本质的区别,主要有TGS、铌酸钡锶、碲镉汞、锑化铟等探测器。

(4)数据处理系统

傅里叶变换红外光谱仪的数据处理系统的核心是计算机,其作用是控制仪器的操作、进行数据的收集和处理。

现在以迈克尔逊干涉仪为例来说明傅里叶变换红外光谱仪的工作原理。如图5-14所示,被斩光器斩切的光源S的辐射通过窗口W之后,被分光板B分成透射光束Ⅰ和反射光束Ⅱ,其中光束Ⅰ被动镜$M_1$反射,沿原路回到分光板,再被半透膜反射到探测器;同时,光束Ⅱ经补偿板C垂直照射到定镜$M_2$,被反射后再穿过补偿板C和分光板B后到达探测器。这时探测器上接收到的就是光束Ⅰ和Ⅱ的相干光。如果进入干涉仪的是单色光,开始时因为$M_1$和$M_2$与分光板的距离相等,所以光束Ⅰ和Ⅱ到达探测器时的相位相同,产生的干涉条纹强度最大;然而当动镜$M_1$移动入射光的1/4波长距离时,光束Ⅰ和Ⅱ到达探测器时的光程差为$\lambda/2$,即相位相反,产生的干涉条纹强度最小。如果动镜$M_1$以匀速向分光板移动,并以探测器接收到的光强度对$M_1$的移动距离作图,那么可得到光强变化的余弦曲线。如果入射光为复合光(如测量样品的红外发射光谱),那么得到的干涉图将为单色光余弦曲线的叠加。因此得到的干涉光强度$I(x)$的数学表达式为

$$I(x)=\int_0^\infty S(\nu)[1+\cos(2\pi\nu x)]d\nu = \frac{I(0)}{2}+\int S(\nu)\cos(2\pi\nu x)dx \tag{5-9}$$

式中,$x$为光束Ⅰ和Ⅱ的光程差,$\nu$为频率,$I(0)$为当光程差为零时的干涉光强度,$S(\nu)$为待测样品(入射光)的发射光谱。

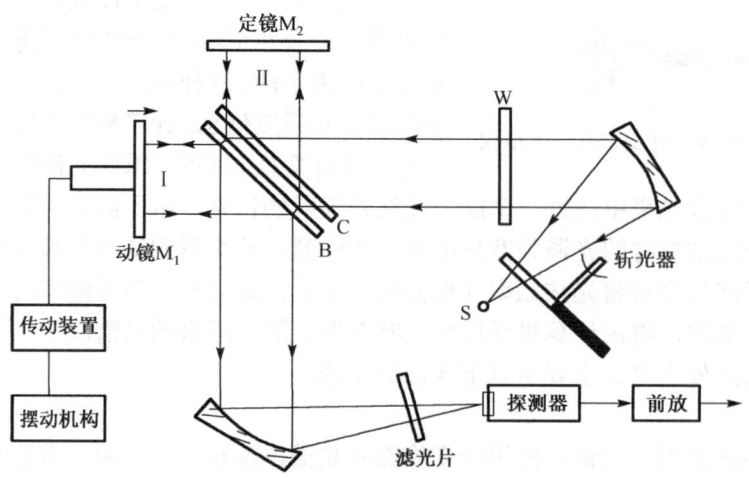

图5-14 迈克尔逊干涉仪的工作原理

可见,由干涉仪得到的只是发射光谱的干涉图,还不能直接给出发射光谱。为得到样品的真实发射光谱$S(\nu)$,对式(5-9)给出的干涉图进行傅里叶变换,即

$$S(\nu) = 4\int_0^\infty [I(x) - I(0)/2]\cos(2\pi\nu x)\mathrm{d}x \qquad (5\text{-}10)$$

该过程非常烦琐，必须借助计算机来完成。在利用傅里叶变换红外光谱仪获得所需光谱时，一般应按照以下几个步骤：

① 当干涉仪动镜 $M_1$ 随时间做匀速移动时，记录相应的信号，测出 $I(x)$ 值（等间隔取样）；

② 由实验测定干涉光强度，即当 $x = 0$ 时的 $I(0)$；

③ 将 $I(x) - I(0)/2$ 代入式（5-10）中，对于选定的频率 $\nu$ 计算出积分；

④ 对于每一频率完成式（5-10）的积分，便可获得 $S(\nu)$ 与 $\nu$ 的光谱图。

与红外分光光度计相比，傅里叶变换红外光谱仪有以下优点。

① 扫描时间短，信噪比高。在色散型光谱仪中，如果测量一个光谱的时间为 $t$，那么测定全部光谱元 $N$ 的时间为 $Nt$。而傅里叶变换红外光谱仪在色散型光谱仪测量一个光谱元的时间 $t$ 内，可以测量全部光谱元，且在测量总时间相同的情况下，其信噪比是色散型光谱仪的 $(N/8)^{\frac{1}{2}}$ 倍。

② 光通量大。色散型光谱仪大部分光源的能量都被入口狭缝的刀口阻挡而损失掉；而傅里叶变换红外光谱仪没有狭缝，从而光通量比较大，能利用的辐射多，一般是色散型光谱仪的数十倍乃至上百倍。

③ 具有很高的波数准确度。由于干涉仪的动镜能够很精确地驱动，因此干涉图的变化很准确。动镜的移动是用 He-Ne 激光器的干涉条纹来测量的，从而保证了所测光程差的准确性，因此有很高的波数准确度，通常可达到 $0.01\mathrm{cm}^{-1}$。

④ 具有很高的、恒定的分辨能力。干涉仪的分辨能力主要是由动镜驱动时的最大光程差来确定的。一台研究型的傅里叶变换红外光谱仪在整个光谱范围内可以很容易达到 $0.05\mathrm{cm}^{-1}$ 左右的分辨能力；简易型的傅里叶变换红外光谱仪在整个光谱范围内达到 $0.1\sim0.2\mathrm{cm}^{-1}$ 的分辨能力也很普遍。

⑤ 具有很宽的光谱范围和极低的杂质辐射。一台傅里叶变换红外光谱仪通常具有远红外、中红外和近红外的光谱范围。某些波长杂散辐射引起的干涉图变化在傅里叶变换后可以被很容易地鉴别出来，通常杂散光在全光谱范围内的比例可低于 0.3%。

### 5.1.5 多通道光谱仪

多通道光谱仪可一次从多个信息源上采集信号，这对于空间成像和高光谱成像具有非常重要的意义，如图 5-15 所示为多通道光谱仪。

多通道光谱仪与单色仪的相同之处是均采用棱镜或光栅作为色散元件，不同之处是多通道光谱仪可同时在很多波长不同的通道内收集色散能量。每条通道内的能量可以利用探测器阵列的各分立探测元件收集，或利用摄像管收集，或利用具有空间分辨能力的相似器件探测。

多通道光谱仪的基本结构如图 5-16 所示，其工作原理为：由色散元件产生的色散光谱被光学元件聚焦到出射光瞳处或其附近，经聚焦后光束入射到探测器阵列上，在此平面内的不同的波长处垂直展开。

另外，还可采用扫描光学元件，使不同时间内的光谱出现在不同的水平位置。合成数据的二维阵列表示光谱辐射光通量与时间的关系。这一基本结构的各种变型可以不用扫描器，而只采用一维探测器阵列，相隔一定时间读出有关数据。正如前面提到的，探测器阵列可被能提供空间分辨能力的传感器（如 CCD）代替。无论是用上述的扫描器，还是用探测器阵列周期性地读出信息的光谱仪，通常都称为快速扫描光谱仪。

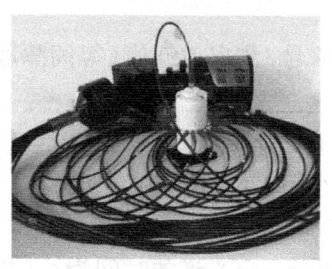

图 5-15　多通道光谱仪

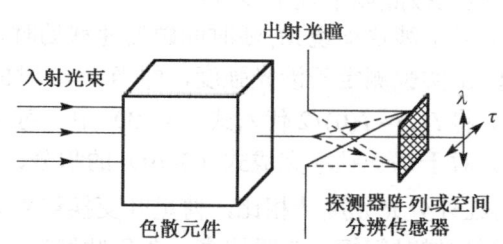

图 5-16　多通道光谱仪的基本结构

采用多通道方法的主要原因是同时收集所有要探测波长上的能量可提高信噪比。如果测量受探测器噪声的限制，那么多通道光谱仪信噪比的改善和傅里叶变换光谱仪的一样。

## 5.2　基本辐射量的测量

基本辐射量的测量可分为以辐射源为标准的测量和以探测器为标准的测量两大类，本节主要讲述以辐射源为标准的测量，仅对以探测器为标准的测量进行简单叙述。

### 5.2.1　辐射亮度的测量

假设用下脚标"s"表示与标准辐射源有关的量，而用下脚标"x"表示与待测辐射源有关的量。若定义仪器的光谱辐射亮度的响应度为 $R_L(\lambda)$，则

$$R_L(\lambda) = \frac{V(\lambda)}{L_e(\lambda)} \tag{5-11}$$

式中，$V(\lambda)$ 为波长 $\lambda$ 处仪器的光谱输出电压，$L_e(\lambda)$ 为在入射光瞳处测得的光谱辐射亮度。

由式（5-11）可得 $\lambda_1 \sim \lambda_2$ 波段内的响应度为

$$R_L = \frac{V}{L_e} = \frac{\int_{\lambda_1}^{\lambda_2} L_e(\lambda) R_L(\lambda) d\lambda}{\int_{\lambda_1}^{\lambda_2} L_e(\lambda) d\lambda} \tag{5-12}$$

用标准辐射源在 $\lambda$ 处测得的电压为

$$V_{s\lambda} = R_L(\lambda) L_s(\lambda) \tag{5-13}$$

在 $\lambda_1 \sim \lambda_2$ 波长内测得的电压为

$$V_s = \int_{\lambda_1}^{\lambda_2} L_s(\lambda) R_L(\lambda) d\lambda \tag{5-14}$$

式中，$L_s(\lambda)$ 为标准辐射源的光谱辐射亮度。

同样，用待测辐射源所测得的电压为 $V_{x\lambda}$ 和 $V_x$，则

$$V_{x\lambda} = L_x(\lambda) R_L(\lambda) \tag{5-15}$$

$$V_{\mathrm{x}} = \int_{\lambda_1}^{\lambda_2} L_{\mathrm{x}}(\lambda) R_{\mathrm{L}}(\lambda) \mathrm{d}\lambda \qquad (5\text{-}16)$$

式中，$L_{\mathrm{x}}(\lambda)$ 为待测样品的光谱辐射亮度，于是可得待测辐射源的光谱辐射亮度为

$$L_{\mathrm{x}\lambda} = \frac{V_{\mathrm{x}\lambda}}{R_{\mathrm{L}}(\lambda)} = \frac{V_{\mathrm{x}\lambda}}{V_{\mathrm{s}\lambda}} L_{\mathrm{s}\lambda} \qquad (5\text{-}17)$$

$$L_{\mathrm{x}} = \frac{V_{\mathrm{x}}}{R_{\mathrm{L}}} = \frac{V_{\mathrm{x}}}{V_{\mathrm{s}}} \int_{\lambda_1}^{\lambda_2} L_{\mathrm{s}}(\lambda) \mathrm{d}\lambda = \frac{V_{\mathrm{x}}}{V_{\mathrm{s}}} L_{\mathrm{s}} \qquad (5\text{-}18)$$

式中，$L_{\mathrm{s}}(\lambda)$ 和 $L_{\mathrm{s}}$ 为标准辐射源在入射光瞳处的光谱辐射亮度和总辐射亮度。

值得注意的是，在利用式（5-17）和式（5-18）的最终结果时，不需要考虑仪器的响应度，只要求知道辐射源的光谱辐射亮度和仪器的输出电压信号即可。

上述以辐射源为标准的辐射亮度的测量方法，同样适用于其他辐射量的测量（如辐射照度、辐射通量等），只需将上述过程中的辐射亮度和辐射亮度响应度，用辐射照度或辐射通量及相应的响应度来代替。同样，仪器的输出信号也可以用电流信号来代替电压信号。

### 5.2.2 辐射强度的测量

一般情况下，辐射源的辐射强度可通过辐射照度的测量来获得。假设辐射穿过透射率为 $\tau_{\mathrm{a}}$ 的大气后，在距离 $d$ 处产生的辐射照度为 $E$，当 $d$ 远大于辐射源的线度时，辐射强度为

$$I = \frac{Ed^2}{\tau_{\mathrm{a}}} \qquad (5\text{-}19)$$

式中，$Ed^2$ 为表观辐射强度。

在测量点源的辐射强度时，在接近视场的光栏处最好放置高质量的场镜，使孔径光栏的像清晰地呈现在探测器上。虽然在探测器表面的边缘响应度不均匀，但由于孔径光栏是由远处的点源均匀辐照的，因此得到的仍然是均匀响应。点源在探测器上的像也是均匀辐照的，因而与点源在仪器视场中的位置无关，只要整个点源位于该视场之内即可。

如果辐射源是扩展辐射源，那么需要测量辐射源表面上各点在给定方向上的辐射亮度 $L$，利用 $\mathrm{d}I_{\theta} = L\cos\theta \mathrm{d}A$ 对整个辐射源表面 $A$ 积分，即可得该方向上的辐射强度 $I_{\theta}$，即

$$I_{\theta} = \int_{A} L\cos\theta \mathrm{d}A \qquad (5\text{-}20)$$

另外，通过比较距离平方反比定律和标准辐射源，也可测量出待测辐射源的辐射强度。

### 5.2.3 总辐射通量的测量

辐射源的总辐射通量是辐射源的重要指标之一。对于各向同性的点源来说，其总辐射通量为 $\Phi = 4\pi I$，因此，只要测出它的辐射强度 $I$，就能计算出总辐射通量。但由于实际的光源都有一定的尺寸，而且辐射强度也不是各向同性的，因此不能用点源的方法处理。对于实际光源的总辐射通量的测量方法有两种：一种是通过在积分球内对已知辐射源的辐射与待测辐射源做比较来测量；另一种是利用分布光度计测定辐射源在空间各个方向上的辐射强度分布，然后计算辐射通量。

积分球又称为积分光度计，它是一个内壁涂有白色漫反射涂层、球内放置待测光源的完

整球壳。由光源发射并经球壁漫反射的一部分辐射通过球壁上的一个小孔（窗口）发射到测量用的接收器上，该部分辐射通量正比于光源所发出的总辐射通量。

如图 5-17 所示为一个半径为 $R$ 的积分球，其中 $C$ 为待测辐射源，可放置在球内的任意位置。假设球内壁各点都能产生均匀的漫反射，且漫反射比为 $\rho$，球心在 $O$ 处，辐射源发出的总辐射通量为 $\Phi$。在 $C$ 和球壁上的一点 $B$ 之间放一挡屏，挡住直接射向 $B$ 点的辐射，则 $B$ 点的辐射照度为

$$E = \frac{\Phi}{4\pi R^2} \cdot \frac{\rho}{1-\rho} \tag{5-21}$$

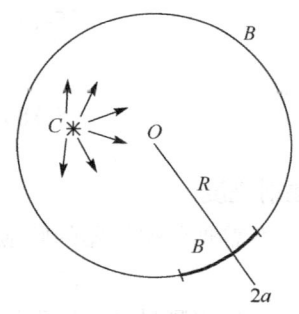

图 5-17 积分球

由于球的半径 $R$ 和漫反射比 $\rho$ 均为常数，因此球壁上任何位置的辐射照度与辐射源的总辐射通量成正比。这样，一方面可以通过球壁上窗口处的辐射照度计算光源的总辐射通量，另一方面，可以利用比较法测量辐射源的总辐射通量。

在图 5-17 中的位置 $C$ 处依次放入标准辐射源和待测辐射源，设它们在窗口处产生的辐射照度分别为 $E_s$ 和 $E_x$，则待测辐射源的总辐射通量为

$$\Phi_x = \frac{E_x}{E_s}\Phi_s \tag{5-22}$$

式中，$\Phi_s$ 为标准辐射源的总辐射通量。

若选取的探测器是无光谱选择性的，且是响应均匀的，则可用相应的电信号来表示待测辐射源的辐射通量，即

$$\Phi_x = \frac{i_x}{i_s}\Phi_s \tag{5-23}$$

式中，$i_x$ 为待测辐射源产生的光电流，$i_s$ 为标准辐射源产生的光电流。

当 $C$ 位于球心时，根据经验，可将挡屏放在辐射源与窗口之间的距离球心 $R/3$ 处最合适。设辐射源的最大尺寸为 $2b$，窗口的直径为 $2a$，则挡屏的半径为 $d = a + 2(b-a)/3$。

积分球的选取与辐射源的尺寸有关，在理想情况下，辐射源的最大尺寸不应该超过球壳直径的 1/10。但实际的积分球并不满足理想条件，主要原因在于：

（1）球内壁不可能发出理想的漫反射；
（2）球内壁各点的漫反射率不可能是严格相同的；
（3）挡屏不仅遮挡了辐射源的辐射，而且在球壁上会形成一定的阴影；
（4）落在辐射源、悬浮装置及挡屏上的辐射会被反射或吸收；
（5）在窗口或接收器处不可能像朗伯余弦定律那样传输辐射或吸收辐射，另外，掠入射和正入射的情况也不相同。

因此，在使用积分球之前，应该对积分球的测量精度进行检验。

由于许多新型光源（特别是大功率的卤钨灯和金属卤化物灯）的辐射通量大、热量高，因此如果将这些光源放在一般的积分球内，那么会因球内通风条件差而导致温度快速升高，以至于将球壁和挡屏烧焦，损坏测量仪器。另外，尺寸大的积分球不仅制造困难，使用也不方便，因此，一般采用分布光度计来测量辐射通量（或光通量）。

根据辐射通量与辐射照度之间的关系，通过面积 $\Delta A$ 的辐射通量为

$$\Delta \Phi = I\Delta\Omega = E\Delta A \tag{5-24}$$

式中，$\Delta\Omega$ 为面积 $\Delta A$ 对光源 $S$ 所张的立体角。

由式（5-24）可知，只要测量出辐射照度，再乘以面积 $\Delta A$，即可计算出光源在 $\Delta\Omega$ 立体角内发射的辐射通量。从这点出发，可以设想一个闭合曲面把光源包在里面，将这个曲面分割成许多小面积 $S_1, S_2, \cdots, S_n$，分别测出各小面积上的平均辐射照度 $E_1, E_2, \cdots, E_n$，再乘以该小面积的面积值，即为通过该面积的辐射通量；最后将所有的辐射通量相加，即为光源发射的总辐射通量，即

$$\Phi = \sum_{i=1}^{n} E_i \Delta A_i = \sum_{i=1}^{n} E_i S \tag{5-25}$$

为了简便，通常假设光源发出的辐射强度是轴对称的。分布光度计的方法主要有等角度法和等立体角法两种。

上述方法都是以辐射源为标准的测量方法，下面简单介绍以探测器为标准的测量方法。

以探测器为标准的测量原理与方法，实际上就是进行绝对测量，或者说组成一个绝对辐射计。从计量的观点来说，可称为标准辐射计。

在能够直接进行绝对测量的装置中，必须将辐射能量或被吸收的辐射通量与一种定量的能量或其他形式的功率做比较。

如图 5-18 所示为带参考黑体辐射的辐射计。聚光望远镜把目标和参考黑体成像到探测器上。调制盘交替使外部和内部辐射信号落到探测器上，因此，探测器产生了交变信号，它对应于目标与参考黑体之间的辐射信号差。

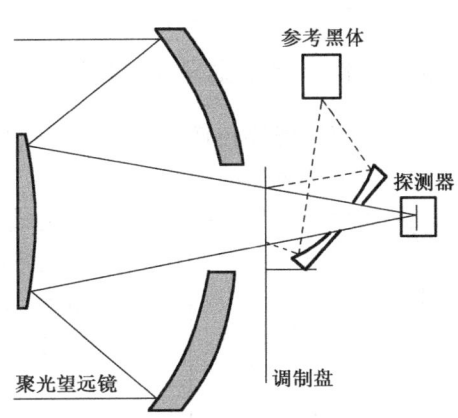

图 5-18 带参考黑体辐射的辐射计

一般低精度的辐射计不采用参考黑体，而用涂黑或高发射率的调制盘，以调制盘的叶片作为参考辐射源。商业用的辐射计通常采用在可见光和红外波段内有均匀光谱响应的热电或热阻探测器。而对于军用辐射计来说，为了对军用目标有较远的作用距离和较大的目标光辐射采样频率，一般采用在较窄光谱波段范围内有高灵敏度的光子探测器。对应大气红外窗口，目前广泛使用的光子探测器主要有 1～3μm 波段的硫化铅（PbS）光子探测器、3～5μm 波段的锑化铟（InSb）光子探测器和 8～14μm 波段的碲镉汞（HgCdTe）光子探测器。

## 5.3 红外发射率的测量

在红外发射率（简称发射率）的实际测量中，目标表面的发射率是影响测量结果的基本参数，如在 0℃ 条件下观测 25℃ 的两个目标，若发射率相差 0.01，则测出的辐射温度相差 0.2℃，这明显超出了较灵敏仪器的温度分辨率。在热成像和红外遥感技术中，景物发射率也会影响辐射对比度。

在测量发射率时，必须注意以下几个问题。

（1）根据定义，发射率是实际物体与黑体在相同条件（温度、光谱范围和方向）下的

辐射之比。因此，在说明测量结果时应指明测试条件，并把测量结果严格地说成是在某温度、光谱范围和方向上的发射率，如500K时的半球全发射率$\varepsilon_h$(500K)或800K时5μm处的法向光谱发射率$\varepsilon_n$(5μm,800K)等。

（2）必须对样品状态有完整的描述：因为材料发射率的测量受一系列因素的影响，所以在表述测量结果时，应尽可能详尽地说明测试样品的成分、厚度、表面的形貌特征和结构特征，否则会降低测量结果的准确性。

（3）对光学不均匀的样品，必须考虑反射作用：关于发射、透射和反射相互关系的相关论述，都只适用于光学均匀的材料。因此，在发射率的测量中，当用基本关系式$\varepsilon + \rho + \tau = 1$时，必须注意式中的三个量要有一致的几何条件。例如，当用反射率和透射率计算法向发射率时，反射率和透射率必须为均匀漫照射和法向观测的值。光谱条件则要求三个量必须是相同光谱范围内的观测值。

（4）样品温度问题：测量发射率必须准确地知道样品的温度。

### 5.3.1 半球全发射率的测量

在研究辐射热传递和热损耗问题时，最重要的是物体表面的半球全发射率。对它的测量，绝大多数采用量热法。

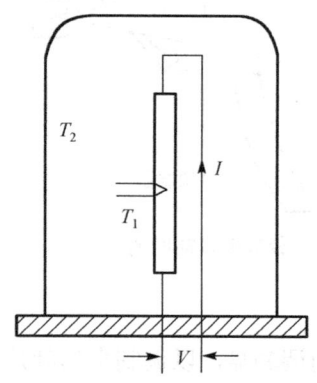

图 5-19 热丝法测量半球全发射率装置示意图

测量半球全发射率的辐射热平衡法有各种不同的具体方案，但广泛采用的是热丝法及其不同的改进形式，其基本原理和装置如图 5-19 所示。在具有冷却壁的真空室内，装一个小且横截面均匀的窄长带状样品，通过电加热来保持输入电功率稳定，从而使样品与周围环境达到热平衡。在此条件下，样品中部附近基本无轴向温度梯度，且因样品处于真空环境中，可忽略样品通过传导和对流的热损耗，于是输入给样品的电功率几乎全部以辐射的形式散发掉。

为了找出实际发射率与测量值之间的关系，应导出样品的热平衡方程式。首先，输入给样品的功率除包括外界提供的稳定电功率$IV$外，还包括真空室壁发射并被样品吸收的辐射功率，其值为$A\varepsilon_2\alpha\sigma T_2^4$，其中$A$和$\alpha$分别为样品的表面积和吸收率，$\varepsilon_2$和$T_2$分别为真空室壁的发射率和温度。由于温度均匀，且密闭容器辐射就是黑体辐射，因此可近似认为$\varepsilon_2 = 1$。此外，样品发射的辐射经室壁反射回样品后也可被它吸收，但该项很小，可以忽略。于是，样品的总输入功率为

$$P_1 = IV + A\alpha\sigma T_2^4 \tag{5-26}$$

样品的输出功率主要由下列三部分组成：样品的热辐射$A\varepsilon_h\sigma T_1^4$（其中$\varepsilon_h$和$T_1$分别为样品的半球全发射率和温度）、通过样品两端及测温热电偶的传导热损$2ka\Delta T/\Delta x$、空气热传导和对流造成的热损耗。可以证明，若样品横截面$a$和温度梯度$\Delta T/\Delta x$足够小，则在通常的金属热导率$k$值的情况下，样品两端和测温热电偶的传导热损可以忽略。至于真空室内残留气体的热传导和对流引起的热损耗，也可以忽略，如当$T_1 > 200K$时，其热损耗小于2%；当$T_1 > 300K$时，其热损耗小于1%。

综上所述，在辐射热平衡条件下，样品的输入功率与输出功率必须相等，即

$$IV + A\alpha\sigma T_2^4 = A\varepsilon_h \sigma T_1^4 \tag{5-27}$$

令 $\alpha \approx \varepsilon_h$，则由式（5-27）可得半球全发射率为

$$\varepsilon_h = \frac{IV}{A\sigma(T_1^4 - T_2^4)} \tag{5-28}$$

由此可知，只要测量出输入电功率 $IV$ 和样品与真空室壁的温度 $T_1$ 与 $T_2$，就可得到 $\varepsilon_h$。

该方法的测量误差在 2%～20% 范围内，该误差主要取决于样品与真空室壁的相对温度及其测量精度。当用液氮把真空室壁冷却到约 80K 时，对于样品温度高于 225K 的测量，真空室壁对样品的辐射影响是可以忽略的。但是，当用接近室温的恒温水冷却真空室壁时，在计算过程中必须考虑真空室壁对样品的辐射。

若被测样品是导电材料，则把样品直接做成上述窄长带状，然后通电加热。若被测样品是电介质材料，则可将薄片状样品绕着圆柱形加热元件缠起来，或者把平板状样品以良好的热接触与一加热平板黏合起来，并在背面与侧面用防护性材料包围加热器，使辐射热损耗限制在样品的前表面。当然，在允许的情况下，也可将样品材料喷涂在加热器上进行测量。上述方法的其他细节不同，在于测量样品温度方法（利用样品电阻、热电偶或光测高温计测量等）的不同和加热方法（用内部电阻、灯丝加热器、太阳模拟器或激光加热等）的不同。

当用太阳模拟器的光照加热样品时，如果真空室壁对样品辐射的影响可忽略，那么式（5-27）将变为

$$\frac{A\alpha_s E}{2} = A\varepsilon_h \sigma T^4 \tag{5-29}$$

式中，等式左边的因子 1/2 表明样品一侧表面接受光照，$E$ 为表面全辐射照度。可见，当用太阳模拟器的光照加热样品时，若要求发射率 $\varepsilon_h$ 准确，则必须精确测量入射光的辐射照度 $E$ 和吸收率 $\alpha_s$，因此，这种加热方法并不比电加热方法优越。但是，若为了测量样品材料对太阳辐射的 $\alpha_s/\varepsilon_h$ 值，则用太阳模拟器的光照加热样品就比较方便，只需测量入射光的辐射照度 $E$ 和样品温度 $T$，即可直接得到比值

$$\frac{\alpha_s}{\varepsilon_h} = \frac{2\sigma T^4}{E} \tag{5-30}$$

在使用热平衡测量发射率时，必须使样品达到热稳定状态，因此测量时间较长。为缩短测量时间，可在非稳态下用温度衰减法来测量。该方法是把一个表面积较大而质量较小的样品悬挂在具有冷却壁的真空室内并加热，使其温度明显高于室壁温度，在停止功率输入后测量样品的冷却速率。根据冷却速率和已知的样品表面积、质量和比热，可计算出辐射热损耗速率，进而得到半球全发射率。对于不同的方案，往往采用不同的加热方法，如线圈加热器、碳弧、电炉、太阳模拟器及激光加热等。

当用太阳模拟器的光照加热样品时，若忽略真空室壁辐射对样品的影响，则能量平衡方程式为

$$2A\varepsilon_h \sigma T^4 + mC_p \frac{dT}{dt} = A\alpha E \tag{5-31}$$

式中，$A$ 为薄样品的一侧表面积，$m$ 和 $C_p$ 分别为样品的质量和比热，$dT/dt$ 为样品温度随时间的变化率，$E$ 为入射光的辐射照度。待样品有足够的温升时，停止光照并使样品冷却，则式（5-31）变为

$$2A\varepsilon_h \sigma T^4 = mC_p \frac{dT}{dt} \tag{5-32}$$

若假设 $C_p$ 与温度无关，则对式（5-32）进行积分可得

$$\varepsilon_h = \frac{mC_p}{6\sigma A(t_2-t_1)}\left(\frac{1}{T_1^3}-\frac{1}{T_2^3}\right) \tag{5-33}$$

式中，$T_1$ 和 $T_2$ 分别为样品在 $t_1$ 和 $t_2$ 时刻的温度。只要测出温度随时间下降的数据，即可确定样品的半球全发射率，测量误差一般在 5% 以内。

### 5.3.2 法向光谱发射率的测量

测量法向光谱发射率除可借助光谱发射率测量技术外，还可采用辐射度量比较法。利用后者在测量法向或方向光谱发射率时，一般都是首先收集给定温度下样品在小立体角内发射的辐射并将其经过分光计分光后，测量中心在指定波长 $\lambda$ 处的一个窄波带的辐射；然后将该测量值除以同条件下由黑体辐射源获得的测量值。在各种具体的测量方案中，主要在以下几个方面会发生变化。

（1）比较的方法，包括单光路和双光路。

（2）加热样品的方法，包括辐射、附加电阻加热器的热传导、对流或旋转样品炉等样品加热。

（3）分光计的类型，棱镜或光栅单色仪、滤光片等。

（4）测量的光谱范围，取决于分光计和探测器的工作波段。

（5）温度测量和控制方法，有热电偶、光学或辐射高温计，可手动或自动控制。

（6）数据处理方法，逐个波长地进行测量比较，或在一个宽的波长范围内自动记录。

（7）比较所用黑体的类型，有独立的实验室黑体辐射源、加热样品的炉子或在样品中开的参比黑体腔孔。

用不同方案测量的误差范围不同，主要在从内部电阻加热金属样品下的 1%～2%，到高于 2000K 温度时非金属样品的 15% 左右的范围内变化。

双光路测量法具有容易消除大气中二氧化碳及水蒸气吸收的影响、可直接获得欲测结果等优点，因此，在实践中具有广泛的应用。

双光路法向光谱发射率测量系统广泛采用双光束比率记录的红外分光光度计工作模式，它以实验用黑体辐射源和待测样品作为光束的辐射源。其中，来自黑体辐射源的辐射束作为参比光路，样品辐射束作为测量光路。经过如图 5-20 所示的光学系统，使两束辐射交替地投射到单色仪的入射狭缝，分光后经出射狭缝被探测器转换为电信号，由电子放大与处理系统进行放大处理，最后以光束输出信号比的形式，在记录仪上直接给出发射率随波数变化的曲线。

为了直接记录样品的法向光谱发射率，双光路测试系统必须满足以下几个条件。

（1）被测样品和比较的黑体必须控制在相同的温度，样品表面的温度梯度应尽可能小。

（2）为使两条光束有相同的大气吸收，并使该吸收降到最低，应使两条光束的光路长度相等，或使仪器保持在无吸收的条件下或在真空中工作。

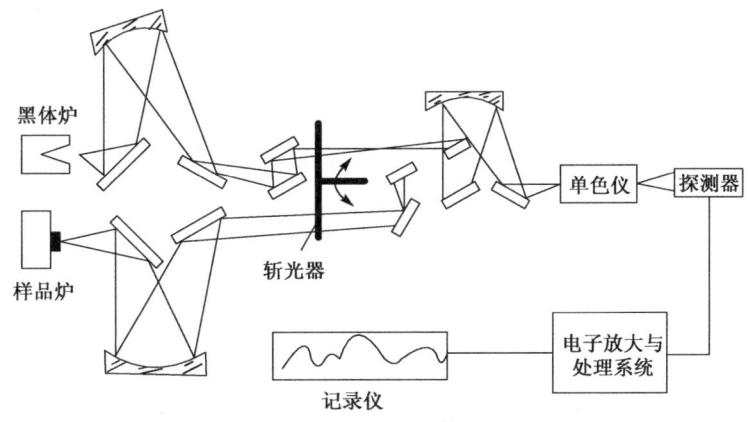

图 5-20 双光路法向光谱发射率测量系统的示意图

（3）除分光棱镜外，必须始终采用前表面发射系统，并在两光路中使用完全对等的光学元件，使得两条光束在光学上有相等的吸收、衰减。

（4）两条光束的源面积的场孔径必须相等，以保障两条光束中的辐射功率来自相同的源面积和发射立体角。

因为低于熔点温度固体材料的光谱发射率曲线不会有锐峰或锐谷值，所以具有较低波长分辨率的宽狭缝棱镜单色仪可适用于光谱发射率测量。而且较宽的狭缝能够保障在一个宽的光谱范围内通过足够的辐射通量，这正是我们所希望的。为了扩大测量的范围，在单色仪中往往备有可供更换的不同棱镜，以及与不同测量范围相应的合适的探测器。

测量的基本原理：若被测样品和实验用黑体维持在相同的温度 $T$，它们的法向光谱辐射亮度分别为 $L_{\lambda s}(T)$ 和 $L_{\lambda bb}(T)$，设环境温度为 $T_a$，单色仪和探测器的温度为 $T_m$，它们的光谱辐射亮度分别为 $L_\lambda(T_a)$ 和 $L_\lambda(T_m)$，仪器的光谱响应度为 $R(\lambda)$，则当仪器只对黑体或样品测量时，其输出信号分别为

$$V_b(\lambda) = R(\lambda)[L_{\lambda bb}(T) - L_\lambda(T_m)] \tag{5-34}$$

$$V_s(\lambda) = R(\lambda)\{[L_{\lambda s}(T) - L_\lambda(T_m)] + [1 - \varepsilon_n(\lambda)]L_\lambda(T_a)\} \tag{5-35}$$

由于样品的总光谱辐射亮度为

$$L_{\lambda s}(T) + [1-\varepsilon_n(\lambda)]L_\lambda(T_a) = \frac{L_{\lambda s}(T) - L_\lambda(T_m) + [1-\varepsilon_n(\lambda)]L_\lambda(T_a)}{L_{\lambda bb}(T) - L_\lambda(T_m)} \times [L_{\lambda bb}(T) - L_\lambda(T_m)] + L_\lambda(T_m) \tag{5-36}$$

则由式（5-34）、式（5-35）及式（5-36）可得

$$\begin{aligned}L_{\lambda s}(T) &= \frac{V_s(\lambda)}{V_b(\lambda)}[L_{\lambda bb}(T) - L_\lambda(T_m)] + L_\lambda(T_m) - [1-\varepsilon_n(\lambda)]L_\lambda(T_a) \\ &= \frac{V_s(\lambda)}{V_b(\lambda)}[L_{\lambda bb}(T) - L_\lambda(T_m)] + [L_\lambda(T_m) - L_\lambda(T_a)] + \varepsilon_n(\lambda)L_\lambda(T_a)\end{aligned} \tag{5-37}$$

如果不考虑样品辐射，那么仪器的输出信号（零输入时的输出信号）为

$$V_0(\lambda) = R(\lambda)[L_\lambda(T_a) - L_\lambda(T_m)] \tag{5-38}$$

由于法向光谱发射率的定义为 $\varepsilon_n = L_{\lambda s}(T)/L_{\lambda bb}(T)$，将式（5-38）及其与式（5-34）的差代入式（5-37）中，可得样品的法向光谱发射率为

$$\varepsilon_\mathrm{n}(\lambda) = \frac{V_\mathrm{s}(\lambda) - V_0(\lambda)}{V_\mathrm{b}(\lambda) - V_0(\lambda)} \tag{5-39}$$

若仪器工作在比率记录模式，则记录的是输出信号与黑体信号$V_\mathrm{b}(\lambda)$之比。假设记录仪上记录的比值分别为$S(\lambda)=V_\mathrm{s}(\lambda)/V_\mathrm{b}(\lambda)$、$Z(\lambda)=V_0(\lambda)/V_\mathrm{b}(\lambda)$、$H(\lambda)=V_\mathrm{b}(\lambda)/V_\mathrm{b}(\lambda)$，则得到的法向光谱发射率为

$$\varepsilon_\mathrm{n}(\lambda) = \frac{S(\lambda) - Z(\lambda)}{H(\lambda) - Z(\lambda)} \tag{5-40}$$

式中，$S(\lambda)$为样品信号在记录仪上的高度，称为样品高度；$Z(\lambda)$为无样品辐射时输出信号的高度，称为零线高度；$H(\lambda)$为实验黑体代替同温度样品时的输出信号高度，称为100%线高度。在理想情况下，$Z(\lambda)$和$H(\lambda)$分别对应于$\varepsilon_\mathrm{n}(\lambda)=0$和$\varepsilon_\mathrm{n}(\lambda)=1$位置的两条直线；但各种假信号的影响，往往使$Z(\lambda)$和$H(\lambda)$在$\varepsilon_\mathrm{n}(\lambda)=0$和$\varepsilon_\mathrm{n}(\lambda)=1$位置出现一定起伏。

测量方法及步骤：测量前先对仪器进行定标，即波长定标和仪器线性响应定标。在不同的波长范围内，可采用不同的方法对单色仪进行波长定标，如在0.24~2.2μm波长范围内利用氦弧、汞弧灯发射光谱，利用钕玻璃和聚苯乙烯薄膜吸收光谱，在各自的曲线上辨认已知波长的发射峰或吸收峰，作为峰值已知波长的函数，画出这些峰对应的鼓轮位置，再在这些点之间连接一条光滑曲线，从而得到更长波长的定标曲线。此外，利用大气吸收曲线也可在0.4~15μm波长范围内找出52个吸收峰，从而获得更长波长的定标曲线。

对于线性响应定标来说，由于仪器的工作都基于这样的假设，即它的响应（记录的发射率曲线相对于零线的高度）与下列量之间是线性关系：

（1）当仪器工作在单光路模式时，通过单色仪的单色辐射功率；

（2）当仪器工作在双光路比率模式时，在各自光束中通过单色仪的单色辐射功率之比。

然而在实际情况中，必须经过定标来确定上述线性关系是否成立，包括狭缝线性的定标和使用扇形盘衰减器的定标。

仪器定标后便可进行测量。为能够根据式（5-40）得到样品的法向光谱发射率，必须测出仪器的100%线高度$H(\lambda)$、零线高度$Z(\lambda)$和样品高度$S(\lambda)$。

原则上，若用两个温度完全相同的黑体作为光路长度一样的光束辐射源，则100%线高度$H(\lambda)=V_\mathrm{b}(\lambda)/V_\mathrm{b}(\lambda)$应该是一条直线。但因为两条光束在时间上是分开的，并按斩波器的调制频率交替通过单色仪，所以一束辐射能量脉冲相对于另一束在波长标尺上移动了一个很小的位移。这种位移效应使能量-波长曲线变得很陡，相继能量脉冲的轻微光谱位移都可在仪器连续记录曲线上产生显著偏差。此外，在从源到探测器的两条光路中，光谱吸收或其他损耗的变化、探测器对两条光束辐射的光谱灵敏度的变化，以及两条光束的不同光程长度和个别反射镜上的灰尘散射等均可造成100%线高度的变化。

为此，在测量时首先应该把两个温度相同的黑体炉用作两条光束的辐射源，调节分光计"满标尺"控制，在记录仪上记录100%线高度$H(\lambda)$；然后去掉样品光路中的实验黑体，并封住样品光束，此时由于单色仪的杂散辐射将产生假信号，调节分光计的"零比率"控制，在记录仪上记录零线高度$Z(\lambda)$；最后用样品炉代替参比实验黑体，并使样品温度和比较光路的黑体温度相同，即可测得样品高度$S(\lambda)$，并用式（5-40）计算法向光谱发射率。

虽然测量法向光谱发射率的双光路系统具有可消除大气吸收的影响、可直接读出光谱发射率等优点，但是存在系统复杂、光学调节苛刻的缺点，因此，在实际中广泛采用单光路测

试法。该方法的优点是样品光束和比较的黑体光束经同一光路，有相同的光程长度和衰减损耗。

单光路测试系统示意图如图 5-21 所示。黑体炉和样品并排放置于光具座上，可交替地移至光学系统的焦点上。这保证了样品辐射和比较的黑体辐射光束经过同一光路，具有相同的光程和衰减，经斩光器调制后进入单色仪的入射狭缝。值得注意的是，在使用单光路测试系统时，需要按照与双光路类似的方法进行波长定标和线性响应特性定标。

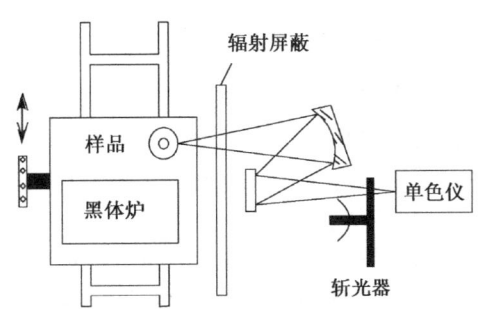

图 5-21　单光路测试系统示意图

为了测量法向光谱发射率，应把样品及同温黑体交替地放在光学系统的焦点处，一个波长、一个波长地测量比较，并将结果画成发射率-波长曲线。也可使用电机驱动单色仪鼓轮，分别对样品与黑体辐射在感兴趣的波长范围内做全程自动扫描，并用记录仪记录；然后对样品和黑体辐射曲线按波长逐次比较，最后得到法向光谱发射率。

对于1000K 以上的高温气体或固体样品，使用常规的棱镜和光栅色散分光装置进行红外光谱发射测量是很方便的。然而，当温度低于100℃时，来自仪器系统的杂散辐射和样品本身辐射相仿，导致信噪比受到一定限制。此时，再使用色散型分光技术进行光谱发射率的测量会遇到很大困难。但是利用扫描干涉度量分光计来进行光谱发射率的测量，则不受仪器修正或温度范围的限制，扫描干涉度量分光计常被应用于材料光谱发射率与光学性质之间关系的研究中。

干涉度量法所用的设备和工作原理可参见傅里叶变换红外光谱仪的描述，此处不再赘述。应该指出，测量法向光谱发射率的方法只要稍加改进，原则上都可用来测量方向光谱发射率。此时，首先，应把样品和黑体连接在一个支架上，以便通过支架绕某轴转动来调节和测量发射率的方向依赖关系；其次，因为受热样品在所有方向上均可发射辐射，所以为使杂散辐射减到最低，样品室和黑体辐射源的加热部分都必须用水冷却，并用良好的反辐射的屏幕保护。另外，还须严格分析来自分光计不同部分的辐射在到达探测器上的总辐射中各占多少。为完成方向光谱发射率的测量，较合适的装置是光栅分光计和片状光栅干涉仪。

## 5.4　红外反射比的测量

物体的红外反射比（简称反射比）非常重要，它不仅是获得许多不透明材料（尤其当温度在 800K 以下时）的反射比与吸收比的重要因素，而且在材料光学性质与光学参数研究、矿物岩石的识别与结构分析中，也需要对材料的反射比进行深入研究。特别是随着遥感技术的发展，如在海洋污染探测、地球资源勘测与农作物估产遥感，以及军事勘察等的应用中，为充分利用遥感得到的信息，除地物发射光谱外，不可缺少的重要基础工作是研究地物对太阳光照的反射光谱。

测量反射比有光谱测量与全谱测量，以及绝对测量与相对测量之分。光谱测量给出的是反射比随波长（或波数）的变化，全谱测量给出的是在指定波长范围或整个波长区间的平均反射比。绝对测量是在不使用任何参考标准的情况下测量反射比，而相对测量则利用已知反射比的参考标准，与样品进行比较测量。

## 5.4.1 反射比

反射比的测量一般取决于入射辐射的波长及偏振状态。即使假定单色非偏振辐射束在均匀各向同性和透明无损耗介质中传播，测量反射比也要与入射及收集反射辐射的角度状态有关。根据入射及收集反射辐射的几何关系，分别有不同的定义和表示方法。

（1）双向反射比

双向反射比即向指定方向$(\theta_r,\varphi_r)$反射的辐射与指定方向$(\theta_i,\varphi_i)$入射的辐射之比。其中，$\theta_i$和$\theta_r$为天顶角，$\varphi_i$和$\varphi_r$为方位角。假设入射辐射与反射辐射分别是充满$(\theta_i,\varphi_i)$和$(\theta_r,\varphi_r)$方向的无限小立体角元$\mathrm{d}\Omega_i$和$\mathrm{d}\Omega_r$的一束辐射，于是入射到$\mathrm{d}A$单位表面的辐射功率（辐照度）为$\mathrm{d}P_i(\theta_i,\varphi_i)=L_i(\theta_i,\varphi_i)\cos\theta_i\mathrm{d}\Omega_i$，其中$L_i(\theta_i,\varphi_i)$为源的辐射亮度。反射到$(\theta_r,\varphi_r)$方向的辐射功率为

$$\mathrm{d}P_r(\theta_r,\varphi_r)=\rho(\theta_i,\varphi_i;\theta_r,\varphi_r)\mathrm{d}P_i(\theta_i,\varphi_i)=\rho(\theta_i,\varphi_i;\theta_r,\varphi_r)L_i(\theta_i,\varphi_i)\cos\theta_i\mathrm{d}\Omega_i \tag{5-41}$$

式中，$\rho(\theta_i,\varphi_i;\theta_r,\varphi_r)$为双向反射比。若不考虑单位表面$\mathrm{d}A$自发的反射，则利用$\mathrm{d}A$反射的辐射亮度$L_r(\theta_r,\varphi_r)$可将式（5-41）表示为

$$\mathrm{d}P_r(\theta_r,\varphi_r)=L_r(\theta_r,\varphi_r)\cos\theta_r\mathrm{d}\Omega_r=\rho(\theta_i,\varphi_i;\theta_r,\varphi_r)L_i(\theta_i,\varphi_i)\cos\theta_i\mathrm{d}\Omega_i \tag{5-42}$$

则双向反射比为

$$\rho(\theta_i,\varphi_i;\theta_r,\varphi_r)=\frac{L_r(\theta_r,\varphi_r)\cos\theta_r\mathrm{d}\Omega_r}{L_i(\theta_i,\varphi_i)\cos\theta_i\mathrm{d}\Omega_i} \tag{5-43}$$

显然，当入射和反射方向角互易时，双向反射比是对称的，或者说，$\rho(\theta_i,\varphi_i;\theta_r,\varphi_r)$满足互易性关系。

与式（5-43）等效的双向反射分布函数的定义式为

$$f(\theta_i,\varphi_i;\theta_r,\varphi_r)=\frac{L_r(\theta_r,\varphi_r)}{L_i(\theta_i,\varphi_i)\cos\theta_i\mathrm{d}\Omega_i} \tag{5-44}$$

式中，$f(\theta_i,\varphi_i;\theta_r,\varphi_r)$的物理意义是沿$(\theta_r,\varphi_r)$方向出射的辐射亮度与沿$(\theta_i,\varphi_i)$方向入射在$\mathrm{d}A$上的辐射照度之比。

由式（5-43）和式（5-44）可知，双向反射比与双向反射分布函数之间的关系为

$$\rho(\theta_i,\varphi_i;\theta_r,\varphi_r)=f(\theta_i,\varphi_i;\theta_r,\varphi_r)\cos\theta_r\mathrm{d}\Omega_r \tag{5-45}$$

由此可见，$\rho(\theta_i,\varphi_i;\theta_r,\varphi_r)$和$f(\theta_i,\varphi_i;\theta_r,\varphi_r)$是随$(\theta_i,\varphi_i;\theta_r,\varphi_r)$的变化而变化的复杂函数，在推导其他反射比时，双向反射分布函数$f(\theta_i,\varphi_i;\theta_r,\varphi_r)$的使用更方便，式（5-44）也可写成

$$f(\theta_i,\varphi_i;\theta_r,\varphi_r)=\frac{\mathrm{d}P_r(\theta_r,\varphi_r)}{\mathrm{d}P_i(\theta_i,\varphi_i)\cos\theta_r\mathrm{d}\Omega_r} \tag{5-46}$$

（2）方向-半球反射比

方向-半球反射比是指由$\mathrm{d}A$反射到半球（$2\pi$）空间的辐射功率与从$(\theta_i,\varphi_i)$方向入射到$\mathrm{d}A$上的辐射功率之比。由式（5-46）可知，反射到半球（$2\pi$）空间的辐射功率为

$$P_r(2\pi)=\int_{2\pi}f(\theta_i,\varphi_i;\theta_r,\varphi_r)\mathrm{d}P_i(\theta_i,\varphi_i)\cos\theta_r\mathrm{d}\Omega_r$$

$$=\mathrm{d}P_i(\theta_i,\varphi_i)\int_{2\pi}f(\theta_i,\varphi_i;\theta_r,\varphi_r)\cos\theta_r\mathrm{d}\Omega_r \tag{5-47}$$

则方向-半球反射比为

$$\rho(\theta_i,\varphi_i;2\pi) = \frac{\int_{2\pi} \mathrm{d}P_r(\theta_r,\varphi_r)}{L_i(\theta_i,\varphi_i)\cos\theta_i \mathrm{d}\Omega_i} = \frac{\int_{2\pi} \mathrm{d}P_r(\theta_r,\varphi_r)}{\mathrm{d}P_i(\theta_i,\varphi_i)} \tag{5-48}$$

利用式（5-47）可得它与双向反射分布函数的关系为

$$\rho(\theta_i,\varphi_i;2\pi) = \int_{2\pi} f(\theta_i,\varphi_i;\theta_r,\varphi_r)\cos\theta_r \mathrm{d}\Omega_r \tag{5-49}$$

（3）半球-方向反射比

半球-方向反射比是指由 $\mathrm{d}A$ 反射到 $(\theta_r,\varphi_r)$ 方向的辐射功率与整个半球入射到 $\mathrm{d}A$ 上的辐射功率之比，可以表示为

$$\rho(2\pi;\theta_r,\varphi_r) = \frac{\mathrm{d}P_r(\theta_r,\varphi_r)}{\int_{2\pi} L_i(\theta_i,\varphi_i)\cos\theta_i \mathrm{d}\Omega_i} = \frac{L_r(\theta_r,\varphi_r)\cos\theta_r \mathrm{d}\Omega_r}{\int_{2\pi} L_i(\theta_i,\varphi_i)\cos\theta_i \mathrm{d}\Omega_i} \tag{5-50}$$

它与双向反射分布函数的关系为

$$\rho(2\pi;\theta_r,\varphi_r) = \cos\theta_r \mathrm{d}\Omega_r \frac{\int_{2\pi} f(\theta_i,\varphi_i;\theta_r,\varphi_r) L_i(\theta_i,\varphi_i)\cos\theta_i \mathrm{d}\Omega_i}{\int_{2\pi} L_i(\theta_i,\varphi_i)\cos\theta_i \mathrm{d}\Omega_i} \tag{5-51}$$

由式（5-49）和式（5-51）可知，即使 $\theta_i = \theta_r$ 和 $\varphi_i = \varphi_r$ 成立，$\rho(2\pi;\theta_r,\varphi_r)$ 也不等于 $\rho(\theta_i,\varphi_i;2\pi)$。但当入射为漫反射时，存在以下关系

$$\rho(2\pi;\theta_r,\varphi_r) = \frac{\cos\theta_r \mathrm{d}\Omega_r}{\pi} \int_{2\pi} f(\theta_i,\varphi_i;\theta_r,\varphi_r)\cos\theta_i \mathrm{d}\Omega_i \tag{5-52}$$

可获得互易性定理所要求的关系如下

$$\rho(2\pi;\theta_i,\varphi_i) = \frac{\rho(\theta_r,\varphi_r;2\pi)\cos\theta_r \mathrm{d}\Omega_r}{\pi} \tag{5-53}$$

（4）双半球反射比

双半球反射比是指反射到半球空间的辐射功率与从整个半球方向入射的辐射功率之比，可以表示为

$$\begin{aligned}\rho(2\pi;2\pi) &= \frac{\int_{2\pi} \mathrm{d}P_r(\theta_r,\varphi_r)}{\int_{2\pi} L_i(\theta_i,\varphi_i)\cos\theta_i \mathrm{d}\Omega_i} \\ &= \frac{\int_{2\pi}\left[\int_{2\pi} f(\theta_i,\varphi_i;\theta_r,\varphi_r) L_i(\theta_i,\varphi_i)\cos\theta_i \mathrm{d}\Omega_i\right]\cos\theta_r \mathrm{d}\Omega_r}{\int_{2\pi} L_i(\theta_i,\varphi_i)\cos\theta_i \mathrm{d}\Omega_i}\end{aligned} \tag{5-54}$$

当入射为漫反射时，存在以下关系

$$\begin{aligned}\rho(2\pi;2\pi) &= \frac{1}{\pi}\int_{2\pi}\left[\int_{2\pi} f(\theta_i,\varphi_i;\theta_r,\varphi_r)\cos\theta_i \mathrm{d}\Omega_i\right]\cos\theta_r \mathrm{d}\Omega_r \\ &= \frac{1}{\pi}\int_{2\pi} \rho(\theta_i,\varphi_i;2\pi)\cos\theta_i \mathrm{d}\Omega_i\end{aligned} \tag{5-55}$$

除上述主要的 4 个反射比外，若入射或接收反射辐射限制在某个有限的锥角 $\Delta\Omega_i$ 或 $\Delta\Omega_r$ 内，则还有方向-锥角反射比、锥角-方向反射比、双锥反射比、半球-锥角反射比和锥角-半球反射比。

若理想反射镜表面对给定的角度状态的反射比为 1，则任何样品反射的辐射功率与理想反射镜反射的辐射功率之比在数值上等于样品的反射比。这时，该理想反射镜便可作为这种反射比有数值为 1 情况下的反射比标准。同样，若对于给定的一组角度状态，理想的漫反射比为 1，则任何样品反射的辐射功率与理想漫反射的辐射功率之比在数值上等于样品的反射比。因此，理想漫反射体便可作为这种反射比有数值为 1 情况下的反射比标准。这就是进行反射比相对测量的依据。

在测量反射比时，应根据不同的情况采用不同的方法。目前常用的室内反射比测量系统主要包括积分球反射计、热腔反射计、半球反射计、椭球镜（又称抛物镜）反射计 4 种。

### 5.4.2 积分球反射计

积分球是一个内壁涂有 MgO、$BaSO_4$ 或 $BaCO_3$ 等漫反射涂层的球形腔体，这些涂层有近似理想的漫反射的性能。若有一辐射束照射球的内壁，则反射辐射将按余弦定律分布。涂层的漫反射性质和球形腔的几何性质使得积分球具有特殊的功能，即其内壁上的任意小面元经照射成为一个光源后，在球内壁上的辐射照度处处均匀且相等，这是积分球工作的基础条件。

积分球的结构大致相同，归纳起来主要有以下两种类型。

（1）将待测样品置于内壁或球心，把光束引入球内，并依次照射样品和内壁的漫反射涂层（或已知反射比的标准反射体），从样品及内壁反射的光束经球内多次反射后，在内壁产生的辐射照度与样品及球内首次被照面的反射比有关。在内壁另一位置的探测器将分别产生两个输出信号，其比值为样品反射比的绝对测量值。若用标准反射体，则探测器的两个输出信号比就是样品与标准反射体的反射比之比值，因此，可给出反射比的相对测量。

（2）将待测样品置于内壁或球心，把光束引入球内（或在入射孔处放一漫透射体），并将入射孔与样品用挡板屏蔽。进入球内的光束经多次反射，使内壁成为一个理想的漫反射光源。将探测器依次对准样品和内壁某部位进行测量，其比值就是样品的反射比。

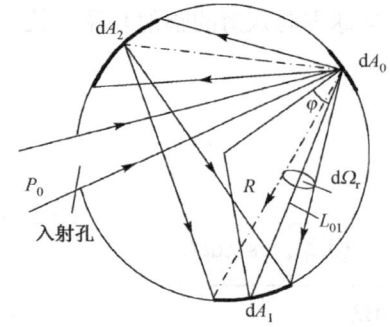

图 5-22 积分球工作原理图

由上可知，第一类积分球测量的是方向-半球反射比 $\rho(\theta,\varphi;2\pi)$；第二类积分球测量的是半球-方向反射比 $\rho(2\pi;\theta',\varphi')$。只要 $\theta=\theta'$，就有式（5-53）成立，因此只需针对样品置于内壁或球心这两种情况，讨论第一类积分球的原理就可以了。

下面以第一类积分球为例来进行介绍。

（1）样品置于内壁

一般情况下，一单色光束从入射孔进入积分球，照射到内壁的某面元 $dA_0$ 上，如图 5-22 所示。此时，$dA_0$ 将成为一个小辐射源，经它反射后的辐射分布于整个内壁。从 $dA_0$ 向内壁上的任意小面元 $dA_1$ 反射的辐射功率为

$$dP_{01} = L_{01}\cos\theta' dA_0 d\Omega_r \tag{5-56}$$

于是，从 $dA_0$ 向整个内壁反射的辐射功率为

$$P = \int dP_{01} = \int L_{01} \cos\theta' dA_0 d\Omega_r = \rho_0 P_0 \tag{5-57}$$

式中，$P_0$ 为从入射孔投射到 $dA_0$ 的辐射功率，$\rho_0 = \rho(\theta,\varphi;2\pi)$ 是 $dA_0$ 的方向-半球反射比，$\theta$ 为 $P_0$ 的入射角。利用几何关系，有

$$dP_{01} = \left(\frac{dA_0}{4R^2}\right) L_{01} dA_1 \tag{5-58}$$

$$P = \left(\frac{dA_0}{4R^2}\right) \int L_{01} dA_1 \tag{5-59}$$

因此，$dP_{01}$ 在 $dA_1$ 上产生的辐射照度为

$$E_{01} = \frac{dP_{01}}{dA_1} = L_{01}\left(\frac{dA_0}{4R^2}\right) \tag{5-60}$$

若不考虑 $dA_1$ 自身的发射，则因 $dP_{01}$ 的照射而使 $dA_1$ 产生的反射辐出度为

$$M_{01} = \rho_d L_{01}\left(\frac{dA_0}{4R^2}\right) \tag{5-61}$$

式中，$\rho_d$ 为内壁的漫反射比。

涂有均匀漫反射涂层的球壁可近似地视为理想的漫反射面，故在各方向的辐射亮度相同，即 $L_{01} = L_0$（常数），因此，可将式（5-60）、式（5-61）写为

$$E_{01} = L_0\left(\frac{dA_0}{4R^2}\right) \tag{5-62}$$

$$M_{01} = \rho_d L_0\left(\frac{dA_0}{4R^2}\right) \tag{5-63}$$

同样，也可得到 $dA_0$ 反射的辐射在壁上任意面元 $dA_2$ 上产生的辐射照度 $E_{02}$ 和反射辐出度 $M_{02}$ 为

$$E_{02} = L_0\left(\frac{dA_0}{4R^2}\right) \tag{5-64}$$

$$M_{02} = \rho_d L_0\left(\frac{dA_0}{4R^2}\right) \tag{5-65}$$

根据 $M_{02} = \pi L_{02} = \pi L_0$，$dA_1$ 接收来自 $dA_2$ 的辐射功率为

$$d^2 P_{21} = L_{02}\frac{dA_2 dA_1}{4R^2} = \rho_d L_0 \frac{dA_1}{4\pi R^2} \cdot \frac{dA_0 dA_2}{4R^2} \tag{5-66}$$

这部分辐射在 $dA_1$ 上产生的辐射为

$$dE_{21} = \frac{d^2 P_{21}}{dA_1} = \frac{\rho_d L_0}{4\pi R^2} \cdot \frac{dA_0 dA_2}{4R^2} \tag{5-67}$$

对 $dA_2$ 积分后可得整个内壁在 $dA_1$ 上产生的辐射照度为

$$E_{w1} = \int dE_{21} = \frac{\rho_d}{4\pi R^2}\left(\frac{dA_0}{4R^2}\int L_0 dA_2\right) \tag{5-68}$$

由式（5-68）可知，$\left(\dfrac{dA_0}{4\pi R^2}\int L_0 dA_2\right)$ 就是 $dA_0$ 向整个内壁反射的辐射功率 $P$，因此

$$E_{w1} = \frac{\rho_d P}{4\pi R^2} = \frac{\rho_d \rho_0 P_0}{4\pi R^2} \tag{5-69}$$

若考虑辐射在积分球内被反射无穷多次，则式（5-69）中的内壁的漫反射比 $\rho_d$ 应该用 $\rho'$ 代替，即

$$\rho' = \rho_d(1+\rho_d+\rho_d^2+\cdots+\rho_d^n) = \sum_{n=1}^{\infty}\rho_d^n = \frac{\rho_d}{1-\rho_d} \tag{5-70}$$

除 $dA_0$ 外的整个内壁照射 $dA_1$ 所产生的辐射照度为

$$E'_{w1} = \frac{\rho'\rho_0 P_0}{4\pi R^2} = \frac{\rho_d}{1-\rho_d}\cdot\frac{\rho_0 P_0}{4\pi R^2} \tag{5-71}$$

由此产生的反射辐出度为

$$M'_{w1} = \frac{\rho_d^2}{1-\rho_d}\cdot\frac{\rho_0 P_0}{4\pi R^2} \tag{5-72}$$

将式（5-63）和式（5-72）相加，得到 $dA_1$ 的总反射辐出度为

$$M_1 = M_{01} + M'_{w1} = \frac{\rho_d}{1-\rho_d}\cdot\frac{\rho_0 P_0}{4\pi R^2} \tag{5-73}$$

式（5-73）表明，积分球内壁上的任意面元的反射辐出度是由 $dA_0$ 的直接反射和整个内壁反射所形成的反射辐出度 $M_{01}$ 和 $M'_{w1}$ 叠加而成的。

若内壁上的 $dA_0$ 是样品表面，则通常样品表面可能既不是理想漫反射面又不是理想镜面，因此，经入射辐射束 $P_0$ 照射后，反射辐射的空间分布是不均匀的。设其方向-半球反射比为 $\rho(\theta,\varphi;2\pi)$，于是样品在 $\theta'$ 方向反射的辐射亮度为

$$L_s(\theta',\varphi') = \rho(\theta,\varphi;2\pi)\frac{E}{\pi} = \rho(\theta,\varphi;2\pi)\frac{P_0}{\Delta A_s}\frac{1}{\pi} \tag{5-74}$$

式中，$E$ 为入射辐射 $P_0$ 在样品表面积 $\Delta A_s$ 上产生的辐射照度。于是代替式（5-63）得到因样品直接反射的面元 $dA_1$ 的反射辐出度为

$$M_{s1} = \rho_d\rho(\theta,\varphi;2\pi)\frac{P_0}{4\pi R^2} \tag{5-75}$$

此时，内壁 $dA_1$ 的总反射辐出度应为式（5-72）和式（5-75）之和［此时式（5-72）中的 $\rho_0 = \rho(\theta,\varphi;2\pi)$］，即

$$M_s = M_{s1} + M'_{w1} = \rho_d\rho(\theta,\varphi;2\pi)\frac{P_0}{4\pi R^2}\left(1+\frac{\rho_d}{1-\rho_d}\right)$$

$$= \frac{\rho_d\rho(\theta,\varphi;2\pi)}{1-\rho_d}\frac{P_0}{4\pi R^2} \tag{5-76}$$

如果用入射光束依次照射样品和内壁，那么置于 $dA_1$ 处的探测器给出的输出信号比将等于 $M_s/M_1$。在式（5-73）中，只要 $\rho_0 = \rho_d$，就会得到样品的反射比为

$$\rho(\theta,\varphi;2\pi) = \rho_d \frac{M_s}{M_1} = \rho_d \frac{V_s}{V_1} \tag{5-77}$$

式中，$V_s$ 和 $V_1$ 分别为探测器对样品和内壁进行测量时的输出信号。如果用一个已知反射比为 $\rho_{st}$ 的标准反射体进行比较测量，则式（5-77）可写为

$$\rho(\theta,\varphi;2\pi) = \rho_{st} \frac{M_s}{M_{st}} = \rho_{st} \frac{V_s}{V_{st}} \tag{5-78}$$

对于理想漫反射样品来说，由于 $L_s(\theta,\varphi)$ 与方向无关，因此 $M_s$ 及测出的反射比 $\rho$ 是与方向无关的常数。反之，对于理想镜面反射样品来说，当 $\theta \neq \theta'$ 时，$L_s(\theta',\varphi') = M_s = 0$，则 $\rho_d = \rho(\theta,\varphi;\theta',\varphi') = 0$；而当 $\theta = \theta'$ 时，$\rho(\theta,\varphi;\theta',\varphi') = \rho(\theta,\varphi;2\pi)$。

（2）样品置于球心

式（5-78）表明，当样品置于内壁时，若样品不是理想的漫反射面，则内壁各处的辐射亮度将不同。因此当探测器对样品和内壁的不同位置进行测量时，将产生较大的误差。而且这样的样品布置只能测量样品在给定入射角 $\theta$ 时的半球反射比，不能测量反射比随入射角的变化。然而，若将样品置于球心，则无论样品是不是理想的漫反射面，因样品待测面背后的后半球不受样品待测面的直接反射，故内壁各处的辐出度都相同。此外，只要转动样品，就可测量出样品对不同入射角状态的反射比。

如图 5-23 所示，若不考虑内壁的自身辐射，则后半球（图中的 2）发出的总辐射功率 $A_2 M_2$ 应等于后半球反射来自其自身各部分的辐射，以及反射来自前半球（图中的 1）各部分的辐射之和，即

$$M_2 A_2 = \rho_d M_2 A_2 F_{A_2 A_2} + \rho_d \int_{A_1} M_{dA_1} F_{dA_1 A_2} dA_1 \tag{5-79}$$

式中，$A_1$ 和 $A_2$ 分别为前、后半球的面积；$M_2$ 为后半球的辐出度；$M_{dA_1}$ 为前半球上任意面元 $dA_1$ 的辐出度；$F_{m,n}$ 是 $m$ 面对 $n$ 面的角度因子，它等于从 $m$ 面投射到 $n$ 面的辐射功率与 $m$ 面发出的总辐射功率之比。

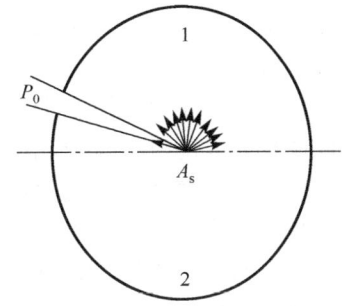

图 5-23 样品置于球心的情况

对于如图 5-23 所示的球形空腔，式（5-79）中的 $F_{A_2 A_2} = A_2/A$，$F_{dA_1 A_2} = A_2/A$，其中 $A$ 为内壁的总面积。此外，根据前面的分析结果可知

$$M_{dA_1} = M_{sdA_1} + M'_{wdA_1} \tag{5-80}$$

$$M_2 = M'_{wdA_1} \tag{5-81}$$

将式（5-80）和式（5-81）代入式（5-79），可得

$$\begin{aligned} M_2 A_2 &= \rho_d M_2 A_2 \frac{A_2}{A} + \rho_d \int_{A_1} [M_{sdA_1} + M_2] \frac{A_2}{A} dA_1 \\ &= \rho_d M_2 \frac{A_2^2}{A} + \rho_d M_2 A_1 \frac{A_2}{A} + \rho_d \frac{A_2}{A} \int_{A_1} M_{sdA_1} dA_1 \end{aligned} \tag{5-82}$$

式（5-82）右边的积分表示前半球因样品直接反射而发射的辐射功率，即

$$\int_{A_1} M_{sdA_1} dA_1 = \rho_d \rho(\theta,\varphi;2\pi) P_0 \tag{5-83}$$

将式（5-83）代入式（5-82）并考虑 $A = 4\pi R^2$，得到

$$M_2 = \rho(\theta,\varphi;2\pi)\rho_d\left(\frac{\rho_d}{1-\rho_d}\right)\frac{P_0}{4\pi R^2} \quad (5-84)$$

若入射光束直接投射到后半球，则根据式（5-73）可注意到此时的 $\rho_0 = \rho_d$，于是

$$M_2' = \rho_d\left(\frac{\rho_d}{1-\rho_d}\right)\frac{P_0}{4\pi R^2} \quad (5-85)$$

假设依次使入射光束照射样品待测表面和后半球壁，则根据探测器对着后半球壁测量的结果，可直接给出样品的方向-半球反射比为

$$\rho(\theta,\varphi;2\pi) = \frac{M_2}{M_2'} \quad (5-86)$$

为了提高积分球反射计的测量精度，对使用的积分球结构提出了各种改进的设计方案，但积分球反射计仍存在一些根本性的困难。

（1）目前使用的内壁漫反射涂层只在 0.3～2.6μm 波长范围内有高反射比，在长波红外区受到限制；

（2）因积分球反射计的效率较低，即使有良好的高反射比涂层，来自一般辐射源的有用能量也不足以使常用的探测器产生足够的响应。

鉴于以上原因，在波长大于 2μm 的红外区，广泛采用其他类型的反射计来测量红外反射比。

## 5.5 红外吸收比和透射比的测量

在工程设计和基础研究中，往往需要测量材料的红外吸收比（简称吸收比）与透射比。在已知材料全波长或较宽光谱范围的吸收比时，可以利用辐射源足够强的辐射功率，采用量热法（通过照射样品来观测其温度的变化速率）直接得到吸收比。当需要知道材料的吸收比、透射比时，由于分光过程严重地限制了可利用的辐射功率，且只有热容量和热导率都与黑体相同的样品才能进行比较，因此吸收和透射的光谱测量不能采用量热法，可以采用以下方法。

（1）对于气体、半透明液体和固体材料，测量吸收比和透射比的最简单方法是利用色散型红外分光光度计或傅里叶变换红外光谱仪测量，必要时需进行表面反射修正。

（2）对于不透明的固体材料，往往首先测量反射比 $\rho(\lambda)$，然后根据 $\alpha(\lambda) = 1 - \rho(\lambda)$ 确定吸收比。

（3）对于不能使用透射法和反射法测量的固体材料，可通过测量材料的发射比来获得吸收系数 $a(\lambda)$，然后根据 $\tau(\lambda) = \exp[-a(\lambda)x]$ 和 $\alpha(\lambda) = 1 - \tau(\lambda)$ 来确定透射比和吸收比，其中，$x$ 表示目标与观测点的距离。

这里仅讨论直接测量样品全吸收比或宽光谱带吸收比的量热法，其基本原理是在测定投射到表面上辐射功率的同时，直接测量样品表面吸收的辐射功率。

如图 5-24 所示为稳态面积比较法的示意图，设 $S_1$ 和 $S_2$ 是两块完全相同的试样薄片，其中 $S_2$ 为表面涂一层吸收

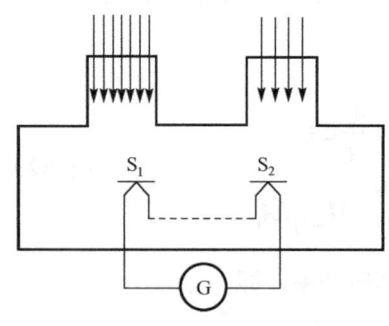

图 5-24 稳态面积比较法的示意图

比 $\alpha_2$ 已知的材料的标准面。当它们同时受辐射功率相同的辐射照射时,虽然两者的发射比相同,但被照面的吸收比不同从而导致吸收不等的辐射功率,因此两者的热平衡温度不同。若调节 $S_2$ 上方的窗口光阑,改变投射到标准面上的辐射功率,直至两块试样薄片的温度相同(测定温度差的热电偶的电位差计的读数为0)为止。此时,两块试样薄片的热状态相同,即

$$EA_1\alpha_1 = EA_2\alpha_2 \tag{5-87}$$

式中,$E$ 为试样表面的辐射照度,$A_1$ 和 $A_2$ 分别为待测面和标准面的实际受照面积,$\alpha_1$ 和 $\alpha_2$ 分别为它们的吸收比。

由式(5-87)得到的待测面的吸收比为

$$\alpha_1 = \alpha_2 \frac{A_2}{A_1} \tag{5-88}$$

## 5.6 红外辐射测温

温度是确定物质状态的最重要的参数之一。物体的温度越高,向外发射的光谱辐射能量就越高。一切高于热力学零度的物体都存在红外辐射现象,物体红外辐射能量的大小及其波长的分布情况都与物体的表面温度有关。随着科学技术的发展,温度测量越来越受到重视,而且对测量准确度的要求也越来越高,在很多场合都具有非常重要的应用,例如,热处理加热工艺中工件温度的测量和控制,高速轧制钢材的温度测量和控制,航空发动机和航天火箭发动机的温度测量等,特别是在新材料、新工艺的研究中,经常要求进行准确的温度测量和控制。

根据热辐射的基本理论,可以对物体的温度进行测量。若辐射体是黑体,则只要测得辐射出射度最大值所对应的波长,再直接利用维恩位移定律,就可确定黑体的温度。若辐射体是一般的物体,且已知其发射率,则可通过测量物体的光谱辐射量来确定物体的温度。这就是红外辐射测温技术的基本原理。

利用上述原理制成的红外线测温仪可以测量所有目标物体释放的红外能量,具有响应快的特点。其通常被用于测量移动和间歇性目标、真空状态下的目标、由于恶劣环境空间限制及安全威胁无法由人接触的目标。尽管在有些情况下使用其他设备也可以完成,但成本相对较高。

若仪器根据物体的总辐射而定温,则得到的是物体的辐射温度($T_r$);若仪器根据两个或多个特征波长上的辐射而定温,则得到的是物体的比色温度($T_s$);若仪器只根据某个特征波长上的辐射而定温,则得到的是物体的亮度温度($T_l$)。辐射温度、比色温度和亮度温度都不是物体表面的真实温度($T$),即使经过了大气传输因子等的修正,它们与物体表面的真实温度之间也存在一定的差异。

在给出它们的具体定义之前,对于待测物体进行以下两个假设:
(1)物体是朗伯体;
(2)物体是面辐射源。

在这两个假设条件下,如果忽略物体和系统之间介质的辐射、散射和吸收的影响,那么进入测温仪的辐射能量与物体的辐射出射度、辐射亮度都成正比,而与距离无关。因此,各种温度的定义都只涉及辐射出射度或辐射亮度,而各种温度的测量,实质上都是对辐射量

的测量。

（1）辐射测温的基本方法

① 全辐射式测温

假设某一温度为 $T$ 的物体的发射率为 $\varepsilon(T)$，辐射出射度为 $M(T)$。当该物体的辐射出射度与某一温度的黑体的辐射出射度相同时，这个黑体的温度就称为该物体的辐射温度。这时有

$$M(T) = M_{bb}(T_r) \tag{5-89}$$

根据斯蒂芬-玻尔兹曼定律，可得

$$\varepsilon(T)\sigma T^4 = \sigma T_r^4 \tag{5-90}$$

真实温度 $T$ 与辐射温度 $T_r$ 之间的关系式为

$$T = \frac{T_r}{\sqrt[4]{\varepsilon(T)}} \tag{5-91}$$

式中，$\varepsilon(T) < 1$，所以 $T > T_r$。

在用辐射测温仪测得某一物体的辐射温度 $T_r$ 后，根据该物体的发射率 $\varepsilon(T)$ 就可求得物体的真实温度。但是该方法没有考虑物体所反射的环境辐射，因此求得的真实温度不一定准确。

② 亮度测温（又称为单色辐射测温）

当实际物体（非黑体）在某一波长的单色辐射出射度与黑体在同一波长的单色辐射出射度相等时，该黑体的温度称为实际物体的亮度温度，表达式为

$$L_\lambda(T) = L_{\lambda bb}(T_1) \tag{5-92}$$

在常用的温度与波长范围内，式（5-91）可用维恩公式进行简化处理，得

$$T = \frac{c_2 T_1}{\lambda T_1 \ln \varepsilon_\lambda(T) + c_2} \tag{5-93}$$

由式（5-93）可知，在知道波长为 $\lambda$ 时的光谱发射率和用高温计测得的亮度温度 $T_1$ 后，就可以用它求出实际物体的真实温度 $T$。物体的光谱发射率 $\varepsilon_\lambda(T)$ 越小，亮度温度 $T_1$ 与真实温度 $T$ 之间的差距越大。因为 $0 < \varepsilon_\lambda(T) < 1$，$T/T_1 > 1$，因此物体的亮度温度 $T_1 \leq T$。

亮度测温法的灵敏度较高，是目前应用较广泛的辐射测温方法之一，但它须用 $\varepsilon_\lambda(T)$ 来修正 $T_1$，而 $\varepsilon_\lambda(T)$ 的大小往往取决于材料的性质、表面形状、温度和光的波长，很难精确得到，因此，$\varepsilon_\lambda(T)$ 的准确度将影响系统的测量精度。

③ 比色测温

比色测温是根据物体在两个相邻波长下的辐射能量密度之比来确定物体温度的。单位面积物体在半球方向、单位时间内的辐射通量由普朗克公式给出。

在 $T < 3000K$，且 $L$ 较小（$L < 2lm$）时，维恩公式近似成立，即

$$M(\lambda, T) = \frac{\varepsilon c_1}{\lambda^5}(e^{c_2/\lambda T} - 1) \tag{5-94}$$

取波长 $\lambda_1$ 和 $\lambda_2$ 处辐射率的比值，可得

$$R(T) = \frac{M(\lambda_1, T)\mathrm{d}\lambda_1}{M(\lambda_2, T)\mathrm{d}\lambda_2} = \frac{\varepsilon(\lambda_1)\mathrm{d}\lambda_1}{\varepsilon(\lambda_2)\mathrm{d}\lambda_2}\left(\frac{\lambda_2}{\lambda_1}\right)^5 \exp\left[\frac{c_2}{T}\left(\frac{1}{\lambda_2} - \frac{1}{\lambda_1}\right)\right] \tag{5-95}$$

考虑两个波长处的带宽相等，并将 $\varepsilon(\lambda_1)$ 简记为 $\varepsilon_1$，可得

$$T = \frac{c_2\left(\dfrac{1}{\lambda_2} - \dfrac{1}{\lambda_1}\right)}{\ln R(T) - 5\ln\dfrac{\lambda_2}{\lambda_1} - \ln\dfrac{\varepsilon_1}{\varepsilon_2}} \tag{5-96}$$

比色测温法假设 $\varepsilon_1 = \varepsilon_2$，于是所测得的温度 $T_s$（比色温度）为

$$T_s = \frac{c_2\left(\dfrac{1}{\lambda_2} - \dfrac{1}{\lambda_1}\right)}{\ln R(T) - 5\ln\dfrac{\lambda_2}{\lambda_1}} \tag{5-97}$$

则物体真实温度与比色温度的误差为

$$\frac{1}{T} - \frac{1}{T_s} = \frac{\lambda_1 \lambda_2}{c_2(\lambda_2 - \lambda_1)}\ln\left(\frac{\varepsilon_1}{\varepsilon_2}\right) \tag{5-98}$$

对辐射体来说，测出在两个波长处辐射能量的比值 $R(T)$，再利用式（5-97）确定其温度的方法称为双波长测温法，所得温度为 $T_s$。如果从其他途径获知 $\varepsilon_1/\varepsilon_2$ 的值，那么可利用式（5-96）得到物体的真实温度。

对于纯金属表面，$\varepsilon$ 随波长的增大而减小，即当 $\lambda_1 > \lambda_2$ 时，有 $\varepsilon_1 < \varepsilon_2$，此时 $T_s > T$，测温偏高；对于金属氧化物及非金属材料，$\varepsilon$ 随波长的增大而增大，即当 $\lambda_1 > \lambda_2$ 时，有 $\varepsilon_1 > \varepsilon_2$，此时 $T_s < T$，测温偏低。

对于黑体或灰体，$\varepsilon$ 为常数，即 $\varepsilon_1 = \varepsilon_2$，此时 $T_s = T$。

这种测温方法的精度高、抗干扰能力强，所以比色测温是辐射测温中提高测温精度的有效方法。

④ 多波长辐射测温

采用超过两个波长来测量温度，称为多波长辐射测温，目前有一些特殊场合已经开始尝试三波长方法，近年来也有很多学校和科研单位开始研究多波长的理论与方法，并取得了一定成果，但都处于实验阶段。由于其实现较复杂，因此目前实用化还有一定困难。

（2）辐射测温法的比较

① 辐射温度、亮度温度恒小于物体表面的真实温度。实际上，由于受红外探测器的光谱响应、光学系统透射比、大气介质的吸收等因素的限制，所谓的全辐射式测温是不可能的。在亮度温度测量中，同样存在着光学系统效率低下的辐射能量损失。比色测温和前两者不同，它的测量取决于辐射功率之比，因此，上述因素的影响甚微。

② 对于发射率较低的物体，全辐射式测温和亮度测温的相对误差都较大。对于发射率较高的材料，三种测温方法均适用。

③ 全辐射式测温和亮度测温都必须知道被测物体发射率的绝对值，而双波长辐射测温则只需知道两个波长处光谱发射率的比值。

④ 为了减小比色温度的相对误差，在所选的两个特征波长 $\lambda_1$ 和 $\lambda_2$ 处材料的发射率应接

近。对于 $\varepsilon$ 随 $L$ 变化缓慢的物体，双波长辐射测温的误差也较小。特别是对于灰体，其发射率为常数，则 $\dfrac{\Delta T_s}{\Delta T}=0$。另外还存在其他误差来源。

## 小　结

本章介绍了单色仪、光谱辐射计、红外分光光度计、傅里叶变换红外光谱仪及多通道光谱仪等常见的红外辐射测量仪器的基本组成及其工作原理；讨论了辐射亮度、辐射强度、总辐射通量及发射率等参数的基本测量方法；研究了红外辐射的测温技术，使读者了解了红外辐射测量的基本原理及方法，也进一步加深了对第 2 章的理解。

## 习　题

5-1　名词解释。

多波长辐射测温、比色测温。

5-2　填空题。

（1）单色仪是一种常用的_____仪器，可分为_____单色仪和_____单色仪两类。

（2）辐射计一般由_____、_____、_____和_____等组成。

（3）红外半球全发射率的测量一般采用的方法是_____；法向光谱发射率测量时基本采用_____法。

（4）红外分光光度计根据其结构特征的不同，可分为_____光度计和_____光度计两种。

（5）红外辐射测温的方法主要有_____、_____和_____。其中，对于发射率低的物体，_____测温和_____测温的相对误差较大，对于发射率高的物体，三种测温方法均适用。

（6）对于不能使用透射法和反射法测量的固体材料，可测量材料的_____来获得相应的透射比和吸收比。

（7）反射比的测量一般取决于入射辐射的_____及_____状态。

（8）傅里叶变换红外光谱仪主要由_____干涉仪和计算机构成，前者得到的干涉图函数包含光源的_____和_____信息。

（9）目前室内的反射比测量系统主要有_____、_____、_____和椭球镜反射计 4 种。

5-3　简述反射式单色仪的工作原理。

5-4　简述双光束光学自动平衡系统和双光束电学平衡系统的异同。

5-5　简述各类辐射测温法的特点。

5-6　某热像仪的空间分辨率的极限为 58μm，假设用显微光学系统的衍射极限来估算，仪器在温度 20℃下，反射式显微镜的数值孔径是多少？

5-7　一个每毫米有 1200 条刻痕的光栅，其宽度为 5cm，由它所产生的第一级光栅光谱的分辨率为多少？若采用照射光的波长为 600nm，光栅在一级光谱中所能分辨的最近的两条谱线的波长差为多少？

5-8　将色散率较高的光学玻璃作为棱镜，若 $\lambda=600$nm 波长处的角色散率为 120rad/nm，当分辨率为 $6\times10^4$ 时，该棱镜的底边应为多少？

5-9　将折射率为 $n=1.47118\times10^{-10}/\lambda^2$ 的光学材料制成等边棱镜，使其分辨率等于一个具有每毫米

300 条线、宽度为 5cm 的平面衍射光栅第一级光谱的衍射分辨率,当波长为 4μm 时,棱镜底边的长度为多少?

5-10 某玻璃在 $\lambda_0 = 656.3$nm 和 $\lambda_e = 546.1$nm 波长处的折射率分别为 $n_0 = 1.6545$ 和 $n_e = 1.663$。如果用该玻璃制作顶角为 60°的等边棱镜,并且刚好能分辨钠 D 线,该棱镜的底边长度是多少?

5-11 欲购一台红外光栅光谱仪,利用光栅的一级光谱,使其适用于 0.415~10μm 波段,对其光栅有什么要求?

5-12 假设天空为朗伯辐射体,如果用绝对辐射计测量天空的辐射亮度,对其接收器有什么要求?

5-13 用单色仪在研究红外辐射源的光谱特性时,为了不引入杂光、提高测量灵敏度、满足全波段测量的要求,应在辐射源与入射狭缝间加入什么光学元件?

# 参 考 文 献

[1] 周书铨. 红外辐射测量基础[M]. 上海:上海交通大学出版社,1991.

[2] 张建奇. 红外物理[M]. 2 版. 西安:西安电子科技大学出版社,2013.

[3] 纪红. 红外技术基础与应用[M]. 北京:科学出版社,1993.

[4] 石晓光,宦克为,高兰兰. 红外物理[M]. 杭州:浙江大学出版社,2013.

[5] 刘景生. 红外物理[M]. 北京:兵器工业出版社,1992.

[6] 陈衡. 红外物理学[M]. 北京:国防工业出版社,1985.

[7] 王文革. 辐射测温技术综述[J]. 宇航计测技术,2005,25(4):20-24.

# 第6章 红外辐射的大气传输

## 引　言

地球表面环绕着厚厚的大气层，它是人类赖以生存的重要条件。无论是在大气层内对层内或层外目标进行探测，还是在大气层外对层内目标进行探测，现代的各种图像探测器都是以大气作为辐射的传输媒介的。而大气本身对辐射具有吸收、散射等作用，这就导致了辐射能的衰减。因此，大气的传输特性直接影响探测器的探测效果，特别是在红外探测系统中，很多技术指标的制定都与一定的大气条件相对应。

当某一辐射源发出的辐射通过大气时，为了较准确地计算辐射能的衰减，需要考虑各种类型的大气衰减。由于每种衰减的机理不同且很复杂，因此必须分别对其进行处理。在此主要讨论由吸收和散射所导致的大气对红外辐射的衰减，以及大气透过率的计算等。

本章内容：(1) 介绍大气的基本组成及其对辐射传输的影响；(2) 讨论大气消光对成像系统的影响；(3) 分析大气的吸收与散射效应，并进行计算；(4) 讨论红外大气传输模型，并介绍大气传输计算软件 MODTRAN。

## 6.1　大气的基本组成

### 6.1.1　大气层的构成

根据温度、成分、电离状态及其他物理性质的不同，可将大气层在垂直方向上划分成若干层次。由于温度垂直分布的特征更能反映大气状态，因此一般将其作为划分层次的依据。常见的方法是将大气划分为对流层、平流层、中间层、热成层和散逸层 5 个层次，大气层的结构如图 6-1 所示。

对流层对人类活动的影响最大，天气过程主要发生在这一层，其厚度不到地球半径的 2‰，却集中了约 80% 的大气质量和 90% 以上的水汽。对流层的温度变化较大，地面至 2m 高的范围称为贴地层，昼夜温度变化可达 10℃ 以上，贴地层以上至 1~2km 高度的边界层内常出现逆温。就整个对流层而言，温度是随着高度的增加而递减的，平均递减率为 6.5℃/km。温度递减率变为零或负处称为对流层顶，对流层的高度在中纬度区平均为 10~12km。

平流层位于海拔 12~55km 范围内，集中了 20% 左右的大气质量，水汽已相当少，而臭氧含量最为丰富。平流层的温度变化与对流层相反，温度递减率变为零或正处为平流层顶。这种温度结构的空气十分稳定，气溶胶比较丰富。

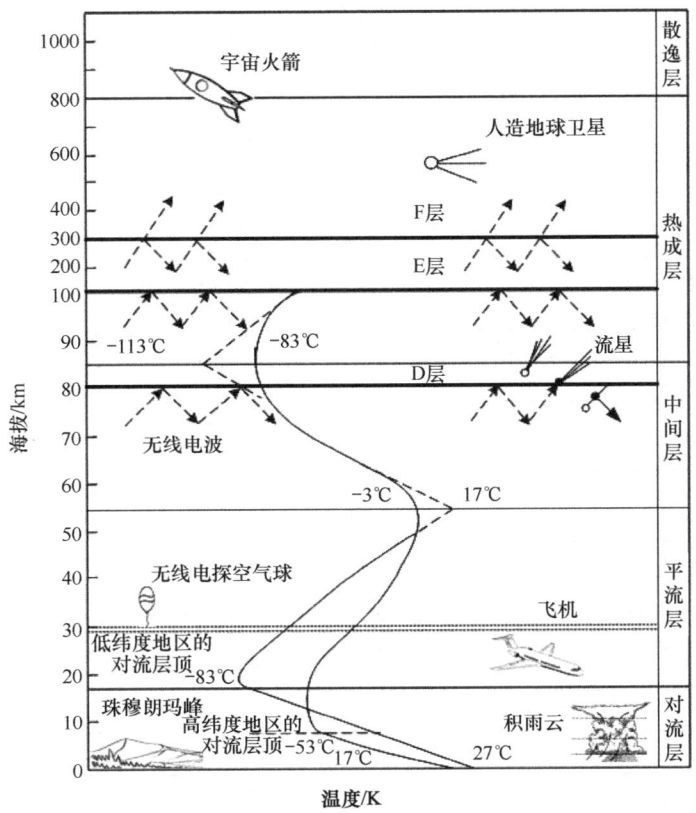

图 6-1 大气层的结构

中间层为平流层顶至海拔 55～85km 的范围,在该范围内温度随着高度的增加而迅速递减,80km 以上则保持不变或递增。由于中间层的温度结构与对流层相似,故有第二对流层之称。

热成层又称为电离层或暖层,其范围为中间层顶至海拔 800km,该层大气的温度随高度的增加而迅速递增,到 300km 高度时,温度可接近 1000℃。由于该层的大气受强烈的太阳紫外辐射和宇宙射线的照射,使空气形成了多个电离层,这使短波无线电的远距离传输成为可能。

散逸层为热成层以上的大气层,近代人造地球卫星的探测结果表明,大气的上界可以扩展到 2000～3000km 处。

一般光电探测器件大多工作在对流层或平流层的下部(20～25km 以下),因此,后面的讨论将主要集中在平流层以下。

## 6.1.2 大气的组成

大气是由多种元素和化合物混合而成的,大致可分为干洁大气、水蒸气及气溶胶粒子。

(1) 干洁大气

干洁大气指不含水蒸气和气溶胶粒子等的大气。大致可分为两类:一类是常定成分,主要有氮($N_2$)、氧($O_2$)、氦(He)、氢($H_2$)、氖(Ne)、氩(Ar)、氪(Kr)、氙(Xe)

等，它们在大气中的含量随时间和地点的变化很小，但占据了绝大部分干洁大气的体积；另一类是可变成分，如二氧化碳（$CO_2$）、一氧化碳（CO）、甲烷（$CH_4$）、臭氧（$O_3$）、氨（$NH_3$）、二氧化硫（$SO_2$）、一氧化氮（NO）、二氧化氮（$NO_2$）等，其含量随时间和地点的变化而变化，虽在干洁大气中所占的体积很小，但对辐射的吸收和散射有重要作用。

如表 6-1 所示为大气成分及含量。

表 6-1 大气成分及含量

| 成分 | 分子量 | 体积比含量/ppmV | 质量比含量/ppmm | 总量/大气压·cm |
|---|---|---|---|---|
| $N_2$ | 28.013 | 780 840 | 755 230 | 62 400 |
| $O_2$ | 31.999 | 209 470 | 231 420 | 167 400 |
| Ar | 39.948 | 9 340 | 12 900 | 7 450 |
| $CO_2$ | 44.01 | 320 | 500 | 260 |
| Ne | 20.178 | 18.2 | 12.7 | 14.6 |
| He | 4.003 | 5.24 | 1 | 4.2 |
| $CH_4$ | 16.043 | 1.8 | 1 | 1.4 |
| Kr | 83.8 | 1.14 | 3.3 | 0.91 |
| CO | 28.01 | 0.06～1 | 0.06～1 | 0.05～0.8 |
| $SO_2$ | 64.06 | 1 | 2 | 1 |
| $H_2$ | 2.016 | 0.5 | 0.04 | 0.4 |
| $N_2O$ | 44.012 | 0.27 | 0.5 | 0.2 |
| $O_3$ | 47.998 | 0.01～0.1 | 0.02～0.2 | 0.25 |
| $H_2S$ | 34.08 | 0.002～0.02 | 0.002～0.02 | 0.001 5～0.015 |
| $HNO_3$ | 63.016 | 0～0.005 | 0～0.01 | 0～0.004 |
| Xe | 131.30 | 0.087 | 0.39 | 0.07 |
| $NO_2$ | 46.006 | 0.000 5～0.02 | 0.000 8～0.03 | 0.000 4～0.02 |
| Rn | 222 | 0.013 6 | 0.012 5 | $5\times10^{-14}$ |
| NO | 30.006 | 0 | — | — |
| $NH_3$ | 17.032 | — | — | — |

注：ppmV 为体积比含量的单位，ppm=$10^{-6}$；ppmm 为质量比含量的单位；大气压·cm 表示简化成标准温度和压力情况下的以 cm 为单位的大气层厚度。

（2）水蒸气（$H_2O$）

通常大气并不是干燥的，总是含有水蒸气，而水蒸气的含量随地理位置、温度、季节及气层高度的变化而变化。全球地面的水蒸气含量可相差 5 个数量级，且主要集中在 4km 以下气层，14km 以上的气层中的水蒸气含量变化很小。

由于水蒸气严重影响着辐射能的衰减，因此，它是人们研究的主要大气成分之一。描述大气中的水蒸气含量的常用方法主要有以下几种。

① 水蒸气压强 $e_v$，单位为大气压（atm）或毫巴（mb）。
② 体积比浓度。
③ 混合比或质量密度比，即单位质量空气所包含的水蒸气质量，单位为 g/kg。
④ 绝对湿度，单位体积空气所含水蒸气的质量，单位为 $g/m^3$。
⑤ 饱和水蒸气含量：在一定温度下，单位体积空气所含有的水蒸气质量的最大值，该

值仅与温度有关。当给定空气样品中的水蒸气含量时，可通过降低温度使其中的水蒸气从非饱和状态变为饱和状态，对应的饱和温度称为露点温度。如表 6-2 所示为大气中的饱和水蒸气含量，表中的第一列为露点温度。

表 6-2  大气中的饱和水蒸气含量（单位为 g/m³）

| $t$/°C | +0 | +1 | +2 | +3 | +4 | +5 | +6 | +7 | +8 | +9 |
|---|---|---|---|---|---|---|---|---|---|---|
| −20 | 0.89 | 0.81 | 0.74 | 0.67 | 0.61 | 0.56 | — | — | — | — |
| −10 | 2.15 | 1.98 | 1.81 | 1.66 | 1.52 | 1.40 | 1.28 | 1.18 | 1.08 | 0.98 |
| −0 | 4.84 | 4.47 | 4.13 | 3.81 | 3.53 | 3.24 | 2.99 | 2.76 | 2.54 | 2.34 |
| 0 | 4.84 | 5.18 | 5.54 | 5.92 | 6.33 | 6.67 | 7.22 | 7.70 | 8.22 | 8.76 |
| 10 | 9.33 | 9.94 | 10.57 | 11.25 | 11.96 | 12.71 | 13.50 | 14.34 | 15.22 | 16.14 |
| 20 | 17.22 | 18.14 | 19.22 | 20.36 | 21.55 | 22.80 | 24.11 | 25.49 | 27.00 | 28.45 |
| 30 | 30.04 | 31.70 | 33.45 | 35.28 | 37.19 | 39.19 | — | — | — | — |

⑥ 相对湿度：单位体积空气所含水蒸气的质量与同温度下饱和水蒸气含量之比，以百分数表示。

根据定义，绝对湿度 $H$、饱和水蒸气含量 $H_a$ 和相对湿度 $H_r$ 之间的关系可表示为

$$H = H_r H_a \tag{6-1}$$

绝对湿度 $H$ 与水蒸气压强 $e_v$ 的关系为

$$e_v = H R_v T \tag{6-2}$$

式中，$R_v = 4.615 \times 10^2 \, \text{J}/(\text{kg} \cdot \text{K})$，为气体常数，$T$ 为热力学温度。

（3）气溶胶粒子

大气中悬浮着大量的固体和液体粒子，通常将半径小于几十微米的固体微粒称为气溶胶粒子。液体粒子的半径一般较大，具有可见的形态，分别称为云滴、雾滴、雨滴、冰晶、雪花和冰雹等。如图 6-2 所示为气溶胶粒子的半径范围。

通常把半径小于 0.1μm 的粒子称为爱根核（Aitken）；半径为 0.1~1μm 的粒子称为大粒子；半径大于 1μm 的粒子称为巨粒子。

云由水滴和冰晶两种粒子组成，液态云滴的半径约为 1μm，冰晶的半径稍大。

雾由靠近地面的飘浮在空中的极细小的水滴或冰晶组成，是一种近地层的云。通常把能见度小于 1km 的近地层水汽凝结物统称为雾，能见度在 1~10km 范围内的雾称为轻雾或霭。

人类活动排放的烟尘或海上产生的盐粒漂浮于大气中，形成的固态气溶胶系统称为霾。

雨滴的直径为 0.2~6mm，当直径小于 0.35mm 时，其形态为严格的球形，直径越大，越偏离球形。

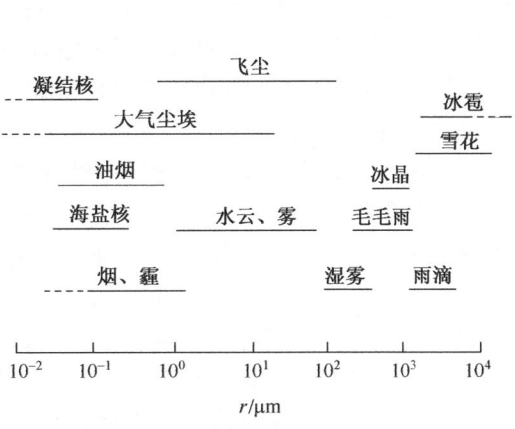

图 6-2  气溶胶粒子的半径范围

固态降水主要有雪花和冰雹，它们的半径都较大，形状虽有一定规律，但较复杂，其光学性质的描述也较困难。

由于受重力的作用，气溶胶粒子的浓度随高度的增加而按指数形式衰减，在对流层中，其浓度随高度变化的表达式为

$$N(z) = N(0)e^{-z/h_0} \tag{6-3}$$

式中，$N$ 为粒子浓度，$z$ 为高度，$h_0$ 为气溶胶粒子的特征高度（与气候和地区有关）。

如表 6-3 所示为不同地面（$z=0$）能见度条件下的气溶胶粒子的特征高度。

表 6-3　不同地面（$z=0$）能见度条件下的气溶胶粒子的特征高度

| 地面能见度/km | 2 | 3 | 4 | 5 | 6 | 8 | 10 | 13 | 25 |
| --- | --- | --- | --- | --- | --- | --- | --- | --- | --- |
| $h_0$/km | 0.84 | 0.90 | 0.95 | 0.99 | 1.03 | 1.10 | 1.15 | 1.23 | 1.45 |

气溶胶粒子的另一个重要概念为尺度分布。由于不同尺度（半径）的粒子对不同波长光波的散射不同，因此应知道气溶胶粒子的尺度分布。

如上所述，气溶胶粒子种类繁多，形态各异，尺度分布也相当复杂，目前尚无完整的理论可以解释某种分布的成因，但有许多经验公式可以来描述其分布，应用最普遍的是广义伽马分布

$$n(r) = ar^b \exp(-cr^d) \tag{6-4}$$

式中，$r$ 为气溶胶粒子的半径（μm）；$n(r)$ 为半径 $r$ 处单位半径间隔内气溶胶粒子的浓度（$cm^{-3} \cdot \mu m^{-1}$）；$a$、$b$、$c$ 和 $d$ 为拟合参数。选择不同的拟合参数可较好地描述霾、雨、雹、云等粒子的尺度分布及宏观的光学特性。

### 6.1.3　大气模式

大气的成分随地理位置、季节和温度等的变化发生变化，对大气的光学性质有明显影响。通常认为大气具有分层结构，即在局部区域大气成分只沿高度方向发生变化。用来描述大气特征的主要参数有气压、温度、温度递减率和密度等量的地面值及它们的高度廓线。这些参数复杂多变，无法用精确的形式表示，也不易完全测量得到。随着计算机模拟仿真技术的迅速发展，需要用这些参数来推算大气的性能、变化趋势等，来完成系统的设计和分析，因此，这就要求给出标准大气的具体定义和归纳出一些分析模式。

（1）标准大气

标准大气是用以描述理想的中纬度状况的物理量，即在太阳黑子最多和最少的活动范围内的大气年平均状态。世界气象组织（World Meteorological Organisation，WMO）关于标准大气的定义是："所谓标准大气，就是能够粗略地反映周年、中纬度状况的，得到国际上承认的假想大气温度、压力和密度的垂直分布。它的典型用途是进行压力高度计校准、飞机性能计算、飞机和火箭设计、弹道制表和气象制图等，假定空气服从使温度、压力和密度与位势发生关系的理想气体定律与流体静力学方程，在一个时期内只能规定一个标准大气，除相隔多年做修正外，这个标准大气不允许经常变动。"

目前最具权威的标准大气是 1976 年美国标准大气。该标准大气在 1962 年美国标准大气和 1966 年美国标准大气增补（USSAS—1966）的基础上，经过大量实验数据的收集与分析，

对 1962 年美国标准大气进行了修正及补充，并把高度延伸到 1000km。

(2) 分析模式

按照 1976 年美国标准大气的标准，海平面（$z=0$）的温度为 $T_0=10℃=283.15K$，气压为 $P=1\,013.25\text{Pa}$，空气密度为 $\rho=1.225\text{kg/m}^3$。如图 6-3 所示为气压 $P$ 和密度 $\rho$ 与几何高度 $z$ 的分布。图中曲线的分段按以下几种模式拟合。

① 等密度模式（$\rho = $ 常数 $\rho_0$）

$$\begin{cases} P(z) = P_0 - \rho_0 g(z-z_0) \\ T(z) = T_0 - \gamma(z-z_0) \end{cases} \tag{6-5}$$

式中，$g$ 为重力加速度，$\gamma = -\dfrac{\mathrm{d}T}{\mathrm{d}z}$ 为温度递减率。

② 等温模式（$\gamma = 0$）

$$\begin{cases} P(z) = P_0 \exp\left[-\dfrac{g(z-z_0)}{RT}\right] \\ \rho(z) = \rho_0 \exp\left[-\dfrac{g(z-z_0)}{RT}\right] \end{cases} \tag{6-6}$$

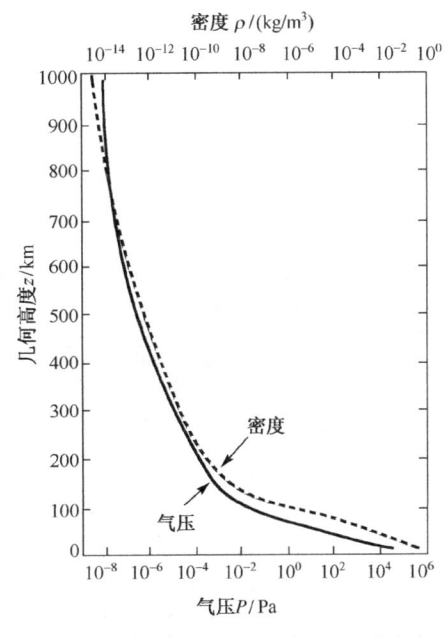

图 6-3　气压 $P$ 和密度 $\rho$ 与几何高度 $z$ 的分布

式中，$R = 2.870\,6 \times 10^2\,\text{J/(kg·K)}$，为气体常数。

③ 多元模式（$\gamma = $ 常数）

$$\begin{cases} P(z) = P_0\left[\dfrac{T(z)}{T_0}\right]^{g/R\gamma} = P_0\left[1-\dfrac{\gamma}{T_0}(z-z_0)\right]^{g/R\gamma} \\ T(z) = T_0 - \gamma(z-z_0) \\ \rho(z) = \rho_0\left[\dfrac{T(z)}{T_0}\right]^{(g/R\gamma)-1} = \rho_0\left[1-\dfrac{\gamma}{T_0}(z-z_0)\right]^{(g/R\gamma)-1} \end{cases} \tag{6-7}$$

以上三种模式都是由理想气体定律推导得出的，通过不同组合和拟合来表示标准大气中最常用的海拔 86km 以下的大气参数及其变化。

## 6.2　辐射在大气中传输的光学现象

由多种成分组成的大气是复杂的光学介质，当辐射在这种介质中传输时，将产生折射、吸收和散射等物理过程，从而导致辐射能的衰减，这将使光电成像系统对目标的探测产生直接误差。同时这些现象也反映了大气的状态，为大气遥感提供了依据。

### 6.2.1　大气的折射

由于大气的密度很小，因此大气折射比与真空折射比（$n_\rho = 1$）非常接近，通常用折射模数 $N$ 来表示大气折射比，即

$$N = (n-1) \times 10^6 \tag{6-8}$$

理论和实验结果表明,折射模数 $N$ 与大气压力、温度和水汽分压有关,同时还取决于光波的波长,其关系式为

$$N = 77.6 \times (1 + 7.52 \times 10^{-3}/\lambda^2)\left(\frac{P}{T} + \frac{4810e}{T^2}\right) \tag{6-9}$$

式中,$P$ 为气压(百帕),$T$ 为温度(K),$\lambda$ 为光波波长(μm)。

由上可知,随着气候特征的不同,各地区大气折射比的平均状态也不同。如表 6-4 所示为典型气候地区的地面大气的折射模数的年平均值及年平均变化。

表 6-4 典型气候地区的地面大气的折射模数的年平均值及年平均变化

| 类 型 | 位 置 | $\bar{N}$ 的年平均值 | $\Delta N$ 的年平均变化 | 气候特征 |
|---|---|---|---|---|
| 中纬沿海 | 纬度 20°~50°之间靠近海洋、河流或湖泊的地区 | 300~350 | 30~60 | 海洋性气候,亚热带气候 |
| 亚热带和热带草原 | 30°S~25°N 之间,离海洋很远 | 350~400 | 30~60 | 有确定的雨季和旱季,典型的热带草原气候 |
| 季风地区 | 20°N~40°N 之间 | 280~400 | 60~100 | 降雨与气温有季节性极值 |
| 半干旱山区 | 沙漠、草原区及 1000m 上的山区 | 240~300 | 0~60 | 整年干旱 |
| 极地大陆 | 高纬和极区或地中海型气候的中纬 | 300~340 | 0~30 | 低或适中的平均温度 |
| 赤道 | 20°S~20°N 之间的热带 | 340~400 | 0~30 | 单调的多雨气候 |

大气折射比随高度的变化比在水平方向的变化平均要大 3 个数量级左右。在标准大气条件下,大气折射比随高度的变化近似符合指数衰减规律

$$N = N_S \exp\left\{-\frac{h}{h_N}\right\} \tag{6-10}$$

式中,对光波来说,$N_S = 273$,$h_N = 9.82 \text{km}$;对无线电波段来说,$N_S = 316$,$h_N = 8.08 \text{km}$。由于平流层以上的空气非常稀薄,因此 $N \approx 0$,大气折射比接近于真空介质的值。

由于大气折射比具有不均匀性,因此辐射在大气中的传输并不完全按直线进行,其传输路径的曲率 $K$ 为

$$K = -\frac{dN}{dz} \times 10^{-6} \tag{6-11}$$

由式(6-9)可知

$$\frac{dN}{dz} = \frac{\partial N}{\partial T} \cdot \frac{\partial T}{\partial z} + \frac{\partial N}{\partial P} \cdot \frac{\partial P}{\partial z} + \frac{\partial N}{\partial e} \cdot \frac{\partial e}{\partial z} \tag{6-12}$$

对于光波来说,$N$ 主要取决于温度,因此

$$\frac{dN}{dz} \approx \frac{\partial N}{\partial T} \cdot \frac{\partial T}{\partial z} = -77.6 \times \frac{P}{T^2} \cdot \frac{dT}{dz} \tag{6-13}$$

该式表明,光折射主要取决于温度层结构。

通常情况下,$dN/dz < 0$($K > 0$)表示光射线弯向地面。对标准大气来说,在光波波段,$dN/dz = -0.028 \text{m}^{-1}$;在无线电波段,$dN/dz = -0.04 \text{m}^{-1}$,称为标准折射;当 $dN/dz = 0$($K = 0$)时,光射线不弯曲,称为无折射,当弯曲的曲率半径等于地球的曲率半径时,$dN/dz = -0.157 \text{m}^{-1}$,

这时光线平行于地球表面进行传输,称为临界折射。如图 6-4 所示为大气中不同的折射情况。

辐射在大气中的折射对光电成像系统的影响主要在长距离的探测和遥测中较为明显,在短距离内,其影响可忽略。

## 6.2.2 大气消光及大气窗口

大气对辐射强度的衰减作用称为消光,如图 6-5 所示为大气消光示意图。

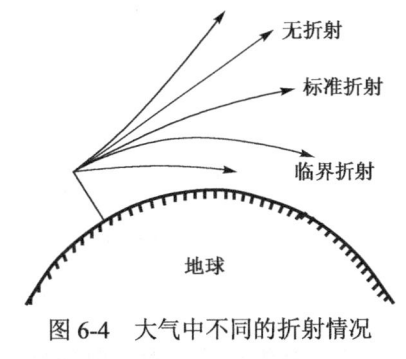

图 6-4 大气中不同的折射情况

**1. 大气消光**

(1)大气消光的基本特点

① 在干洁大气中,大气消光取决于空气密度和辐射通过的大气层厚度。

② 当大气中有气溶胶粒子及云雾粒子群时,其消光作用会增强。

③ 在地面基本观测不到波长 $\lambda < 0.03\mu m$ 的短波太阳紫外线辐射。

图 6-5 大气消光示意图

④ 地面观测到的太阳光谱辐射有明显的气体吸收带结构。

(2)大气消光的原因

大气消光主要是由大气中的各种气体分子及气溶胶粒子对辐射的吸收与散射造成的。在辐射的传输过程中,辐射与气体分子和气溶胶粒子相互作用。从经典电子论的角度看,构成物质的原子或分子内的带电粒子被准弹性力保持在其平衡位置附近,并具有一定的固有振动频率。在入射辐射的作用下,原子或分子发生极化并根据入射光频率做强迫振动,此时可能产生两种形式的能量转换过程。

① 入射辐射转换为原子或分子的次波辐射能。在均匀介质中,这些次波叠加的结果是使光只在折射方向上继续传播,在其他方向上因次波的干涉而相互抵消,所以没有消光现象;在非均匀介质中,由于不均匀质点破坏了次波的相干性,因此在其他方向上出现散射光。在散射情况下,原波的辐射能不会转换成其他形式的能量,但辐射能向各方向的散射使沿原方向传播的辐射能减少。

② 入射辐射能转换为原子碰撞的平动能,即热能。当共振子发生受迫振动,即入射辐射的频率等于共振子的固有频率($\omega = \omega_0$)时,这一过程会吸收特别多的能量,入射辐射被吸收而转换为原子或分子的热能,从而使原方向传播的辐射能减少。

(3)波盖尔定律

辐射通过介质时的消光作用与入射辐射通量 $\Phi$、介质密度 $\rho$($g/m^3$)及所经过的路径 $ds$ 成正比

$$d\Phi(\tilde{v},s) = -k(\tilde{v},s)\Phi(\tilde{v},s)\rho ds \qquad (6-14)$$

式中,$\Phi(\tilde{v},s)$ 为 $s$ 处的入射辐射通量;$\tilde{v}$ 为波数,$\tilde{v} = 1/\lambda$($cm^{-1}$);$k(\tilde{v},s)$ 为光谱质量的消

光系数，单位是 $m^{-1}L^2$。

理论与实践表明，大气不同成分与不同物理过程造成的消光效应具有线性叠加的特性，即总消光特征量（消光系数）可以写成各分量之和

$$k(\tilde{v},s)=\alpha_m(\tilde{v},s)+\beta_m(\tilde{v},s)+\alpha_P(\tilde{v},s)+\beta_P(\tilde{v},s) \tag{6-15}$$

式中，前两项表示气体分子的吸收和散射，后两项表示气溶胶粒子的吸收和散射。

由式（6-14）可得辐射衰减规律

$$\Phi(\tilde{v},s)=\Phi(\tilde{v},0)\exp\left[-\int_0^s k(\tilde{v},s)\mathrm{d}s\right] \tag{6-16}$$

式中，$\Phi(\tilde{v},0)$ 为初始入射辐射通量。

若介质具有均匀的光学性质，则式（6-16）可进一步简化为

$$\Phi(\tilde{v},s)=\Phi(\tilde{v},0)\exp[-k(\tilde{v})s\rho] \tag{6-17}$$

式中，$\rho s=\omega$ 为光程上单位截面中的介质质量，$k(\tilde{v})s\rho=l_\tau$ 为介质的光学厚度。该式称为波盖尔（Bougner）定律。

为了描述辐射通过大气时的透射特性，引入大气的透射比 $\tau$ 的概念，它是波数 $\tilde{v}$、大气厚度 $s$ 和介质密度 $\rho$ 的函数，具体表达式为

$$\tau=\frac{\Phi(\tilde{v},s)}{\Phi(\tilde{v},0)}=\exp[-k(\tilde{v})\rho s] \tag{6-18}$$

由式（6-15）可得

$$\tau=\tau_M^\alpha \tau_M^\beta \tau_P^\alpha \tau_P^\beta \tag{6-19}$$

即总透射比为各单项透射比之积。各单项透射比还可进一步分解，如大气吸收可分解为 $H_2O$、$CO_2$ 和 $O_3$ 的吸收等。值得注意的是，式（6-19）仅适用于光谱的透射比的计算，而不能用于计算平均透射比。

为描述在某一波段内的大气透射性质，下面引入平均透射比的概念

$$\bar{\tau}=\frac{1}{\tilde{v}_2-\tilde{v}_1}\int_{\tilde{v}_1}^{\tilde{v}_2}\exp[-k(\tilde{v})\rho s]\mathrm{d}\tilde{v} \tag{6-20}$$

式中，$\mathrm{d}\tilde{v}=\tilde{v}_2-\tilde{v}_1$，$\tilde{v}_1$ 和 $\tilde{v}_2$ 分别为波数的下限和上限。

在使用波盖尔定律时，有以下几点值得注意。

① 定律假定消光系数与入射辐射强度、吸收介质浓度无关。一般情况下，吸收比与辐射强度无关，但当辐射功率密度大到某一阈值（$10^7 W/cm^2$）时，会出现"饱和吸收"的现象。与吸收介质浓度无关，意味着每个分子彼此无关地吸收，当吸收分子浓度很高或外来气体浓度很高时，分子间的相互作用增强，使吸收比发生变化。

② 假定粒子之间彼此独立地发射电磁辐射，即不考虑多次散射的影响。

对于准直光束，当光束发射角小于 $6°$，光束直径 $d\leq 100cm$，接收视场与光束发射角相当时，在可见光谱区，波盖尔定律适用于 $k\rho s=l_\tau\leq 25$ 的情况，在红外光谱区，适用的范围更大。在能见度为 1.6km 的霾雾天气下，10km 以内的传输距离可不考虑多次散射；对于云、雾和降水天气，当 $l_\tau>8$ 时，需要考虑多次散射。

## 2. 大气窗口

大气的消光作用与波长相关，且具有明显的选择性。如图 6-6 所示为典型的大气透射谱。由图可知，除可见光范围外，在 0.76~1.11μm、1.25~1.77μm、1.16~1.32μm、2.1~2.4μm、3.4~4.1μm、4.5~5.3μm、8~14μm 等波段有较大的透射比，犹如辐射透射的窗口，称为"大气窗口"。有效地利用大气窗口可增大光电成像系统的作用距离。常用的大气窗口有 0.75~2.5μm、2.5~25μm、25~1000μm 波段。

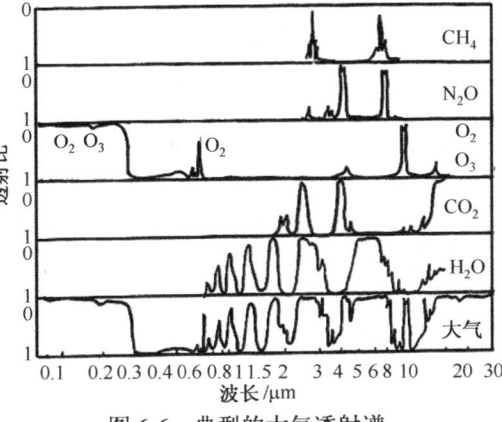

图 6-6 典型的大气透射谱

### 6.2.3 大气的其他光学现象

大气中还存在其他光学现象，如大气自身的辐射，大气湍流，日光、月光照射产生的虹、晕、华、宝光环、曙暮光、朝晚霞、海市蜃楼等。如图 6-7 和图 6-8 所示为大气湍流图和宝光环图。

图 6-7 大气湍流图

图 6-8 宝光环图

大气自身的辐射和大气对日光辐射的反射都会对光电成像系统产生直接影响，它会使景物对比度下降，大气自身辐射在热成像系统的成像过程中构成附加背景，从而降低图像对比度。大气对日光辐射的反射热对光电成像系统的影响明显，这一因素的模拟要考虑太阳–地球系统的状态、地理位置、日期和大气条件等因素。

## 6.3 大气吸收与散射的计算

在辐射通过大气的衰减过程中，大气对辐射的吸收和散射对光电成像系统的影响最为明显，它可使景物信息衰减、图像边缘模糊，因此，在系统分析和设计时，要对大气的吸收和散射进行计算。

### 6.3.1 大气的吸收

对大气的吸收进行精确理论计算的方法主要有吸收线性法和吸收带法，但计算方法都十分烦琐。一般的工程计算方法有集合法和 MODTRAN 软件中的 LOWTRAN 法，计算误差为 5%~10%。

## 1. 大气吸收线形

在讨论大气吸收时，通常使用吸收比 $A$ 的概念，$A = 1 - \tau(\tilde{v})$，$\tilde{v}$ 为波数，$\tau(\tilde{v})$ 是由于吸收而形成的透射比。

图 6-6 所示的大气透射谱是海平面上大气主要吸收气体的低分辨力吸收光谱。所谓低分辨力，是指图中曲线的任意一点的值不是该点的准确值，而是在一个波数范围 $\Delta \tilde{v}$ 中吸收比的平均值。如果用高分辨力的光栅光谱仪测量，会发现 $A$ 随波数 $\tilde{v}$ 的变化而频繁变化，吸收气体的吸收带是由许多吸收线组成的。吸收线可以用吸收比 $\alpha(\tilde{v})$ 描述，实际测量和电动力学的研究表明，单条吸收线的形状主要分为以下几种。

（1）洛伦兹（Lorentz）线形

$$\alpha_L(\tilde{v}) = \frac{s}{\pi} \cdot \frac{\tilde{v}_L}{(\tilde{v} - \tilde{v}_0)^2 + \tilde{v}_L^2} \tag{6-21}$$

式中，$s$ 为与分子能带分布有关的吸收线强度；$\tilde{v}_0$ 为吸收线中心波数；$\tilde{v}_L$ 为洛伦兹半宽度，它与气压 $P$ 成正比，与 $\sqrt{T}$（$T$ 为温度）成反比。

（2）多普勒（Doppler）线形

$$\alpha_D(\tilde{v}) = \frac{s}{\tilde{v}_D \sqrt{\pi}} \exp\left[-\frac{(\tilde{v} - \tilde{v}_0)^2}{\tilde{v}_D^2}\right] \tag{6-22}$$

式中，$\tilde{v}_D$ 为多普勒半宽度，它与 $\sqrt{T}$ 成正比。

（3）混合线形

$$\alpha(\tilde{v}) = \frac{sy}{\tilde{v}_D \sqrt{\pi^3}} \int_{-\infty}^{\infty} \frac{\exp(-t^2)}{[y^2 + (x-t)^2]} dt \tag{6-23}$$

式中，$x = (\tilde{v} - \tilde{v}_0)/\tilde{v}_D$；$y = \tilde{v}_L/\tilde{v}_D$。

通常在对流层，当 $\tilde{v}_L > \tilde{v}_D$ 时，可忽略多普勒线形，当 $\tilde{v}_L < 3.2\tilde{v}_D$ 时，要考虑多普勒线形，即混合线形。

## 2. 吸收带模式

通常情况下，一个很窄的吸收带可包含数十条或数百条吸收线，虽然每条吸收线都有确定的参数，但要找出谱带总吸收的解析形式是极其困难的。一种解决方法是进行逐线积分，所得值与实测值的误差为 5%～10%，这种计算的工作量大且不方便，于是又提出了一些吸收带模式，最常用的有爱尔撒司模式、统计模式、随机模式和准随机模式这 4 种。

（1）爱尔撒司模式

爱尔撒司模式又称为规则模式。把 $\Delta\tilde{v}$ 内的吸收线视为强度 $s$ 相同、吸收线中心距 $d$ 相等的周期性吸收线，则 $\Delta\tilde{v}$ 内的 $\alpha(\tilde{v})$ 可表示为

$$\alpha(\tilde{v}) = \sum_{n=-\infty}^{\infty} \frac{s}{\pi} \cdot \frac{\tilde{v}_L}{(\tilde{v} - nd)^2 + \tilde{v}_L^2} \tag{6-24}$$

则在一个周期内的平均透射比为

$$\tau = \frac{1}{2\pi} \int_{-\pi}^{\pi} \exp\left[-\frac{sW\text{sh}\beta}{d(\text{ch}\beta - \cos t)}\right] dt = 1 - \text{sh}\beta \int_0^y e^{-y\text{ch}\beta} J_0(i,y) dy \tag{6-25}$$

式中，$\beta$ 为无量纲的线宽参量，$\beta = 2\pi\tilde{\nu}_L/d$；$J_0(i, y)$ 为虚宗量零阶 Bassel 函数；$y = m/\text{sh}\beta$，$m = sW/d$；$W$ 为光程上的介质质量。

式（6-25）在特定条件下可进行以下简化。

强线近似（$\alpha_L(\tilde{\nu}_0)W \gg 1$）时

$$\tau \approx 1 - \text{erf}\left(\sqrt{\frac{LW}{2}}\right) \approx 1 - \sqrt{\frac{2LW}{\pi}} \tag{6-26}$$

式中，$L$ 为广义吸收系数，$L = \beta\dfrac{s}{d}$；$\text{erf}(\cdot)$ 为误差函数。

平均吸收比为

$$A = 1 - \tau = \text{erf}\left(\sqrt{\frac{LW}{2}}\right) \approx \sqrt{\frac{2LW}{\pi}} \tag{6-27}$$

弱线近似（$\alpha_L(\tilde{\nu}_0)W \ll 1$）时

$$\tau \approx \exp\left[-\frac{sW}{d}\right] \approx 1 - \frac{sW}{d} \tag{6-28}$$

平均吸收比为

$$A = 1 - \tau \approx \frac{sW}{d} \tag{6-29}$$

由上可知，在弱线近似时，$A$ 与 $W$ 成正比，而在强线近似时，$A$ 与 $\sqrt{W}$ 成正比。该结果与实际测试的结果一致。

对于 $CO_2$ 的吸收来说，周期模式与实验结果较一致；对于 $H_2O$ 和 $O_3$ 的吸收来说，由于吸收线不满足等距分布条件，且强度相差很大，因此误差偏大。

（2）统计模式

统计模式又称为 Goody 模型。这种模型假设谱线的位置和强度可以用一种概率函数来表示。取足够宽的 $\Delta\tilde{\nu}$ 使之有足够多的吸收线，这些吸收线中心在 $\Delta\tilde{\nu}$ 内等概率分布，吸收线强度 $s$ 符合泊松分布，则 $\Delta\tilde{\nu}$ 内的一条吸收线的透射比 $\tau_i$ 为

$$\tau_i = 1 - \frac{\sigma W}{nD}\sqrt{\frac{\pi\tilde{\nu}_L}{\pi\tilde{\nu}_L + \sigma W}} \tag{6-30}$$

式中，$\sigma$ 为 $\Delta\tilde{\nu}$ 内 $s$ 的平均值；$n$ 为吸收线数，$D = \Delta\tilde{\nu}/n$。$\Delta\tilde{\nu}$ 内的 $n$ 条吸收线的平均透射比为

$$\tau = \tau_i^n = \left(1 - \frac{\sigma W}{nD}\sqrt{\frac{\pi\tilde{\nu}_L}{\pi\tilde{\nu}_L + \sigma W}}\right)^n \xrightarrow{n \to \infty} \exp\left[-\frac{\sigma W}{nD}\sqrt{\frac{\pi\tilde{\nu}_L}{\pi\tilde{\nu}_L + \sigma W}}\right] \tag{6-31}$$

强线近似时，$\tau \approx \exp\left(-\sqrt{\dfrac{\tilde{\nu}_L W}{2}}\right)$；弱线近似时，$\tau \approx \exp\left(-\dfrac{\sigma W}{D}\right)$。

由上述模式可知，$W$ 或 $s$（或 $\sigma$）增大，或者 $\alpha_L/d$（或 $\alpha_L/D$）增大，都将使 $\tau$ 减小。由于 $\alpha_L \propto P$，$\alpha_L \propto 1/\sqrt{T}$，$s$ 与 $T$ 有关，因此，对于特定的波数范围 $\Delta\tilde{\nu}$，吸收过程与 $T$ 和 $P$ 有关，也与吸收体的质量有关。通过实验确定相应的参数及变化规律，就可以推算实际情况下的大气吸收情况。

（3）随机模式

随机模式假设谱带中有几种爱尔撒司模式的谱带，这几种谱带具有不同的强度、宽度和光谱间隔，且它们是无规则地叠加在一起的，该模式比较接近真实的光谱结构。它适用于 2.7μm 波长处，既有比较规律的二氧化碳吸收带，又有无规律的水蒸气吸收带。在很多情况下，用随机的爱尔撒司模式可得出比较精确的结果。

设 $N$ 个爱尔撒司带无规则地叠加而形成了随机的爱尔撒司带，第 $i$ 个爱尔撒司带的吸收线强度为 $S_i$，半宽度为 $a_i$，谱带间距为 $d_i$，吸收比为 $A_i$，显然间隔内的平均吸收比为

$$\bar{A} = 1 - \prod_{i=1}^{N}[1 - \bar{A}_i(\varphi_i\beta_i)] \tag{6-32}$$

式中，$\varphi_i = S_i/2\pi a_i$；$\beta_i = 2\pi a_i/d_i$。

弱线近似时：若 $\varphi_0 \ll 1$，则式（6-32）可化简为

$$\bar{A} = 1 - \prod_{i=1}^{N} e^{-\beta\varphi_i} \tag{6-33}$$

强线近似时：若 $\varphi_0 \gg 1$，则式（6-32）可化简为

$$\bar{A} = 1 - \prod_{i=1}^{N}\left\{1 - \mathrm{erf}[(\tfrac{1}{2}\beta_i^2\varphi_i)^{\frac{1}{2}}]\right\} \tag{6-34}$$

（4）准随机模式

准随机模式是比前三种模式还要精确的模式。实际上，谱线的排列既不像爱尔撒司模式那样规则，又不像统计模式那样随意。准随机模式的方法是首先将需要计算的光谱间隔 $\Delta\nu$ 分为若干宽度为 $\delta$ 的小间隔，再取一个包括几个小间隔的区段 $\Delta$；然后计算 $\delta$ 小间隔内的透射比，其计算方法可以按在该小间隔 $\delta$ 内有效的方法进行，求区段 $\Delta$ 的平均透射比；将该区段的位置移动 $\delta/2$，重复上述计算，直到将 $\Delta\nu$ 都包括在内，再求这些区段的透射比的平均值，就可得到所研究光谱内的平均透射比。

该模型可以产生与实际较为接近的吸收，但计算量很大。由于篇幅限制，在此不对其计算方法进行讨论。

### 3．大气吸收的工程计算方法

大气中对辐射能吸收起主要作用的成分是水蒸气、二氧化碳和臭氧，其中，臭氧在高层空间的含量较高，二氧化碳的含量相对稳定，水蒸气的含量随气象条件的变化较大。

（1）集合法

集合法是各种模式的综合方法。

① $H_2O$。水蒸气的吸收通常用可降水分 $\omega$ 来表示，即截面积为 1cm²、1km 辐射路程（海平面水平路径）的空气柱所含的水蒸气凝结成液态水后的水柱长度（cm/km）。利用式（6-1）可得

$$\omega = 10^{-1} H_r H_a / d \tag{6-35}$$

式中，$d$ 为水的密度，单位是 g/cm³，在 4℃时，$d = 1$g/cm³。

如表 6-5 所示为当函数 $H_r = 100\%$ 时部分海平面上不同温度下每千米大气中的可降水量，

把 $\omega$ 代入 $H_2O$ 的不同吸收带模式，便可确定其吸收量。

表 6-5 当函数 $H_r$ = 100%时部分海平面上不同温度下每千米大气中的可降水量

| T/°C | 0 | 2 | 4 | 6 | 8 |
|---|---|---|---|---|---|
|  | cm/km | cm/km | cm/km | cm/km | cm/km |
| 0 | 0.486 | 0.493 | 0.500 | 0.507 | 0.514 |
| 1 | 0.521 | 0.528 | 0.535 | 0.543 | 0.550 |
| 2 | 0.557 | 0.565 | 0.573 | 0.580 | 0.588 |
| 3 | 0.596 | 0.604 | 0.612 | 0.621 | 0.629 |
| 4 | 0.637 | 0.646 | 0.655 | 0.663 | 0.672 |
| 5 | 0.681 | 0.690 | 0.700 | 0.709 | 0.719 |
| 6 | 0.728 | 0.738 | 0.748 | 0.758 | 0.768 |
| 7 | 0.778 | 0.788 | 0.798 | 0.808 | 0.818 |
| 8 | 0.828 | 0.839 | 0.851 | 0.862 | 0.874 |
| 9 | 0.885 | 0.896 | 0.907 | 0.919 | 0.930 |
| 10 | 0.941 | 0.953 | 0.965 | 0.978 | 0.990 |
| 20 | 1.732 | 1.753 | 1.773 | 1.794 | 1.814 |
| 30 | 3.038 | — | — | — | — |
| −30 | 0.046 | — | — | — | — |
| −20 | 0.108 | 0.106 | 0.104 | 0.103 | 0.101 |
| −10 | 0.237 | 0.233 | 0.230 | 0.226 | 0.223 |
| 0 | 0.486 | 0.479 | 0.473 | 0.466 | 0.460 |

对于 8~12μm 波长范围内水汽的连续吸收，Roberts 等人根据实验结果整理出的吸收系数 $\alpha(\nu)$ 的解析表达式为

$$\alpha(\nu) = [4.18 + 5578\exp(-7.87 \times 10^{-3}\nu)] \times \frac{0.998e + 0.002P}{P_0} \exp\left[6.08\left(\frac{296}{T} - 1\right)\right] \quad (6\text{-}36)$$

式中，$e$ 为水蒸气分压；$P_0$ 为标准大气压；$P$ 为实际大气压；$T$ 为实际温度。

② $CO_2$。$CO_2$ 的主要吸收带位于 2.7μm、4.3μm、10μm 和 14.7μm 波长处。由于 $CO_2$ 在大气中的浓度随时间和地点的变化很小，因此由 $CO_2$ 吸收造成的辐射衰减可以认为与气象条件无关。

③ 高度修正及斜程处理。由于影响吸收的分子密度、气压和温度等均随海拔而变化，因此当路径为一定海拔或斜程时，需要进行修正，集合法的各种模式均可给出相应的修正。修正要用到吸收分子的垂直分布，在没有实际数据时，通常采用美国标准大气或 LOWTRAN 区域标准大气。

下面介绍一种简化的修正方法——等效海平面法。

① 高度修正：设高度 $h$ 上的水平路径长度为 $L$，大气压为 $P$，海平面上的标准大气压为 $P_0$，则等效路程长度为

$$L_0 = L(P/P_0)^x \quad (6\text{-}37)$$

对 $H_2O$ 来说，$x = 0.5$；对 $CO_2$ 来说，$x = 1.5$。

式（6-37）表明，在高度 $h$ 的水平路径 $L$ 上，光谱透射比与长度为 $L_0$ 的海平面水平路径

等效。如表 6-6 所示为部分高度上 $H_2O$ 和 $CO_2$ 的修正因子。

表 6-6 部分高度上 $H_2O$ 和 $CO_2$ 的修正因子

| 高度 z/m | $H_2O$ 的修正因子 $(P/P_0)^{1/2}$ | $CO_2$ 的修正因子 $(P/P_0)^{1.5}$ | 高度 z/m | $H_2O$ 的修正因子 $(P/P_0)^{1/2}$ | $CO_2$ 的修正因子 $(P/P_0)^{1.5}$ |
|---|---|---|---|---|---|
| 300 | 0.982 3 | 0.947 9 | 4500 | 0.755 0 | 0.430 3 |
| 600 | 0.964 8 | 0.898 1 | 6000 | 0.682 6 | 0.318 1 |
| 900 | 0.947 5 | 0.850 7 | 9000 | 0.551 3 | 0.167 6 |
| 1200 | 0.930 4 | 0.805 5 | 12000 | 0.437 5 | 0.083 8 |
| 1500 | 0.913 5 | 0.762 4 | 15000 | 0.345 7 | 0.041 3 |
| 1800 | 0.896 8 | 0.721 3 | 18000 | 0.273 2 | 0.020 4 |
| 2100 | 0.880 3 | 0.682 2 | 21000 | 0.216 0 | 0.010 1 |
| 2400 | 0.864 0 | 0.644 9 | 24000 | 0.171 3 | 0.005 0 |
| 2700 | 0.847 8 | 0.609 4 | 27000 | 0.136 2 | 0.002 5 |
| 3000 | 0.831 9 | 0.575 7 | 30000 | 0.108 7 | 0.001 3 |

实际上，对流层（海拔高度低于 20km）的大气为多元模式，表 6-6 可表示为如下的函数关系（$T_0 = 288.15K$）

$$\left(\frac{P}{P_0}\right)^x = \left(1 - \frac{\gamma}{T_0}z\right)^{xg/R\gamma} \approx \exp\left(-\frac{xg}{RT_0}z\right) \tag{6-38}$$

即

$$\left(\frac{P}{P_0}\right)^{0.5} \approx \exp(-0.059\,38z)$$
$$\left(\frac{P}{P_0}\right)^{1.5} \approx \exp(-0.178z) \tag{6-39}$$

式中，$z$ 为高度。

② 斜程修正：在斜程问题中，通常是在知道传感器位置处的参数（如温度、高度、相对湿度等）的情况下，求一定斜程上的大气透射比。

对于标准大气，湿度随高度的分布为

$$H(z) = H(0)\exp(-\beta z) \tag{6-40}$$

式中，$H(z)$ 为高度 $z$ 处的绝对湿度，$\beta = 0.45 \text{km}^{-1}$。

如图 6-9 所示为斜程路径示意图，其中 $\theta$ 为天顶角，并假设不考虑辐射的折射。于是在高度 $z$ 处，$ds$（$dz/\cos\theta$）路径上的等效海平面量满足

$$d\omega_e = H(0)e^{-\beta z}e^{-0.0593\,8z} \times 10^{-1} \times \frac{dz}{\cos\theta} \tag{6-41}$$

在 $z_1 \sim z_2$ 高度范围内，天顶角为 $\theta$ 的斜程上的水蒸气的等效海平面量为

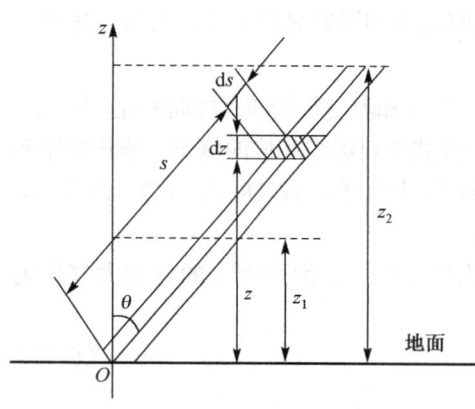

图 6-9 斜程路径示意图

$$\omega_e = \frac{H(0) \times 10^{-1}}{\cos\theta} \int_{z_1}^{z_2} \exp[-(\beta + 0.059\,38)z]\mathrm{d}z$$

$$= H(0) \times 10^{-1} \exp[-(\beta + 0.059\,38)z_1] \times \frac{1-\exp[-(\beta + 0.059\,38)](z_2 - z_1)}{(\beta + 0.059\,38)\cos\theta}$$

$$= H(z_1) \times 10^{-1} \exp(-0.059\,38 z_1) \times \frac{1-\exp[-(\beta + 0.059\,38)](z_2 - z_1)}{(\beta + 0.059\,38)\cos\theta} \quad (6\text{-}42)$$

$$= \omega_e(z_1) \times \frac{1-\exp[-(\beta + 0.059\,38)](z_2 - z_1)}{(\beta + 0.059\,38)(z_2 - z_1)}$$

式中，$\omega_e(z_1)$ 为高度 $z_1$ 处与斜程同样长路径上水蒸气的等效海平面量。

对于 $CO_2$，由于对流层内充分混合的修正因素主要是高度修正，因此等效海平面路径为

$$L_e = L_e(z_1) \times \frac{1-\mathrm{e}^{-0.178(z_2-z_1)}}{0.178(z_2-z_1)} \quad (6\text{-}43)$$

式中，$L_e(z_1)$ 为 $z_1$ 处与斜程同样长路径上 $CO_2$ 的等效海平面路径。

（2）LOWTRAN 法

描述吸收的几种计算模式得出的平均透射比 $\tau$ 是 $P$ 和 $W$ 的二元函数。在强线近似时，$\tau$ 是 $\sqrt{\tilde{\nu}_L W}$ 的函数，气压的增大与吸收物质的增多对大气吸收有相同的效果；在弱线近似时，$\tau$ 是 $W$ 的函数，与 $\tilde{\nu}_L$ 和 $P$ 无关。在一个波段内，吸收线中处在低能级的气体分子较多，能量跃迁产生的吸收线强度较高；而处于高能级的分子较少，产生的吸收线强度较低，所以吸收线强度分布与上述几种模式的设想不完全一致。

MODTRAN 中的 LOWTRAN 模式是美国空军地球物理实验室提出的一种低分辨力大气模式。它有较好的经验性，算法比较简单，精度为 10%～15%，在大多数光电成像系统的分析过程中都采用 LOWTRAN 模式。

LOWTRAN 模式是一种单参量模式，它给出不同吸收气体在各波段的广义吸收系数 $L_\nu$，透射比 $\tau$ 是 $L_\nu$ 和修正的光学质量 $W'$ 的乘积的函数，即

$$\tau = F(L_\nu W') \quad (6\text{-}44)$$

修正的光学质量 $W'$ 的定义是

$$W' = \int_0^W \left(\frac{P}{P_0}\right)^n \mathrm{d}W' \quad (6\text{-}45)$$

式中，$n$ 为修正系数，它既不是强线近似的 1，又不是弱线近似的 0，而是 $0 \leq n \leq 1$，最佳数值由实验确定。对于 $H_2O$，$n=0.9$；对于 $CO_2$，$n=0.75$；对于 $O_3$，$n=0.4$。被积分的函数为气压修正。

## 6.3.2 大气的散射

当辐射在大气中传输时，除分子的选择性吸收会导致辐射能衰减外，还会在大气中遇到气体分子密度的起伏及微小颗粒，使辐射改变方向，从而使传播方向的辐射能减少，这就是散射。一般来说，散射比分子吸收弱，随着波长的增大，散射衰减所占的比例逐渐减小。若散射辐射的频率与入射辐射的频率相同，则能量无损失，这种散射称为弹性散射。本节将讨

论这种情况。

散射可以用电磁波理论和物质的电子理论分析,当粒子各向同性时,散射光的强度是粒子尺度、粒子相对折射比和入射光波长的函数。

由波盖尔定律可知,经过路程 $R$ 的散射透射比为

$$\tau = \exp(-\beta R) \tag{6-46}$$

式中,$\beta$ 为散射系数,用来描述该点的散射总数。

设散射辐射与入射辐射的夹角(散射角)为 $\theta$,则单位立体角内的散射数称为角散射系数 $\beta(\theta)$,且满足

$$\beta = \int_0^{4\pi} \beta(\theta) d\omega \tag{6-47}$$

式中,$d\omega$ 为立体角元。

实验证明,散射系数 $\beta$ 与散射粒子浓度 $N$ 成正比,即 $\beta = \sigma(\lambda)N$,$\sigma(\lambda)$ 为单个粒子的散射系数,称为散射截面(单位为 $cm^2$/粒子数)。当大气中含有 $m$ 种不同类型的粒子群时

$$\beta = \sum_{i=1}^{m} \sigma_i(\lambda) N_i \tag{6-48}$$

在辐射传输中还经常用到相函数 $F(\theta)$ 的概念,它描述 $\theta$ 方向上单位立体角内散射辐射的相对大小。用于确定散射系数的方法有以下 3 大类。

(1)瑞利散射

图 6-10 英国物理学家瑞利

1871 年,英国物理学家瑞利首先提出一种理论,来描述一种散射元的线度比被散射的波长小得多的散射,这就是著名的瑞利散射。

当散射粒子的半径 $r$ 远小于辐射波长($r \ll \lambda$)时,散射服从瑞利散射

$$\beta(\theta, \lambda) = \frac{\pi^2(n^2-1)^2}{2N\lambda^4}(1+\cos^2\theta) = \frac{\beta(\lambda)}{4\pi} F(\theta) \tag{6-49}$$

式中,$n$ 为散射介质折射比。总散射系数 $\beta(\lambda)$ 为

$$\beta(\lambda) = \frac{8\pi^3}{3} \frac{(n^2-1)^2}{N\lambda^4} \tag{6-50}$$

相函数 $F(\theta)$ 为

$$F(\theta) = \frac{3}{4}(1+\cos^3\theta) \tag{6-51}$$

其分布如图 6-11 所示。

在实际应用中还常用到后向散射系数,体积后向散射系数可由式(6-49)确定。

$$\beta(\pi, \lambda) = \frac{\pi^2(n^2-1)^2}{N\lambda^4} = \frac{\beta(\lambda)}{4\pi} \cdot F(\pi) \tag{6-52}$$

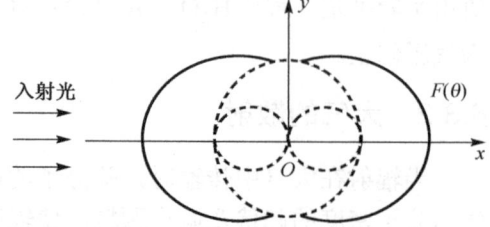

图 6-11 瑞利散射的相函数的分布

在标准大气下，海平面的散射系数和体积后向散射系数（当$\lambda = 0.55\mu m$时）约为

$$\beta(0.55) = 1.162 \times 10^{-2} \text{km}^{-1}, \quad \beta(\pi, 0.55) = 1.329\,6 \times 10^{-3} \text{km}^{-1}$$

当温度、气压和高度改变时，$\beta$和$\beta(\theta)$均需修正，且修正因子相同

$$\beta(\theta,\lambda) = \beta_0(\theta,\lambda) \cdot \frac{P}{P_0} \cdot \frac{T_0}{T} \tag{6-53}$$

下标"0"表示海平面标准大气压值。

瑞利散射只适用于粒子尺寸较小的情况。而在大气中，瑞利散射粒子主要为气体分子，故称为分子散射。分子散射与$\lambda^4$成反比，即短波散射比长波散射强，故天空呈蓝色。对中远红外区域，瑞利散射可以忽略。

（2）迈（Mie）散射

当粒子尺度$a = \frac{2\pi r}{\lambda} > 0.3$时，瑞利散射的公式不再适用，需要用迈散射理论来描述。1908年，德国科学家G·迈通过电磁波的麦克斯韦方程解出了一个关于光散射的严格解，得出了任意直径和任意成分的均匀粒子的散射规律，这就是著名的迈散射理论。迈散射主要用来描述球形气溶胶粒子的散射。

图6-12 德国科学家G·迈

大气中粒子的折射比大于周围空气的折射比，当入射辐射通过时，由吸收和散射产生气溶胶的消光，通常用复折射比来描述，即

$$m(\lambda) = n_r(\lambda) - in_i(\lambda) \tag{6-54}$$

式中，$n_r(\lambda)$为散射的实部，$n_i(\lambda)$为吸收的虚部。如表6-7所示为普通气溶胶的复折射比。

表6-7 普通气溶胶的复折射比

| 气溶胶类型 | 波长/μm | | | | | | | | | | | | | |
|---|---|---|---|---|---|---|---|---|---|---|---|---|---|---|
| | 0.488 | | 0.55 | | 0.6328 | | 1.06 | | 1.66 | | 5.0 | | 10.59 | |
| | $n_r$ | $n_i$ | $n_r$ | $n_i$ | $n_r$ | $n_i$ | $n_r$ | $n_i$ | $n_r$ | $n_i$ | $n_r$ | $n_i$ | $n_r$ | $n_i$ |
| 水 | 1.336 | 1.0E-9 | 1.333 | 1.96E-8 | 1.332 | 1.5E-8 | 1.326 | 5.0E-6 | 1.316 | 9.4E-5 | 1.325 | 0.0124 | 1.179 | 0.6777 |
| 海上 | 1.418 | 0.002 | 1.418 | 0.002 | 1.451 | 0.002 | 1.405 | 0.004 | 1.376 | 0.004 | 1.372 | 0.010 | 1.380 | 0.057 |
| 海上/农村 | 1.475 | 0.005 | 1.474 | 0.004 | 1.473 | 0.004 | 1.463 | 0.009 | 1.408 | 0.010 | 1.381 | 0.012 | 1.550 | 0.071 |
| 农村 | 1.530 | 0.008 | 1.530 | 0.006 | 1.530 | 0.006 | 1.520 | 0.014 | 1.440 | 0.016 | 1.390 | 0.013 | 1.720 | 0.085 |
| 农村/城市 | 1.569 | 0.086 | 1.569 | 0.082 | 1.569 | 0.080 | 1.560 | 0.089 | 1.500 | 0.096 | 1.492 | 0.116 | 1.810 | 0.198 |
| 城市 | 1.607 | 0.163 | 1.607 | 0.158 | 1.607 | 0.154 | 1.600 | 0.163 | 1.559 | 0.175 | 1.593 | 0.218 | 1.895 | 0.310 |
| 水溶性 | 1.530 | 0.005 | 1.530 | 0.006 | 1.530 | 0.006 | 1.520 | 0.017 | 1.487 | 0.020 | 1.450 | 0.012 | 1.760 | 0.070 |
| 尘埃 | 1.530 | 0.008 | 1.530 | 0.008 | 1.530 | 0.008 | 1.520 | 0.008 | 1.367 | 0.008 | 1.250 | 0.016 | 1.620 | 0.120 |
| 煤烟 | 1.750 | 0.450 | 1.750 | 0.440 | 1.750 | 0.430 | 1.750 | 0.440 | 1.780 | 0.469 | 1.970 | 0.600 | 2.220 | 0.730 |
| 海盐 | 1.500 | 2.0E-8 | 1.500 | 1.0E-8 | 1.490 | 2.0E-4 | 1.470 | 2.0E-4 | 1.456 | 7.0E-4 | 1.470 | 0.0025 | 1.500 | 0.014 |
| 硫酸（70%） | 1.432 | 2.0E-8 | 1.431 | 2.0E-8 | 1.429 | 2.0E-8 | 1.420 | 1.5E-6 | 1.398 | 2.7E-4 | 1.359 | 0.0123 | 1.737 | 0.273 |
| 氧化铝 | 1.770 | 2.0E-7 | 1.770 | 2.0E-7 | 1.770 | 2.0E-7 | 1.760 | 6.0E-8 | 1.740 | 5.5E-8 | 1.620 | 3.1E-5 | 0.550 | 0.061 |
| 氯化钠 | 1.550 | 1.0E-7 | 1.550 | 1.0E-7 | 1.550 | 1.0E-7 | 1.530 | 1.0E-7 | 1.530 | 1.0E-7 | 1.515 | 1.0E-7 | 1.490 | 1.0E-7 |
| 硫酸氨 | 1.530 | 1.0E-7 | 1.530 | 1.0E-7 | 1.520 | 1.0E-7 | 1.510 | 2.4E-6 | 1.490 | 1.8E-4 | 1.466 | 0.006 | 1.980 | 0.060 |
| 撒哈拉沙尘 | — | — | — | — | — | — | — | — | — | — | 1.560 | 0.015 | 1.740 | 0.400 |
| 火山尘埃 | — | — | — | — | — | — | — | — | — | — | 1.560 | 0.009 | 1.950 | 0.400 |

迈散射的计算可归结为确定散射效率因子 $Q_s(a,m)$、吸收效率因子 $Q_a(a,m)$ 和衰减效率因子 $Q_e(a,m)$，相应的散射截面与效率因子的关系为

$$\sigma_i(r,\lambda,m) = \pi r^2 Q_i(a,m) \quad (6\text{-}55)$$

式中，$i$ 可分别代表 s、a、e。

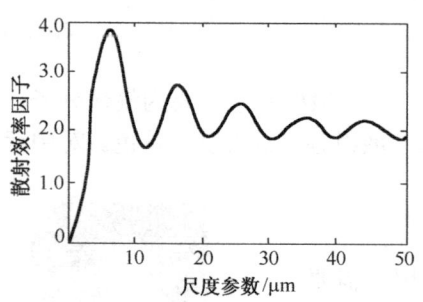

图 6-13　小水滴散射的 $Q_s(a,m)$ 曲线

如图 6-13 所示为小水滴散射的 $Q_s(a,m)$ 曲线。由图可见，在 $a = 6.2\mu m$ 处，$Q_s$ 最大，即当 $r \approx \lambda$ 时产生最大散射，在 $a > 25\mu m$ 以后，$Q_s \to 2$，即散射与波长几乎无关。

由上可知，各种气溶胶的尺度分布 $N(r)$ 有很大差别，此时的散射系数 $\beta$ 和吸收系数 $\alpha$ 由式（6-56）积分确定

$$\begin{cases} \beta = \pi \int_0^\infty Q_s(a,m) n(r) r^2 \mathrm{d}r \\ \alpha = \pi \int_0^\infty Q_a(a,m) n(r) r^2 \mathrm{d}r \end{cases} \quad (6\text{-}56)$$

迈散射的相函数 $F(\theta,m,\lambda)$ 的前向和后向不对称，主要集中在前向。

（3）无选择性散射

当散射粒子的半径远大于辐射波长时，粒子对入射辐射的反射和折射占主要地位，在宏观上形成散射。这种散射与波长无关，故称为无选择性散射。散射系数 $\beta$ 等于单位体积内所含半径 $r_i$ 的 $N$ 个粒子的截面积总和

$$\beta = \pi \sum_{i=1}^N r_i^2 \quad (6\text{-}57)$$

雾滴的半径为 1～60μm，比可见光的波长大得多，雾对各波长的可见光的光散射相同，故雾呈白色。对于雨，在红外波段的散射系数为

$$\beta_{\text{雨}} = 0.248 V^{0.67} \quad (6\text{-}58)$$

式中，$V$ 为降雨速率（mm/h）。

通常情况下，散射的研究主要侧重于以下 3 个方面：
① 角散射，如自然光；
② 总散射，如太阳辐射的衰减（从光束中消失的总能量）；
③ 对角散射和总散射都关心的成像过程。

从成像角度来看，在大气消光因素中，吸收使辐射衰减，但不会造成图像细节的模糊；而散射除可使辐射衰减外，还会造成图像细节的损失，原因在于部分散射辐射进入光学接收器，如图 6-14 所示。

要想计算其散射系数，必须知道大气中悬浮粒子的信息。而这些信息往往不易获得，且难以测量。因此，气象学中常采用一种工程方法——气象视程来处理散射问题。下面对其进行介绍。

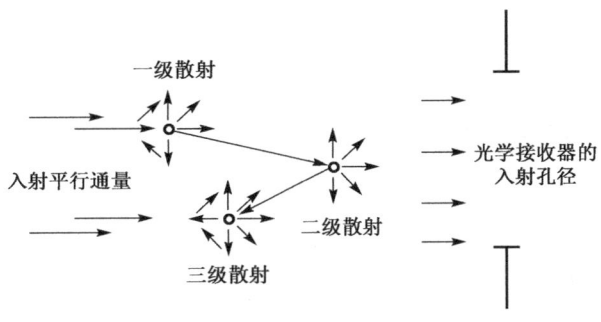

图 6-14 多级散射

(1) 气象视程与视程方程式

气象视程是指目标与背景的对比度随距离的增大而减小到原来的 2%时的距离，又称为视程或视距。

一般情况下，可以在可见光谱区的指定波长 $\lambda_0$（通常取 $\lambda_0 = 0.6\mu m$ 或 $0.55\mu m$）处测量目标和背景的对比度，因为在这些波长处，大气的吸收很少，因而引起辐射衰减的原因主要是散射。设光线路径是水平的，沿光线路径的散射颗粒分布是均匀的，因此该处产生的散射都是相同的。这种情况下，可以以背景亮度为标准来定义目标的对比度

$$C = \frac{L_t - L_b}{L_b} \tag{6-59}$$

式中，$L_t$ 为目标亮度，$L_b$ 为背景亮度。

当观察一系列目标时，会发现它与背景间的对比度随着观察者距离的增大而减小，直到对比度减小到使人眼不能分开两者为止。换句话说，人眼对两个目标亮度差异的区别能力是有限的，这种限制的临界点称为亮度对比度阈。亮度对比度阈用 $C_V$ 来表示，对于正常的人眼来说，其标准值为 0.02。

对于同一目标来说，当它与观察者的距离为 $x$ 时，观察者所看到的目标和背景的对比度为

$$C_x = \frac{L_{tx} - L_{bx}}{L_{bx}} \tag{6-60}$$

式中，$L_{tx}$ 为观察者所看到的目标亮度，$L_{bx}$ 为背景亮度。

辐射传输在考虑散射时的传输方程为

$$\frac{dL}{dx} = -k(\tilde{\nu},x)\rho(x)[L(\tilde{\nu},x) - J_\nu(\tilde{\nu},x)] \tag{6-61}$$

式中，$J_\nu(\tilde{\nu},x)$ 为附加源函数，$\tilde{\nu}$ 为波数，$k(\tilde{\nu},x)$ 为消光系数，$x$ 为路径长度。

对于 $x=0$ 处的目标 $L_{t0}$ 和背景 $L_{b0}$，可得 $x=V$ 处的表观亮度为

$$L_i(V) = L_i(0)e^{-\int_0^V k\rho dx} + \left[\int_0^V k\rho J_\nu e^{\int_0^V k\rho dx} dx\right] e^{-\int_0^V k\rho dx} \tag{6-62}$$

将式（6-62）代入式（6-60），得对比度

$$C_x = C_0 \frac{1}{1 + L_v(R)/L_b(0)\tau} = CT_C \quad (6\text{-}63)$$

式中，$C_0$ 为目标和背景的固有对比度，$C_0 = \frac{L_{t0} - L_{b0}}{L_{b0}}$；$\tau$ 为大气的透射比，$\tau = \exp\left(-\int_0^V k\rho \mathrm{d}x\right)$；$L_v(R)$ 为气柱亮度，$L_v(R) = \int_0^V k\rho J_v \mathrm{e}^{\int_0^V k\rho \mathrm{d}x} \mathrm{d}x$；$T_C$ 为大气对比传递函数。

当 $x = V$ 处的亮度对比度 $C_V$ 与 $x = 0$ 处的亮度对比度 $C_0$ 的比值为 2% 时，称距离 $V$ 为气象视程，即

$$\frac{C_V}{C_0} = \frac{(L_{tV} - L_{bV})/L_{bV}}{(L_{t0} - L_{b0})/L_{b0}} = 0.02 \quad (6\text{-}64)$$

但在实际的工程测量时，总是让目标的亮度远远大于背景的亮度，即 $L_t \gg L_b$，而 $L_{b0} = L_{bV}$，因此，式（6-64）可变为

$$\frac{C_V}{C_0} = \frac{L_{tV}}{L_{t0}} = 0.02 \quad (6\text{-}65)$$

该式表明，在实际的观测中，当把一个很亮的目标从 $x = 0$ 处移到距离观测点 $x = V$ 处时，波长 $\lambda_0$ 对应的亮度降到原亮度的 2%，此时 $V$ 就是气象视程。若满足上述的假设，则 $x = 0$ 到 $x = V$ 之间的大气在波长 $\lambda_0$ 处，对透射比的影响将只由散射造成，这里 $\mu$ 等于散射系数 $\beta$，其透射比为

$$\tau_s(\lambda_0, V) = \frac{L_{tV}}{L_{t0}} = \mathrm{e}^{-\mu_s(\lambda_0)V} \quad (6\text{-}66)$$

由式（6-65）和式（6-66）可得

$$\ln \tau_s(\lambda_0, V) = -\mu_s(\lambda_0)V = \ln 0.02 = -3.91 \quad (6\text{-}67)$$

则在波长 $\lambda_0$ 处，散射系数和气象视程的关系为

$$V = \frac{3.91}{\mu_s(\lambda_0)} \quad (6\text{-}68)$$

该式即为视程方程式。式中，$V$ 是长度单位，与 $\mu_s(\lambda_0)$ 相适应即可。

在推导视程方程式时，假设目标的表面亮度是均匀的，地表附近的大气背景是均匀的，光线是单色的，光所经过的路程是水平的，散射微粒沿光线的分布也是均匀的。对波长的选取也间接地说明了是无吸收的，只有散射起作用。

但在式（6-68）的实际应用中，却不像在推导时那样严格遵守这些假设。在实际大气中，多数情况下，气象视程是很小的。$V$ 一般小于 16km，甚至小于 5km。在大气透明度很低的情况下，微粒（如雾滴）一般较大，它在散射光线时，对波长是无选择性的。因为此时的散射可以视为直径大于 $5\mathrm{\mu m}$ 的悬浮微粒上的反射和衍射过程的综合效应，所以可以认为满足 $r \gg \lambda$ 的条件，可按几何光学定律来处理。在这种情况下，散射系数 $\mu_s(\lambda_0)$ 将与波长无关，因此，不必强调是单色光。另外，此时的背景光线多是均匀而弥漫的，所以不必担心利用式（6-68）会出现问题。幸运的是，尽管在浓阴天或碧空的日子里，从天顶到地平线附近，亮度会有 3 倍左右的变化，但是，只要物体的漫反射能力很弱，利用该方程就不会产生太大

的误差。事实上，许多天然目标物都具有低的反射率，如森林为4%~10%、绿色场地为10%~15%、海湾及河流为6%~10%等。

视程及视程方程式是很重要的，一方面，人们要知道眼睛能看多远，也就是要知道气象视程有多大，这对空运、海运和陆地上的观察都是十分重要的，在气象学中具有更重要的作用；另一方面，人们很想知道一个不熟悉的物体最远在什么距离上可以用眼睛观测到，因为这还涉及辨认的问题，所以它远比第一方面的问题复杂。

（2）测量$\lambda_0$处视程的原理

利用视程方程式可获得散射系数$\mu_s$。由于选取的波长通常是0.6μm或0.55μm，在这些波长处的吸收近似为0，因此，衰减只是由散射造成的。这样可以根据透射比和散射系数的关系，来求气象视程。具体来说，若对于已知的$x$距离，在波长$\lambda_0$处测得的透射比为$\tau_s(\lambda_0, x)$，则有

$$\tau_s(\lambda_0, x) = e^{-\mu_s(\lambda_0)x} \tag{6-69}$$

$$\ln \tau_s(\lambda_0, x) = -\mu_s(\lambda_0)x \tag{6-70}$$

当$x$在0~$V$范围内时，由于整个视程内的$\mu_s$都是一样的，因此，可将式（6-70）中的$\mu_s(\lambda_0)$代入视程方程式，得到气象视程与已知距离处的透射比间的关系

$$V = -\frac{3.91x}{\ln \tau_s(\lambda_0, x)} \tag{6-71}$$

该式表明，只要测得已知距离$x$及透射比$\tau_s(\lambda_0, x)$，就可求得气象视程。

通过亮度对比度和透射比的关系，也可求得与式（6-71）类似的关系式，只需将$\tau_s(\lambda_0, x)$换成亮度对比度之比即可，在此不再详细讨论。

式（6-71）不仅给出了测量气象视程的原理，也介绍了通过$V$与透射比的关系来计算气象视程的方法。

【例 6-1】 在距离$x = 5.5$km、波长$\lambda_0 = 0.55$μm处测得的透射比$\tau_s(\lambda_0, x)$为30%，求气象视程$V$。

**解：** 将$x$和$\tau_s(\lambda_0, x)$代入式（6-68）得

$$V = -\frac{3.91 \times 5.5}{\ln 0.3} \approx 17.9 \text{km}$$

即在0.55μm波长处的气象视程为17.9km。

（3）利用$\lambda_0$处的气象视程求任意波长处的散射系数

无论是瑞利散射，还是迈散射，散射系数$\mu_s(\lambda)$都是波长的函数，只是当粒子半径远大于波长时，才与波长无关，而成为无选择性散射。一般可将散射系数表示为

$$\mu_s(\lambda) = A\lambda^{-q} + A_1\lambda^{-4} \tag{6-72}$$

式中，$A$、$A_1$、$q$均为待定的常数。

式（6-72）中，第二项表示瑞利散射。在红外光谱区内，瑞利散射并不重要，因此只需考虑式中的第一项，即

$$\mu_s(\lambda) = A\lambda^{-q} \tag{6-73}$$

两边取对数，得

$$\ln \mu_s(\lambda) = \ln A - q \ln \lambda \tag{6-74}$$

式中，$q$ 为经验常数。

当大气能见度特别高（如气象视程 $V$ 大于 80km）时，$q=1.6$；在中等能见度条件下，$q=1.3$（这是最常见的数值）。如果大气中的霾很浓厚，以至于能见度很低（如气象视程小于 6km），那么可取 $q = 0.585 V^{1/3}$，其中 $V$ 是以 km 为单位的气象视程。

式（6-74）同样应该满足波长 $\lambda_0$ 处的散射系数条件。可利用式（6-73）和式（6-68）得到

$$\mu_s(\lambda_0) = \frac{3.91}{V} = A\lambda_0^{-q} \tag{6-75}$$

$$A = \frac{3.91}{V}\lambda_0^q \tag{6-76}$$

将式（6-76）代入式（6-73），就可得到任意波长 $\lambda$ 处的散射系数 $\mu_s(\lambda)$ 与气象视程及波长的关系

$$\mu_s(\lambda) = \frac{3.91}{V}\left(\frac{\lambda_0}{\lambda}\right)^q \tag{6-77}$$

把式（6-77）代入由纯散射衰减导致的透射比的公式，有

$$\tau_s(\lambda) = \exp\left[-\frac{3.91}{V}\left(\frac{\lambda_0}{\lambda}\right)^q x\right] \tag{6-78}$$

### 6.3.3 大气透过率

前面讨论了大气的吸收和散射对辐射的衰减作用，分别给出了纯吸收和纯散射所导致的衰减，并且给出了相应的计算透射比的公式。根据这些结果，原则上应该能够计算出给定气象条件下的大气透过率（简称透过率）。

在实际的大气中，尤其是在地表附近几千米的大气中，由于吸收和散射同时存在，因此大气的吸收和散射所导致的衰减都遵循比尔-朗伯定律。由此可得大气透过率为

$$\tau(\lambda) = \tau_a(\lambda)\tau_s(\lambda) \tag{6-79}$$

式中，$\tau_a(\lambda)$、$\tau_s(\lambda)$ 分别是与吸收和散射有关的透射比。由此可见，只要分别计算出 $\tau_a(\lambda)$ 和 $\tau_s(\lambda)$，就可由式（6-79）计算出大气透过率。

然而，大气中并非只有一种吸收组分。假设大气中有 $m$ 种吸收组分，则与吸收有关的透射比应该是这几种吸收组分的透射比的乘积，即

$$\tau_a(\lambda) = \prod_{i=1}^{m} \tau_{ai}(\lambda) \tag{6-80}$$

式中，$\tau_{ai}(\lambda)$ 是第 $i$ 种吸收组分的与吸收有关的透射比。

将式（6-80）代入式（6-79），可得大气透过率

$$\tau(\lambda) = \tau_s(\lambda) \prod_{i=1}^{m} \tau_{ai}(\lambda) \tag{6-81}$$

可见，计算大气透过率的步骤如下。

（1）按实际的需要规定气象条件、距离和光谱范围。

（2）根据气象视程的计算方法计算出在给定条件下的 $\tau_s(\lambda)$。

（3）按给定条件，依次计算出各吸收组分的 $\tau_{ai}(\lambda)$，具体如下。

① 按照大气透过率表，计算水蒸气和二氧化碳的与吸收有关的透射比。

② 按照吸收带模型，计算在给定条件下和指定光谱范围内的各吸收带的透射比，从而求得透过率。这种方法虽然较准确，但较复杂。

（4）利用所求的 $\tau_s(\lambda)$ 和 $\tau_{ai}(\lambda)$，根据式（6-81）可以计算出大气透过率。

**【例 6-2】** 气象条件：海平面的水平路径长为 1.8km，气温为 22℃，相对湿度 $R_h = 59\%$，气象视程 $V = 13.8$km（在 0.61μm 波长处）。求在 3.5~4μm 光谱带的平均大气透过率。

**解：** ① 求 $\tau_s(\lambda)$。$V = 13.8$km，取 $q = 1.3$，$\lambda_0 = 0.6$μm。在 3.5~4μm 这样一个狭窄的范围内，由散射导致的透射比随波长变化得较慢，可以取该光谱范围内的中心波长 $\lambda = 3.75$μm 处的 $\tau_s(\lambda)$ 作为平均的 $\bar{\tau}_s$。

根据透射比公式可得 
$$\bar{\tau}_s(3.75) = \exp\left[-\frac{3.91}{13.8} \times \left(\frac{0.61}{3.75}\right)^{1.3} \times 1.8\right] = 0.95$$

② 求 $\bar{\tau}_a$。这里只取两种组元的吸收过程，即水蒸气和二氧化碳的吸收过程，所以有 $\bar{\tau}_a = \tau_{H_2O} \tau_{CO_2}$。

a. 求水蒸气的透射比 $\tau_a = \tau_{H_2O}$。从表 6-2 可以查得 22℃ 对应的标准大气压下的饱和水蒸气的含量为 $\rho_s = 19.22 \text{g/m}^3$，绝对湿度为 $\rho_w = \rho_s R_h = 19.22 \times 59\% \approx 11.34 \text{g/m}^3$。

所以，全路径的可凝结水的毫米数为
$$\omega = \rho_w x = 11.34 \times 1.8 \approx 20.4 \text{mm}$$

当 $\omega = 20$mm 时，各波长对应的透射比如表 6-8 所示。

表 6-8 各波长对应的透射比

| 波长/μm | $\tau_{H_2O}(\lambda)$ | $\tau_{CO_2}(\lambda)$ | $\tau_a(\lambda)$ | $\bar{\tau}_a$ | $\bar{\tau}_s$ | $\bar{\tau}$ |
|---|---|---|---|---|---|---|
| 3.5 | 0.832 | 1 | 0.832 | | | |
| 3.6 | 0.916 | 1 | 0.961 | | | |
| 3.7 | 0.944 | 1 | 0.944 | 0.95 | 0.95 | 0.902 5 |
| 3.8 | 0.972 | 1 | 0.972 | | | |
| 3.9 | 0.972 | 1 | 0.972 | | | |
| 4 | 0.96 | 0.991 | 0.951 | | | |

b. 求二氧化碳的透射比 $\tau_{CO_2}$。因为 $x = 1.8$km，可取近似值 $x = 2$km。将表 6-8 中的 $\tau_a(\lambda)$ 值对应的波长 $\lambda$ 画图，如图 6-15 所示。

很容易得到 3.5~4μm 光谱带的平均透过率 $\bar{\tau}_a$。此时，整个光谱区域的带宽为 $\Delta\lambda = 4 - 3.5 = 0.5$μm，而光谱间隔 $d\lambda = 0.1$μm，其边界上的两个波长只有间隔的一半，即为 $d\lambda/2$，所以平均透射比为

$$\bar{\tau}_a = \frac{1}{\Delta\lambda}\left[\tau_a(\lambda_0) \times \frac{1}{2}d\lambda + \tau_a(\lambda_1)d\lambda + \cdots + \tau_a(\lambda_{m-1})d\lambda + \tau_a(\lambda_m) \times \frac{1}{2}d\lambda\right]$$

式中，$\lambda_0$ 和 $\lambda_m$ 是该光谱带边界上的两个波长，所以对于 3.5～4μm 光谱带，有

$$\bar{\tau}_a = \frac{0.1}{0.5} \times \left[\frac{0.832 + 0.951}{2} + 0.961 + 0.944 + 0.972 + 0.972\right] \approx 0.95$$

所以，可求得

$$\bar{\tau} = \bar{\tau}_a \bar{\tau}_s = 0.95 \times 0.95 \approx 0.9025$$

清楚起见，把 $\tau_a(\lambda)$、$\bar{\tau}_a$、$\bar{\tau}_s$、$\bar{\tau}$ 都列于表 6-8 中。在图 6-15 中，实线表示在 3.5～4μm 光谱带内由吸收导致的透射比 $\tau_a(\lambda)$，虚线表示在这一光谱带内的平均值，边界波长上所取的光谱间隔为 $d\lambda/2$。

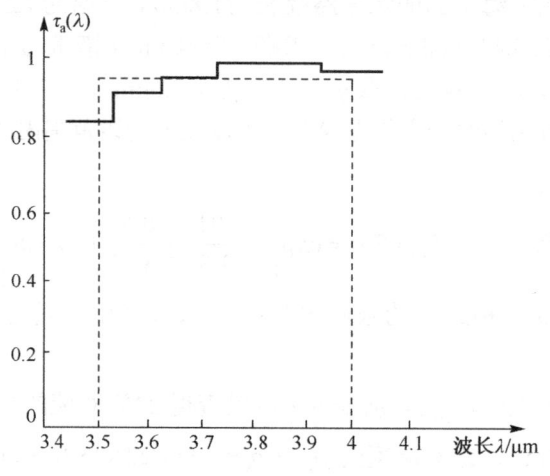

图 6-15 透射比与波长的关系

## 6.4 大气消光对成像系统性能的影响

大气消光可使目标与背景的对比度下降，下面分析大气消光对几种成像系统性能的影响。

(1) 大气消光对人眼视觉系统的影响

人眼是一个比较理想的成像系统，对日间视觉来说，人眼的阈值对比度为 2%～5%，大气的传递函数为

$$T_C = \left[1 + \frac{L_v(\infty)}{L_b(0)} \cdot \frac{1-\tau}{\tau}\right]^{-1} = \left[1 + K \cdot \frac{1-\tau}{\tau}\right]^{-1} \tag{6-82}$$

式中，$K$ 为地平面天空亮度与背景亮度之比。

由此可见，$T_C$ 是 $K$ 和 $\tau$ 的函数，与目标亮度无关，即 $T_C$ 只与目标与探测器之间的大气状态有关。

(2) 大气消光对微光成像系统性能的影响

微光成像系统通常在自然照度很低的条件下工作，其性能主要受入射光子随机涨落的光

子噪声的限制,该涨落可用泊松分布来表示。因此,大气消光对微光成像系统性能的影响应从信噪比的衰减这一角度来考虑。

设目标和背景像元的光子数分别为 $N_t$ 和 $N_b$,天空散射元的光子数为 $N_q$,则微光成像系统在距离 $V$ 处的表观信噪比为

$$(S/N)_R = \frac{[N_t\tau + N_q(1-\tau)] - [N_b\tau + N(1-\tau)]}{[2N_m\tau + 2N_q(1-\tau)]^{1/2}} = (S/N)_0 \frac{\tau}{[\tau + K(1-\tau)]^{1/2}} \quad (6\text{-}83)$$

式中,$(S/N)_0$ 为固有信噪比,且 $(S/N)_0 = (N_0 - N_b)/(2N_m)^{1/2}$;$N_m$ 为平均光子数,$N_m = (N_t + N_b)/2$;$K$ 为天空散射光子数与平均光子数之比,$K = N_q/N_m$。

于是,微光成像系统的大气信噪比传递函数为

$$T_{Ph} = (S/N)_V / (S/N)_0 = \sqrt{\tau} \Big/ \left(1 + K \cdot \frac{1-\tau}{\tau}\right)^{1/2} \quad (6\text{-}84)$$

与大气的传递函数 $T_C$ 不同,$T_{Ph}$ 除与 $\tau$、$N_b$ 和 $N_q$ 有关外,还与目标的光子数 $N_t$ 有关。

(3) 大气消光对被动红外成像系统的影响

被动红外成像系统的性能只取决于目标和背景的辐射之差,固有信噪比可表示为

$$(S/N)_0 = A'(N_t - N_b) \quad (6\text{-}85)$$

式中,$A'$ 为比例常数,$N_t$ 为目标的固有辐射亮度,$N_b$ 为背景的固有辐射亮度。

大气中红外辐射在传输过程中附加的辐射量由散射的红外辐射和大气本身的红外辐射组成,统称为路程辐射亮度 $N_a$。于是在距离 $V$ 处的表观信噪比为

$$(S/N)_R = A'[(N_t\tau_{IR} + N_a) - (N_b\tau_{IR} + N_a)] = A'\tau_{IR}(N_t - N_b) = (S/N)_0 \tau_{IR} \quad (6\text{-}86)$$

式中,$\tau_{IR}$ 为红外光谱透射比。

可用有效信噪比传递来表示被动红外成像系统受大气消光的影响,即

$$T_{ef} = \frac{(S/N)_R}{(S/N)_0} = \tau_{IR} \quad (6\text{-}87)$$

因此,路程辐射亮度对被动红外成像系统没有影响。

综上可知,大气对各类成像系统的影响有很大的区别。人眼视觉系统受大气消光的影响远大于被动红外成像系统受大气消光的影响。

## 6.5 红外大气传输模型

### 6.5.1 雾天气条件下的红外辐射能

雾天气条件下红外传感器所接收的红外辐射一般包括:场景点自身发射的辐射 $E_e$、场景点的反射辐射 $E_r$ 及路径辐射 $E_p$,可表示为

$$E = E_e + E_r + E_p \quad (6\text{-}88)$$

式中,路径辐射 $E_p$ 包括大气散射辐射和大气介质自身发射的辐射等;反射辐射 $E_r$ 主要包括

太阳反射辐射 $E_1$ 与天空光反射辐射 $E_s$ 等，即

$$E_r = E_1 + E_s \tag{6-89}$$

在雾天气条件下，太阳反射辐射 $E_1$ 可忽略不计。

对于红外传感器，$E_e$、$E_p$ 和 $E_s$ 直接反映了红外图像的成像质量，其中传感器所接收的红外辐射的绝大部分能量由 $E_e$ 和 $E_p$ 决定，而 $E_p$ 通常会导致红外图像偏亮、对比度降低并产生一定噪声，因此 $E_e$、$E_p$ 和 $E_s$ 对红外大气辐射传输模型的建立尤为重要。根据红外传感器在雾天气下的成像特点，主要考虑场景点辐射能量在穿过大气介质时的衰减及所受路径辐射的影响，此时，红外传感器所接收的能量可表示为

$$E = \int_{\lambda_1}^{\lambda_2} (E_r + E_p) d\lambda \tag{6-90}$$

式中，$E_r$ 表示场景点所辐射的总能量，随着传播距离的增大，$E_r$ 会不断地衰减；随着距离场景点越来越远，$E_p$ 不断增大。在建立红外大气传输模型时，以 $E_r$ 与 $E_p$ 作为基本参量。

### 6.5.2 红外辐射大气衰减模型

（1）一般模型

在雾天气条件下，红外辐射在穿过大气悬浮介质时，随着传播距离的增大，其衰减也越来越大。假设辐射能在单位截面柱体内沿直线平行传播，将柱内长度为 $x$ 的大气视为厚度为 $dx$ 的连续薄片（如图 6-16 所示），由 Bouguer 幂定理知，红外辐射的衰减过程可表示为

$$\frac{dE(x,\lambda)}{E(x,\lambda)} = -\tau(\lambda) d\lambda \tag{6-91}$$

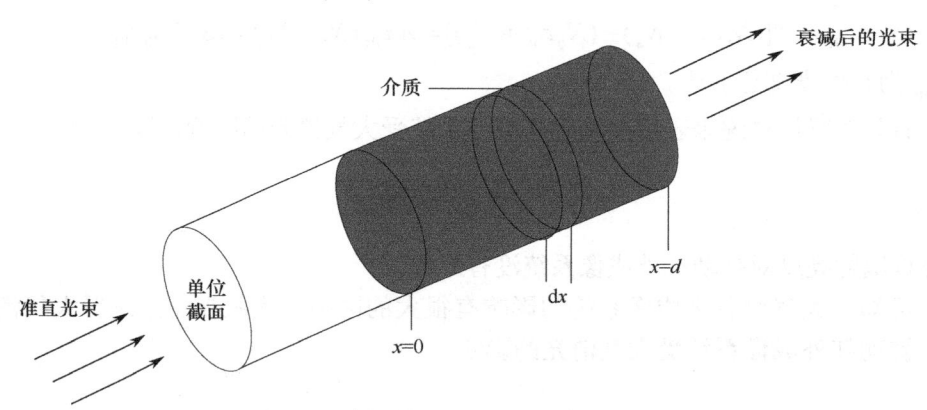

图 6-16 平行辐射光束经过大气悬浮介质时的衰减图

对上面的表达式从 0 到 $d$ 进行积分，可得

$$E(d,\lambda) = E_0(\lambda) e^{-\tau(\lambda)d} \tag{6-92}$$

式中，$\tau(\lambda)$ 为大气透过率，与大气中粒子的浓度、类型、形状、大小及大气温度等因素有关；$d$ 为场景点到红外传感器的距离，称为大气厚度。由于波盖尔定律在推导过程中假定辐射能在单位截面柱体内沿直线平行传播，但在自然界中辐射能并非如此，因此上述衰减过程的表达式在具体应用中存在很大局限性。为此，Allard 提出了点辐射源发射辐射的平方倒数定理，将式（6-92）改为

$$E(d,\lambda) = g\frac{E_0(\lambda)\mathrm{e}^{-\tau(\lambda)d}}{d^2} \tag{6-93}$$

式（6-93）为红外辐射能经过大气介质的一般衰减模型，其中 $g$ 为红外传感器的相关参数，$E_0(\lambda)$ 为未衰减的场景点的辐射强度。实验表明，当雾的浓度比较高时，该模型的效果不是很理想。

（2）改进模型

为了得到更好的效果，下面介绍一般衰减模型的改进，改进的衰减模型是通过重新估计 $E_0(\lambda)$ 来实现的。把雾天气条件下场景点的红外辐射能分为天空背景反射辐射 $E_{\mathrm{sky}}$ 与自身发射的辐射 $E_{\mathrm{emitt}}$ 两部分。首先推导天空背景反射辐射，取场景点 $P$，该场景点所在平面的法向量为 $\boldsymbol{n}$，$\varOmega$ 为场景点 $P$ 所张的有效辐射天空锥体，取面积无穷小的天空块，该天空块的极角为 $\delta\theta$，方位角为 $\delta\varphi$，如图 6-17 所示。

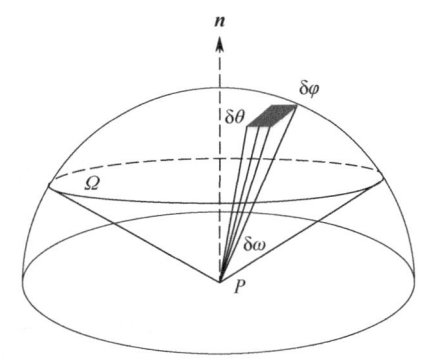

图 6-17 具有法向量 $\boldsymbol{n}$ 的场景点 $P$ 的辐射模型

该天空块在场景点 $P$ 处所张的立体角为 $\delta\omega$，在雾天气条件下，无穷小的天空块所张的锥体的方位角为 $\delta\varphi$。在 $(\theta,\varphi)$ 方向上的辐射为

$$L_1(\theta,\lambda) = L_\infty(\lambda)(1+2\cos\theta)\delta\omega \tag{6-94}$$

式中，$\delta\omega = \sin\theta\delta\theta\delta\varphi$，$L_\infty(\lambda)$ 为无穷远处的路径辐射。整个有效辐射天空锥体 $\varOmega$ 在场景点 $P$ 处的辐射为

$$E_1(\lambda) = \iint_\varOmega L_\infty(\lambda)(1+2\cos\theta)\cos\theta\sin\theta\mathrm{d}\theta\mathrm{d}\varphi \tag{6-95}$$

设 $R$ 为场景点 $P$ 的双向反射分布函数（BRDF），那么场景点 $P$ 沿观察方向的天空背景反射辐射为

$$L_{\mathrm{s}}(\lambda) = \iint_\varOmega L_\infty(\lambda)f(\theta)R(\theta,\varphi)\mathrm{d}\theta\mathrm{d}\varphi \tag{6-96}$$

式中，$f(\theta) = (1+2\cos\theta)\cos\theta\sin\theta$。

设场景点 $P$ 的单位邻域块在垂直于观察方向的投影为 $\sigma$，那么场景点 $P$ 的辐射强度可表示为

$$E_{\mathrm{s}}(\lambda) = \sigma L_{\mathrm{s}}(\lambda) = \sigma\iint_\varOmega L_\infty(\lambda)f(\theta)R(\theta,\varphi)\mathrm{d}\theta\mathrm{d}\varphi \tag{6-97}$$

由于 $L_\infty(\lambda)$ 对于 $\theta$ 和 $\varphi$ 来说是常量，因此式（6-97）可写成

$$E_{\mathrm{s}}(\lambda) = L_\infty(\lambda)\gamma_1 \tag{6-98}$$

式中，$\gamma_1$ 表示有效辐射天空立体角及沿观察方向的反射率。式（6-98）为天空背景的红外辐射反射模型的表达式。

接下来推导场景点的自身发射辐射，根据如图 6-17 所示的模型来描述场景点的自身发射辐射。取场景点 $P$，$P$ 点的热力学温度为 $T$，该场景点所在平面的法向量为 $\boldsymbol{n}$，$\varOmega$ 为 $P$ 所张的有效发射锥体，取面积无穷小的球面块，该无穷小球面块的极角为 $\delta\theta$，方位角为 $\delta\varphi$，在 $P$ 处所张的立体角为 $\delta\omega$，则无穷小球面块所张的锥体 $\varOmega$ 在 $(\theta,\varphi)$ 方向上的自身发射辐射为

$$L_2(\theta,\lambda)=\eta(\lambda,T)B_\lambda(T)\delta\omega \qquad (6\text{-}99)$$

式中，$\delta\omega = \sin\theta\delta\theta\delta\varphi$；$\eta(\lambda,T)$ 为灰体的自身发射特征函数；是与场景点的材质和温度相关的量；$B_\lambda(T)$ 为普朗克函数，其表达式为

$$B_\lambda(T) = C_1\lambda^5/(e^{C_2/\lambda T}-1) \qquad (6\text{-}100)$$

那么场景点 $P$ 在整个有效发射锥体 $\Omega$ 中的自身发射辐射为

$$E_2(\lambda) = \iint_\Omega \eta(\lambda,T)B_\lambda(T)\cos\theta\sin\theta\mathrm{d}\theta\mathrm{d}\varphi \qquad (6\text{-}101)$$

设 $F$ 为场景点 $P$ 自身发射辐射分布密度函数，那么从 $P$ 沿观察方向的自身发射辐射为

$$L_e(\lambda) = \iint_\Omega \eta(\lambda,T)B_\lambda(T)\cos\theta\sin\theta F(\theta,\varphi)\mathrm{d}\theta\mathrm{d}\varphi \qquad (6\text{-}102)$$

设场景点 $P$ 的单位邻域块在垂直于观察方向的投影为 $\kappa$，那么场景点 $P$ 的自身发射辐射强度可表示为

$$E_e(\lambda) = \kappa L_e(\lambda) = \kappa\iint_\Omega \frac{L_\infty(\lambda)}{L_\infty(\lambda)}\eta(\lambda,T)B_\lambda(T)\cos\theta\sin\theta F(\theta,\varphi)\mathrm{d}\theta\mathrm{d}\varphi \qquad (6\text{-}103)$$

$L_\infty(\lambda)$ 对于 $\theta$ 和 $\varphi$ 来说是常量，因此式（6-103）可写为

$$E_e(\lambda) = L_\infty(\lambda)\gamma_2 \qquad (6\text{-}104)$$

式中，$\gamma_2$ 与场景点自身发射的有效发射立体角、场景点的材质属性及沿观察方向的自身发射辐射有关。式（6-104）为自身发射辐射模型的表达式。

根据天空背景的红外辐射反射模型和自身发射辐射模型，可以得到

$$\begin{aligned}E_r &= E_e + E_s \\ &= L_\infty(\lambda)\gamma_1 + L_\infty(\lambda)\gamma_2 \\ &= L_\infty(\lambda)(\gamma_1+\gamma_2) \\ &= L_\infty(\lambda)\gamma\end{aligned} \qquad (6\text{-}105)$$

式中，$\gamma = \gamma_1 + \gamma_2$，与沿观察方向的反射率、沿观察方向的自身发射辐射率及场景点的材质等因素有关。

在红外辐射一般衰减模型［式（6-93）］中，用 $E_r(\lambda)$ 替代 $E_0(\lambda)$，可得到改进的红外辐射衰减模型

$$\begin{aligned}E'(d,\lambda) &= g\frac{E_r e^{-\tau(\lambda)d}}{d^2} \\ &= g\frac{L_\infty(\lambda)\gamma e^{-\tau(\lambda)d}}{d^2}\end{aligned} \qquad (6\text{-}106)$$

### 6.5.3 路径辐射模型

在对流层大气范围内，雾天气条件下的红外路径辐射由大气自身的发射辐射与大气散射辐射组成，且这两部分辐射是没有经过地表目标物而直接到达红外传感器的辐射。下面推导路径辐射模型。

如图 6-18 所示，可以将沿观察方向的路径辐射视为一个常量，但该路径辐射的方向和强度均未知。设观察点所张的立体角为 $\mathrm{d}\omega$，到目标物的距离为 $d$，则该立体角 $\mathrm{d}\omega$ 和距离 $d$ 内的大气可视为一个辐射源，距离观察点 $x$ 处的无穷小体积 $\mathrm{d}V$ 为横截面积 $\mathrm{d}\omega x^2$ 和厚度 $\mathrm{d}x$ 的乘

积，可表示为

$$dV = d\omega x^2 \cdot dx \tag{6-107}$$

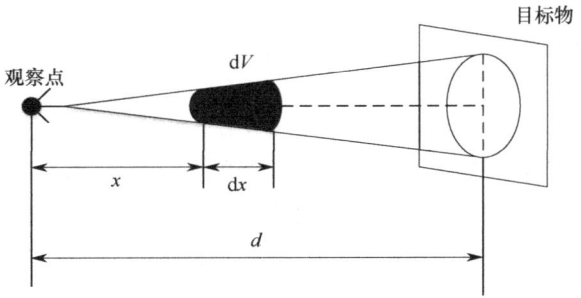

图 6-18 路径辐射的几何模型

那么，$dV$ 体积内的大气辐射源沿观察方向的辐射强度为

$$dI(x,\lambda) = dV\alpha\tau(\lambda) = d\omega x^2 dx\alpha\tau(\lambda) \tag{6-108}$$

式中，$\tau(\lambda)$ 为大气透过率，$\alpha$ 为大气路径辐射的属性参数。对于 $dV$ 体积的大气辐射源，其辐射强度 $dI(x,\lambda)$ 经过衰减后到达红外传感器的强度可表示为

$$dE(x,\lambda) = \frac{dI(x,\lambda)e^{-\tau(\lambda)x}}{x^2} \tag{6-109}$$

这样可以得到 $dV$ 体积的大气辐射源的辐射为

$$dL(x,\lambda) = \frac{dE(x,\lambda)}{d\omega} = \frac{dI(x,\lambda)e^{-\tau(\lambda)x}}{d\omega x^2} \tag{6-110}$$

将式（6-108）代入上式，可得

$$dL(x,\lambda) = \alpha\tau(\lambda)e^{-\tau(\lambda)x}dx \tag{6-111}$$

路径辐射随着距离 $d$ 的增大而增大，对 $dL(x,\lambda)$ 从 $x=0$ 到 $x=d$ 进行积分，得

$$L(d,\lambda) = \alpha(1-e^{-\tau(\lambda)d}) \tag{6-112}$$

当距离 $d$ 为无穷大时，路径辐射最大，路径辐射的最大值记为无穷远处的水平红外辐射 $L_\infty(\lambda) = \alpha$，此时式（6-112）在任意距离 $d$ 处的辐射为

$$L_p(d,\lambda) = L(d,\lambda) = L_\infty(\lambda)(1-e^{-\tau(\lambda)d}) \tag{6-113}$$

该表达式就是路径辐射模型的表达式。

根据红外大气辐射的衰减模型和路径辐射模型，辐射可表示为

$$L(d,\lambda) = E'(d,\lambda) + E_p(d,\lambda) = g \cdot \frac{L_\infty(\lambda)\gamma e^{-\tau(\lambda)d}}{d^2} + L_\infty(\lambda)(1-e^{-\tau(\lambda)d}) \tag{6-114}$$

## 6.6 大气传输计算软件 MODTRAN

随着近代物理和计算机技术的发展，大气辐射传输计算模式由 20 世纪 60 年代的全参数或简化的谱带模式发展为目前的高分辨光谱透过率计算模式，由单纯只考虑吸收的大气模式发展到散射和吸收并存的大气模式，且大气也从水平均匀大气发展到水平非均匀大气。很多软件在目标探测和遥感中都得到了应用，其中 MODTRAN 应用得较为广泛。

MODTRAN（MODerate resolution TRANsmission）是一种中分辨率的大气辐射传播软件，它是 LOWTRAN 的升级产品，主要是为了满足军事和遥感的工程需要。开发 MODTRAN 的目的在于提高 LOWTRAN 的光谱分辨率，它将光谱的半宽度由 LOWTRAN 的 $20cm^{-1}$ 减小到 $2cm^{-1}$。它的改进主要包括发展了一种 $2cm^{-1}$ 光谱分辨率的分子吸收算法和更新了对分子吸收的气压温度关系的处理，还同时包含可供用户选用的 LOWTRAN 完整模型。MODTRAN 重点对水汽、二氧化碳、臭氧、一氧化二氮、一氧化碳、甲烷、氧气、一氧化氮、二氧化硫、二氧化氮、氨气和硝酸等分子进行了重新处理。新的分子带模式参数范围为 $0\sim17900cm^{-1}$。但在可见光和紫外线这些较短的波长上，仍使用 LOWTRAN 7 的 $20cm^{-1}$ 的光谱分辨率。在 MODTRAN 中，分子透过率的带参数在 $1cm^{-1}$ 的光谱间隔上计算，在该间隔上的分子透过率计算主要包括 3 部分：

（1）在此间隔上积分"平均谱线"的 Voigt 线型；

（2）当该间隔包含多于一条的同种分子谱线时，假定这些谱线是随机分布的；

（3）将相邻间隔中的谱线的贡献视为分子连续吸收来处理。

对于 MODTRAN 中其他光谱结构变化大于 $1cm^{-1}$ 的成分，则仍用 LOWTRAN 7 的 $5cm^{-1}$ 光谱分辨率计算，并内插到 $1cm^{-1}$ 上求得总的分子透过率。这些 $1cm^{-1}$ 的光谱间隔互不重叠，并可用一个三角狭缝函数将其分辨率降低到所需的分辨率。由于这些间隔是矩形的，且互不重叠，因此 MODTRAN 的标称光谱分辨率为 $2cm^{-1}$。

在程序处理上，MODTRAN 对 LOWTRAN 的改动最小，具体体现在三个方面：

① 附加了中分辨率光谱计算能力的选择项，但它可作为独立的程序运行，也可作为子程序或分立的模块运行，而不干扰原 LOWTRAN 的执行；

② 气溶胶模式、多次散射计算、用户定义的大气模式等都未改变；

③ 将 MODTRAN 使用的分子带模式参数作为外部文件读入。对于使用者来说，MODTRAN 的输入卡仅对 LOWTRAN 输入卡做了三处改动：在卡片一的最前面加了一个逻辑变量 MODTRAN，供用户选择是否使用 MODTRAN；将卡片四的输入改为整型；加了一个输入参数 IFWHM，用来定义三角狭缝函数的宽度。

### 6.6.1　MODTRAN 的组成

在软件实际运行时，有 MODTRAN 和 LOWTRAN 两种选择。MODTRAN 主要由三大部分组成。

（1）大气模型

大气模型包括标准大气模型和用户自定义大气模型。标准大气模型与 LOWTRAN 定义的 6 种大气模型相同，分别如下。①1976 年美国标准大气：1976 年，由美国制定，用中纬度平均值表示；②赤道：北纬 15°；③中纬度夏天：北纬 45°，7 月；④中纬度冬天：北纬 45°，1 月；⑤亚北极夏天：北纬 60°，7 月；⑥亚北极冬天：北纬 60°，1 月。

在 6 种大气模型中，只有 1976 年美国标准大气的大气模型是一种标准的大气模型（其界面示意图如图 6-19 所示），其余 5 种模型都反映了季节、纬度对大气性质的影响。

MODTRAN 的大气模型将大气非等高地划分为 34 层，给出了上述 6 种大气模型的气压、温度及 $H_2O$、$CO_2$、$O_3$ 等 11 种气体的含量随高度的分布情况。用户自定义大气模型有两种，可根据需要输入气象数据。

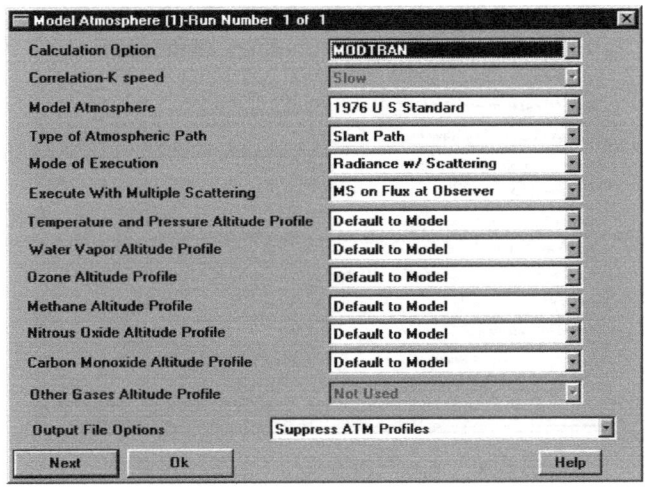

图 6-19　1976 年美国标准大气的大气模型界面示意图

(2) 大气路径类型及参数

MODTRAN 在计算时，要求先输入路径类型，再输入路径参数。路径类型主要包括水平路径、斜路径和斜路径至太空 3 种。

① 水平路径：需要确定观察点高度和路径长度这两个参数。注意，这里的水平路径是指短路径，而不是长路径。

② 斜路径：共有 7 个设置参数，分别为初始高度 $H_1$（观察点高度）、最终高度 $H_2$（辐射源高度）、正切高度 $H_{min}$（路径至地球的最低高度，只适用于长程）、起点与终点的直线距离 $r$、天顶角 $\theta$、最终角 $\varphi$、地心与观察点或源点的张角 $\beta$。确定一个斜路径只需要设置 3 个参数，具体有 $H_1$、$\theta$、$H_2$，$H_1$、$\theta$、$r$，$H_1$、$H_2$、$r$，$H_2$、$H_1$、$\beta$，$H_2$、$H_1$、$\varphi$，$H_2$、$\varphi$、$r$ 这 6 种设置方法。

③ 斜路径至太空：需要设置 2 个参数，主要有 $H_1$、$\theta$，$H_1$、$H_{min}$，$H_{min}$、$\theta'$ 这 3 种设置方法。其中，$H_1$、$H_{min}$ 设置主要用于临边探测。

(3) 气溶胶模型

气溶胶是大气悬浮颗粒的总称，它包括地面灰尘、火山灰、工业燃烧产生的烟灰、海面喷沫、雾等。气溶胶的大小差距很大，仅存在于局部区域。气溶胶分布与高度有关，MODTRAN 按高度将大气分为边界层（0～2km）、对流层顶部（2～10km）、同流层底部（10～30km）及同流层/中间层（30～100km）4 部分，并分别建立气溶胶模型。边界层气溶胶模型与地理环境、天气有关，MODTRAN 给出的边界气溶胶模型主要涉及农村、都市、海洋、对流层、雾等。农村气溶胶模型由 70% 的可溶物质（氨、硫酸钙及有机化合物）和 30% 的灰尘气溶胶混合而成。如图 6-20 所示为农村气溶胶模型下的界面示意图。海洋气溶胶模型由盐颗粒和背景两部分组成，盐颗粒是海水飞沫蒸发后再凝聚成水汽而形成的较大颗粒，存在于距海面 10～20m 高处。海洋的背景气溶胶模型与农村气溶胶模型相似，唯一不同的是没有非常大的颗粒。都市气溶胶模型由 20% 的燃烧生成物（或工业源形成的类烟尘气溶胶）和 80% 的农村气溶胶两部分组成。对流层气溶胶模型代表了非常清澈的天气条件，其能见度可达 50km。

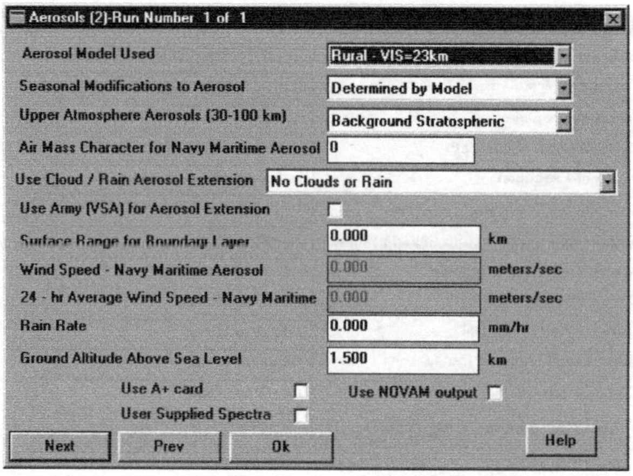

图 6-20 农村气溶胶模型下的界面示意图

对流层顶部的气溶胶比边界层均匀得多，大颗粒大幅减少。同流层底部的气溶胶主要受季节的影响，这是因为对流层顶部的高度是随季节的变化而变化的。该层在全球均匀分布，不受地理环境的影响，主要颗粒是光化学反应产生的硫酸盐颗粒和火山喷发的火山灰。高层大气的主要气溶胶为流星灰。

## 6.6.2 MODTRAN 的运行模式

MODTRAN 包含 4 种运行模式，具体包括大气透过率运行模式、热辐射亮度运行模式、带散射的辐射亮度运行模式、太阳直射照度运行模式。下面分别进行介绍。

（1）大气透过率运行模式

大气透过率运行模式（mode = 0）可计算路径的总透过率及气体分子带吸收、连续吸收、气溶胶吸收等分量的路径透过率。路径的总透过率为各分量的路径透过率之和。

在大气透过率运行模式下，可进行总路径透过率，$H_2O$、$CO_2$ 及 $O_3$ 等吸收气体的透过率，分子散射透过率，气溶胶透过率等的计算。

（2）热辐射亮度运行模式

热辐射亮度运行模式（mode = 1）可计算路径大气辐射的辐射亮度和路径的总透过率，由于大气辐射主要在热红外波段，因此称为大气热辐射。

在热辐射亮度运行模式下，可进行如下计算。

① 总路径透过率：与路径类型、路径大气吸收和散射的衰减系数有关。

② 路径热辐射：路径大气热辐射的光谱辐射亮度。

③ 热散射：路径外大气热辐射经散射进入路径的光谱辐射亮度，通常情况下可忽略。

④ 表面辐射：在特定温度、比辐射率下，边界层表面热辐射产生的光谱辐射亮度。

⑤ 地面反射的总辐射亮度：大气热辐射经地面反射产生的光谱辐射亮度，通常情况下可忽略。

⑥ 总辐射亮度：观察点在视线方向接收到辐射的总辐射亮度。总辐射亮度是路径热辐射、热散射、表面辐射和地面反射的总辐射亮度 4 项之和。由于热散射和地面反射的总辐射亮度可忽略，因此总辐射亮度是路径热辐射和边界层热辐射亮度之和。

⑦ 光学深度：单位是 km$^{-1}$，光学深度是衰减系数对路径的积分。

边界层可以是地球、云、飞机等，MODTRAN 假设边界层均为灰体，用户必须输入边界层温度和表面反射率来确定表面发射的辐射亮度。边界层温度的默认值为 0，边界层温度的具体数值根据大气模型来确定。如果不用默认值，用户可输入边界层的热力学温度和表面反射率。当表面反射率的默认值为 0 时，比辐射率等于 1，即认为是黑体。

用户可根据需要直接输入反射率的数值，MODTRAN 也提供了几种典型的边界层，包括雪、森林、植被、草地、海洋、沙漠等，这些典型的边界层在红外波段的光谱反射率和比辐射率都是确定的。

（3）带散射的辐射亮度运行模式

热辐射亮度运行模式的路径辐射亮度只考虑路径大气和地面的热辐射，带散射的辐射亮度运行模式（mode=2）的路径辐射亮度不仅考虑了路径大气和地面的热辐射，还考虑了路径外辐射源（如太阳、月、地球等）产生的大气散射辐射亮度和地面反射辐射亮度。

路径大气的散射包括分子散射和气溶胶散射，分子散射主要影响可见光波段的路径辐射亮度，气溶胶散射对近红外、中红外波段的影响较大。路径外辐射源的辐射经大气散射后进入路径，将增大路径辐射亮度。MODTRAN 的单次散射仅考虑太阳光或月亮光散射后进入路径的过程，不考虑进入路径的散射光再次散射和离开路径的过程。

若散射辐射亮度和观察方向与太阳/月亮照射的相对位置较遥远，则计算时必须输入太阳/月亮几何位置的相关参数。

在带散射的辐射亮度运行模式下，可进行如下计算。

① 总路径透过率：与路径类型、路径大气吸收、散射的衰减系数有关。

② 路径热辐射：路径大气热辐射的光谱辐射亮度。

③ 热散射：路径外大气热辐射经散射进入路径的光谱辐射亮度，通常情况下可忽略。

④ 表面辐射：在特定温度、比辐射率下，边界层表面热辐射产生的光谱辐射亮度。

⑤ 太阳散射辐射亮度：太阳辐射经散射进入路径并到达观察点的辐射亮度。

⑥ 单次散射辐射亮度：太阳辐射经单次散射进入路径的辐射亮度，单次散射是指不考虑进入路径的散射辐射再次离开路径的过程，若设置为单次散射模式，则太阳散射辐射亮度即为单次散射辐射亮度。

⑦ 总地面反射：太阳光在地面反射而产生的辐射亮度，包括太阳直射光地面反射和散射光地面反射，能量主要集中在可见光和近红外波段，少量在短波波段，中波和长波波段可忽略。

⑧ 直接地面反射：太阳直射光地面反射的辐射亮度。

⑨ 总辐射亮度：观察点在视线方向接收到的辐射亮度，是路径大气热辐射、地面热辐射、地面反射辐射亮度之和。在中波和长波波段，地面反射辐射亮度可忽略，总辐射亮度是路径大气热辐射、地面热辐射的辐射亮度之和。在可见光、近红外、短波红外波段，路径大气热辐射可忽略，因此总辐射亮度是地面热辐射和地面反射辐射亮度之和。

⑩ 太阳反射辐射亮度：大气层外太阳光100%漫反射产生的辐射亮度，可作为外层空间太阳辐射的基准。

⑪ 观察点太阳反射辐射亮度：观察点处太阳光100%漫反射产生的辐射亮度，可作为观察点处的太阳辐射的基准。

⑫ 光学深度：单位是 $km^{-1}$，光学深度是衰减系数对路径的积分。

（4）太阳直射照度运行模式

太阳直射照度运行模式（mode=3）可用来进行大气层外太阳正入射的光谱辐射照度、太阳透过大气到达观察点的光谱辐射照度及路径透过率等的计算。注意，这里的大气层外太阳正入射的光谱辐射照度或观察点太阳辐射照度都约定为正入射照度。

（5）仿真实例

设降雨强度为2mm/h，降雪强度为0，空气温度为25℃，相对湿度为80%，大气能见度为10km，利用 MODTRAN 软件计算大气透过率。如图6-21所示为红外辐射在传输路径为10km、传输角度为30°时，0.3～13.9μm 波段的大气透过率，如图6-22所示为当传输路径为10km时大气透过率随倾斜路径仰角变化的曲线。

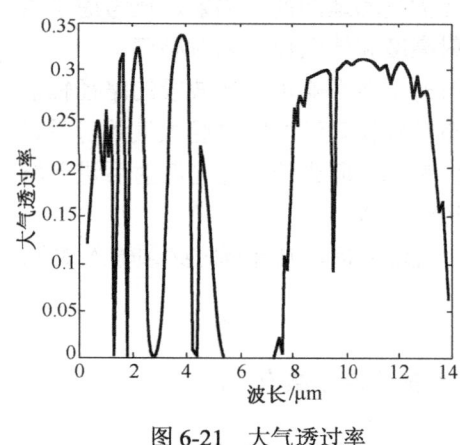

图 6-21　大气透过率

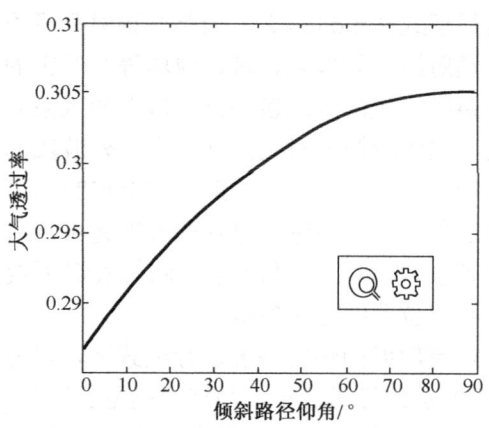

图 6-22　当传输路径为 10km 时大气透过率随倾斜路径仰角变化的曲线

## 小　结

本章介绍了大气的基本组成及其对辐射传输的影响；分析了大气的吸收与散射效应，并给出了吸收与散射的计算方法；讨论了大气消光对成像系统性能的影响；给出了红外大气传输模型；介绍了大气传输计算软件 MODTRAN 的组成及其运行模式，为后续的红外热成像技术的研究和发展提供了红外辐射大气传输理论的支持。

## 习　题

6-1　名词解释。

标准大气、波盖尔定律、大气窗口、大气传递函数。

6-2　填空题。

（1）大气一般可划分为＿＿＿＿层、＿＿＿＿层、＿＿＿＿层、＿＿＿＿层和＿＿＿＿层，大多数光电探测器件工作在＿＿＿＿层和＿＿＿＿层下部。

（2）大气是由多种元素和化合物混合而成的，大致可分为＿＿＿＿、＿＿＿＿、＿＿＿＿和＿＿＿＿。

## 第 6 章　红外辐射的大气传输

(3) 辐射在大气中的折射对光电成像系统的影响主要在_____和_____中较为明显，而在_____短距离探测时，其影响可忽略。

(4) 常用的吸收带模式主要包括_____、_____、_____和准随机模式 4 种。

(5) 气象视程是指_____随距离的增大而减小到原来的 2% 时的距离。

(6) MODTRAN 共包含_____、_____、_____和_____4 种运行模式。

(7) 人眼视觉受大气消光的影响要远大于受_____的影响。

(8) 瑞利散射只适用于粒子尺寸小的情况，大气中瑞利散射粒子主要是_____，该散射与_____成反比，即短波散射比长波散射强，故天空呈_____色。

(9) 雾滴的半径远大于可见光的波长，其形成的散射与_____无关，故雾呈白色。

(10) 大气单条吸收线的形状主要分为_____、_____和混合线形。

(11) 雾天气条件下的红外路径辐射由_____和_____组成。

6-3　简述大气层的结构特点和大气的组成。

6-4　气溶胶粒子的垂直分布及尺度分布各指什么？

6-5　辐射在大气中传输主要有哪些光学现象？试简述其产生的物理原因。

6-6　简述 MODTRAN 软件中的大气模式。

6-7　当温度为 12℃、相对湿度为 60% 时，试计算在海拔 1km 处沿水平方向及在天顶角的 2km 路径上，由吸收所引起的透射比 $\tau(0.7m)$ 及 $\tau(4m)$。

6-8　大气传递函数中的 $K$ 值可近似求得：晴朗天空 $K=0.2/\rho$，阴暗天空 $K=1/\rho$，这里 $\rho$ 为背景的反射比。对于处于山林（$\rho=0.04$）中的对比度为 30% 的目标，试求在晴天 $R_V=15km$ 和阴天 $R_V=5km$ 的气象条件下，距离 3km 处的表观对比度。

6-9　计算当波长为 10.6μm 和 1.06μm 时的大气透射比，并比较所得结果。气象条件为：路径长度 $L=10km$，气象能见度 $R_V=5km$（薄雾），空气温度 5℃，相对湿度 $R_h=95\%$。

6-10　在热辐射亮度模式下，利用 MODTRAN 计算 HY1 海洋卫星以 45℃ 倾角观察海面的路径辐射亮度和透过率。输入参数分别为：中纬度、夏天，23km 的能见度，海水温度为 300K，反射率为 0.03。

# 参 考 文 献

[1] 张敬贤，李玉丹，金伟其. 微光与红外成像技术[M]. 北京：北京理工大学出版社，1995.

[2] 张建奇，方小平. 红外物理[M]. 西安：西安电子科技大学出版社，2004.

[3] 白廷柱，金伟其. 光电成像原理与技术[M]. 北京：北京理工大学出版社，2006.

[4] 景生. 红外物理[M]. 北京：兵器工业出版社，1992.

[5] 陈衡. 红外物理学[M]. 北京：国防工业出版社，1985.

[6] 石晓光，宦克为，高兰兰. 红外物理[M]. 杭州：浙江大学出版社，2013.

# 第 7 章  红外热成像技术

## 引　言

本章主要介绍前几章所述的红外辐射是如何被探测且是以什么形式呈现的，是红外物理与红外技术中承上启下的一章。

本章内容：（1）介绍将红外辐照度转变为热图像的典型装置——红外热成像系统，重点讨论红外热成像系统的原理、结构、类型及基本参数；（2）以红外热成像系统的通用组件为线索，介绍光学系统及扫描器，说明红外辐射量的接收过程；（3）介绍红外热成像系统的核心部件——红外探测器，简述红外热成像技术的发展历程，重点讨论红外探测器的类型及品质因数，分析非制冷型红外探测器（红外热探测器）和制冷型红外探测器（红外光子探测器）及其性能参数，从而实现从红外辐射的光信号向电信号的转换；（4）介绍红外热成像的一些后处理技术，包括增益/电平归一化、伽马校正等；（5）介绍常用的系统性能指标（如噪声等效温差、调制传递函数、最小可分辨温差、最小可探测温差等）的定义和性质，以及一些基本指标的测量方法。

## 7.1　红外热成像系统

自然界中的一切物体都以红外辐射（热辐射）的方式与周围环境进行能量交换，物体表面热辐射的强弱既与该点的温度有关，又与其表面状态有关，将这种反映物体温度分布和表面特征的热辐射图像称为热图像或红外图像。不同于人们日常所看到的可见光图像，热图像反映的是物体的温度分布，能够显示由物体发射/反射和发射率/反射率差异所形成的大部分细节信息。由于人眼对热辐射没有视觉反映，因此需借助红外热成像系统才能观察热图像，如图 7-1 所示为红外热成像系统拍摄不同场景的图像。

图 7-1　红外热成像系统拍摄不同场景的图像

### 7.1.1　红外热成像原理及结构

红外热成像技术是综合利用红外物理与技术、半导体、微电子、真空、低温制冷、精密光学机械、电子学、信号处理、计算机、系统工程等技术与工具获取景物的热辐射图像，并将其转换为电信号，再由处理后的电信号驱动显示器，产生可供人眼观察的热图像的一种高新技术。简单地说，能够摄取景物的红外辐射，实现景物在大气窗口的短波红外、中波红外和长波红外等红外波段的自身辐射成像，并将其转换为人眼可见图像的装置称为红外热成像系统（简称红外热像仪）。红外热成像系统如何基于景物各部分的温度和辐射发射率的差异形成人眼可见的热图像，这就涉及红外热成像系统的工作原理，如图 7-2 所示。

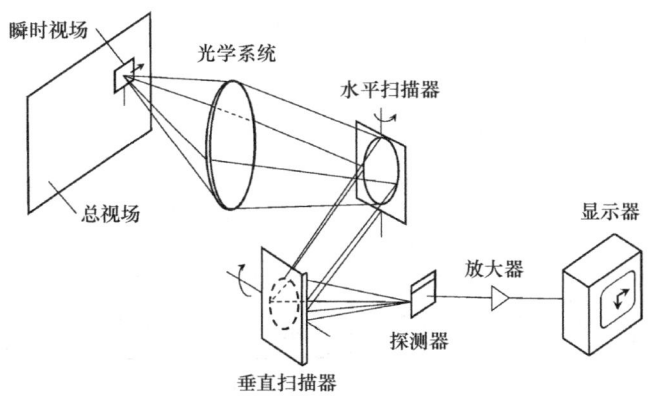

图 7-2　红外热成像系统的工作原理

光学系统先将景物的红外辐射汇集起来，再经过光谱滤波和光机扫描，聚焦到探测器阵列上。探测器将强弱不等的辐射信号转换成相应的电信号，然后经过放大和视频处理形成视频信号，送到显示器上显示。通常，光机扫描器包括两个扫描镜组：垂直扫描器和水平扫描器，且位于光学系统和探测器之间。

通常，红外热成像系统包括 5 个主要的子系统：光学系统与扫描器、红外探测器与探测器电子线路、数字化子系统、图像处理子系统和图像重建子系统。如图 7-3 所示的组件主要出现在扫描型和非扫描型（凝视型）系统中，然而并非所有红外热成像系统都包含以上组件，需要根据设计情况而定，如使用 CRT 显示器时，有伽马校正电路；在模拟成像时，系统中无 A/D 转换器；另外，显示器也不一定是红外热成像系统的必要组件。

红外热成像系统可分为两类：光机扫描型红外热成像系统和非扫描型红外热成像系统。其中，光机扫描型红外热成像系统常常采用单元或线阵或光伏红外探测器，对于单元探测器，采用从左到右、从上到下的方式进行扫描，对于线阵探测器，采用行扫描的方式进行扫描。在光机扫描型红外热成像系统中，探测器将接收到的景物红外辐射转换为电信号，通过隔直流电路把背景辐射从目标信号中消除，这类成像的对比度较高，但其存在结构复杂、成本高等缺点。光机扫描型红外热成像系统的常见结构如图 7-4 所示。

非扫描型红外热成像系统主要采用的是凝视型焦平面阵列热成像技术，其采用面阵探测器，探测器中的单元与景物的微面元相对应，不需要进行光机扫描。随着硅化物肖特基势垒焦平面阵列技术的发展，利用硅超大规模集成电路技术可以获得高均匀响应度、高分辨率的探测器面阵。非扫描型红外热成像系统结构图如图 7-5 所示。

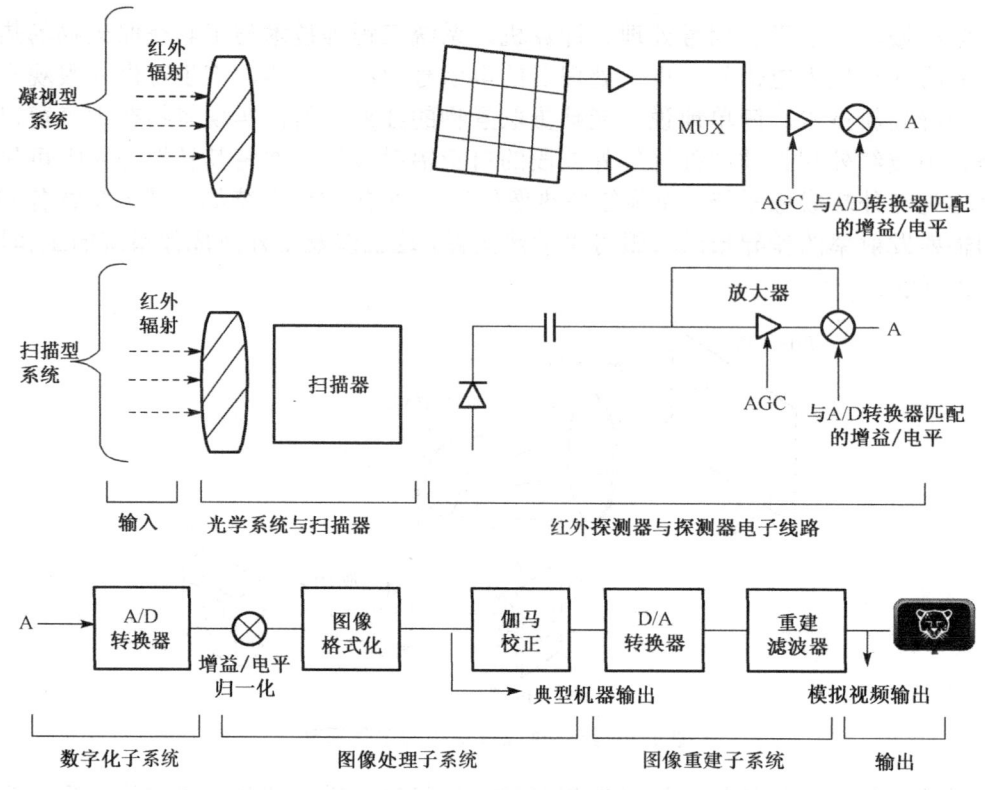

图 7-3 红外热成像系统的通用组件模块图

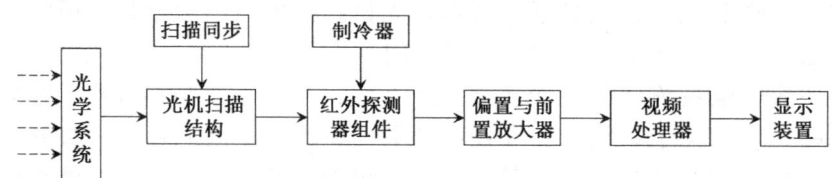

图 7-4 光机扫描型红外热成像系统的常见结构

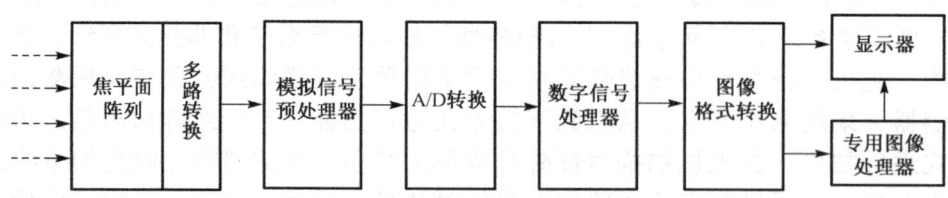

图 7-5 非扫描型红外热成像系统结构图

## 7.1.2 红外热成像系统的类型

如前所述，按照成像原理的不同，红外热成像系统可分为光机扫描型和非扫描型。除此之外，红外热成像系统还可以从以下角度进行分类。

（1）根据探测器划分，红外热成像系统可分为光子探测成像系统和热探测成像系统两种。其中，光子探测成像系统主要利用光子在半导体材料上产生的电效应进行成像，敏感度高，但探测器本身的温度会对成像效果产生影响，因而需要降温（称为制冷型），通常采用的冷却剂为斯特林（Stirling）或液氮；热探测成像系统将光线引发的热量转换为电信号，敏感度不如前者，但其无须制冷（称为非制冷型）。

（2）根据工作波段划分，红外热成像系统可分为红外长波成像系统、红外中波成像系统、红外短波成像系统或其他红外波段的成像系统。近年来出现了可以对两个或两个以上的波段进行成像的系统，称为双波段（双色）红外热成像系统或多波段（多色）红外热成像系统。

（3）根据所使用的感光材料划分，红外热成像系统可分为硫化铅（PbS）、硒化铅（PbTe）、碲化铟（InTe）、碲锡铅（$Pb_{1-x}Sn_xTe$）、碲镉汞（HgCdTe）、掺杂锗和掺杂硅等类型的红外热成像系统。

（4）根据主动或被动成像，红外热成像系统可分为主动红外热成像系统和被动红外热成像系统。其中，前者利用人工红外光源通过对目标进行照明来实现红外成像；后者利用目标反射月光、大气辉光、天光中的红外辐射或景物自身的辐射来实现红外成像。

（5）按照红外热成像系统的核心部件——红外探测器来划分，红外热成像系统已发展到第三代，但分代的标准并不唯一。

① 欧洲：第一代为探测元数小于 200 的红外热成像系统，第二代为扫描型 FPA（焦平面阵列）红外热成像系统，第三代为凝视型 FPA 红外热成像系统。

② 美国：第一代为探测元数小于 200 的红外热成像系统，第二代为元数小于 $10^6$ 的 FPA 红外热成像系统，第三代为探测器元数大于 $10^6$ 的 FPA 红外热成像系统。

（6）根据成像模式划分，红外热成像系统分为光强成像系统和偏振成像系统。前者是普通的红外热成像系统，探测器接收的是辐射强度；后者对热辐射光的偏振态（包括偏振度、偏振角）进行成像。

如图 7-6 和图 7-7 所示为大立 DM—60 型长波红外热成像系统和大立 DLD—M240 型中波红外热成像系统。

图 7-6　大立 DM—60 型长波红外热成像系统

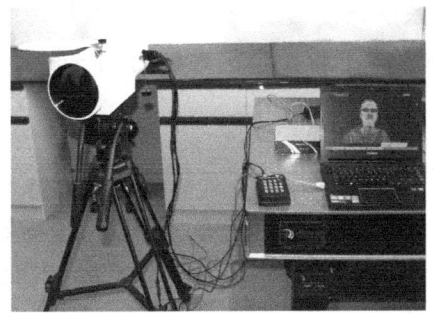
图 7-7　大立 DLD—M240 型中波红外热成像系统

## 7.1.3　红外热成像系统的基本参数

如何对一个红外热成像系统进行定量描述，或对不同成像系统进行比较呢？这就涉及红外热成像系统的基本参数。

(1) 光学系统的入瞳口径 $D_0$ 和焦距 $f'$

光学系统的入瞳口径 $D_0$ 和焦距 $f'$ 是决定性能、体积和质量的重要参数。

(2) 瞬时视场

当光轴不动时，系统所能观察到的空间范围就是该系统的瞬时视场。瞬时视场取决于单元探测器的尺寸和红外物镜的焦距，瞬时视场是表征系统空间分辨力的物理量。

对于尺寸为 $a \times b$ 的矩形探测器，其瞬时视场角包括水平视场角和垂直视场角

$$\alpha = \frac{a}{f'} \tag{7-1}$$

$$\beta = \frac{b}{f'} \tag{7-2}$$

(3) 总视场

总视场是指红外热像仪的最大观察范围，一般用水平和垂直两个方向的平面角来描述。

(4) 帧周期 $T_f$ 与帧频 $f_p$

系统完成一幅画面所需要的时间称为帧周期或帧时，单位为 s；而 1s 内所完成的画面数称为帧频或帧速，即

$$f_p = \frac{1}{T_f} \tag{7-3}$$

(5) 扫描效率 $\eta$

有效扫描时间与帧周期之比即为扫描效率。所谓有效扫描时间，是指帧周期与由同步扫描、回扫、直流恢复等导致的空载时间 $T_f'$ 的差值

$$\eta = \frac{T_f - T_f'}{T_f} \tag{7-4}$$

(6) 驻留时间

系统光轴扫描一个探测器所经历的时间称为驻留时间 $\tau_d$。

① 单元探测器的驻留时间

$$\tau_{d1} = \frac{\eta T_f \alpha \beta}{AB} \tag{7-5}$$

式中，$A$ 和 $B$ 分别为红外热像仪在水平和垂直方向上的视场角，$\alpha$ 和 $\beta$ 为单元探测器的瞬时视场角，$T_f$ 为帧周期，$\eta$ 为扫描效率。

② $n$ 个与行扫描方向正交的探测器线列的驻留时间

$$\tau_{dn} = n\tau_{d1} \tag{7-6}$$

即在帧周期和扫描效率相同的情况下，把 $n$ 个相同的单元探测器沿着与行扫描方向正交的方向排成线列，在单个单元探测器上的驻留时间延长至原来的 $n$ 倍，这对提高探测器的信噪比是有利的。

## 7.2 光学系统与扫描器

光学系统的作用是将物体辐射成像到探测器上,利用光学方法,扫描器通过移动探测单元对应的张角,可以产生一个与局部场景光强成比例的输出电压,探测单元的输出表示一条扫描线上的场景强度。凝视型阵列不需要扫描器,相邻探测单元的输出可以提供场景强度的变化量。

### 7.2.1 光学系统

(1) 红外物镜系统的类型

① 透射式光学系统。透射式光学系统也称为折射式红外物镜系统,通常由几个透镜组成,如图 7-8 所示。其优点是无挡光、球面镜加工容易、各种像差通过光学设计容易被消除,但该类系统的光量损失较大、装配和调整较困难。

② 反射式光学系统。由于红外辐射的波长较长,能透过的材料较少,因此大多数红外物镜系统都采用反射式光学系统。反射镜面有球面、抛物面、椭球面等几种,典型的反射式光学系统有牛顿光学系统、卡塞格林系统和格利高利系统。

牛顿光学系统:主镜是抛物面镜,次镜是平面镜,如图 7-9 所示。该系统结构简单,易加工,但挡光多,结构尺寸较大。

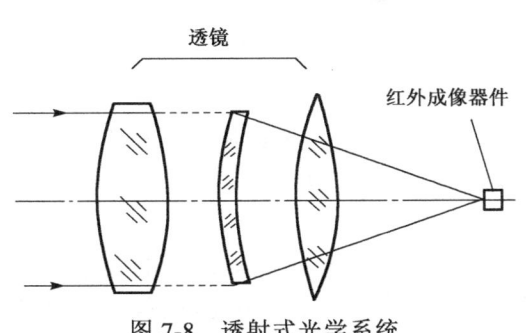

图 7-8 透射式光学系统

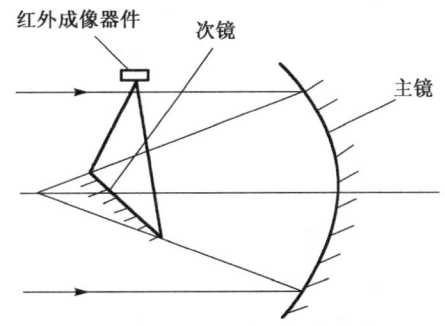

图 7-9 牛顿光学系统

卡塞格林系统:主镜是抛物面镜,次镜是双曲面镜,如图 7-10 所示。该系统较牛顿光学系统的挡光少,结构尺寸小,但加工比较困难。

格利高利系统:主镜是抛物面镜,次镜是椭球面镜,如图 7-11 所示。其加工难度介于牛顿光学系统和卡塞格林系统之间。

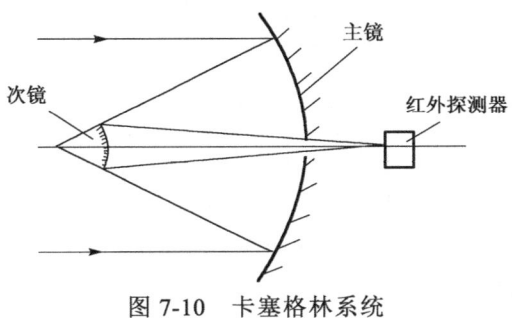

图 7-10 卡塞格林系统

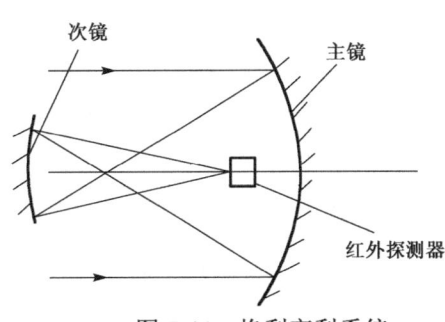

图 7-11 格利高利系统

反射式光学系统对材料的要求不高、质量小、成本低、光量损失小、不存在色差，但中心有挡光、轴外像差大，难以满足大视场大孔径成像的要求。

③ 折反射组合式光学系统。将透射镜和反射镜组合起来可以综合两类系统的特点。用球面镜取代非球面镜，并用补偿透镜来校正球面反射镜的像差，可以获得好的像质。但是该类系统的体积较大、成本较高、加工难度也较大。典型的折反射组合式光学系统有施密特系统和马克苏托夫光学系统。

施密特系统：主镜是球面反射镜，如图 7-12 所示，可根据校正板的厚度变化来校正球面镜的像差。该系统的结构尺寸较大，校正板加工困难。

马克苏托夫光学系统：主镜为球面镜，用负透镜（称为马克苏托夫校正板）矫正球面镜的像差，如图 7-13 所示。

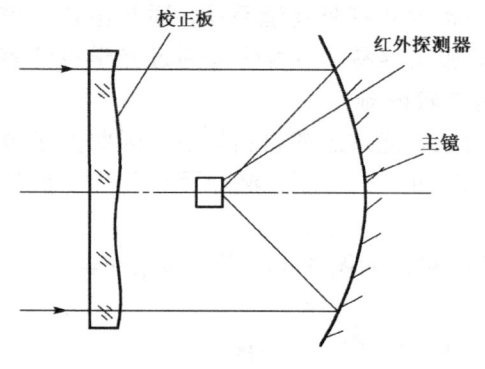

图 7-12 施密特系统

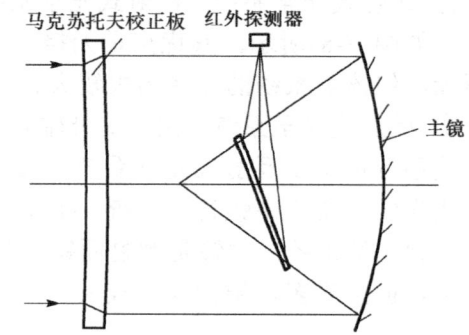

图 7-13 马克苏托夫光学系统

（2）红外物镜系统的几种光学现象

① 色差。宽光谱响应可能会产生相当大的色差，所以光学系统通常会进行"色彩校正"，即在一个特定的波长处，将色差减小到最小，但在其他波长处色差仍较大，这对目标细节尤为重要。

② $\cos^N\theta$ 阴影效应。$\theta$ 是在透镜主平面处测量的光轴与探测器之间的夹角，该夹角减弱了到达轴外探测元的光强，这种现象就是 $\cos^N\theta$ 阴影效应。单元探测器一直在轴上，不存在 $\cos^N\theta$ 阴影效应。对于线阵探测器来说，在与扫描方向垂直的方向上，$\cos^N\theta$ 的变化会在线阵方向上显示出来，如图 7-14(a)所示。对于凝视型阵列来说，$\cos^N\theta$ 是从视场中心向外径向对称衰减的，如图 7-14(b)所示。

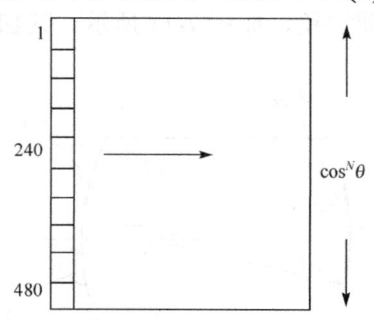

(a) 480元×1元扫描线阵的$\cos^N\theta$阴影效应

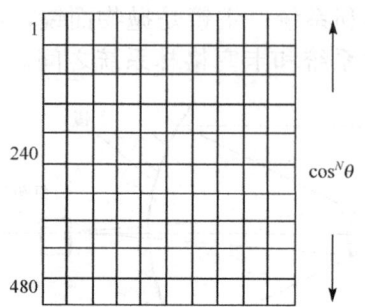

(b) 480元×480元凝视型阵列的$\cos^N\theta$阴影效应

图 7-14 $\cos^N\theta$ 阴影效应

③ 冷反射效应。探测器发出的光从窗口或透镜反射回来（探测器可以观察到自己）的现象就是冷反射效应。这种反射成像的聚焦越好，冷反射效应就越明显，对探测成像的影响就越大，显示在探测图像上的暗斑就越明显。探测器阵列成像出现的是和探测器阵列尺寸一致的长方形暗区域，通过增益/电平归一化运算可以消除冷反射信号。

## 7.2.2 扫描器

在红外热成像系统中，红外探测器对应的瞬时视场往往很小，一般只有零点几毫弧度或几毫弧度。为了得到总视场中出现的景物的热图像，必须对景物进行扫描。这种扫描通常是由机械传动的光学扫描部件来完成的，称为光机扫描。通常，对扫描器的基本要求是：扫描器转角与光束转角之间是线性关系；扫描器在扫描时对聚光系统像差的影响尽量小；扫描效率高；扫描器的尺寸尽可能小，结构紧凑。

系统中的扫描器可置于光学系统之前或之后，从而构成两种基本的扫描方式，即物方扫描（简称物扫）和像方扫描（简称像扫），如图7-15所示，其中，图7-15(a)和图7-15(b)分别表示以物点为固定参考点的物扫和像扫，图7-15(c)和图7-15(d)分别表示以像点为固定参考点的物扫和像扫。

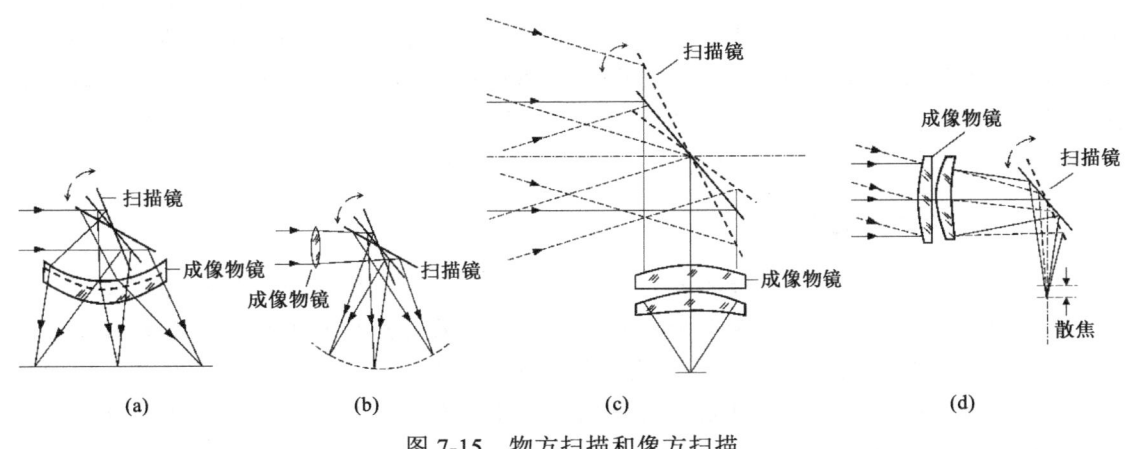

图 7-15 物方扫描和像方扫描

在物方扫描方式中，扫描器位于光学系统之前，在无焦望远系统压缩的平行光路中工作，故又称为平行光束扫描。通过旋转反射镜来完成水平方向的快扫，通过摆动反射镜来完成垂直方向的慢扫。这种扫描方式一般需要有比光学系统口径大的扫描镜，并且口径随光学系统的增大而增大。

在像方扫描方式中，扫描器位于光学系统和探测器之间的光路中，又称为汇聚光束扫描。摆动反射镜和旋转折射棱镜置于汇聚光路中，易于实现高速扫描，但需使用后截距长的光学系统。因此，像方扫描对光学系统的要求较高，扫描视场不宜太大，像差修正较困难。

两种扫描方式的比较如表7-1所示。

表 7-1 两种扫描方式的比较

| | 物方扫描 | 像方扫描 |
|---|---|---|
| 优缺点 | 产生平直的扫描场<br>大多数扫描器不产生附加像差<br>扫描器的光学质量对系统聚焦性能的影响较小，像差修正容易<br>扫描器的尺寸大，不易实现高速扫描 | 产生弯曲场<br>扫描器存在不可避免的散焦<br>扫描器的光学质量对系统聚焦性能的影响大，像差修正困难<br>聚光系统设计复杂<br>扫描器的尺寸较小，容易实现高速扫描 |
| 应用 | 在民用红外热像仪中应用得较多；配以无焦望远系统，可压缩平行光路，减小尺寸，可用于军事领域 | 军用红外热像仪，如前视红外系统等 |

## 7.3 红外探测器

红外探测器是整个红外热成像系统的核心，它将红外辐射转换为一个可测量的电信号，把目标的空间信息转换为电学上的时间信息，再经放大器和信号处理后产生电子图像。一个红外探测器至少有一个对红外辐射产生敏感效应的物体，称之为响应元。此外，红外探测器还包括响应元的支架、密封外壳和透过红外辐射的窗口，某些情况下还包含制冷部件、光学部件和电子部件等。随着半导体材料、器件工艺的发展，结构新颖、灵敏度高、响应快、品种繁多的红外探测器不断被研发出来。本节首先介绍红外探测器的类型与发展，然后介绍红外探测器的品质因数及两种典型的红外探测器。

### 7.3.1 红外探测器的类型

红外探测器品种繁多、性能各异，从不同的角度有不同的分类。根据工作温度，可分为低温探测器、中温探测器和室温探测器，其中，低温探测器需要用液态的 He、Ne、N 进行制冷；中温探测器通常的工作温度为 195~200K。根据响应波长的范围，可分为近红外探测器、中红外探测器和远红外探测器。根据结构和用途，可分为单元探测器、多元阵列探测器和成像探测器。

在三个大气窗口，常用的红外探测器包括以下几种。

（1）在波长 $1\mu m$ 以下和可见光范围内，主要使用硅探测器；在 $1~3\mu m$ 波段，常用的是 PbS 探测器、InGaAs（铟砷化镓）探测器和 HgCdTe 探测器。由于 PbS 探测器的响应时间较长，且 InGaAs 探测器比 HgCdTe 探测器的性能好，因此 InGaAs 探测器是短波红外波段的主要探测器。

（2）InSb 材料在 $3~5\mu m$ 波长范围内的性能优越，所以中波红外波段的主要探测器是 InSb 探测器。

（3）尽管 HgCdTe 探测器的光谱响应范围为 $1~22\mu m$，但其最重要的探测波段为 $8~14\mu m$，所以长波红外波段的探测器主要是 HgCdTe 探测器。另外，目前已研发出双波段探测器，可同时对同一场景在两个不同的波段上成像，如长波-中波探测器等。如图 7-16 所示为半平面结构的双色中波焦平面阵列探测器。

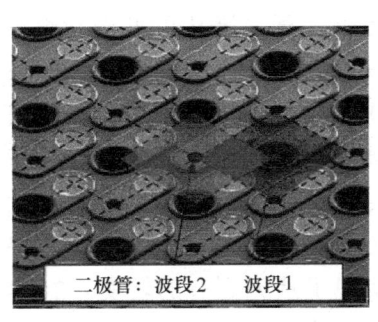 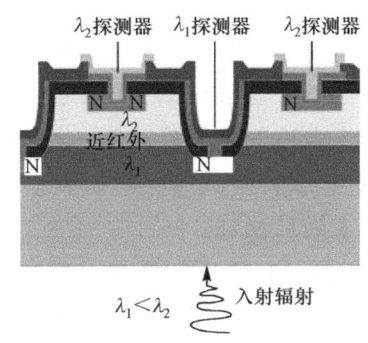

图 7-16 半平面结构的双色中波焦平面阵列探测器

最常见的分类如下。根据是否需要制冷装置，红外探测器可分为制冷型红外探测器（主要是红外光子探测器）和非制冷型红外探测器（也称为红外热探测器）。其中，制冷型红外探测器需要制冷设备，在低温（如 77K）下才能正常工作，对温度稳定性的要求较高，同时制冷型红外探测器的材料（如 HgCdTe、InSB、AlGaAs）生产困难，导致系统成本高、功耗大、可靠性低、难以实现小型化；非制冷型红外探测器采用大面阵的焦平面阵列，无须制冷系统和扫描装置，可靠性大大提高，且具有体积小、质量小、功耗低、便于携带等优点。

## 7.3.2 红外探测器的发展

（1）制冷型红外探测器

20 世纪 50 年代至 20 世纪 60 年代，美国成功研制了需要制冷的 PbS 红外探测器，并将其用在防空导弹的导引头上。同时，窄带半导体技术发展迅速，为相应波长的延伸和响应率的提高提供了理论指导，这些工作为红外热像仪的发展铺平了道路。美国德州仪器公司利用 Ge:Hg 探测器成功地研制了第一台红外热像仪，但其扫描速度慢，不能进行实时显示。1958 年，英国的 Lawson 公司成功地研制了 HgCdTe 红外探测器，并在 1964 年利用该探测器生产了世界上第一台可以实时显示的红外热像仪。20 世纪 70 年代，美国、英国和法国相继研制了红外热成像系统的通用组件——热像仪。

1986 年，瑞典的 AGA 公司研制了第二代红外热像仪，其无须液氮或高压气，以热电方式制冷，用电池供电，质量小于 7kg，具备温度测量、图像采集和数据存储等功能，仪器的功能、精度和可靠性都得到了显著提高。目前，第二代热像仪的质量可小于 1kg，噪声等效温差（NETD）小于 20mK，测温精度可达 ±0.5%。代表性的产品有：HgCdTe 中波红外热像仪、HgCdTe 长波红外热像仪、InSb 中波红外热像仪、量子阱长波红外热像仪和 PtSi 中波红外热像仪等，其面阵空间分辨率的范围为 128×128～512×480。与第一代红外热成像技术相比，第二代红外热成像技术的主要特征是探测器元数大幅增加。探测器件是大规模集成电路，具有一定的信号处理功能，其温度灵敏度较高。在相同的工作条件下，作用距离是第一代的 1.5～2 倍。

第三代制冷型红外热成像技术的发展开始于 20 世纪 90 年代后期。2000 年，美国的喷气式推进实验室公布了长波双色 GaAlAs/GaAs 量子阱红外热像仪，随后美国国防高级研究计划局已授权研制了四色量子阱红外热像仪，其光谱从可见光到长波红外，阵列规模增大到 1024×1024。2002 年，法国 CEA/Leti 机构成功研制了超长线阵 HgCdTe 器件、128×128 HgCdTe 中波双色器件和第一个 1000×1000 HgCdTe 红外焦平面阵列样品。美国洛克维尔科学中心联合夏威夷大学研制了 2048×2048 HgCdTe 短波红外焦平面阵列，并在 2000 年通过了最后测试。

我国于 20 世纪 90 年代初完成了第一代红外热成像组件的研制，产品性能与国外第一代的性能相当，在红外热成像技术领域中实现了从无到有的转变。2000 年前后，中国科学院上海技术物理研究所相继研制成功了 4 种型号的 64×64 InSb 光伏型红外探测器，像素的尺寸为 50μm×50μm，电学串音小于 2%。目前，中国科学院上海技术物理研究所和重庆大学等单位研制了 128×128 及更大规模的 InSb 红外探测器。中国科学院上海技术物理研究所和昆明物理研究所等单位研制了 288×4 HgCdTe 红外探测器。

（2）非制冷型红外探测器

鉴于制冷型红外探测器在体积、功耗、价格和可靠性方面存在不足，美国陆军夜视实验室联合美国国防高级研究计划局，设立专项基金来支持非制冷型红外热成像技术的研究。美国德州仪器公司采用铁电体材料，基于热释电效应研制了铁电型红外焦平面阵列探测器；Indigo 系统公司基于测辐射热原理，研制了阵列规模为 160×128、256×256、320×120、320×240 等的不同分辨率的非制冷型红外探测器；DRS 技术公司成功研制了阵列规模为 640×480 的非制冷型红外探测器，其分辨率得到了大幅提升。2009 年，法国 ULIS 公司采用非晶硅推出了 1024×768 的非制冷型焦平面阵列，像素的中心尺寸缩小为 17μm，噪声等效温差为 40mK，响应率为 15.5mV/K，与基于硅材料的技术相比，其有利于读出电路及其他复杂信号处理电路的集成，同时可降低生产成本。英国宇航系统公司采用钽钪酸铅（PST）研制了铁电型非制冷型焦平面探测器和手持热像仪，阵列规模为 256×128，像元中心距为 56μm，噪声等效温差小于 120mK。此外，日本、加拿大、澳大利亚和荷兰等国也在积极地发展非制冷型红外热成像技术。

2000 年，中国科学院上海技术物理研究所利用铁电薄膜材料研制了非制冷型红外热像仪，其性能已达到国际领先水平，随后研制了 320×240 电阻型焦平面列阵探测器，光谱范围为 8~14μm，视场为 60°×120°，帧频为 30Hz，噪声等效温差为 0.1K；2004 年，昆明物理研究所采用锆钛酸铅（PZT）材料成功地研制了阵列规模为 128×128、像素的中心尺寸为 100μm 的热释电非制冷型焦平面探测器。此外，武汉高德红外股份有限公司、广州飒特红外股份有限公司、浙江大立科技股份有限公司等公司在非制冷型焦平面器件的研制方面也做了很多贡献。目前，国内外的研发机构一直在探索新的材料、新的工艺和新的技术，以解决微测辐射热计的非制冷型红外焦平面探测器的功耗问题，从而减小探测元的尺寸、进一步降低成本、研制更大规模的器件。红外探测器的发展历程如图 7-17 所示。

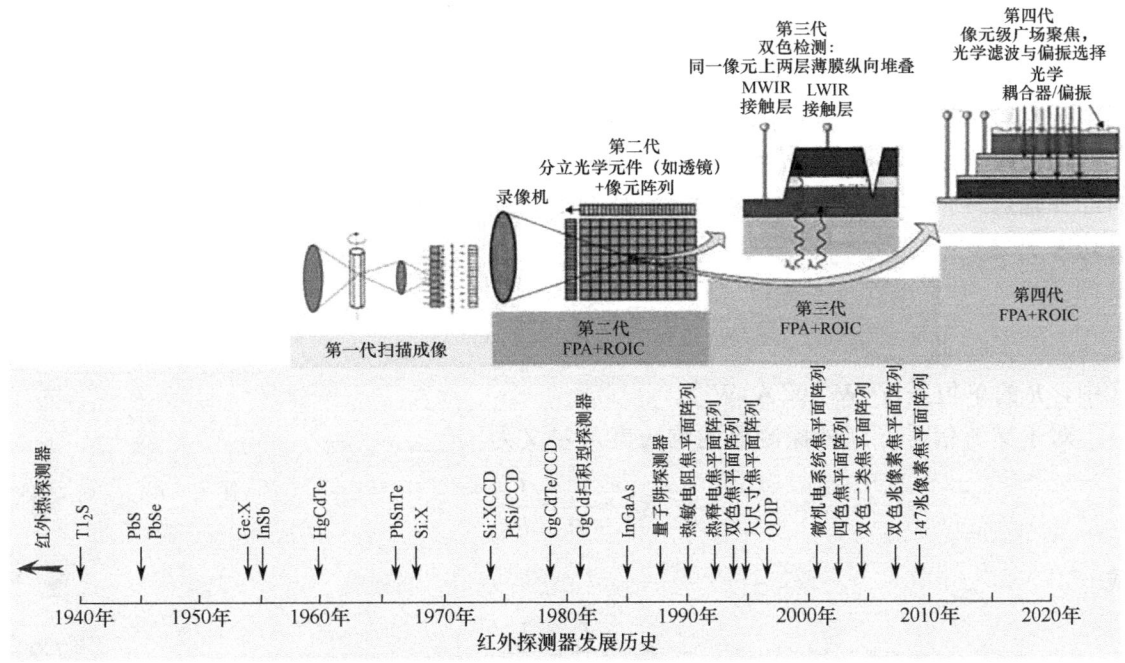

图 7-17 红外探测器的发展历程

## 7.3.3 红外探测器的品质因数

在对红外探测器的性能进行评价时,应首先注明其工作条件,主要的工作条件有以下几个方面。

(1) 入射辐射的光谱分布

许多红外探测器对不同波长的红外辐射的响应能力不同,所以一般需要注明入射辐射的光谱分布。若是单色光,则需要给出波长。对于黑体而言,还要提供黑体的温度。如果入射辐射经过调制,那么还需给出调制的频率分布。

(2) 电路的频率范围

由于器件的噪声电压与电路的通频带宽度 $\Delta f$ 的平方根成正比,有些噪声还与频率有关,因此在描述红外探测器的性能参数时,一般需要给出电路的频率范围。

(3) 工作温度

红外探测器的输出信号、噪声、器件的阻值等与温度有密切的关系,因此必须说明其工作温度。

(4) 光敏面的形状与尺寸

光电导器件的光敏面一般是正方形的,其大小从 0.1mm×0.1mm 到 1cm×1cm 不等。光磁电器件的光敏面,小的常为正方形,大的常为长方形。器件的信号和噪声都与光敏面的形状和尺寸有关,所以在描述红外探测器的性能参数时,需要给出光敏面的形状与尺寸。

另外,器件的某些性质还与偏置情况有关,有些红外探测器与特殊的工作条件相关,都需要说明。

一般情况下，表征红外探测器性能的基本参数有：响应度、噪声等效功率、探测率、光谱响应、响应时间和频率响应等，具体如下。

(1) 响应度（响应率）

红外探测器的响应度 $R$ 用来表征红外探测器对辐射的敏感程度或红外探测器将入射的红外辐射转换为电信号的能力，是红外探测器的输出信号 $S$ 与入射到红外探测器的辐射功率 $P$ 之比

$$R = \frac{S}{P} \tag{7-7}$$

式中，$R$ 的单位是 $V \cdot W^{-1}$ 或 $A \cdot W^{-1}$。

对于交流信号，红外探测器的响应度可定义为

$$R_{0v} = \frac{V_s}{P} = \frac{V_s}{EA} \tag{7-8}$$

或

$$R_{0i} = \frac{I_s}{P} = \frac{I_s}{EA} \tag{7-9}$$

式中，$E$ 是投射到红外探测器光敏面上的方均根辐射照度，单位是 $W/cm^2$；$A$ 是红外探测器的光敏面积，单位为 $cm^2$。

(2) 噪声等效功率

通常用红外探测器的噪声等效功率 NEP 来表征红外探测器可探测的最小功率，或者说，当红外探测器的输出信号功率与噪声功率相等时，入射到红外探测器上的辐射功率

$$\text{NEP} = \frac{EA}{V_S/V_N} \tag{7-10}$$

式中，$E$ 是投射到红外探测器光敏面上的方均根辐射照度，单位是 $W/cm^2$；$A$ 是红外探测器的光敏面积，单位为 $cm^2$；$V_S$ 和 $V_N$ 分别是该辐射照度下红外探测器的输出信号的均方根电压和噪声的均方根电压。NEP 越小，红外探测器的性能越好。另外，根据响应度的定义，可写成以下形式

$$\text{NEP} = \frac{N}{R} \tag{7-11}$$

(3) 探测率

探测率是噪声等效功率的倒数，用来表示红外探测器在它的噪声电平上产生可测量的电信号的能力

$$D = \frac{1}{\text{NEP}} \tag{7-12}$$

由于红外探测器的噪声等效功率与红外探测器面积的平方根、噪声等效带宽 $\Delta f$ 的平方根成正比，因此，仅通过噪声等效功率很难比较两个面积不同、带宽不同的红外探测

器的优劣。所以,需要定义一个与面积、带宽无关的数值,这个数值的倒数称为归一化探测率或比探测率

$$D^* = \frac{(A \cdot \Delta f)^{1/2}}{P_N} = D(A \cdot \Delta f)^{1/2} = \frac{V_S/V_N}{P}(A \cdot \Delta f)^{1/2} \quad (7\text{-}13)$$

式中,$D^*$ 的单位是 $cm \cdot Hz^{1/2}/W$。一般情况下,探测率指的是归一化探测率 $D^*$。

(4) 光谱响应

红外探测器的光谱响应是指相同功率的各单色辐射入射到红外探测器上所产生的信号电压与辐射波长的关系。当红外探测器受到不同波长的光照射时,响应度随入射辐射波长的变化而变化。通常情况下,可以将光谱响应绘制成以波长为横坐标、以单色辐射的响应度 $R_\lambda$ 或光谱比辐射 $D_\lambda^*$ 为纵坐标的曲线。对于红外光子探测器来说,只有当入射光子能量大于 $h\nu_c$ 时,才能产生光电效应,使红外探测器有输出。在波长小于 $\lambda_c$ 的范围内,红外光子探测器的响应度随波长的增大而线性提高,到波长 $\lambda_c$ 处突然下降为零。在红外热探测器中,其响应度只与吸收的辐射功率有关,与波长无关。红外光子探测器和红外热探测器的理想光谱响应曲线如图 7-18 所示。

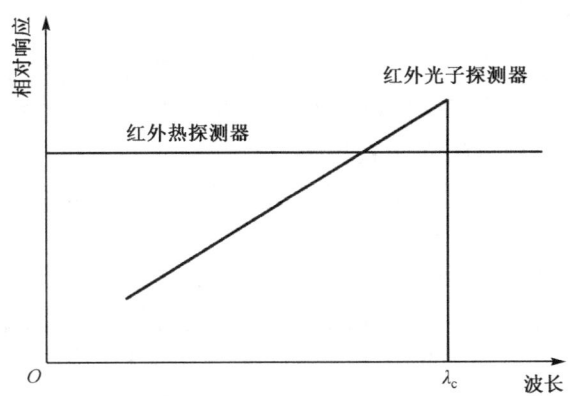

图 7-18 红外光子探测器和红外热探测器的理想光谱响应曲线

(5) 响应时间

当一定功率的辐射突然照射到探测器上时,探测器的输出电压要经过一定时间才能上升到与这一辐射功率相对应的稳定值。在辐射突然撤去后,输出电压也要经过一定时间才能下降到照射之前的值,这种上升或下降所需的时间称为红外探测器的响应时间。在某一时刻以恒定辐射去照射红外探测器,其输出信号 $U_t$ 按指数规律上升到一个稳定值 $U_0$,如图 7-19 所示。

$$U_t = U_0\left(1 - \exp\left(-\frac{t}{\tau}\right)\right) = U_0 \times 63\% \quad (7\text{-}14)$$

式中,$\tau$ 为响应时间。$\tau$ 的物理意义是当红外探测器受到辐射照射时,输出信号上升到稳定值的 63% 所需的时间,用于表征红外探测器对辐射响应的快慢,$\tau$ 越小越好。

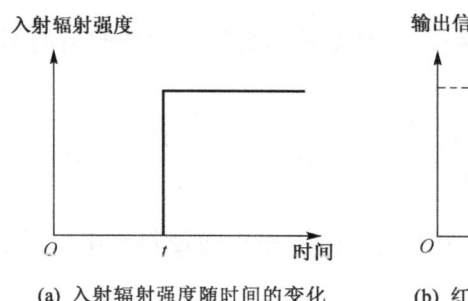
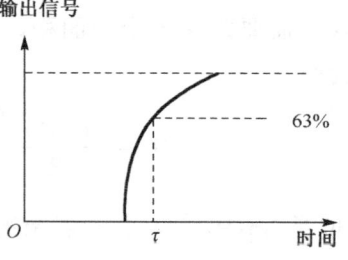

(a) 入射辐射强度随时间的变化　　　(b) 红外探测器输出信号随时间的变化

图 7-19　探测器响应时间曲线

（6）频率响应

红外探测器的响应度有限，其响应度随调制频率的变化称为红外探测器的频率响应

$$R_\mathrm{f} = \frac{R_0}{(1+4\pi^2 f^2 \tau^2)^{1/2}} \tag{7-15}$$

式中，$R_\mathrm{f}$ 是调制频率等于 $f$ 时的响应度，$R_0$ 是频率接近零或恒定辐射时的响应度，$\tau$ 是响应时间。

### 7.3.4　红外光子探测器

红外光子探测器一般用半导体材料制成，利用响应元内的电子直接吸收红外辐射的光子能量来改变运动状态，进而导致电导变化或电动势产生，完成入射辐射强弱的度量。由于光电效应是满足一定能量的光子直接激发光敏材料的束缚电子，使之成为导电电子，因此光敏材料的禁止带宽或杂质能级影响其响应波长，换句话说，光敏材料对波长的响应是有选择性的。

（1）根据工作模式的不同，红外光子探测器可分为以下几类。

① 光电子发射探测器：当光照射在某些金属、金属氧化物或半导体材料表面时，如果光子的能量 $h\nu$ 足够大，那么就能使其表面发射电子，利用该效应制成的红外探测器为光电子发射探测器（常见的有可见光光电子发射探测器和红外光电子发射探测器）。

② 光电导探测器：在半导体吸收能量足够大的光子后，半导体的一些载流子从束缚状态转换到自由状态，使得其导电率增大，利用半导体的光电效应制成的红外探测器是光电导探测器，又称为光敏探测器。硫化铅、硒化铅、锑化铟和碲镉汞等光电导探测器应用得较多。

③ 光伏红外探测器：在光的照射下，半导体内部产生的电子-空穴对在静电场的作用下发生分离，从而产生电动势的现象称为光伏效应，利用该效应制成的红外探测器称为光伏红外探测器。光伏红外探测器主要有锑化铟、碲镉汞、碲锡铅、铟镓砷和铟镓砷锑光伏红外探测器等。

④ 光磁电红外探测器：半导体表面在吸收光子后，在表面上所产生的电子-空穴对要向体内扩散。扩散过程中，如果受到强磁场的作用，那么电子和空穴各偏向一侧，从而产生电位差，这种现象称为光磁电效应。利用该效应制作的红外探测器就是光磁电红外探测器。光磁电红外探测器主要有锑化铟、碲镉汞等光磁电红外探测器。

（2）根据红外辐射激发电子跃迁的不同，红外光子探测器可分为以下几类。

① 本征红外光子探测器：利用本征光吸收制成的红外光子探测器。

② 非本征红外光子探测器：利用非本征光吸收制成的红外光子探测器。掺有杂质的半导体在光照下，中性施主的束缚电子可吸收光子跃迁到导带，中性受主的空穴也可吸收光子跃迁到价带，这种吸收被称为非本征吸收。

非本征红外光子探测器与本征红外光子探测器的主要区别是前者的吸收系数小，为 $1\sim10\,cm^{-1}$，而后者为 $10^3\sim10^4\,cm^{-1}$。要想使非本征器件得到与本征器件相同的性能，须有更低的工作温度，且这类器件应用的主要材料有 Si:Ga、Si:As、Ge:Cu、Ge:Hg 等。

③ 自由载流子型红外光子探测器：在吸收光子后并不引起载流子数目的变化，而是引起载流子迁移的变化。这类红外光子探测器需要的工作温度极低。自由载流子型红外光子探测器主要有铂化硅（PtSi）、硅化铱（IrSi）等类型。

④ 量子阱红外光子探测器：量子阱将两种不同的半导体材料用人工的方法进行薄层交替生长，形成超晶格，在界面能带上有突变，电子和空穴被限制在低势能阱内，其能量进行量子化。该类红外光子探测器利用量子阱导带中形成的子带间跃迁，并使从基态激发到第一激发态的电子通过电场的作用形成光电流，从而实现对红外辐射的探测。

⑤ 量子点红外光子探测器：其结构和原理都与量子阱红外光子探测器类似，只是具有更长的载流子俘获和弛豫时间，所以具有更低的暗电流和更好的光电响应。

## 7.3.5 红外热探测器

对于红外探测器，最早是基于红外辐射热效应进行研制的。这种红外探测器的响应元因吸收红外辐射而使其温度升高，利用温度升高所导致的体积的膨胀、电阻的改变、温差电动势的产生或自发电极化的改变等，可对入射辐射的强弱进行度量。由于红外热探测器的响应仅依赖于吸收的辐射功率，与辐射的光谱分布无关，因此从理论上讲，红外热探测器对一切波长的红外辐射都具有相同的响应。但是，由于红外热探测器的敏感面的吸收率在某一光谱区间较低或较高，因此红外热探测器对不同波长的红外响应往往不同，其光谱响应主要取决于材料表面的镀膜性质。另外，为了解决阳光闪烁和 $4.2\,\mu m$ 波长处的大气吸收问题，通常可选择红外长波段。尽管红外热探测器不需要制冷、在室温下即可工作、具有体积小等优点，但其灵敏度和响应速度不如红外光子探测器。

常见的红外热探测器有电阻测辐射热计、热电探测器、铁电测辐射热计（场增强热电探测器）和热电偶探测器。焦平面阵列上的每个像素都有一个连接衬底的敏感区，当场景的红外辐射照射到某个探测像素时，该敏感区会因吸收热辐射而温度升高，其热量就会从该敏感区向四周扩散。如图 7-20 所示为测辐射热计。

（1）电阻测辐射热计

电阻测辐射热计是阻抗性装置，即敏感区吸收辐射后温度升高，引起电阻值的改变

$$\Delta R = \alpha R \Delta T \qquad (7-16)$$

式中，$\Delta R$ 是电阻的变化值；$\Delta T$ 是敏感区的像

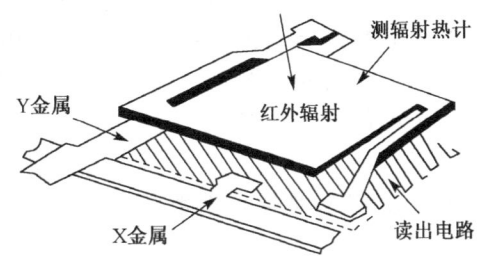

图 7-20 测辐射热计

素温度的变化值；$\alpha$ 是电阻的温度系数，通常金属取 $\alpha = 0.002\text{℃}^{-1}$、半导体取 $\alpha = -0.02\text{℃}^{-1}$、超导体取 $\alpha = 2\text{℃}^{-1}$。设输出信号

$$V_S = i_b \Delta R = i_b \alpha R \Delta T = \frac{i_b \alpha R \eta P_0}{G(1+\omega^2\tau^2)^{1/2}} \tag{7-17}$$

其中，

$$\Delta T = \frac{\eta P_0 \exp(j\omega t)}{G + j\omega C} = \frac{\eta P_0}{G(1+\omega^2\tau^2)^{1/2}} \tag{7-18}$$

$$\tau = \frac{C}{G} \tag{7-19}$$

式中，$i_b$ 是探测像素的偏置电流，$G$ 是热传导，$\omega$ 是角频率，$\tau$ 是响应时间，$\eta$ 是入射光的吸收率，$C$ 是热容，$P_0$ 是热辐射调制红外辐射功率。响应率 $k$ 定义为输出信号（电压或电流）与输入的辐射功率之比

$$k = \frac{V_S}{P_0} \tag{7-20}$$

（2）热电探测器和铁电测辐射热计

热电探测器是利用材料的铁电效应设计的，其中一些铁电晶体可显示出自发的电极化性质，即相反性质的电荷在常温下被内部自由电子中和。极化现象定义为每单位容积内的偶极子力矩，与温度有关。在居里温度下，温度变化 $\Delta T$ 引起的表面电荷变化使外部电路中产生了电流 $I_S$

$$I_S = pA\frac{\mathrm{d}(\Delta T)}{\mathrm{d}t} \tag{7-21}$$

式中，$p$ 是热电系数，是工作温度区域内极化对温度曲线的斜率；$A$ 是像素探测的面积。由于热电探测器是电容性的，当其电容为 $C_e$、损失电阻为 $R$ 时，热电信号电压 $V_S$ 为

$$V_S = \frac{I_S R}{(1+\omega^2 R^2 C_e^2)^{1/2}} \tag{7-22}$$

热电探测器的响应率 $k$ 为

$$k = \frac{\eta \omega p A R}{G(1+\omega^2\tau_e^2)^{1/2}(1+\omega^2\tau^2)^{1/2}} \tag{7-23}$$

式中，$\tau_e = RC_e$。

铁电热辐射效应是指在不外加电压的情况下就发生热电效应，当外加电压且存在电场时，热电材料显示出极化特性并且延伸到超出正常居里温度的区域的情况。

（3）热电偶探测器或温差电探测器

假设热电效应发生的电路由两种不同电导率的材料组成，如图 7-21 所示，当接点的温度不同时，就会产生热电电压，该电压的大小与材料的类型和接点之间的温差相关。

为了获得热电效应，必须把热电偶或温差电池以薄膜的形式沉积在隔热的基底上，这时热电信号电压 $V_S$ 为

$$V_S = N(S_1 - S_2)\Delta T \tag{7-24}$$

式中，$S_1$ 和 $S_2$ 是热电系数，它们的差值是接点的热电功率。热电响应率 $k$ 为

$$k = \frac{\eta N(S_1 - S_2)}{G(1+\omega^2\tau^2)^{1/2}} \tag{7-25}$$

# 第 7 章 红外热成像技术

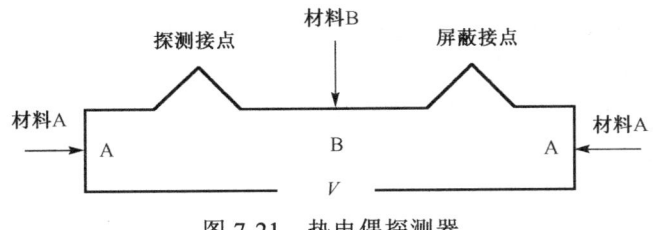

图 7-21 热电偶探测器

综上所述，不同的红外探测器各有优缺点，如表 7-2 所示为常见的红外探测器的特点比较。

表 7-2 常见的红外探测器的特点比较

| 探测器类型 | 具 体 类 型 | | 优 点 | 缺 点 |
|---|---|---|---|---|
| 红外热探测器 | 热电堆、测辐射热计、热释电 | | 轻便、可靠、成本低、室温工作 | 响应频率低、响应速度慢（ms 量级） |
| 红外光子探测器 | 本征红外光子探测器 | Ⅳ～Ⅵ（PbS、PbSe、PbSnTe） | 易于准备、材料稳定 | 热膨胀系数大、介电常数大 |
| | | Ⅱ～Ⅵ（HgCdTe） | 禁带宽度易控制、有成熟的理论和实验基础、多色器件 | 大面积材料均匀性较差、生长加工的成本高、表面不稳定 |
| | | Ⅲ～Ⅴ（InGaAs、InAs、InSb、InSb） | 好的材料和掺杂、先进的技术、可实现单片集成 | 异质外延生长、具有大的晶格失配 |
| | 非本征红外光子探测器（Si:Ga、Si:As、Ge:Cu、Ge:Hg） | | 工作波长非常大、技术相对简单 | 产热量大，工作于极低的温度 |
| | 自由载流子型红外光子探测器（PtSi、Pt$_2$Si、IrSi） | | 成本低、产量高、大数目密集填充的二维阵列 | 低量子率、低温工作 |
| | 量子阱红外光子探测器 | Ⅰ类（GaAs/AlGaAs、InGaAs/AlGaAs） | 成熟的材料生长、大面积材料均匀性好、多色器件 | 产热量大，复杂的设计和生长 |
| | | Ⅱ类（InAs/InGaSb、InAs/InAsSb） | 低螺旋复合率、易实现波长控制 | 设计和生长工艺复杂，对分界面敏感 |
| | 量子点红外光子探测器（InAs/GaAs、InGaAs/InGaP、Ge/Si） | | 探测光垂直入射、产热量小 | 复杂的设计和生长 |

## 7.4 红外热成像后处理技术

在利用红外热成像系统得到数字信号后，需对数字信号进行进一步处理，从而实现图像输出，包括增益/电平归一化、伽马校正等。

### 7.4.1 增益/电平归一化

由于每个探测单元/放大器组合都会有不同的增益和偏置，这导致了固定图形噪声或空间噪声的存在，若该值很大，则可能无法识别图像，因此，需要进行增益/电平归一化，或者对不同的探测单元进行非均匀性校正等。归一化是利用若干离散的输入强度对各像元的输出进行处理，使之在数量级上相等。归一化强度的过程也称为标定点、标定温度参考点，简称定点。如图 7-22 所示为两点校正后的响应率曲线。若所有探测元的响应率都是线性的，则所有曲线会重合。实际上，各探测元的响应都是偏离线性的，因此响应率差异是很明显的。这种差异导致了增益/电平归一化后固定图形噪声的存在。通过单点校正，可以使校正点处的噪声变得最小，如图 7-23 所示。同理，若是两点校正，则两个参考点的空间噪声可以同时最小，同时，输入/输出变换都是参考点温度和背景温度的函数。

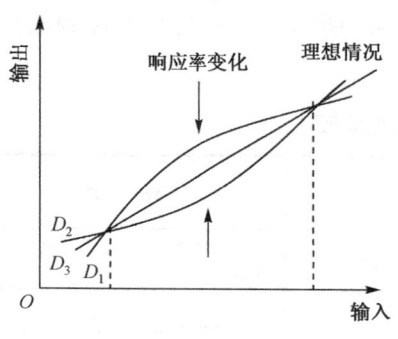

图 7-22 两点校正后的响应率曲线

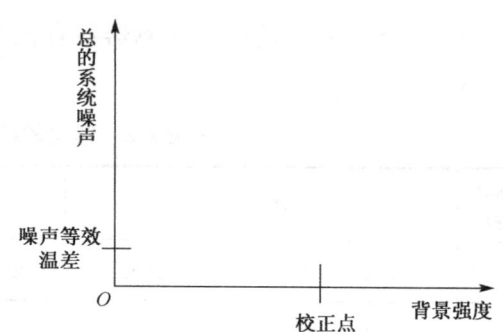

图 7-23 单点校正后的系统噪声

### 7.4.2 伽马校正

用户的期望是"若信号的强度加倍，则显示器的亮度也加倍"，即希望系统是线性的。但是，基于阴极射线管的显示器，其输出亮度和输入电压之间是非线性的，它们之间在对数尺度上的曲线的斜率即为显示器的伽马值。为了得到线性关系，需要在图像处理环节增加逆伽马处理（伽马校正），其过程表示如下。

系统的调制传递函数为

$$\mathrm{MTF} = \frac{V_{\mathrm{MAX}} - V_{\mathrm{MIN}}}{V_{\mathrm{MAX}} + V_{\mathrm{MIN}}} = \frac{\dfrac{V_{\mathrm{MAX}}}{V_{\mathrm{MIN}}} - 1}{\dfrac{V_{\mathrm{MAX}}}{V_{\mathrm{MIN}}} + 1} \tag{7-26}$$

式中，$V_{\mathrm{MAX}}$ 和 $V_{\mathrm{MIN}}$ 是伽马校正之前的电压的最大值和最小值。

伽马校正之后的模拟输出电压为

$$V_{\mathrm{OUT}} = V_{\mathrm{IN}}^{\left(\frac{1}{\gamma}\right)} \tag{7-27}$$

式中，$\gamma$ 为伽马值。于是，伽马校正后的调制传递函数为

$$\mathrm{MTF_{OUT}} = \frac{A^{\frac{1}{\gamma}} - 1}{A^{\frac{1}{\gamma}} + 1} \tag{7-28}$$

式中

$$A = \frac{1 + \mathrm{MTF_{IN}}}{1 - \mathrm{MTF_{IN}}} \tag{7-29}$$

显示器的亮度为

$$L = K(V_{\text{OUT}})^\gamma = K\left(V_{\text{IN}}^{\frac{1}{\gamma}}\right)^\gamma = KV_{\text{IN}} \tag{7-30}$$

式中，$K$ 是非负常数。通常，电视机的伽马值 $\gamma$ 为 2.2，摄影机的伽马值 $\gamma$ 为 0.45。

## 7.5 红外热成像系统的性能指标及测量

红外热成像系统的设计和生产往往要求提供一系列性能指标，这些指标应能客观地反映系统的性能，以满足系统设计、总体性能评价和性能测试、质量控制等的需要。因此，合理选择性能指标非常重要。通常，将红外热成像系统的性能指标分为两类：一类是主观评价指标，由观察者通过人眼观察得到，包括最小可分辨温差（MRTD）和最小可探测温差（MDTD）；另一类是客观评价指标，通过辐射测量或电指标测量得到，包括反映光学传递特性的指标［如调制传递函数（MTF）］、反映噪声等效特性的指标［如噪声等效温差（NETD）］及反映信号传递特性的指标（如信号传递、几何传递、强信号响应、低频响应、系统时间响应）等。

从性能指标的作用出发，可将红外热成像系统的性能指标分为：描述系统温度灵敏度的指标（如 NETD、MRTD、MDTD，其中 MRTD 和 MDTD 是反映温度和空间分辨能力的综合指标）、描述系统空间分辨率的指标（如调制传递函数、空间分辨角或瞬时视场）、描述系统传递特性的指标（如信号传递函数、光谱传递函数）、其他指标（如均匀性、畸变）等，其详细内容如表 7-3 所示。其中，常用的红外热成像系统的性能指标有噪声等效温差（NETD）、调制传递函数（MTF）、最小可分辨温差（MRTD）、最小可探测温差（MDTD）等。

表 7-3 红外热成像系统的性能指标

| 噪声和响应特性 | 图像分辨率特性 | 图像几何特性 | 主 观 特 性 | 其 他 特 性 |
|---|---|---|---|---|
| 固定图形噪声<br>噪声等效温差<br>非均匀性<br>动态范围<br>信号传递函数 | 调制传递函数<br>对比度传递函数<br>空间分辨率<br>瞬时视场<br>有效瞬间视场 | 图像变形<br>图像旋转<br>视场 | 最小可分辨温差<br>最小可探测温差 | 光谱响应函数<br>视距<br>温度稳定性 |

### 7.5.1 噪声等效温差

（1）噪声等效温差的定义

噪声等效温差（Noise Equivalent Temperature Difference，NETD）是红外热成像系统不同于可见光成像系统的主要指标之一，由于红外热成像系统通过物体辐射温度成像，因此系统本身与景象周围的辐射环境将产生噪声，其对图像质量均有较大的影响。噪声等效温差定义为：温度为 $T_T$ 的均匀方形黑体目标，处在温度为 $T_B$ 的均匀黑体背景中，用红外热像仪对此目标进行观察，当系统输出的信噪比为 1 时，黑体目标和黑体背景的温差称为噪声等效温差。该参数描述了红外热成像系统的温度灵敏度特性，在系统测试中，NETD 值被定义为模拟视频信号输出或显示器输出

$$\text{NETD} = \frac{V_{\text{RMS}}}{\frac{A_d}{4(f/\#)^2}\int_{\lambda_1}^{\lambda_2}\tau_{\text{SYS}}(\lambda)\frac{\partial M_e(\lambda,T_B)}{\partial T}R(\lambda)\text{d}\lambda} \quad (7\text{-}31)$$

式中，$f/\#$ 为光学系统的 $F$ 数，$A_d$ 为探测器的面积，$\tau_{\text{SYS}}$ 为大气透过率，$V_{\text{RMS}}$ 是系统的输出电压的均方根，$M_e$ 为辐射出射度。

此外，NETD 也可以利用测得的信号传递函数 SiTF 来表示

$$\text{NETD} = \frac{V_{\text{RMS}}}{\text{SiTF}} \quad (7\text{-}32)$$

或利用测得的噪声和 $\sigma_{\text{TVH}}$ 得到

$$\text{NETD} = \frac{\sigma_{\text{TVH}}}{\text{SiTF}} \quad (7\text{-}33)$$

NETD 的特点是：它描述了系统大面积的温度灵敏度特性，测试装置和测试方法简单，使用方便。然而，该参数仅反映了光学系统、探测器及一小部分电路的特性，没有考虑从测量点到显示器间的噪声源或滤波作用；测量的是单帧信噪比；采用电子滤波器限制噪声，会使得高频响应变差。

根据红外热成像系统类型的不同，可将噪声等效温差分情况讨论。

① 对于扫描型热成像系统，其噪声分布在各子系统中，用时间性噪声来表示；在应用噪声功率谱时，把系统噪声等效为一个噪声源，插入探测器后，一般利用测量 NETD 时的基准参考电子滤波器模拟一代红外热成像系统的探测器后续系统的滤波效果，然后利用 NETD 与系统噪声的带宽来求得系统噪声。

② 对凝视型热成像系统而言，二代 NETD 测量点往往被设在视频信号的输出口，在系统显示之前，NETD 不足以扫描系统噪声。NETD 的测量和计算都要求有一个基准参考滤波器，来模拟后续的系统信号处理电路。事实上，二代红外热成像系统的信号处理往往出现在 NETD 的测量点之前，其包含时间空间随机的噪声、时间无关空间相关的噪声、空间无关时间相关的噪声等，其中，当时间空间随机的噪声 $\sigma_{\text{TVH}}$ 转换为对应的温度时，类似于 NETD 的形式，因此，对于凝视型阵列，常把 $\sigma_{\text{TVH}}$ 写成 NETD。

通常，从像素、行（或列）、整个焦平面三种情况来考察凝视型红外热成像系统的噪声等效温差，其中，像素噪声等效温差通常用来评价红外焦平面阵列的性能；行或整个焦平面的噪声等效温差用来评价整个红外热成像系统的性能，同时必须在校正状态下完成。此外，噪声等效温差是探测器的环境温度的一个函数，因此在对噪声等效温差进行测试时必须标明环境温度。如图 7-24 所示为某 320×240 焦平面阵列红外热成像系统在环境温度为 20℃时的噪声等效温差的柱状图，可以看出，不同行的噪声等效温差不同，其平均值约为 0.1℃。

（2）噪声等效温差的测量

通过在红外热成像系统上加一个不反射外罩或在视场内放置一个大面积黑体辐射源，可实现对探测器的均匀辐照，典型的噪声测试系统如图 7-25 所示，需要注意的是，光源和外罩必须覆盖整个探测器的敏感区。此外，为了确定非均匀性现象是否由辐射源造成，应当移动辐射源，来观察图像有没有发生变化。若图像发生变化，则该现象是由

辐射源的缺陷造成的。

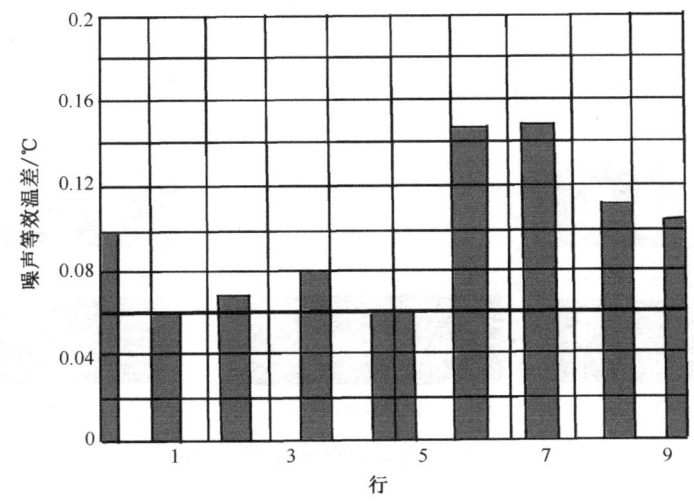

图 7-24　红外热成像系统的噪声等效温差的柱状图

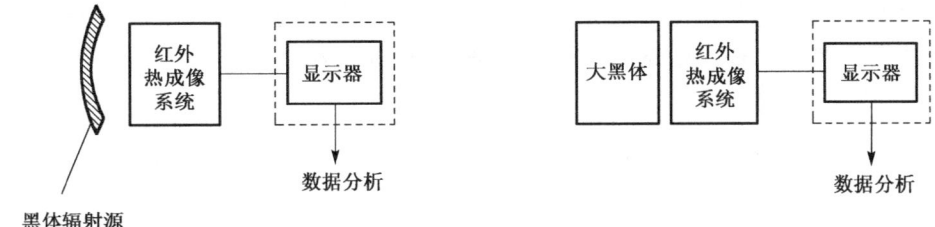

(a) 发射率为 1 的不透明外罩产生扩展元辐照度效果　　　(b) 大的黑体辐射源充满系统视场

图 7-25　典型的噪声测试系统

利用帧间相减技术可以确定 $\sigma_{TVH}$，其实验装置如图 7-26 所示。

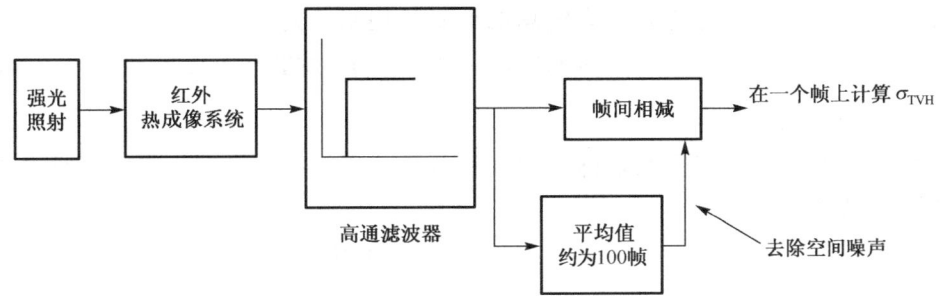

图 7-26　用于确定 $\sigma_{TVH}$ 的实验装置

## 7.5.2　调制传递函数

（1）调制传递函数的定义

调制传递函数反映了红外热成像系统如实再现场景的程度，它是具有不同时空频率特性的各组成部分共同作用的结果。在性能评价模型 NVTHERM 中，通常假设红外热成像系统是线性系统，目标上的每个点通过点扩散函数在像面成像，像面所成图像是物面的无数点与点扩散函数卷积后累加的结果。如图 7-27 所示为调制传递函数在成像过程中的作用。通常，红外热成像系统的调制传递函数主要由光学系统、探测器、电子线路和显示器这 4 部分决定。

图 7-27　调制传递函数在成像过程中的作用

① 光学系统的 MTF

红外热成像系统的波长范围较宽，而且接收的景物辐射是非相干的，其光学系统可以认为是衍射限制的光学系统。衍射限制的光学系统的调制传递函数取决于其波长和孔径。对于常见的圆形孔径，衍射限制下的调制传递函数为

$$\mathrm{MTF}_{\mathrm{diff}}(f) = \frac{2}{\pi}\left[\arccos\left(\frac{f}{f_\mathrm{c}}\right) - \left(\frac{f}{f_\mathrm{c}}\right)\left[1-\left(\frac{f}{f_\mathrm{c}}\right)^2\right]^{\frac{1}{2}}\right] \qquad (7\text{-}34)$$

式中，$f_\mathrm{c}$ 为截止频率，由波长和 $F$ 数决定，且 $f_\mathrm{c} = (\lambda f/\#)^{-1} = (\lambda f)^{-1}$。除衍射作用外，成像过程还会受到光学系统的像差的影响。由像差引起的弥散圆能量分布为高斯函数，具有圆对称形式，其标准偏差为 $\sigma_\mathrm{r}$，其调制传递函数为

$$\mathrm{MTF}_{\mathrm{geo}}(f) = \exp(-2\pi^2\sigma^2 f^2) \qquad (7\text{-}35)$$

综合以上两个因素，可得光学系统总的调制传递函数为

$$\mathrm{MTF}_{\mathrm{o}}(f) = \mathrm{MTF}_{\mathrm{diff}}(f) \cdot \mathrm{MTF}_{\mathrm{geo}}(f) \qquad (7\text{-}36)$$

② 探测器的 MTF

探测器对入射图像具有空间抽样和空间积分的作用，空间积分会产生高频混淆现象，其调制传递函数为

$$\mathrm{MTF}_{\mathrm{p}}(f) = \frac{\sin(\pi W f)}{\pi W f} \qquad (7\text{-}37)$$

式中，$W$ 为像素的有效探测长度。

③ 电子线路的 MTF

电子线路对信号的作用主要是低通滤波，通常把它描述为多级 RC 低通滤波器，其调制传递函数可表示为

$$\text{MTF}_{\text{elp}}(f_t) = \left[1 + \left(\frac{f_t}{f_{\text{elp}}}\right)^{2n}\right]^{1/2} \tag{7-38}$$

式中，$f_{\text{elp}}$ 为电子线路的 3dB 衰减频率。电子线路的时间频率可利用红外焦平面阵列（IRFPA）的扫描速度转换为空间频率。

④ 显示器的 MTF

CRT 显示器的点扩散函数近似为高斯分布函数，假设 CRT 显示器的调制传递函数为

$$\text{MTF}_m = \exp\left(-2\pi^2 \times 0.25^2 \times \left(\frac{f}{f_0}\right)^2\right) \tag{7-39}$$

式中，$f_0$ 为空间频率。

综上所述，整个系统的调制传递函数为

$$\text{MTF}(f) = \text{MTF}_o(f) \cdot \text{MTF}_p(f) \cdot \text{MTF}_{\text{elp}}(f) \cdot \text{MTF}_m(f) \tag{7-40}$$

可将红外热成像系统视为一个线性系统，由线性理论可知，其输出函数与输入函数之间存在确定关系，这种关系用光学传递函数 $O(f)$ 来表示

$$O(f) = \frac{L_{\text{out}}(f)}{L_{\text{in}}(f)} \tag{7-41}$$

式中，$L_{\text{in}}(f)$ 和 $L_{\text{out}}(f)$ 分别为输入函数和输出函数的傅里叶变换。记 $M(f) = |O(f)|$，称之为系统的调制传递函数，调制传递函数可反映红外热成像系统对不同空间频率的图像信号的响应情况。

若输入函数是阶跃函数，则其导数为 $\delta$ 函数，即 $L'_{\text{in}}(f) = 1$。由傅里叶变换理论可知

$$O'(f) = L'_{\text{out}}(f) \tag{7-42}$$

若输入图像满足阶跃函数要求，则可以利用式（7-42）计算系统的调制传递函数。如图 7-28 所示为用于测试水平调制传递函数的输出红外图像。测试输入图像由半月形靶标和其后的黑体构成，两者保持足够的温差，若半月形的直径部分满足阶跃函数要求，则通过输出图像即可计算调制传递函数。如图 7-29 所示为水平调制传递函数曲线，可以看出，随着空间频率的增大，调制传递函数曲线逐渐降低，这反映了红外热成像系统对不同空间频率响应的区别。

图 7-28　用于测试水平调制传递函数的输出红外图像

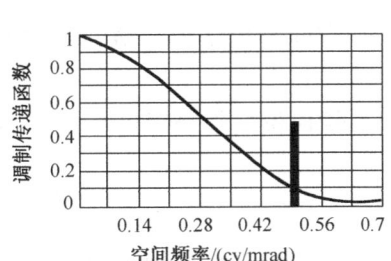
图 7-29　水平调制传递函数曲线

（2）调制传递函数的测量

如图 7-30 所示为通用 MTF 测试结构。狭缝的张角必须小于 DAS，一般取 0.1DAS。理想情况下，狭缝的宽度还应更窄，但是狭缝越窄，通过狭缝的辐射能量就越小，有可能会出现信噪比小于可利用的信噪比的情况。所以，测量中必须精确地知道狭缝的宽度，还应在几个不同的位置进行测量，以保证测量结果一致。通常可以用一根加热的金属线来替代狭缝，但是金属受热会伸长，所以加热时需要用弹簧拉紧它。如图 7-31 所示为相应的数据分析方法，其中，$F_x$ 表示傅里叶变换。

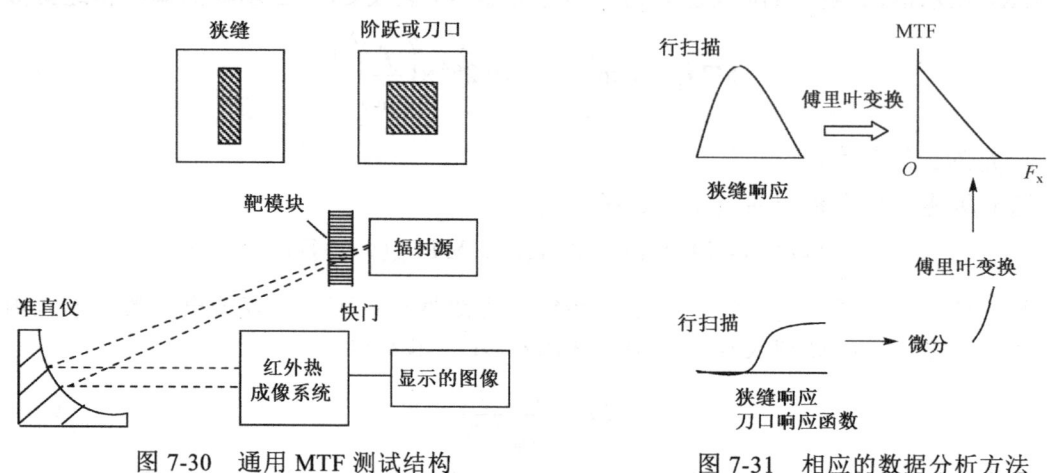

图 7-30　通用 MTF 测试结构　　　　图 7-31　相应的数据分析方法

另外，MTF 也可通过切口扩散函数（也称为边缘响应函数、刀口响应函数或阶跃函数）获得。需要先对切口扩散函数进行微分运算获得线扩散函数，再进行傅里叶变换，才能得到 MTF。需要注意的是，对于含噪声的系统而言，微分运算会突出噪声影响，进而影响 MTF 的结果。通过减小系统增益、增大目标的信号强度，可增大信噪比。

### 7.5.3　最小可分辨温差

（1）最小可分辨温差的定义

在红外热成像系统中，MRTD 是综合评价系统的温度分辨力和空间分辨力的主要参数，它不仅包括系统特征，而且包括观察者的主观因素。其定义是：对具有某一空间频率的 4 个条带（高宽比为 7∶1）目标的标准黑体图案，由观察者在显示屏上进行无限长时间的观察。目标与背景间的温差从零逐渐增大，到观察者确认能分辨（50%的概率）出 4 个条带的目标图案为止，此时目标与背景之间的温差称为该空间的最小可分辨温差。MRTD 是空间频率 $f$ 的函数，当目标图案的空间频率变化时，相应的最小可分辨温差也不同。

对于凝视型红外热像仪，其考虑了三维噪声，最小可分辨温差的计算模型为

$$\mathrm{MRTD}(f) = \left[\frac{\pi^2 \mathrm{SNR}_{\mathrm{TH}} \sigma_{\mathrm{TVH}} K_z(f)}{8 \mathrm{MTF}_z(f)}\right] [E_t E_h(f) E_v(f)]^{\frac{1}{2}} \quad （7-43）$$

式中，$\sigma_{\mathrm{TVH}}$ 为时间空间随机噪声；$K_z(f)$ 为噪声校正函数，下标 $z$ 代表 $h$ 或 $v$；$\mathrm{SNR}_{\mathrm{TH}}$ 为识别 4 个条带目标的阈值信噪比，这里采用 FLR92 的推荐值 2.6；$E_t$ 为人眼时间积分函

数，$E_h(f)$ 和 $E_v(f)$ 为人眼空间积分函数，其表达式分别为

$$\begin{cases} E_t = \dfrac{\alpha_t}{F_R \tau_E} \\ E_h(f) = \dfrac{1}{R_h}\left(\int \mathrm{MTF}^2(\omega)\mathrm{sinc}^2\left(\dfrac{\omega}{f}\right)\mathrm{d}\omega\right) \\ E_v(f) = \dfrac{1}{R_v}\left(\int \mathrm{MTF}^2(\omega)\mathrm{sinc}^2\left(\dfrac{7\omega}{f}\right)\mathrm{d}\omega\right) \end{cases} \quad (7\text{-}44)$$

式中，$\alpha_t$ 为采样相关程度，$F_R$ 为帧频，$\tau_E$ 为人眼积分时间，$R_h$ 为水平采样率，$R_v$ 为垂直采样率，$\mathrm{MTF}(\omega)$ 为系统调制传递函数。

（2）最小可分辨温差的测量

最小可分辨温差的测量通常由不同观瞄大小、不同距离的红外靶标来完成，靶标图案如图 7-32 所示。测量时，在靶标后放置黑体，并与靶标保持固定温差，然后由人眼观察。若人眼刚好能够分辨出靶标图案，则此温差即为该距离该视角的最小可分辨温差。如图 7-33 所示为不同空间频率下的最小可分辨温差曲线。

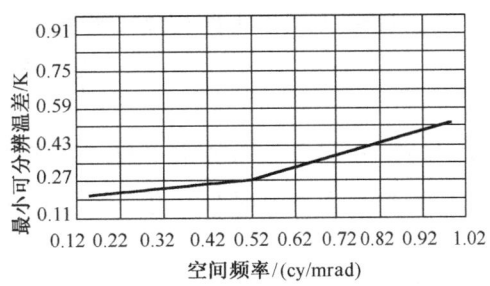

图 7-32 靶标图案　　　　图 7-33 不同空间频率下的最小可分辨温差曲线

MRTD 曲线一般需要在 3 个位置进行测试，如图 7-34 所示，具体过程如下。

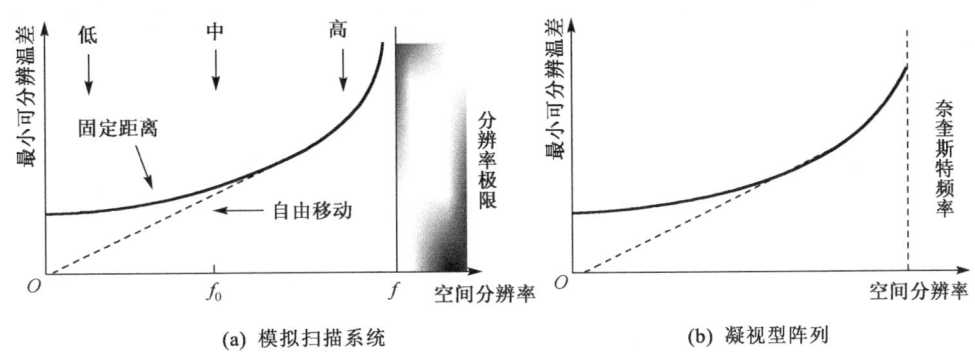

图 7-34 典型的 MRTD 响应

首先，需要估计高空间频率的渐近线，利用该渐近线可以简单估计红外热成像系统可分辨的最高空间频率。对凝视型阵列和欠采样系统来说，最高空间频率会受奈奎斯特采样频率的限制。

其次，确定 $f_0 = 1/(2\mathrm{DAS})$。$f_0$ 处的 MRTD 是敏感度的平均值，常用于不同系统之间

的比较。对 100%填充的凝视型阵列，$f_0$ 是奈奎斯特采样频率。

最后，测试低空间频率，其在很大程度上由观察距离决定。若允许观察者的头部轻微移动，则低空间频率渐近线的取值是 NEDT 对应取值的 0.3～0.7 倍。当观察者头部可以自由移动时，在没有过低的低频空间噪声出现的区域，低频响应趋于零。

### 7.5.4 最小可探测温差

（1）最小可探测温差的定义

最小可探测温差（MDTD）是综合评价红外热成像系统的重要参数之一。它既描述了系统的热灵敏特性，又反映了系统的空间分辨能力，是目标尺寸的函数，其定义为：在观察者的观察时间不受限制的情况下，当在系统显示屏上恰好能分辨出一定尺寸的方形或圆形目标及所处的位置时，目标与背景的温差称为对应目标尺寸的最小可探测温差，其数学表达式为

$$\text{MDTD}(f) = 2.14 \times \frac{\text{MTF}(f)}{\bar{I}} \times \text{MRTD}(f) \tag{7-45}$$

式中，$\bar{I}$ 表示方块目标经系统所成的像的相对平均值。由于准确计算 $\bar{I}$ 相当困难，因此这里只讨论点目标（尺寸比探测器的张角小的目标），近似计算 $\bar{I}$ 为

$$\bar{I} = \frac{W_\text{T} H_\text{T}}{\alpha \beta} \tag{7-46}$$

式中，$W_\text{T}$ 和 $H_\text{T}$ 分别为目标的水平尺寸和垂直尺寸，单位为 mrad；$\alpha$ 和 $\beta$ 分别为系统的水平瞬时视场角和垂直瞬时视场角，单位为 mrad。如图 7-35 所示为不同张角下的 MDTD 曲线。

（2）最小可探测温差的测量

MDTD 也称为热点探测，可以根据目标对应的张角函数画出圆圈。相对于 MRTD 的圆圈，MDTD 可认为是直径减小一半的圆圈，以此为据画出空间频率函数图。在空间频率的低频和中频部分，眼睛相当于边缘探测器，且 MDTD、MRTD 趋于相同的值，如图 7-36 所示。

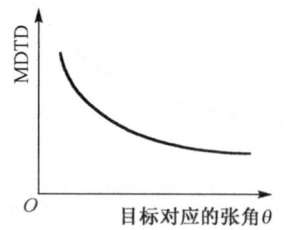

图 7-35 不同张角下的 MDTD 曲线

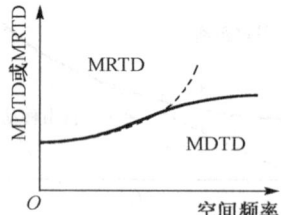

图 7-36 空间频率与 MDTD 和 MRTD 的关系

## 小　结

本章内容将红外物理与红外技术应用联系了起来。对红外热成像系统的原理、结构、分类及其参数、光学系统和扫描器进行了介绍，旨在使读者对红外热成像有基本认识。

在此基础上，重点对红外热成像系统的核心部件——红外探测器进行分析，说明了热成像后处理技术，给出了红外热成像系统的性能指标及其测量方法，从而对红外热成像系统进行全面描述。本章体现理工融合的基本思想，为第 8 章、第 10 章和第 11 章奠定了技术基础。

## 习 题

7-1 名词解释。

瞬时视场、响应度、噪声等效温差、最小可探测温差。

7-2 填空题。

（1）红外热成像系统主要包括_____、_____、_____、_____和图像重建子系统等。

（2）表征红外探测器性能的基本参数有_____、_____、探测率、_____、响应时间和_____等。

（3）红外热成像系统中的扫描器有_____和_____两种基本扫描方式。

（4）红外光子探测器一般用_____材料制成，利用响应元内的电子直接吸收_____来改变运动状态，进而导致电导改变或_____产生，完成对入射辐射的度量。

（5）根据感光元件的数量和运动方式，红外热成像系统可分为_____和_____。

（6）根据不同的工作原理划分，红外热成像系统可分为_____系统和_____系统。

（7）一个红外探测器至少有一个对红外辐射产生敏感效应的物体，称为_____。

（8）红外探测器的响应仅依赖于_____，与辐射的光谱分布无关。

（9）常用的红外热成像系统的性能指标有_____、_____、_____、_____和_____等。

（10）在红外热成像系统中，最小可分辨温差是综合评价系统的温度分辨力和_____的主要参数。

7-3 红外热成像系统的工作原理是什么？

7-4 红外物镜系统有哪些类型？各有什么优缺点？

7-5 试比较制冷型红外探测器和非制冷型红外探测器各有什么优缺点。

7-6 对于不同的红外热成像系统而言，噪声等效温差（NETD）与系统噪声有什么关系？

7-7 红外热成像系统的调制传递函数由哪几部分组成？

7-8 MCT 探测器的光敏面为直径为 0.5mm 的圆，黑体辐射在光敏面的强度（功率密度）为 $13.5\mu W/cm^2$，选频放大器的通带宽度 $\Delta f=4Hz$，信噪比 $(V_S+V_N)/V_N=100$，求 $D^*$。

## 参 考 文 献

[1] 邢素霞. 红外热成像与信号处理[M]. 北京：国防工业出版社，2011.

[2] Gerald C, Holst. Testing and evaluation of infrared imaging systems[M]. 3rd ed. Oviedo:JCD Publishing,2008.

[3] 陈钱，隋修宝. 红外图像处理理论与技术[M]. 北京：电子工业出版社，2018.

[4] Antoni Rogalski. 红外探测器[M]. 2版. 周海宪，程云芳，等译. 北京：机械工业出版社，2014.

[5] 张建奇. 红外物理[M]. 2版. 西安：西安电子科技大学出版社，2013.

[6] 叶玉堂，刘爽. 红外与微光技术[M]. 北京：国防工业出版社，2010.

[7] 常本康，蔡毅. 红外成像系统与阵列[M]. 北京：科学出版社，2009.

[8] 邸旭，杨进华. 微光与红外成像技术[M]. 北京：机械工业出版社，2012.

[9] 孙继银，孙向东，王忠，等. 前视红外景象匹配技术[M]. 北京：科学出版社，2011.

[10] Reibel Y, chabuel F, Vaz C, et al. Infrared dual-band detectors for next generation[C]. Infrared Technology & Applications XXXVII. International Society for Optics and Photonics, Orlando, Florida, 2011:381-383.

[11] Robert Rehm, Martin Walther, Frank Rutz, et al. Dual-color InAs/GaSb superlattice focal-plane array technology[J]. Journal of Electronic Materials,2011,40(8):1738-1743.

[12] G. Destefanis, J. Baylet, P. Ballet, et al. Status of HgCdTe bicolor and dual-band infrared focal arrays at LETI[J]. Journal of Electronic Materials, 2007,36(8):1031-1044.

[13] Ruyten W.M. CCD Arrays, Cameras and Displays[J]. Optics & Photonics News,1997,8(4):142-145.

[14] 常本康，蔡毅. 红外成像阵列与系统[M]. 北京：科学出版社，2009.

[15] 姜贵彬，蓝天，倪国强. 红外热成像系统评价的重要参数及测试方法[J]. 红外与激光工程，2008，37：470-473.

[16] 张建奇，王晓蕊. 光电成像系统建模及性能评估理论[M]. 西安：西安电子科技大学出版社，2010.

[17] 白廷柱，金伟其. 光电成像原理与技术[M]. 北京：北京理工大学出版社，2006.

# 第8章 红外偏振成像的原理与技术

## 引 言

红外偏振成像是红外探测成像科学中的一种新技术。它将可见光中的偏振成像技术引入红外领域,为红外探测和红外图像处理提供了新的思路与方法。它可以弥补红外辐射需准确校准的不足,并可取得高对比度的探测图像,在民用和国防领域均有相关应用,尤其是在国防领域应用价值更大。

本章内容:(1)使读者深入理解光的偏振的基本概念,熟悉不同偏振光的基本特点,了解它们的区别;(2)掌握红外偏振成像的原理、成像方式,掌握不同类型目标的红外偏振特性;(3)通过所列举的红外偏振成像与光强成像的图像分析结果,更深刻地理解红外偏振成像的特点。

## 8.1 光 的 偏 振

对于纵波来说,在通过波的传播方向的所有平面内,波的运动情况都是相同的,其中没有一个平面显示出特殊性,即纵波具有对称性。对于横波来说,通过波的传播方向且包含振动矢量的那个平面显然和不包含振动矢量的其他平面存在区别,这说明波的振动方向对传播方向没有对称性,振动方向对传播方向的不对称性称为偏振。根据麦克斯韦方程可知,电磁波是横波。电磁波在一定的平面内边振动边向前传播,这种波称为偏振波,在光的情况下称为"偏振光"。

实验证明,在光与物质的相互作用中起主要作用的是电场矢量,因此一般情况下主要研究光波的电场矢量,在空间任意一点,电场矢量的大小和方向随时间变化的方式称为光的偏振,通常用电场矢量端点随时间变化的轨迹来描述,由此偏振光可以分为线偏振光、椭圆偏振光和圆偏振光,此外,光的宏观偏振态还有自然光、部分偏振光。

(1)线偏振光

在光波的电偶极子辐射模型中,偶极子振动会产生电磁波。因为电场波在包含偶极子的平面内振动,所以每个偶极子发出的光都是偏振光。设单个偶极子在 $xOy$ 平面内振动,光波沿 $z$ 轴传播,则电场波在某一点处为

$$\begin{cases} E_x = A_x \cos(\tau + \delta) \\ E_y = A_y \cos(\tau + \delta) \\ E_z = 0 \end{cases} \qquad (8\text{-}1)$$

式中,$\tau = \omega t - kz$,$A_x$、$A_y$ 分别为电矢量 $E$ 在 $x$ 轴和 $y$ 轴上的振幅分量,$\omega$ 为振动角频率,$\delta$ 为振动初相位。

$$\tan\theta = \frac{E_y}{E_x} = \frac{A_y}{A_x} \tag{8-2}$$

这种光矢量的方向不变、其大小随相位变化的光称为线偏振光。

(2) 椭圆偏振光

平面电磁波是横波,其电场和磁场正交,因此当光沿 $z$ 方向传播时,电场只有 $x$ 方向和 $y$ 方向的分量。分量表示形式为

$$\begin{cases} E_x = A_x \cos(\tau - \delta_x) \\ E_y = A_y \cos(\tau - \delta_y) \\ E_z = 0 \end{cases} \tag{8-3}$$

若把合成波的振幅用一端固定在原点的电矢量 $\boldsymbol{E}$ 来表示,则 $(E_x, E_y)$ 是该矢量另一端的坐标。为了得到电矢量的端点所描绘的曲线,

$$\begin{cases} \dfrac{E_x}{A_x} = \cos\tau\cos\delta_x + \sin\tau\sin\delta_x \\ \dfrac{E_y}{A_y} = \cos\tau\cos\delta_y + \sin\tau\sin\delta_y \end{cases} \tag{8-4}$$

由此求得 $\cos\tau$、$\sin\tau$,然后求它们的平方和,可得

$$\left(\frac{E_x}{A_x}\right)^2 + \left(\frac{E_y}{A_y}\right)^2 - 2\frac{E_x}{A_x}\frac{E_y}{A_y}\cos\delta = \sin^2\delta \tag{8-5}$$

式中,$\delta = \delta_y - \delta_x$。根据式(8-5)可知,$E_x$、$E_y$ 小于 $A_x$、$A_y$,电场矢量的端点和方向都在有规律地变化,光矢量的末端沿着一个椭圆转动的光称为椭圆偏振光。椭圆偏振光的形状、转动方向与线偏振光的相位差 $\delta$ 及振幅比 $\dfrac{A_x}{A_y}$ 有关。当 $\delta = 0$ 或 $\pm 2\pi$ 的整数倍时,有

$$E_y = \frac{A_x}{A_y} E_x \tag{8-6}$$

合成的电矢量是直线振动的。当 $\delta$ 为 $\pm\pi$ 的奇数倍时,有

$$E_y = -\frac{A_y}{A_x} E_x \tag{8-7}$$

合成的电矢量也是直线振动的,由二次表达式可知,当 $\sin\delta \geqslant 0$ 时,为右旋椭圆偏振光;当 $\sin\delta < 0$ 时,为左旋椭圆偏振光。

(3) 圆偏振光

在椭圆偏振光中,令 $A_x = A_y$ 且 $\delta = \dfrac{m\pi}{2}$($m = \pm 1, \pm 2, \cdots$),椭圆偏振光就变成圆偏振光。因此圆偏振光的表达式为

$$\begin{cases} E_x = A_x \cos(\tau + \delta) \\ E_y = A_y \cos\left(\tau + \delta + \dfrac{\pi}{2}\right) \end{cases} \tag{8-8}$$

当 $\delta = \dfrac{\pi}{2} + 2m\pi$ （$m = 0, \pm 1, \pm 2, \cdots$）、$E_x = E_y$ 时，为右旋圆偏振光。

当 $\delta = -\dfrac{\pi}{2} + 2m\pi$ （$m = 0, \pm 1, \pm 2, \cdots$）、$E_x = E_y$ 时，为左旋圆偏振光。

（4）自然光

由于光波的传播方向具有对称且均匀分布的特性，因此在光波传播的垂直方向平面上又同时具有时间和空间分布的均匀性。若任意方向的电矢量 $E$ 均可分为平行与垂直两个方向的分量，而且电矢量的时间平均值相等，则这种光就是自然光，也称为非偏振光。自然光可以用强度相等、振动方向互相垂直的两个平面偏振光来表示。由于自然光中的各矢量没有固定的相位关系，因此方向不同的两个电矢量无法合成一个单独的矢量，但在数学上可以用两个振幅相等的非相干的波表示，通常用两束正交的线偏振光来表示自然光。

（5）部分偏振光

在普遍情况中，电矢量的变化方式既不是完全规则的，又不是完全无规则的，这种光称为部分偏振光。描述这种性质的波，一种最有效的方法是把它视为一定比例的自然光和偏振光叠加的结果，常用偏振度 $P$ 来表示

$$P = \dfrac{I_\mathrm{p}}{I_\mathrm{p} + I_\mathrm{u}} \tag{8-9}$$

式中，$I_\mathrm{p}$ 是偏振光的强度，$I_\mathrm{u}$ 是自然光的强度，$I_\mathrm{p} + I_\mathrm{u}$ 是部分偏振光的强度。

## 8.2 红外偏振成像的原理

### 8.2.1 偏振光的产生

一般的光源（如太阳、电灯、蜡烛）所发出的光通常是自然光，既不是完全的偏振光，又不是完全的非偏振光。自然界的大部分物质都具有类似起偏器的作用，因此，世间万物与自然光在相互作用的过程中，如在发生反射、折射等时，就会产生部分偏振光或线偏振光，这样光的偏振特性就携带了物体的相关信息。

（1）反射及折射产生的偏振光

如图 8-1 所示，若入射光为一平面波，则其反射波和折射波也是平面波。设入射光、反射光和折射光的电场强度分别为 $E_\mathrm{i}$、$E_\mathrm{r}$、$E_\mathrm{t}$，其平面波的表达式分别为

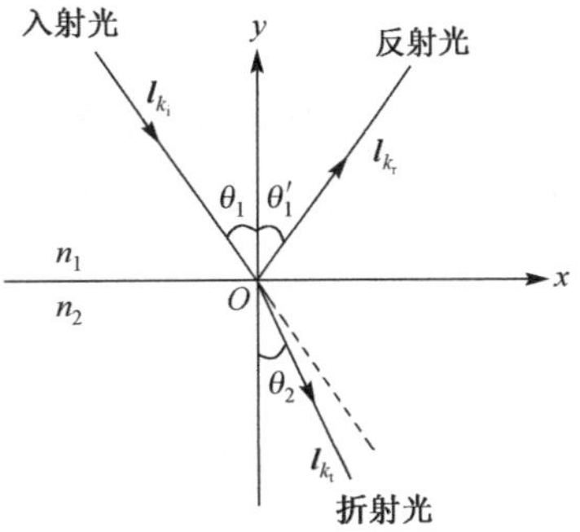

入射光： $E_\mathrm{i} = E_0^i \mathrm{e}^{\mathrm{i}(\omega_i t - k_i l_{k_i} \cdot r)}$ （8-10）

反射光： $E_\mathrm{r} = E_0^r \mathrm{e}^{\mathrm{i}(\omega_i t - k_i l_{k_r} \cdot r)}$ （8-11）

折射光： $E_\mathrm{t} = E_0^t \mathrm{e}^{\mathrm{i}(\omega_i t - k_i l_{k_t} \cdot r)}$ （8-12）

图 8-1 电磁波的反射与折射

式中，$l_k = l_x \cos\alpha + l_y \cos\beta + l_z \cos\gamma$，是波面的法向单位向量。

$r = l_x x + l_y y + l_z z$ 是波传播空间任意一点的矢径，设原点取在分界面内，则 $k_\mathrm{i} = \dfrac{2\pi}{\lambda_1} = \dfrac{\omega_\mathrm{i}}{v_1}$、

$k_\mathrm{r}=\dfrac{2\pi}{\lambda_1}=\dfrac{\omega_\mathrm{r}}{\upsilon_1}$、$k_\mathrm{t}=\dfrac{2\pi}{\lambda_2}=\dfrac{\omega_\mathrm{t}}{\upsilon_2}$，其中，$\upsilon_1$ 是介质 1 中的速度，$\upsilon_2$ 是介质 2 中的速度，$\omega_\mathrm{i}$、$\omega_\mathrm{r}$、$\omega_\mathrm{t}$ 则分别为入射光、反射光、折射光的圆频率。由边界条件可知，在介质的分界面上的电场强度 $E$ 的切向分量应该连续，即有

$$E_{0\mathrm{t}}^i e^{i(\omega_\mathrm{i} t-k_\mathrm{i} l_{k_\mathrm{i}}\cdot r)}+E_{0\mathrm{t}}^r e^{i(\omega_\mathrm{r} t-k_\mathrm{r} l_{k_\mathrm{r}}\cdot r)}=E_{0\mathrm{t}}^t e^{i(\omega_\mathrm{t} t-k_\mathrm{t} l_{k_\mathrm{t}}\cdot r)} \tag{8-13}$$

对于某一固定点，$r$ 为常数、$t$ 为变量，要使式（8-13）成立，应使 $\omega_\mathrm{i}=\omega_\mathrm{r}=\omega_\mathrm{t}=\omega$，这说明，由场边界条件直接得出：光波在反射和折射时，其频率保持不变，式（8-13）可化简为

$$E_{0\mathrm{t}}^i e^{-ik_\mathrm{i} l_{k_\mathrm{i}}\cdot r}+E_{0\mathrm{t}}^r e^{-ik_\mathrm{r} l_{k_\mathrm{r}}\cdot r}=E_{0\mathrm{t}}^t e^{-ik_\mathrm{t} l_{k_\mathrm{t}}\cdot r} \tag{8-14}$$

同理，由于 $E_{0\mathrm{t}}^i$、$E_{0\mathrm{t}}^r$、$E_{0\mathrm{t}}^t$ 均为常数，而 $r$ 为变量，所以式（8-14）成立的必要条件是 $k_\mathrm{i} l_{k_\mathrm{i}}\cdot r=k_\mathrm{r} l_{k_\mathrm{r}}\cdot r=k_\mathrm{t} l_{k_\mathrm{t}}\cdot r$，由此可以推导出反射定律和折射定律

$$k_\mathrm{i} l_{k_\mathrm{i}}\cdot r=k_\mathrm{r} l_{k_\mathrm{r}}\cdot r \tag{8-15}$$

故有

$$r\cdot(k_\mathrm{i} l_{k_\mathrm{i}}-k_\mathrm{r} l_{k_\mathrm{r}})=0 \tag{8-16}$$

由于 $r$ 是在分界面上的矢量，且方向任意，因此式（8-16）说明 $k_\mathrm{i} l_{k_\mathrm{i}}-k_\mathrm{r} l_{k_\mathrm{r}}$ 与分界面垂直，且由矢量性质可知，这时 $l_{k_\mathrm{i}}$、$l_{k_\mathrm{r}}$ 与分界面的法线共面。同理，$l_{k_\mathrm{i}}$、$l_{k_\mathrm{t}}$ 与分界面的法线也共面，即

$$r\cdot(k_\mathrm{i} l_{k_\mathrm{i}}-k_\mathrm{t} l_{k_\mathrm{t}})=0 \tag{8-17}$$

由于任意偏振态的光均可分解为两个相互垂直的分量，因此一般把它分解成在入射面内的分量（平行分量或 $P$ 分量）和垂直于入射面的分量（垂直分量或 $S$ 分量）。平面电磁波在反射和折射时，这两个分量是相互对立的（平行分量在反射、折射时只产生平行分量，垂直分量在反射、折射时只产生垂直分量）。对于两种透明介质的分界面，电场强度 $E$ 和磁场强度有以下边界关系

$$\begin{cases} E_{i\perp}^i+E_{r\perp}^r=E_{t\perp}^t \\ (H_{i//}-H_{r//})\cos\theta_1=H_{t//} \end{cases} \tag{8-18}$$

利用 $\sqrt{\mu}H=\sqrt{\varepsilon}E$ 进行变量代换，把变量 $H$ 均代换为 $E$，而对于均匀、透明的介质，有 $\mu=1$、$\varepsilon_\mathrm{r}=n^2$，利用折射定律 $n_1\sin\theta_1=n_2\sin\theta_2$ 把式中的 $n$ 消去，最后得到方程组

$$\begin{cases} (E_\perp^i-E_\perp^r)\sin\theta_2\cos\theta_1=E_\perp^t\sin\theta_1\cos\theta_2 \\ E_\perp^i+E_\perp^r=E_\perp^t \end{cases} \tag{8-19}$$

联合式（8-16）和式（8-17），则式（8-19）变为

$$\begin{cases} (E_{0\perp}^i-E_{0\perp}^r)\sin\theta_2\cos\theta_1=E_{0\perp}^t\sin\theta_1\cos\theta_2 \\ E_{0\perp}^i+E_{0\perp}^r=E_{0\perp}^t \end{cases} \tag{8-20}$$

求解得

$$\begin{cases} E_{0\perp}^r = \dfrac{\sin(\theta_1-\theta_2)}{\sin(\theta_1+\theta_2)} E_{0\perp}^i \\ E_{0\perp}^t = \dfrac{2\sin\theta_2\cos\theta_1}{\sin(\theta_1+\theta_2)} E_{0\perp}^i \end{cases} \quad (8\text{-}21)$$

式（8-21）指明了反射光、折射光的垂直分量和入射光垂直分量之间的关系。当电场强度 $E$ 平行于入射面时，同样可以得出反射光与折射光的平行分量和入射光的平行分量间有以下关系

$$\begin{cases} E_{0//}^t = \dfrac{2\sin\theta_2\cos\theta_1}{\sin(\theta_1+\theta_2)\cos(\theta_1-\theta_2)} E_{0//}^i \\ E_{0//}^r = \dfrac{\tan(\theta_1-\theta_2)}{\tan(\theta_1+\theta_2)} E_{0//}^i \end{cases} \quad (8\text{-}22)$$

将式（8-21）和式（8-22）的结果写成如下的方程式，即菲涅尔公式。利用它可以得出反射光和折射光的强度及相位变化等。

$$\begin{cases} \dfrac{E_{0\perp}^r}{E_{0\perp}^i} = r_\perp = -\dfrac{\sin(\theta_1-\theta_2)}{\sin(\theta_1+\theta_2)} = \dfrac{n_1\cos\theta_1 - n_2\cos\theta_2}{n_1\cos\theta_1 + n_2\cos\theta_2} \\ \dfrac{E_{0//}^r}{E_{0//}^i} = r_{//} = \dfrac{\tan(\theta_1-\theta_2)}{\tan(\theta_1+\theta_2)} = \dfrac{n_2\cos\theta_1 - n_1\cos\theta_2}{n_2\cos\theta_1 + n_1\cos\theta_2} \\ \dfrac{E_{0\perp}^t}{E_{0\perp}^i} = t_\perp = \dfrac{2\cos\theta_1\sin\theta_2}{\sin(\theta_1+\theta_2)} = \dfrac{2n_1\cos\theta_1}{n_1\cos\theta_1 + n_2\cos\theta_2} \\ \dfrac{E_{0//}^t}{E_{0//}^i} = t_{//} = \dfrac{2\cos\theta_1\sin\theta_2}{\sin(\theta_1+\theta_2)\cos(\theta_1-\theta_2)} = \dfrac{2n_1\cos\theta_1}{n_2\cos\theta_1 + n_1\cos\theta_2} \end{cases} \quad (8\text{-}23)$$

由式（8-23）可知，一般情况下，由于 $r_\perp \neq r_{//}$、$t_\perp \neq t_{//}$，因此反射光和折射光的偏振态与入射光不同。若入射光为线偏振光，则反射光与折射光仍为线偏振光，但其振动方向发生变化。设 $\alpha$ 为振动面与入射面的夹角（称为振动方位角），当振动面绕光的传播方向顺时针转动时，振动方位角为正。入射光、反射光和折射光的振动方位角 $\alpha_i$、$\alpha_r$、$\alpha_t$ 分别定义为

$$\tan\alpha_i = \dfrac{E_{0\perp}^i}{E_{0//}^i} \quad (8\text{-}24)$$

$$\tan\alpha_r = \dfrac{E_{0\perp}^r}{E_{0//}^r} \quad (8\text{-}25)$$

$$\tan\alpha_t = \dfrac{E_{0\perp}^t}{E_{0//}^t} \quad (8\text{-}26)$$

由菲涅尔公式可直接得出

$$\tan\alpha_r = \dfrac{\cos(\theta_1-\theta_2)}{\cos(\theta_1+\theta_2)} \tan\alpha_i \quad (8\text{-}27)$$

$$\tan\alpha_t = \cos(\theta_1 - \theta_2)\tan\alpha_i \tag{8-28}$$

由于 $\theta_1$ 和 $\theta_2$ 均在 $\left(0, \dfrac{\pi}{2}\right)$ 范围内，因此有

$$|\tan\alpha_r| \geqslant |\tan\alpha_i| \tag{8-29}$$

$$|\tan\alpha_t| \leqslant |\tan\alpha_i| \tag{8-30}$$

式中的等号只有在正入射或掠入射（$\theta_1 = 0$ 或 $\theta_1 = \dfrac{\pi}{2}$）的情况下才成立。由此可见，反射光的振动面偏离入射面，而透射光的振动面则转向入射面，此时不发生偏振现象。另外，当 $\theta_1 + \theta_2 = \dfrac{\pi}{2}$，

图 8-2 物理学家
大卫·布儒斯特

即反射光与折射光相互垂直时，由折射定律 $\dfrac{\sin\theta_1}{\sin\theta_2} = n$，可得

$$\tan\theta_1 = n \tag{8-31}$$

式（8-31）就是布儒斯特定律，此时角度 $\theta_1$ 称为这种物质对真空或空气的偏振角或布儒斯特角。物理学家大卫·布儒斯特如图 8-2 所示。

当自然光以布儒斯特角入射时，反射光会发生全偏振。可见，反射光和折射光的偏振态有以下三种情况：

① 在正入射和掠入射时，反射光和折射光都仍是自然光；

② 在一般情况入射时，反射光和折射光均为部分偏振光；

③ 当以布儒斯特角入射时，反射光是线偏振光（偏振度 $P=1$），振动方向与入射面垂直，折射光则为部分偏振光，但这时的偏振度最高。

（2）红外辐射产生的偏振光

根据菲涅尔反射定律可知，当一束非偏振光入射到介质表面并发生反射时，会产生部分偏振光。另外，由基尔霍夫理论可知，物体的红外辐射也可以产生偏振效应。当目标的红外辐射入射到一个表面时，将会发生三种不同的变化，其中一部分能量被物体吸收，一部分能量从物体表面反射，还有一部分能量透射进物体。菲涅尔公式是在麦克斯韦方程的基础上推导得出的，而麦克斯韦方程是适用于一切电磁波的，所以菲涅尔公式也可用于一切电磁波中，因此红外辐射同样适用于菲涅尔反射定律。其中，红外辐射的菲涅尔公式如下

$$\begin{cases} r_s = \dfrac{A'_{1s}}{A_{1s}} = \dfrac{n_1\cos\theta_1 - n_2\cos\theta_2}{n_1\cos\theta_1 + n_2\cos\theta_2} \\ r_p = \dfrac{A'_{1p}}{A_{1p}} = \dfrac{n_2\cos\theta_1 - n_1\cos\theta_2}{n_2\cos\theta_1 + n_1\cos\theta_2} \end{cases} \tag{8-32}$$

当红外辐射的两个正交的偏振分量在两种不同介质的表面发生反射时，由于其反射率不同，因此造成了反射辐射中两个偏振量的比例分布不平衡，从而引起了反射辐射的部分偏振性。根据基尔霍夫定律，物体的辐射率与其反射率有密切的关系，反射率不同可以引起反射辐射中偏振量的不平衡，从而产生偏振效应。

## 8.2.2 偏振光的描述

（1）斯托克斯表示法

人眼无法直接观察偏振光，需要将偏振光以某种信息的形式显示，以便人眼观察或计算机识别与处理。1852年，英国物理学家乔治 G·斯托克斯提出利用一组参数表示光波的偏振态，斯托克斯表示法成为目前常用的光波强度和偏振态的描述方法。被描述的光可以是完全偏振光、部分偏振光和完全非偏振光。斯托克斯指出，一束光的偏振状态可用4个参数 $I$、$Q$、$U$、$V$ 完全表示，这组参数称为斯托克斯参数，它们都是光强的时间平均值，因此可以直接测量。

斯托克斯参数的定义如下。

设准单色偏振光沿 $z$ 方向传播，其平均频率为 $\nu$，设电矢量 $E$ 的 $x$ 分量、$y$ 分量分别为

图 8-3　英国物理学家
乔治 G·斯托克斯

$$\begin{cases} E_x(t) = E_{0x}(t)\cos[\varphi_1(t) - 2\pi\nu t] \\ E_y(t) = E_{0y}(t)\cos[\varphi_2(t) - 2\pi\nu t] \end{cases} \tag{8-33}$$

消去 $-2\pi\nu t$，可得到

$$\frac{E_x^{\,2}(t)}{E_{0x}^{\,2}(t)} + \frac{E_y^{\,2}(t)}{E_{0y}^{\,2}(t)} - 2\frac{E_x(t)}{E_{0x}(t)}\frac{E_y(t)}{E_{0y}(t)}\cos\delta(t) = \sin^2\delta(t) \tag{8-34}$$

式中，$\delta(t) = \varphi_2(t) - \varphi_1(t)$，是 $E_x$、$E_y$ 的相位差。

对于单色光，其振幅和相位差与时间无关，式（8-34）可以简化为

$$\frac{E_x^2(t)}{E_{0x}^2} + \frac{E_y^2(t)}{E_{0y}^2} - 2\frac{E_x(t)}{E_{0x}}\frac{E_y(t)}{E_{0y}}\cos\delta = \sin^2\delta \tag{8-35}$$

用 $\langle\ \rangle$ 符号表示对时间取平均值，对式（8-35）取平均值，可以改写为

$$\frac{\langle E_x^2(t)\rangle}{E_{0x}^2} + \frac{\langle E_y^2(t)\rangle}{E_{0y}^2} - 2\frac{\langle E_x(t)\rangle\langle E_y(t)\rangle}{E_{0x}E_{0y}}\cos\delta = \sin^2\delta \tag{8-36}$$

将式（8-36）两边同时乘以 $4E_{0x}E_{0y}$，整理为

$$\left(E_{0x}^2 + E_{0y}^2\right)^2 = \left(E_{0x}^2 - E_{0y}^2\right)^2 + \left(2E_{0x}E_{0y}\cos\delta\right)^2 + \left(2E_{0x}E_{0y}\sin\delta\right)^2 \tag{8-37}$$

将括号内的各式分别用下面4个量表示

$$\begin{cases} S_0 = E_{0x}^2 + E_{0y}^2 \\ S_1 = E_{0x}^2 - E_{0y}^2 \\ S_2 = 2E_{0x}E_{0y}\cos\delta \\ S_3 = 2E_{0x}E_{0y}\sin\delta \end{cases} \tag{8-38}$$

对于准单色光，其振幅和相位差与时间相关，可将式（8-38）推广为

$$\begin{cases} S_0 = I = \langle E_x^2(t) \rangle + \langle E_y^2(t) \rangle \\ S_1 = Q = \langle E_x^2(t) \rangle - \langle E_y^2(t) \rangle \\ S_2 = U = 2\langle E_x(t)E_y(t)\cos\delta(t) \rangle \\ S_3 = V = 2\langle E_x(t)E_y(t)\sin\delta(t) \rangle \end{cases} \tag{8-39}$$

式中，$I$ 表示总的光强度；$Q$ 表示 0°与 90°方向的线偏振光分量之差；$U$ 表示 45°与 135°方向的线偏振光分量之差；$V$ 代表右旋与左旋圆偏振光分量之差，在实际应用中，由于自然界中目标与大气背景的圆偏振光分量在仪器可以检测的范围内的探测量很小，相对于仪器误差可忽略不计，在一般工程探测和计算中认为 $V = 0$，因此可以利用 $I$、$Q$、$U$ 三个独立的斯托克斯参数来确定一束光线的偏振态。在与 $x$ 轴夹角为 $\alpha$ 的方向上，观测的光强度为

$$I(\alpha) = \frac{1}{2}(I + Q\cos 2\alpha + U\sin 2\alpha) \tag{8-40}$$

因此，在实际探测时，如果可以测出三个不同角度的光强分量，那么就可以计算出斯托克斯参数。若确定 0°参考方向为初始位置，则需要将偏振片逐步旋转到 45°、90°、135°三个不同位置，将 4 个不同偏振方向的光强分量代入式（8-40），化简可得

$$\begin{cases} I = I_0 + I_{90} = I_{+45} + I_{-45} = I_l + I_r \\ Q = I_0 - I_{90} \\ U = I_{+45} - I_{-45} \\ V = I_r - I_l \end{cases} \tag{8-41}$$

式中，$I_0$、$I_{90}$、$I_{+45}$、$I_{-45}$、$I_r$、$I_l$ 分别表示放置于光波传播路径上的理想偏振片在 0°、90°、+45°、−45°方向上的线偏振光及左旋 l 圆偏振光和右旋 r 圆偏振光。此外，还可以用 0°、60°、120°方向上的线偏振光表示

$$\begin{cases} I = \frac{2}{3}[I(0°) + I(60°) + I(120°)] \\ Q = \frac{4}{3}\left[I(0°) - \frac{1}{2}(60°) - \frac{1}{2}(120°)\right] \\ U = \frac{2}{\sqrt{3}}[I(60°) - I(120°)] \end{cases} \tag{8-42}$$

$$\begin{cases} P = \dfrac{\sqrt{Q^2 + U^2}}{I} \\ \theta = \dfrac{1}{2}\arctan\left(\dfrac{U}{Q}\right) \end{cases} \tag{8-43}$$

可用以上两种方法计算出斯托克斯参数及偏振度 $P$ 和偏振角 $\theta$。

（2）密勒矩阵表示法

当光束与物质相互作用时，出射光束的 4 个斯托克斯参数与入射光束的 4 个斯托克斯参数之间是线性关系。1943 年，麻省理工学院的教授汉斯·密勒（Hans Mueller）提出了利用 4×4 矩阵的方法描述斯托克斯矢量通过偏振元件时的变化，这种矩阵称为密勒矩阵。

设入射偏振光的斯托克斯矢量为 $E_1$、偏振元件的密勒矩阵为 $M$，则出射偏振光的斯托克斯矢量 $E_2$ 为

$$E_2 = M \cdot E_1 \tag{8-44}$$

当入射光束通过多个偏振元件时，多个偏振元件的作用可以用各个偏振元件的密勒矩阵的积来表示。由于斯托克斯矢量可以用于完全偏振光，也可以用于部分偏振光，因此密勒矩阵也具有这一性质。

对于线偏振器，当起偏器的透光轴与 $x$ 轴的夹角为 $\theta$ 时，起偏器的密勒矩阵为

$$M_{(\theta)} = \frac{1}{2} \begin{bmatrix} 1 & \cos 2\theta & \sin 2\theta & 0 \\ \cos 2\theta & \cos^2 2\theta & \sin 2\theta \cos 2\theta & 0 \\ \sin 2\theta & \cos 2\theta \sin 2\theta & \sin^2 2\theta & 0 \\ 0 & 0 & 0 & 0 \end{bmatrix} \tag{8-45}$$

因此，当起偏器的透光轴沿 $x$ 轴时，有

$$M_{(0°)} = \frac{1}{2} \begin{bmatrix} 1 & 1 & 0 & 0 \\ 1 & 1 & 0 & 0 \\ 0 & 0 & 0 & 0 \\ 0 & 0 & 0 & 0 \end{bmatrix} \tag{8-46}$$

$$M_{(90°)} = \frac{1}{2} \begin{bmatrix} 1 & -1 & 0 & 0 \\ -1 & 1 & 0 & 0 \\ 0 & 0 & 0 & 0 \\ 0 & 0 & 0 & 0 \end{bmatrix} \tag{8-47}$$

一束自然光通过起偏器 $M_{(0°)}$，其出射光为

$$\frac{1}{2} \begin{bmatrix} 1 & 1 & 0 & 0 \\ 1 & 1 & 0 & 0 \\ 0 & 0 & 0 & 0 \\ 0 & 0 & 0 & 0 \end{bmatrix} \begin{bmatrix} 1 \\ 0 \\ 0 \\ 0 \end{bmatrix} = \frac{1}{2} \begin{bmatrix} 1 \\ 1 \\ 0 \\ 0 \end{bmatrix} \tag{8-48}$$

表示得到的是能量减小一半的光矢量沿 $x$ 轴方向的线偏振光。

波片是能使互相垂直的两束光的振动之间产生附加光程差（或相位差）的光学器件，通常由具有精确厚度的石英、方解石或云母等双折射晶片做成，其光轴与晶片表面平行。波片中传播速度慢的光矢量方向为慢轴，传播速度快的光矢量方向为快轴。

对于波片，若波片的快轴与 $x$ 轴的夹角为 $\theta$，其相位延迟为 $\delta$，则相应的密勒矩阵为

$$M_{(\theta,\delta)} = \begin{bmatrix} 1 & 0 & 0 & 0 \\ 0 & \cos^2 2\theta + \sin^2\theta \cos\delta & \sin 2\theta \cos 2\theta (1-\cos\delta) & -\sin 2\theta \sin\delta \\ 0 & \sin 2\theta \cos 2\theta (1-\cos\delta) & \sin^2 2\theta + \cos^2 2\theta \cos\delta & \cos 2\theta \sin\delta \\ 0 & \sin 2\theta \sin\delta & -\cos 2\theta \sin\delta & \cos\delta \end{bmatrix} \tag{8-49}$$

若快轴取 $x$ 轴，$\theta = 0°$，波片快轴、慢轴之间的相位延迟 $\delta = 90°$，则波片的密勒矩阵为

$$M_{(0°,90°)} = \begin{bmatrix} 1 & 0 & 0 & 0 \\ 0 & 1 & 0 & 0 \\ 0 & 0 & 0 & 1 \\ 0 & 0 & -1 & 0 \end{bmatrix} \quad (8\text{-}50)$$

若 $\theta=90°$，相位延迟 $\delta=90°$，则波片的密勒矩阵为

$$M_{(90°,90°)} = \begin{bmatrix} 1 & 0 & 0 & 0 \\ 0 & 1 & 0 & 0 \\ 0 & 0 & 0 & -1 \\ 0 & 0 & 1 & 0 \end{bmatrix} \quad (8\text{-}51)$$

若一束线偏振光矢量与 $x$ 轴的夹角为 $45°$，快轴位于 $x$ 轴，该光束通过 $x$ 轴的 1/4 波片，密勒矩阵为 $M_{(0°,90°)}$，则可求得出射光束的偏振态为

$$E_2 = ME_1 = \begin{bmatrix} 1 & 0 & 0 & 0 \\ 0 & 1 & 0 & 0 \\ 0 & 0 & 0 & 1 \\ 0 & 0 & -1 & 0 \end{bmatrix} \begin{bmatrix} 1 \\ 0 \\ 1 \\ 0 \end{bmatrix} = \begin{bmatrix} 1 \\ 0 \\ 0 \\ -1 \end{bmatrix} \quad (8\text{-}52)$$

即为左旋圆偏振光。

### 8.2.3 红外偏振成像方式

不同表面特性的物体具有不同的偏振特性，在红外波段的目标反射及自身辐射电磁波的过程中会产生由自身特性所决定的偏振特性。红外偏振成像利用目标的红外偏振特性进行目标探测与识别。对于任意目标，只要从一个表面反射或折射，从一定的角度观测，红外辐射就会产生偏振光。利用这一原理，可以对目标进行红外偏振成像。

红外偏振图像可以通过对传统红外成像仪中的辐射强度信息进行不同方向的偏振滤波，再进行解算而得到。具体过程包括：采用偏振片对目标的强度信息进行偏振滤波分解、扫描、角度编码，从光强响应中解算出景物光波的偏振信息；将目标的偏振信息以图像的形式进行可视化显示；提取所需的目标特征。按照偏振量获取数量的不同，可以将红外偏振成像的方式分为 2 个、3 个、4 个偏振量的成像方式和凝视型成像方式。

(1) 2 个偏振量的成像方式

如图 8-4 所示的光学系统是由一个无焦透镜、一个偏振片和两个聚焦透镜组成的。

无焦透镜可以压缩光束，偏振片可以将两个相互垂直的偏振态分开，分为水平分量和垂直分量，利用两个聚焦透镜将两束偏振光聚焦到各自的红外焦平面探测器上。可以对红外焦平面上相应像素 $(x,y)$ 的两个正交偏振的强度 $I_{//}(x,y)$ 和 $I_{\perp}(x,y)$ 进行差分计算 $_{PD}I(x,y) = I_{//}(x,y) - I_{\perp}(x,y)$ 和 $_{PS}I(x,y) = I_{//}(x,y) + I_{\perp}(x,y)$，然后以步进的方式旋转偏振片，可获取 $45°$ 和 $135°$ 偏振状态光强的差与和，最后将不同方向的偏振信息进行可视化显示。在这种偏振成像技术方案中，当偏振片固定不动时，可获取 2 个偏振量。

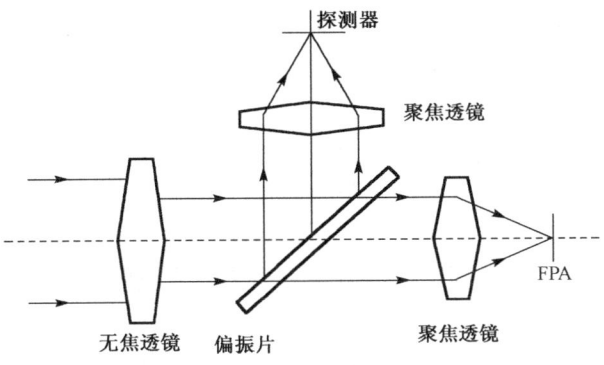

图 8-4　2 个偏振量的成像方式原理图

（2）3 个偏振量的成像方式

3 个偏振量的成像方式是在传统红外探测器中使用了偏振片，随着偏振片的步进或连续旋转，可以从红外探测器中获取目标光波的 3 个不同的偏振量，然后通过解算得到目标的红外偏振信息，但是此方法的实时性较差。如图 8-5 所示，目标的辐射量经过无焦透镜到达偏振片，当偏振片以步进的方式旋转到 4 个不同的位置时，与偏振片的密勒矩阵作用，再通过无焦透镜将目标的光波信息汇聚到探测器上，可以获得 4 个不同的光强响应，然后解算出目标的偏振信息。其中，偏振片的密勒矩阵为

$$\boldsymbol{M}_{\mathrm{p}} = \frac{1}{2}\begin{bmatrix} 1 & \cos 2\theta & \sin 2\theta & 0 \\ \cos 2\theta & \cos^2 2\theta & \sin 2\theta \cos 2\theta & 0 \\ \sin 2\theta & \cos 2\theta \sin 2\theta & \sin^2 2\theta & 0 \\ 0 & 0 & 0 & 0 \end{bmatrix} \tag{8-53}$$

式中，$\theta$ 是偏振片的透光轴与水平面的夹角，得到的斯托克斯矢量为

$$\begin{bmatrix} I' \\ Q' \\ U' \\ V' \end{bmatrix} = \boldsymbol{M}_{\mathrm{p}} \begin{bmatrix} I \\ Q \\ U \\ V \end{bmatrix} = \frac{1}{2}\begin{bmatrix} 1 & \cos 2\theta & \sin 2\theta & 0 \\ \cos 2\theta & \cos^2 2\theta & \sin 2\theta \cos 2\theta & 0 \\ \sin 2\theta & \cos 2\theta \sin 2\theta & \sin^2 2\theta & 0 \\ 0 & 0 & 0 & 0 \end{bmatrix}\begin{bmatrix} I \\ Q \\ U \\ V \end{bmatrix} \tag{8-54}$$

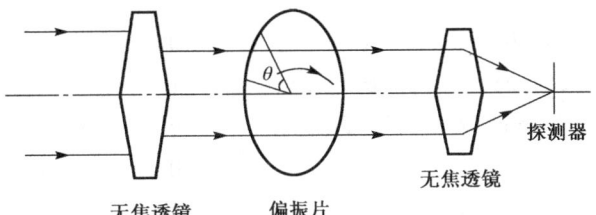

图 8-5　3 个偏振量的成像方式原理图

从探测器中得到的总的光强度为

$$I' = \frac{I + Q\cos 2\theta + U\sin 2\theta}{2} \tag{8-55}$$

将偏振片以连续的方式分别旋转到 0°、45°、90° 和 135° 位置，红外探测器可以输出 4

个不同的光强图像,通过解算可以得到 3 个斯托克斯矢量、偏振度、偏振角等参数。如图 8-6 所示为一种基于斯托克斯原理的短波红外偏振成像装置。

(3) 4 个偏振量的成像方式

如图 8-7 所示,入射目标光波的斯托克斯矢量经过无焦透镜到达旋转波片、偏振片,当旋转波片以步进的方式旋转到 4 个不同的位置(0°、45°、90°和135°)时,就和旋转波片、偏振片的密勒矩阵作用,再经过聚焦透镜把入射景物光波汇聚到探测器上,从而获得了探测器的 4 个光强响应,从这 4 个光强响应中能解算出景物光波的偏振态信息。

旋转波片的密勒矩阵为

$$M_R(\delta) = \begin{bmatrix} 1 & 0 & 0 & 0 \\ 0 & 1 & 0 & 0 \\ 0 & 0 & \cos\delta & \sin\delta \\ 0 & 0 & -\sin\delta & \cos\delta \end{bmatrix} \qquad (8\text{-}56)$$

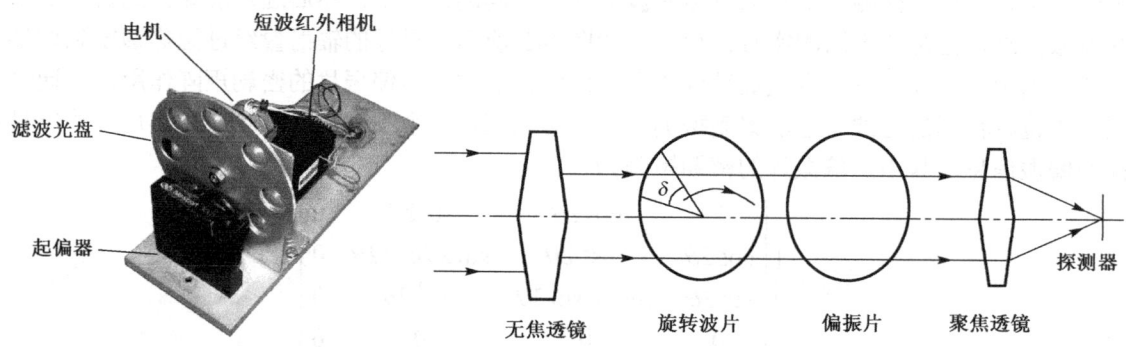

图 8-6 短波红外偏振成像装置    图 8-7 4 个偏振量的成像方式原理图

这里 $\delta$ 是旋转波片的透光轴与水平面的夹角,输出的斯托克斯矢量为

$$\begin{bmatrix} I' \\ Q' \\ U' \\ V' \end{bmatrix} = M_p \cdot M_R \cdot \begin{bmatrix} I \\ Q \\ U \\ V \end{bmatrix}$$

$$= \frac{1}{2} \begin{bmatrix} 1 & \cos 2\theta & \sin 2\theta & 0 \\ \cos 2\theta & \cos^2 2\theta & \cos 2\theta \sin 2\theta & 0 \\ \sin 2\theta & \sin 2\theta \cos 2\theta & \sin^2 2\theta & 0 \\ 0 & 0 & 0 & 0 \end{bmatrix} \begin{bmatrix} 1 & 0 & 0 & 0 \\ 0 & 1 & 0 & 0 \\ 0 & 0 & \cos\delta & \sin\delta \\ 0 & 0 & -\sin\delta & \cos\delta \end{bmatrix} \begin{bmatrix} I \\ Q \\ U \\ V \end{bmatrix} \qquad (8\text{-}57)$$

从探测器的输出中得到的总的光强度为

$$I'(\theta, \delta) = \frac{1}{2}[I + Q\cos 2\theta + U\sin 2\theta \cos\delta + V\sin 2\theta \sin\delta] \qquad (8\text{-}58)$$

固定偏振片,将旋转波片旋转到不同位置,则红外探测器可以获取不同的光强信息,然后计算出景物的 4 个偏振量,同时也可以计算出目标的偏振度、偏振角等参数。在这里,偏振片是固定不动的,旋转波片以步进的方式分别旋转到不同的位置,可以获取目标的 4 个偏

振量。

（4）凝视型成像方式

凝视型成像方式的特点是光路上没有旋转的光学元件，能实时获取景物的偏振视频图像，消除对运动目标成像时用前三种方式分时获取图像时的误差。实现凝视型成像的技术方案有很多，这里主要介绍两种：多探测器方式和分焦平面方式。

多探测器方式是采用多路成像的方式，每路包含一个偏振片和一个探测器，如图 8-8 所示为相应的原理图，图中 L1 为无焦透镜，L2、L3、L4、L5 分别为聚焦透镜，B1、B2、B3 分别为分束镜，P1、P2、P3、P4 分别为 4 个方向（如 0°、45°、90°和 135°）的偏振片。4 个偏振片和对应的探测器（FPA）分别获取不同偏振态的光强，再从这些探测器的光强响应中计算出景物的 4 个偏振量，从而实现对 4 种偏振态图像的同时获取。

多探测器方式在凝视型成像的早期选用得较多，但该方式使用了较多的分束镜、偏振片、聚焦透镜，分束后每路光的能量较小，成像质量较差；而且，红外成像探测器价格昂贵，采用多探测器无疑会大大增加成本，

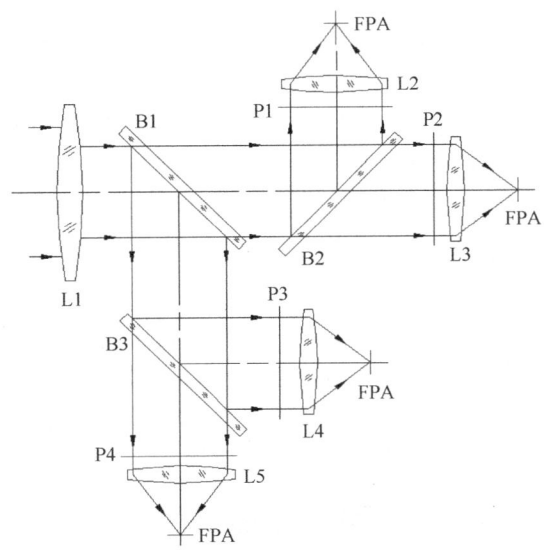

图 8-8 多探测器方式的原理图

不利于推广；另外，难以将不同探测器的成像参数调整一致，从而产生偏振测量误差。

分焦平面方式是将偏振元件微型化而形成微偏振阵列，然后将微偏振阵列集成到焦平面上的方式，其工作原理如图 8-9 所示，1 个微偏振阵列单元对应焦平面的 1 个像元。如图 8-9(a) 所示为微偏振阵列与焦平面集成示意图，微偏振阵列上每 4 个微元为一组，分别刻有 0°、45°、90°和 135°方向光栅，焦平面上每四个像元为一组，分别对不同方向的偏振矢量敏感，微偏振阵列是粘贴或加工在焦平面上的。在偏振成像解算时，利用当前像元及其周围像元的响应可直接或间接地得到该像元对不同方向的偏振分量，进而计算出斯托克斯矢量，如图 8-9(b) 所示。

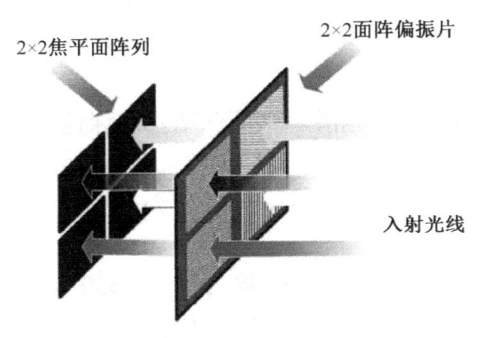

(a) 微偏振阵列与焦平面集成示意图

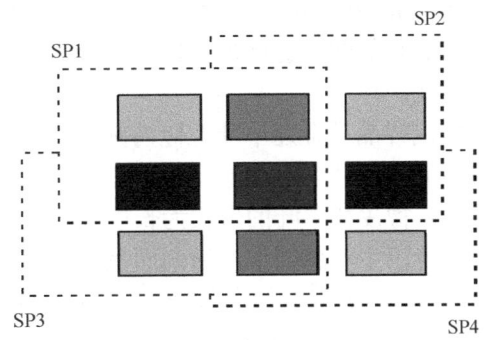

(b) 偏振分量解算示意图

图 8-9 分焦平面方式原理图

分焦平面方式可以同时获取入射光束不同方向的偏振分量或偏振态，既可对静态场景成像，又可对动态场景成像，而且结构紧凑、体积小，是未来偏振成像的主流方式。但是，目前微偏振阵列的制作工艺与焦平面的集成工艺比较复杂，成本较高，而且这种方式降低了空间分辨率，需要采取后续的图像插值处理措施。另外，探测器、微偏振阵列、光学系统的非均匀性会对成像结果的一致性有影响。

## 8.3 目标与背景的偏振特性

目标与背景往往没有很清楚的界线，对于同一幅图像，按照不同的划分标准，目标和背景完全可以互换。通常，对于图像中目标与背景的区分，大多由观察者根据以往的经验或持有的态度等对其进行主观判断。除此之外，图像部分的明暗、面积比例及形状等因素，也会对人的主观判断产生一定的影响。人们可以按照某种组织性原则而将图像的各部分有机地联系起来。

在进行红外探测时，往往将所需要的物体称为目标，其他物体作为背景。其中，在偏振成像时，按照偏振特性的不同，目标可分为人工目标、自然目标。常见的人工目标的表面材料一般是混凝土、金属或类似材料（如建筑物、道路、桥梁和机场等），常见的自然目标有海面、地面、沙土、岩地、草地等。

### 8.3.1 自然目标的偏振特性

自然目标表面相对粗糙，其反射以漫反射为主。自然目标由大量的微面元组成，这些微面元的倾角和尺寸是无序与无规则的，因此，微面元的反射光的偏振方向比较杂乱。亮表面的反射光表现出较小的线偏振度，暗表面的反射光则表现出较大的线偏振度，这是因为暗表面以单次反射为主，而亮表面以多次反射为主。

植物的偏振特性与地理位置、天气、太阳高度角、观测角、种类、生长阶段等息息相关，为详细地了解植物的偏振特性，必须对更多的植物做实验，而且要研究更多的入射角和反射角，包括入射平面以外的散射角。因此，对物体的偏振特性的决定因素进行理论研究，在偏振探测及结果分析中具有事半功倍的意义。以光线的入射角、探测角、方位角及不同的偏振角、植物单叶为主要因子，进行分析研究并测量结果。

自然界中的植物千差万别，而它们的叶子形状、厚度、光滑程度、水分含量等也各不相同。那么它们的反射比是否也不一样呢？下面以旱金莲、海桐和橡皮树单叶为例，比较它们的反射比。

被测样品旱金莲单叶近似为圆形，半径约为5cm，叶面光滑、中间凹下，灰绿色，叶脉清楚；海桐单叶为流线形，长为14cm，最宽处约为7.5cm，叶面光滑、明亮，绿色，沿主叶脉凹下；橡皮树单叶的形状为长椭圆形，长轴为14cm，短轴为7.5cm，叶面为深亮绿色，与海桐一样沿主叶脉凹下，横剖面呈钝角"V"形。

如图 8-10 所示为在光线的入射角为 50°、探测角为 50°、方位角为 10°~350°、偏振角为 0° 时，B 波段旱金莲、海桐、橡皮树单叶的反射比曲线。从图中不难看出，不同的植物单叶的反射比是不一样的。其共性是在方位角 150°~220° 范围内曲线变化较明显，在方位角 180° 处有峰值出现，而在其他方位角处，曲线变化均很平稳。因此，把方位角在150°～220°范围内的偏振特性作为重点研究对象（A 波段为 630～690nm，B 波段为 760～1000nm）。

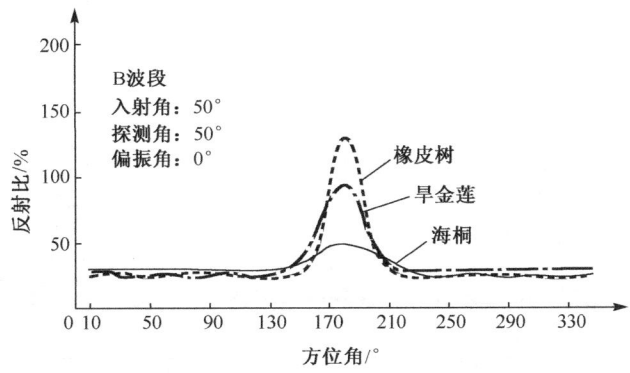

图 8-10　B 波段旱金莲、海桐、橡皮树单叶的反射比曲线

如图 8-11 和图 8-12 所示为旱金莲单叶在 A 波段和 B 波段，当入射角分别为30°、40°、50°、60°，探测角为60°时，偏振角为0°和90°，以及无偏振状态的反射比曲线。从图中可以看出，在探测角相同、入射角不同的条件下，随着入射角的增大，反射比也随之增大，并且偏振为0°、方位角为180°处（迎光方向）的反射比最大；而在90°偏振时，虽然也存在峰值，但是反射比明显变小；二向性反射的反射比峰值基本上是0°偏振与90°偏振的反射比峰值的算术平均值。

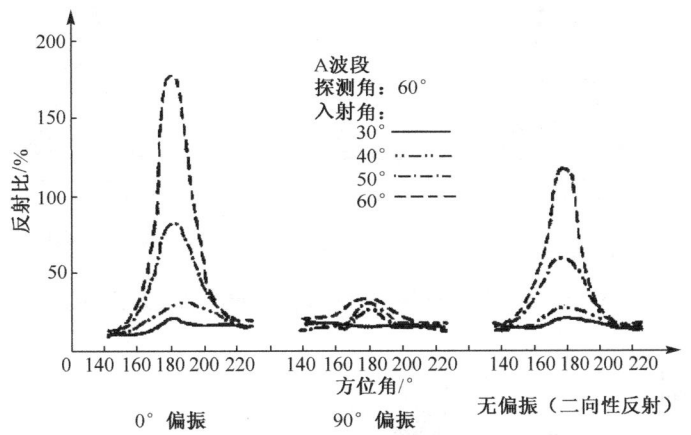

图 8-11　A 波段不同入射角对旱金莲单叶的反射比曲线

如图 8-13 和图 8-14 所示为旱金莲单叶在 A 波段和 B 波段，当入射角为60°，探测角分别为30°、40°、50°、60°时，偏振角为0°和90°，以及无偏振状态的反射比曲线。

从图中可知，在入射角一定的条件下，旱金莲单叶的反射比随着探测角的增大而增大，最大值在方位角180°处，同样0°偏振的反射比最大，而90°偏振的峰值明显减小，二向性反射的反射比峰值的变化规律同上。

反射比与方位角的关系从图 8-10 和图 8-11 中可以看出，无论是探测角固定、入射角变化，还是入射角固定、探测角变化，旱金莲的单叶偏振反射比均在150°～220°范围内变化明显，其峰值均出现在方位角180°处，其他方位角处的反射比较小，且变化不明显，曲线趋于平稳，并且这两种曲线相同。

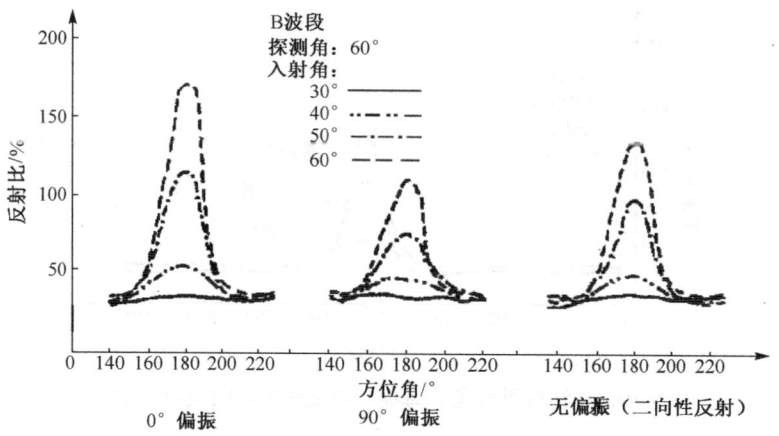

图 8-12　B 波段不同入射角对旱金莲单叶的反射比曲线

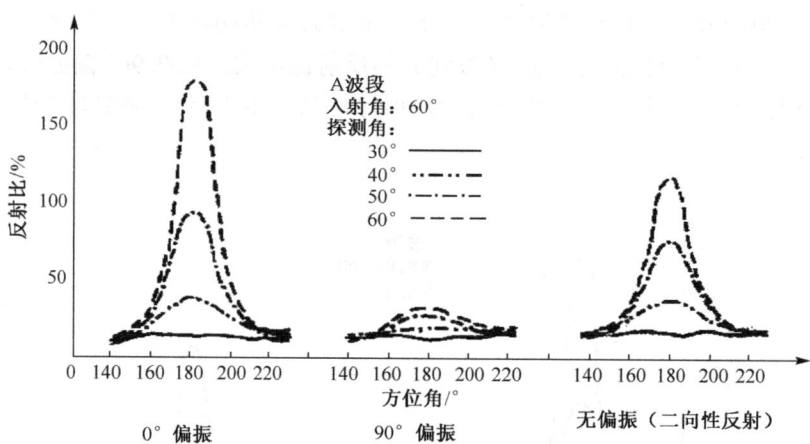

图 8-13　A 波段不同探测角对旱金莲单叶的反射比曲线

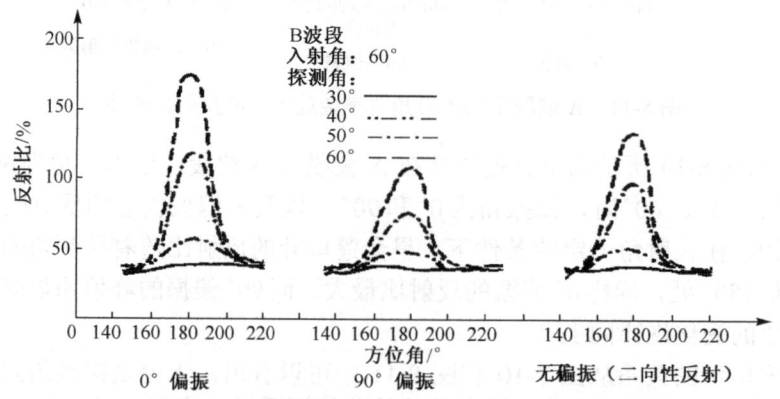

图 8-14　B 波段不同探测角对旱金莲单叶的反射比曲线

综上分析，不同的植物具有不同的偏振特性，植物单叶的反射比随入射角与探测角的增大而增大。不同植物的单叶在不同波段、不同入射角、不同探测角的条件下，它们的反射比存在共性，即在 0°偏振时，反射比出现最大值，而在 90°偏振时，反射比出现最小值，其位置均为方位角 180°处。当入射角固定，而探测角分别为 30°、40°、50°、60°时，或者当探测角固定，而入射角分别为 30°、40°、50°、60°时，它们的反射比曲线是一样的。以上结论虽然是以旱金莲与海桐单叶等为例归纳整理出来的植物单叶偏振特性，但对其他植物来说，均具有共性规律和普遍意义。

## 8.3.2 人工目标的偏振特性

人工目标所具有的偏振信息与其构成、形态和状态有关，水泥路面与柏油路面、钢铁与橡胶、真实环境与模拟环境等均可以应用偏振识别信息。

人造物体表面相对较光滑，近似镜面反射，反射光表现出较高的偏振度。例如，平滑的路面、冰面、水面或玻璃面，其反射光的主要成分是 S 分量（垂直于入射面的分量）。偏振特性与目标的性质、测量波长、观测角度均有很大关系，具有非常重要的应用价值。物体的偏振特性与其材料类别、表面粗糙度、几何形状及内部机理等密切相关。

为了研究不同材料在线偏振光的作用下反射光的偏振特性，可进行主动成像实验。红外辐射光通过偏振片后，变成线偏振光，经扩束后照射目标。目标的反射光被望远镜接收，经偏振分束器后，其水平偏振分量和竖直偏振分量发生分离并分别通过两个 CCD（电荷耦合器件）成像。由式（8-59）可计算偏振度

$$P = \frac{I_x - I_y}{I_x + I_y} \tag{8-59}$$

式中，$I_x$ 为采集到的水平偏振图像的平均灰度值，$I_y$ 为采集到的竖直偏振图像的平均灰度值。分别采用铁片、铜片、铝片、树叶、塑料和白纸作为实验目标，每次实验时保证光斑小于目标表面积，且目标位置不变，发射系统与接收系统的光路也不变。

不同目标反射光的偏振度如图 8-15 和表 8-1 所示。

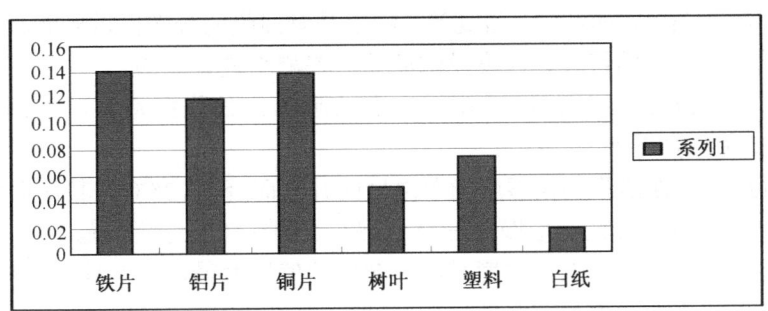

图 8-15 不同目标反射光的偏振度

表 8-1 不同目标反射光的偏振度

| 目标 | 水平偏振图像的平均灰度值 $I_x$ | 竖直偏振图像的平均灰度值 $I_y$ | 偏振度 $P$ |
|---|---|---|---|
| 铁片 | 117.27 | 88.32 | 0.140 8 |
| 铝片 | 127.32 | 100.18 | 0.119 3 |

(续表)

| 目 标 | 水平偏振图像的平均灰度值 $I_x$ | 竖直偏振图像的平均灰度值 $I_y$ | 偏 振 度 $P$ |
|---|---|---|---|
| 铜片 | 131.72 | 99.73 | 0.138 22 |
| 树叶 | 53.30 | 48.16 | 0.050 66 |
| 塑料 | 90.77 | 78.26 | 0.074 01 |
| 白纸 | 193.34 | 200.68 | 0.018 63 |

从图 8-15 可以分析得出，人工目标的偏振度普遍高于自然目标的偏振度，金属目标可以明显地从自然目标中被识别出来，其主要原因是自然目标的表面起伏较大，其散射光基本已没有散射特性。在这里还可发现，白纸的偏振度是最小的，这与物体表面的粗糙度有关，表面粗糙的物体在线偏振光作用下的反射光的偏振度往往比光滑物体的偏振度高。

### 8.3.3 背景的偏振特性

对于自然表面，反射辐射的偏振特性取决于其表面的固有属性，如其介质特性、结构特征、粗糙度、水分含量、观察角、辐射照度等。自然背景局部光滑，但由于它们的表面取向各异，整体无规则，光在传播过程中经历了多次无规则的反射或散射，导致偏振度的离散性较大，因此偏振图像比较杂乱，平均偏振度较低。

（1）植被：由于自然景物的表面相对粗糙，粗糙表面的反射以漫反射为主，有研究者在 $8\sim12\mu m$ 波段，在观察角为 70° 的条件下研究了植物的偏振特性。实验表明，在红外波段，自然景物的偏振度非常低（低于 0.015）。

（2）沙和土壤：土壤反射辐射的偏振与其结构、化学及矿物组成有关，土壤的水分含量也会严重地影响偏振度。沙和土壤的反射偏振度与照明条件、观测条件有关，偏振的分布也是较为明显的，如在 90°～110° 范围内可以观测到最好的偏振效果。

（3）岩石：岩石偏振辐射的变化与其金属含量及所受碳氢污染的程度有关。岩石的偏振图像有助于进行识别和标记，因而这些特征已经被广泛地应用于行星探测方面。

（4）水表面：自然水体表面的镜反射遵循菲涅尔法则。在偏振探测中，一是可以利用水体表面的偏振分布特征有效减小太阳闪耀对目标探测的影响；二是可以利用这些太阳闪耀的耀斑来获取水面状态信息，如波向、波高等，特别是对油膜的分布区域判断相当有效。另外，偏振对水体中的悬浮粒子的特性、尺度及浓度等的探测均是有效的。

针对海上石油运输的溢油问题，模拟水面油膜的红外偏振特征，水面油膜的偏振度（DOP）与温度的关系如图 8-16 所示。

由图 8-16 可知，水面油膜的偏振度随着温度的升高而降低。25℃时其偏振度存在极小值，在 25～40℃之间，偏振度降低得缓慢。在 15～25℃、40～50℃这两个范围内，偏振度降低得较快。通过上述分析，15℃时的偏振度最高，50℃的偏振度最低，两处的偏振度差异较大。在此温度条件下比较水面油膜与清水偏振态，分别计算在 15℃与 50℃情况下清水与水面油膜的偏振度、偏振角（AOP）、强度，选取相同区域中的 10 个采样点数据并绘制成曲线，如图 8-17～图 8-19 所示。

图 8-17 中，A 表示 50℃清水，B 表示 50℃水面油膜，C 表示 15℃清水，D 表示 15℃水面油膜。比较分析可知，水面油膜与清水的偏振特性差异较大，而红外辐射强度差异较小。由图 8-17 可以发现，在 50℃时，清水的偏振度高于水面油膜的偏振度，在油膜作用下，水

面偏振度降低约40%。而在15℃时，二者情况恰好相反，水面的偏振度低于水面油膜的偏振度，在油膜作用下，水面偏振度提高约20%。这是由于油与水的化学成分不同，各自不同的退偏系数引起了偏振度的差异。此外，温度对油膜改变水面偏振度的能力也有很大影响。从图8-18可知，在温度相同的情况下，水面油膜的偏振角明显小于清水的偏振角，同时偏振角的值随着温度的升高而增大。

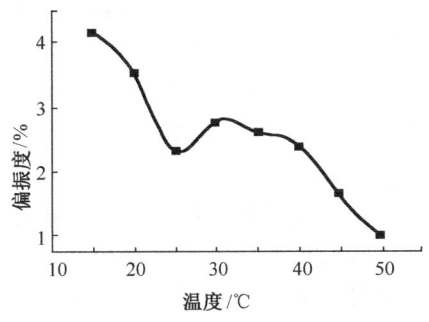

图8-16 水面油膜的偏振度与温度的关系　　图8-17 不同温度下水面油膜与清水的偏振度对比曲线

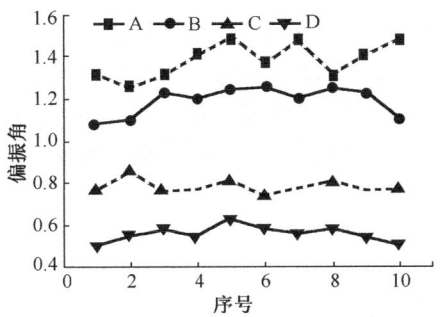
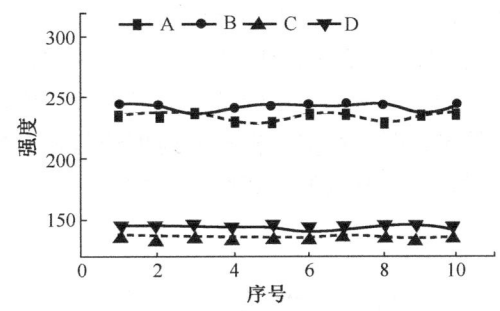

图8-18 不同温度下水面油膜与清水的偏振角对比曲线　　图8-19 不同温度下水面油膜与清水的强度对比曲线

由分析知，在15～25℃温度范围内，水面油膜的偏振度随着温度的升高而下降。在低温时，水面油膜的偏振度高于清水的偏振度。而在高温时，水面油膜的偏振度则低于清水的偏振度。

## 8.4　红外偏振成像与光强成像的对比

### 8.4.1　大气传输差异特性分析

大气的基本成分是氮、氧及少量的稀有气体，此外大气还含有水蒸气、二氧化碳、臭氧等气体，以及灰尘、水滴等固态、液态悬浮物。针对大气对成像的影响，国内外学者都做了不少研究，根据大气的光传播方程建立单色图像复原模型，认为大气对光的散射及大气自身成像是影响成像效果的主要因素。当目标反射和自身辐射偏振光经过大气分子与气溶胶时，大气散射将会衰减，这给目标检测和边缘标定带来较大的困难。对于不同的天气条件，光照条件、偏振成像的效果会有所差别，晴天太阳光的偏振度最高，阴天太阳光几乎为无偏光,因此,在阴天条件下利用偏振探测进行目标检测是比较容易实现的。由于颗粒具有各向异性、多次散射会降低光的偏振度,因此烟雾的退偏作用主要与烟雾的浓度、颗粒的运动状态等因素有关。当烟雾的浓度较小时,散射的退偏作用较弱,微粒的各向异性是产生退偏的主要原因;当烟雾的浓度较大时,多次散射现象显著,退偏作用较强,多次散射是产生退偏的主要原因。单次瑞利散射的侧向光(与入射光正交)为线偏振光,但随着烟雾浓度的增大将变为部分偏振光,烟雾浓度增大到一定程度后完全退偏为自然光。但是,大气辐射背景具有一定的偏振度,而且偏振方向一般与目标的偏振方向不同,大气偏振角是大气辐射特性最强的一个方面,反之,与大气偏振方向垂直的方向就是大气辐射特性最弱的方向,因此,利用偏振技术可以抑制大气辐射背景、提高物体的识别效果,有效地克服大气对红外成像的影响。

由于大气中的水蒸气及悬浮在大气中的微粒对辐射具有吸收和散射作用,因此红外辐射在大气传输的过程中会发生衰减。大气中的散射元主要包括大气的分子(主要是氮、氧及少量稀有气体)、大气中悬浮的微小水滴(形成雾、雨及云)及悬浮的固体微粒[尘埃、碳粒(烟)、盐粒子和微小的生物体]。散射的强弱与大气中散射元的浓度及散射元的尺寸有密切关系。大气中悬浮的固体微粒通常称为霾,霾是由半径为 $0.03\sim0.2\mu m$ 的粒子组成的。在湿度比较大的地方,湿气凝聚在上述固体微粒的周围,可以使它们变大,形成细小的水滴,这就形成了雾和云。形成雾和云的水滴半径为 $0.5\sim80\mu m$,其中半径在 $5\sim15\mu m$ 范围内的水滴数目较多。由此可看到,雾和云中的粒子半径多数同我们所应用的红外辐射的波长差不多,而霾中所含粒子的半径要小得多。根据散射理论可知,当辐射的波长比粒子半径大得多时,这时所产生的散射称为瑞利散射,其散射系数为

$$\sigma = \frac{K}{\lambda^4} \tag{8-60}$$

式中,$K$ 为与散射元浓度、散射元尺寸有关的常数,$\lambda$ 为辐射的波长。

大气分子及霾的散射都属于瑞利散射。由式(8-60)看出,瑞利散射的散射系数与波长的 4 次方成反比,因此大气分子及霾对于波长较长的红外线来说,其散射作用很弱。当粒子的尺寸和辐射波长相近时,这时所产生的散射称为迈散射,其散射强度除与波长有关外,还与粒子的半径有关。迈散射的散射系数为

$$\sigma = kr^2 \tag{8-61}$$

式中,$k$ 为与粒子数目及波长有关的系数,$r$ 为散射粒子的半径。

雾和云的散射是迈散射。由式(8-61)可见,迈散射的散射系数与粒子半径的平方成正比,因此在薄雾(雾粒较小)中,红外线有较好的透过性。而在浓雾(雾粒较大)中,红外线和可见光的透过性都很差,因此红外装置的使用不是全天候的,在浓雾中几乎不能使用。由于水汽的浓度和大气中所含灰尘、烟等微粒的数目随高度的增加而大幅减小,因此雾和烟在低空较常见,在高空,雾和烟的影响较小。因此波长 $2\mu m$ 以上的红外线在 3000m 以上的高空,大气分子的散射及悬浮物的散射都不是影响大气衰减的主要因素。

从前面的分析已经知道,对于红外辐射,大气的衰减作用主要是由大气中分子(水蒸气、二氧化碳、臭氧)的吸收所造成的,这三种物质对红外线的吸收都是选择性吸收,即在某些波段内对红外线的吸收很强烈(常常称为强吸收带),在某些波段内的吸收很弱。这样一来,大气透过率曲线就被强吸收带分割成许多区域。当红外辐射在大气中传输时,每处都有特有

的气象因素，包括气压、温度、湿度及每种吸收体的浓度等，每种因素都对红外辐射有衰减作用，因此大气衰减会影响红外成像的效果。

## 8.4.2 成像响应差异特性分析

红外热像仪的基本工作原理是目标红外辐射通过红外物镜照射到探测器的敏感材料上，使敏感材料的某些可测物理量发生变化，从而将可测物理量的变化读出后通过模数转换器转换为电信号，通过电信号图像处理后，再进行数模转换，最后把信号传送到监视器，实现对红外辐射的探测。红外热成像系统在普通红外成像系统的探测器前增加了偏振片装置。

红外偏振成像系统首先需要转动偏振片，在不同的角度下进行多次光强成像，然后从探测器的光强响应中解算出景物光波的偏振信息。与光强成像相比：①加入偏振片，景物的红外辐射在通过偏振片时发生二次衰减，使得偏振图像的亮度较低；②成像过程复杂，实时性较差；③偏振片在同步旋转的过程中，会在一定程度上影响目标的温度场，容易造成误差。红外偏振测量不仅能够提供红外光强图像，还能提供偏振度、偏振角、偏振参数图像。如图 8-20 所示为偏振片在不同位置的红外光强图像，通过观察可知，不同位置的图像特征有较明显的差异。

(a) 偏振片在 0°位置

(b) 偏振片在 45°位置

(c) 偏振片在 90°位置

(d) 偏振片在 135°位置

图 8-20 偏振片在不同位置的红外光强图像

用斯托克斯公式对图 8-20 中的红外光强图像进行计算，可以得出斯托克斯参数 $I$、$Q$、$U$ 参数图像和偏振度、偏振角图像，如图 8-21 所示，从图中可以看出，不同特征的图像描述的场景特征不同。

如图 8-22 所示为传统光强图像和偏振图像的对比，其中上面一行为传统光强图像，下面一行为偏振图像，可以明显观察出二者的差异。红外偏振成像可以弥补传统热成像在许多方面的不足，在军事领域的应用前景相当广阔。与传统光强成像相比，红外偏振成像具有如下优势。

(a) $I$ 参数图像

(b) $Q$ 参数图像

(c) $U$ 参数图像

(d) 偏振度图像

(e) 偏振角图像

图 8-21　斯托克斯参数及偏振度、偏振角图像

图 8-22　传统光强图像与偏振图像的对比

（1）无须准确的辐射量校准就可以进行偏振测量。这是由于偏振度是辐射值的比值，而在传统的红外辐射量测量中，红外测量系统的定标对红外系统的测量准确度至关重要。红外器件的老化、光电转换设备的老化、电子线路的噪声甚至环境温度、湿度的变化都会影响红外系统。如果红外系统的状态已经改变，但是系统又没有及时定标，那么所测得的红外辐射温度和亮度必然不能反映被测物的真实辐射温度和亮度。

（2）红外偏振成像可以很好地区别人造物与自然物。因为自然物在长波红外波段一般不表现出偏振性（水除外），而人造物由于其材料及表面具有光滑性，因此大多有不同程度的部分偏振。根据目标（人造物）与背景（自然物）偏振特性的不同，可以很容易将其区分开来。例如，根据国外公开发表的文献的数据，自然环境中地物背景的红外偏振度非常低（低于0.015），只有水体体现出较强的偏振特性，其偏振度一般为 0.08～0.1；而金属材料目标的红外偏振度相对较大，达到了 0.02～0.07，因此以金属材料为主体的军用车辆的偏振度和地物背景的偏振度差别较大，在偏振成像后能够很好地分辨这两类物体。

（3）红外偏振成像可以有效抑制红外干扰。军事上的红外防护的主要方法是制造复杂背景，在背景中杂乱无序地放置各种红外点热源和面热源，使背景不均匀，红外系统无法从背景中区分目标，但是这种杂乱的热源和目标的偏振特性通常也存在不同，因此这种形式的红外干扰对红外偏振成像的侦察效果十分有限。

（4）红外偏振成像系统在取得辐射量测量结果的同时，还能够提供多种偏振数据，为场景的描述提供多样选择。

（5）红外偏振成像技术可以将一些传统热像仪无法辨别的目标与背景区别开来。因为传统热像仪测量的是物体辐射的强度，而偏振测量的是物体辐射在不同偏振方向上的对比度，所以它能够将辐射强度相同而偏振特性不同的物体区别开来。

## 小　　结

本章介绍了光的偏振的基本概念，首先介绍了何为偏振、它是如何产生的。偏振光可以分为椭圆偏振光、圆偏振光和线偏振光等，另外自然光和部分偏振光也是光的宏观偏振态。本章详细阐述了偏振光的产生、偏振光的描述及红外偏振成像方式，这些内容紧密围绕主题进行展开。对于同一幅图像，目标与背景往往没有清楚的界线，自然目标和人工目标存在不同的偏振特性，它们又有不同于背景的偏振特性，只有了解了它们的区别，才能更好地区分目标和背景。最后，本章通过对具体的红外偏振成像与光强成像进行对比分析，描述了大气传输差异特性和成像响应差异特性。

## 习　　题

8-1　名词解释。

椭圆偏振光、自然光、布儒斯特定律。

8-2　填空题。

（1）当自然光正入射和掠入射时，反射光和折射光是_____光；在一般情况下入射时，反射光和折射光是_____光。

（2）光矢量方向不变、大小随相位变化的光称为_____光。

（3）在斯托克斯的4个参数中，$I$ 表示总的光强度，$Q$ 表示_____分量之差，$U$ 表示_____分量之差，$V$ 表示_____分量之差。在一般工程计算中，可以认为____为0。

（4）密勒矩阵可以表示入射光的斯托克斯矢量通过_____时的变化。

（5）物体的偏振特性与其材料类别、_____、_____及内部机理等密切相关，人工目标的偏振度要____于自然目标的偏振度。

（6）按照偏振量获取数量的不同，偏振成像方式可以分为_____、_____、_____和凝视型4种方式。

（7）当温度相同时，水面油膜的_____明显低于清水的_____，其同时随温度的升高而增加。

8-3　简单描述光的偏振的形成过程。

8-4　光的偏振有几种形式？

8-5 偏振光的产生方式是什么？

8-6 红外偏振成像与光强成像有什么不同？

8-7 请给出斯托克斯公式的推导过程。

8-8 简述红外偏振成像的基本原理。

8-9 上网查阅。

（1）红外偏振成像在军事领域有哪些应用价值。

（2）红外偏振成像当前面临的主要技术瓶颈是什么。

# 参 考 文 献

[1] 姜会林，付强，段锦. 红外偏振成像探测技术及应用研究[J]. 红外技术，2014，36（5）：5-9.

[2] 龙槐生，张仲先，谈恒英. 光的偏振及其应用[M]. 北京：机械工业出版社，1989.

[3] 廖延彪. 偏振光学[M]. 北京：科学出版社，2003.

[4] 金伦，张洪波，赵云升. 地物偏振反射数据的获取与数据库的建立[J]. 东北师大学报（自然科学版），2000，32（4）：98-102.

[5] Shaw J A, Longshore R E, Sood A K, et al. A Survey of infrared polarization in the outdoors[C]. Photonic Devices & Applications, 2007, 666006.

[6] Lei Zhang, Fengbao Yang. A categorization method of infrared polarization and intensity image fusion algorithm based on the transfer ability of difference features[J]. Infrared Physics & Technology, 2016,79: 91-100.

[7] 徐参军，赵劲松，蔡毅. 红外偏振成像的几种技术方案[J]. 红外技术，2009，31（5）：262-266.

[8] 唐坤，邹继伟，姜涛. 目标与背景的红外偏振特性研究[J]. 红外与激光工程，2007，36（5）：611-614.

[9] 张之翔. 光的偏振[M]. 北京：高等教育出版社，1985.

[10] 汪震，乔延利，洪津，等. 利用热红外偏振成像技术识别伪装目标[J]. 红外与激光工程，2007，36（006）：853-856.

[11] 郭泽成，王峰，张骏. 基于红外偏振特性的水面溢油检测实验研究[J]. 红外技术，2010，32（2）：113-116.

[12] 马丽珍，刘爽，张闻钊. 偏振光大气传输的前向散射新模型[J]. 应用光学，2010，31（3）：503-507.

[13] Cremer F, Schwering P B W, Jong W D, et al. Infrared polarization measurements of tagets and backgrounds in a marine enviroments[J]. Proceedings of Spie the International Society for Optical Engineering, 2001, 4370.

[14] 张亮，赵锋，王雪松. 视线方向上飞机红外特性及大气衰减模型研究[J]. 红外技术，2011，33（6）：61-65.

[15] 路远，凌永顺. 红外辐射大气透射比的简易计算[J]. 红外技术，2003，25（5）：45-49.

[16] 韩玉阁，宣益民. 大气传输特性对目标与背景红外辐射特性的影响[J]. 应用光学，2002，23（6）：8-11.

[17] 周国辉，刘湘伟，徐记伟. 一种计算红外辐射大气透过率的数学模型[J]. 红外技术，2008，30（6）：331-334.

[18] 叶玉堂，刘爽. 红外与微光技术[M]. 北京：国防工业出版社，2010.

[19] 张雷. 面向拟态变换的异类红外图像融合算法协同嵌接方法研究[D]. 太原：中北大学，2018.

[20] 杨风暴，李伟伟，蔺素珍，等. 红外偏振与红外光强图像的融合研究[J]. 红外技术，2011，33（5）：262-266.

[21] Lei Zhang, Fengbao Yang, Linna Ji, et al. Multiple-algorithm parallel fusion of infrared polarization and Intensity images based on algorithmic complementarity and synergy[J]. Journal of Electronic Imaging, 2018,27(1): 1.

[22] 罗海波，刘燕德，兰乐佳，等. 分焦平面偏振成像关键技术[J]. 华东交通大学学报，2017，34（1）：8-11.

# 第 9 章　红外仿真技术

## 引　　言

研究目标和背景的红外辐射特征有两种方法：一种是外场实验法，这种方法直观、真实，获得的数据准确、可靠，但是需要耗费大量的人力和物力；另一种是理论的方法，即从理论入手，建立目标和背景的红外辐射理论模型，再辅以少量外场数据进行校模，然后利用经过校验的模型计算目标和背景的红外辐射特征，这种方法省时、省力，可以提供较准确的特征比较分析。红外仿真技术就利用理论的方法，结合计算机技术等对红外场景进行研究。

本章内容：(1) 介绍仿真技术的基本概念；(2) 讨论红外仿真的基本方法：数学仿真和半实物仿真；(3) 以红外地表仿真为例，具体说明数学仿真的方法和过程；(4) 介绍一款集成化的红外仿真软件。

## 9.1　仿真技术的基本概念

随着科学技术的迅速发展，仿真技术逐渐成为各种复杂系统研制过程中必不可少的一种研究技术，特别是对于造价昂贵、实验危险性大及研制周期长的复杂系统来说尤为重要，如飞行器或卫星运载工具的研制、气体爆炸性能的分析等都离不开仿真技术。

仿真技术作为反映复杂系统行为或过程的模型技术，在航空航天、机械自动化、交通控制、城市规划、人口控制及生态管理等方面都具有广泛的应用价值。例如，在航空工业方面，采用仿真技术可使大型客机的设计和研制周期缩短20%，利用飞行仿真器在地面训练飞行员，不仅节省大量燃料和经费（其经费仅为空中飞行训练的 1/10），而且不受气象条件和场地的限制；在电力工业方面，采用仿真系统对核电站进行调试、维护和故障排除，一年即可收回建造仿真系统的成本；在社会经济方面，很难在真实的社会经济系统上进行实验，因此，利用仿真技术来研究这些系统具有重要的意义。

仿真技术得以发展的主要原因是它会带来巨大的社会经济效益。仿真技术的发展最早追溯至 20 世纪初，主要用于实验室水利模型的建立方面；随着计算机的产生及航空、航天和原子能技术的发展，20 世纪四五十年代，人们已经可以利用计算机实现对连续系统的模拟研究；20 世纪 50 年代和 60 年代，仿真主要应用于航空、航天、电力、化工及其他工业过程控制等工程技术领域；到 20 世纪 70 年代后期时，全数字并行仿真计算机的研制成功使仿真技术达到了一个新的巅峰。

### 9.1.1　仿真及其分类

仿真是对现实系统的某一层次抽象属性的模仿，是对系统本质或某种特性的特定描述。人们利用仿真实现对系统模型的模拟，从中得到所需要的信息，进而帮助人们对现实系统某一层次的问题做出决策。严格来说，仿真是一个相对的概念，任何逼真的仿真都只是对真实系统部分属性的逼近。实际上，仿真是一个迭代的过程，即针对现实系统某一层次的特性，抽象出一个模型，通过假设、实验、判断等不断地修正模型及模型参数，直至迭代到满足实验者对现实系统某一层次的仿真目的为止。由于仿真有层次之分，因此在对仿真系统进行评价时，既要针对所面临的现实系统问题，又要针对提出者的需求层次。

仿真作为对现实系统进行模拟的一种综合性技术，其仿真研究对象可以是实际系统，也可以是假设的系统。

仿真可以按照不同的原则进行分类，具体如下。

（1）按照研究对象，可分为实物仿真、数学仿真和半实物仿真。

实物仿真：又称为物理仿真，是指通过研制某些实体模型来重现原系统的各种状态。早期的仿真都是基于这一类的，如航模、船模等。该类仿真的优点是直接、形象和可信，缺点是投资巨大、周期长，而且参数不易改变，灵活性差，难以重复使用。

数学仿真：是指以相似性原理、控制论、信息技术及相关领域的有关知识为基础，以计算机和各种专用设备为媒介来实现对现实系统的抽象。例如，运动物体的加速度或某参数的概率密度函数的模拟等。该类仿真把研究对象的结构特征或输入、输出关系抽象为一种数学描述（如微分方程、状态方程、统计模型等）来研究，模型结构和参数易调整，具有较好的灵活性，可重复性好，而且实现速度快、精度高。

半实物仿真：又称数学物理仿真或混合仿真，是指将数学模型、物理模型和实体结合起来的复杂仿真。例如，飞机的射频制导和各类模拟器的仿真都属于半实物仿真。该类仿真可提高仿真的可信度，适用于一些难以建模的实体。

（2）按照仿真系统与现实系统时间尺度上的关系，可分为实时仿真、欠实时仿真和超实时仿真。

实时仿真：是指仿真时钟与现实系统的实际时钟完全同步的仿真，其一般需要实时操作系统或专用实时仿真硬件的支持。

欠实时仿真：是指仿真时钟较实际时钟慢的仿真。在对仿真实时性要求不高的情况下，常常采用该类仿真，不仅不会影响仿真的目的，还会避免资源的浪费。

超实时仿真：是指仿真时钟较实际时钟快的仿真。该类仿真适用于现实系统研制周期太长的情况。

（3）按照模型特征，可分为连续系统仿真、离散事件系统仿真、混合系统仿真和系统动力学仿真。

连续系统仿真：以微分方程或差分方程描述的系统过程称为连续系统仿真。

离散事件系统仿真：以随机事件、随机函数描述的系统仿真称为离散事件系统仿真。

混合系统仿真：以连续系统仿真和离散事件系统仿真构成的仿真称为混合系统仿真。

系统动力学仿真：以系统动力学方程式描述的系统仿真称为系统动力学仿真。

（4）按照计算机类型，可分为模拟计算机仿真、数字计算机仿真和计算机仿真。

模拟计算机仿真：是指由积分器、加法器、乘法器等模拟计算机运算部件来实现的仿真。模拟计算机的并行运算特性导致该类仿真具有运算速度快的优点，但精度有待提高。

数字计算机仿真：是指由数字计算机和相应的数字仿真软件实现的仿真。由于该类仿真是基于数值计算原理提出来的，因此需要将数学模型离散化。

计算机仿真：是指根据相似性原理来模拟研究对象，可以是实物仿真，也可以是假设系统的仿真。

## 9.1.2 仿真技术的作用和实现过程

仿真技术是应用仿真硬件和仿真软件通过仿真实验，借助某些数值计算与问题求解，反映系统行为或过程的仿真模型技术。目前的仿真技术多以相似性原理、控制论、信息技术及相关领域的有关知识为基础，以计算机和各种专用设备为媒介来实现对现实系统的模拟。

仿真技术的作用主要体现在以下几个方面。

（1）验证系统设计的正确性，优化系统设计

在设计现实系统之前，利用仿真实现对模型结构或参数的调整，使系统达到最优化设计。例如，各类控制系统、数字信号处理系统等都需要利用仿真来优化系统性能。

（2）重现系统故障，发现故障原因

当现实系统的故障会给人们带来灾难性结果时，如飞机控制系统、飞行器定位系统等，故障再现常常会帮助人们发现故障的原因和提供有效的改进建议。

（3）评价或分析系统性能，预测系统特性及其影响

疲劳状态下系统性能、特性及其影响严重影响着系统的寿命及其价值的体现。利用仿真技术可为上述情况提供理论依据，为管理决策和技术决策提供支持。

（4）训练系统操作人员

对于造价昂贵、研制周期长、工序复杂的现实系统来说，为了避免由于操作人员操作不当所造成的系统损坏的问题，常常需要利用仿真来训练操作人员，以提升他们的操控技能、培养对各种故障的应对能力。

仿真技术主要包括实际/假设系统、模型和计算机三个基本要素，仿真技术的构成如图9-1所示。

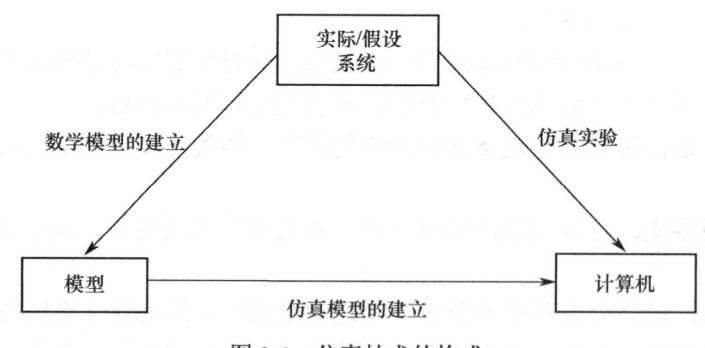

图 9-1 仿真技术的构成

仿真技术的主要任务包括以下几个。

（1）数学模型的建立

数学模型的建立实质上是一个模型辨识的过程，模型建立过程中常常需要忽略一些次要因素，因此仿真模型一般为简化模型。

数学模型是指运用数理逻辑方法和数学语言构建的科学或工程模型，其将现实系统问题归结为相应的数学问题，并在此基础上利用数学概念、方法和理论等进行深入的分析与研究，

从而从定性或定量的角度来刻画现实问题。

(2) 仿真模型的建立

仿真模型的建立是一个算法设计的过程，目的是让计算机能够对系统模型进行接收和识别。由于在算法的设计过程中常常存在误差，因此该模型实际上是对现实系统的二次简化模型。

仿真模型是对被仿真对象相似物或其结构形式的一种模拟，其可以是物理模型，也可以是数学模型，但并不是所有对象都能建立物理模型。例如，为了研究飞行器的动力学特性，在地面上只能用计算机来仿真。因此，首先要建立对象的数学模型，然后将它转换成适合计算机处理的形式，即仿真模型。具体来说，对于模拟计算机，应将数学模型转换成模拟排题图；对于数字计算机，应转换成源程序。

(3) 仿真实验

仿真实验实际上是对模型运算能力的一种体现，常常指所用的仿真软件。该软件可以是面向通用仿真的，也可以是面向某个领域的，只要可以为仿真技术提供算法支持、能够描述模型和控制仿真实验即可。

仿真实验是指通过实验可观察系统模型的各变量变化的全过程。为了寻求系统的最优结构和参数，常常要在仿真模型上进行多次实验。在系统的设计阶段，人们大多利用计算机进行数学仿真实验，因为修改、变换模型比较方便和经济。在部件研制阶段，可用已研制的实际部件或子系统代替部分计算机仿真模型来进行半实物仿真实验，以提高仿真实验的可信度。在系统研制阶段，大多进行半实物仿真实验，以修改各部件或子系统的结构和参数。在个别情况下，可进行全物理的仿真实验，这时计算机仿真模型全部被物理模型或实物所代替。与计算机仿真相比，全物理仿真虽然具有更高的可信度，但其价格昂贵。

可见，仿真技术实际上是一种兼顾仿真模型建立和进行仿真实验的综合技术，其基本实现过程包括 5 部分：

(1) 描述仿真问题，明确仿真目的；

(2) 确定相应的仿真结果，规定相应的边界条件与约束条件；

(3) 根据先验知识、实验数据及相应机理等，确定模型的类型、结构和参数；

(4) 根据数学模型的形式、计算机类型、仿真软件等构建仿真模型；

(5) 设定实验条件、记录数据，并对其结果进行分析。

仿真实现过程主要用到仿真硬件和仿真软件两类工具。

仿真硬件：主要包括计算机、物理仿真器（运动仿真器、目标仿真器、负载仿真器、环境仿真器等）等。其中，计算机是最主要的仿真硬件，其不仅人机交互性好，而且可实现实时仿真。

仿真软件：主要包括仿真程序、仿真程序包、仿真语言和以数据库为核心的仿真软件系统。仿真软件有很多，例如，工程领域中用于系统性能评估的软件包括控制力学分析、结构动力学分析、结构分析、热分析、加工仿真等仿真软件。

## 9.2 红外仿真的基本方法

红外仿真作为仿真技术应用的一种重要技术，在军事、民用、安全等领域都具有重要应用。20世纪80年代末期和20世纪90年代初期,人们开始对红外成像目标进行模拟研究,出现了多种形式的红外成像目标靶,如红外CRT、激光扫描成像、液晶光阀投影成像、面阵红外成像等。此外,红外仿真技术还可用于实现对国土资源的监测、设备故障的诊断等。

数学仿真是指将系统和工作环境等物理对象按照实际运行状态进行模型化描述。半实物仿真是将上述数学模型的一部分用实物代替,再根据实物参与的情况对整个系统的运行过程进行仿真模拟。如上所述,数学仿真主要用于系统设计,而半实物仿真主要用于在设计基础上的系统研制。

### 9.2.1 数学仿真

在红外仿真中,数学仿真的模型主要包括目标红外辐射特征模型、背景红外辐射特征模型、目标与背景合成模型及大气传输特性模型等。如图9-2所示为目标与背景红外辐射特征数学仿真的基本框图。数学仿真的关键是模型建立的方法和求解方法。

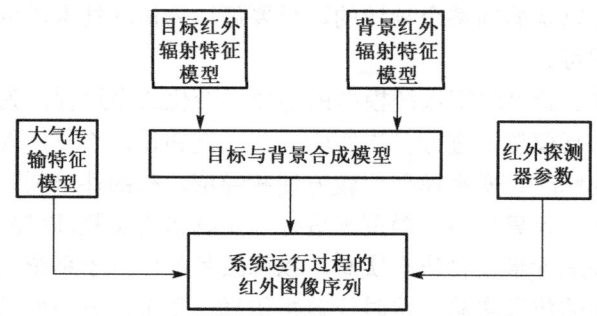

图 9-2 目标与背景红外辐射特征数学仿真的基本框图

(1) 目标数学仿真的方法

根据不同目标的几何结构和工作原理及是否有内部热源等特点,考虑其与周围背景的能量交换关系(导热、对流换热、太阳辐射、大气辐射等),建立描述目标温度分布的数学模型,求解目标的温度场,并根据目标表面材料的红外辐射特征参数,计算其红外辐射特征,目标的数学仿真建模过程如图9-3所示。

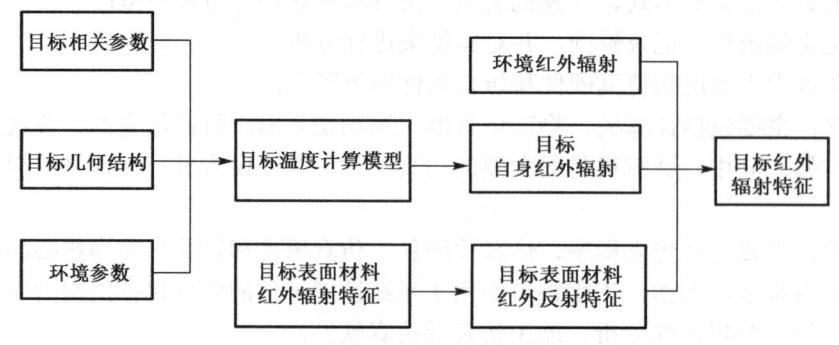

图 9-3 目标的数学仿真建模过程

(2) 背景数学仿真的方法

目标和背景是相对的概念。根据背景的类型,如自然地表、水面、雪地、丛林等,考虑其与周围环境的能量交换关系，建立背景的温度分布计算模型，利用背景表面的红外辐射特征数据建立背景的红外辐射特征模型，如图 9-4 所示为地面背景的数学建模过程。对于建筑物等人工背景，可参照目标的数学仿真建模方法。

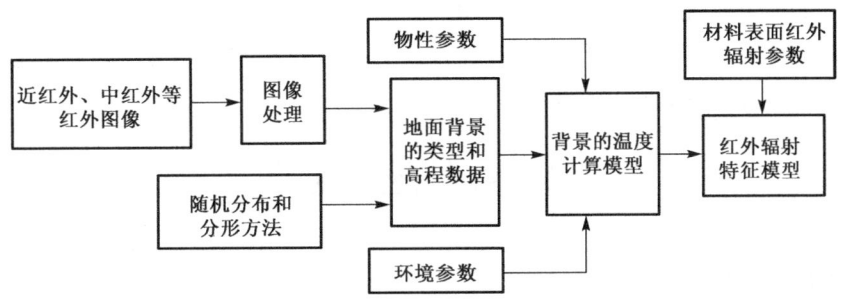

图 9-4　地面背景的数学建模过程

## 9.2.2　半实物仿真

1986 年，美国陆军已建立了制导武器半实物仿真实验设施，进行了多种导弹的实验仿真。如图 9-5 所示为典型的半实物仿真装置图。通常，场景发生器利用计算机程序产生数字图像，场景投影仪再将数字图像转换为红外图像。采用合适的反馈方法，可以模拟距离限制、跟踪、飞行变化等情景。仿真处理器实际上是一套大型的软件。如图 9-6 所示为常用的双模半实物仿真原理图。

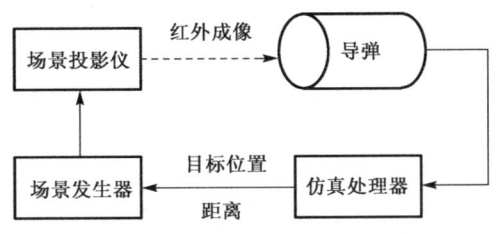

图 9-5　典型的半实物仿真装置图

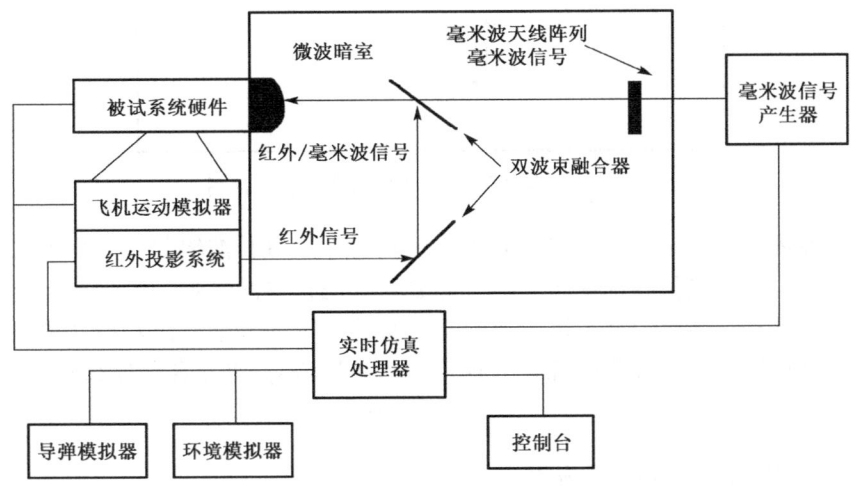

图 9-6　常用的双模半实物仿真原理图

半实物仿真填补了全数字/混合仿真与实际外场实验之间的空档。数字仿真虽然效率比较高，在实际硬件制造之前可以模拟武器系统的性能，但其置信度不高，因为许多数学模型（如导引头的数学模型）都是理想化的，且诸多子系统之间的相互作用难以预测。而半实物仿真把导弹的导引头等主要部件置于回路中，然后对系统进行仿真，减小了数学建模的复杂性和不准确性，提高了仿真的精度和结果的可靠性。另外，在半实物仿真中，可重复的仿真条件还可以验证数据的可靠性、可用性和可维护性。

## 9.3 红外地表仿真

### 9.3.1 地表红外辐射建模

在场景中，除天空背景外，地表是最主要的背景之一，它可以是光裸地表（沙漠、水泥地等），也可以是草地等。按照红外辐射特性研究的一般办法，研究地表的红外辐射特性，首先要建立地表温度场模型，研究地表温度场，然后结合大气传输特性研究地表红外辐射特性，也可以结合场景仿真技术生成地表红外场景。针对背景红外辐射特性研究的特点，当地表不作为主要研究对象，而是作为对比场景时，往往简化地表温度场模型，而突出地表红外场景的可视化。

（1）地表与外界环境的热量交换

建立地表温度场模型，首先要分析环境辐射对地表的影响，即地表与外界环境的热量交换。地表与外界环境的热量交换通常是通过辐射、对流和传导三种形式进行的。因为传导主要在地表和其内部之间进行，而对计算红外辐射有意义的表面大都裸露在空气中，所以地表与外界环境的热量交换主要以辐射和对流两种方式进行。如图 9-7 所示为地表与外界环境的热量交换示意图。

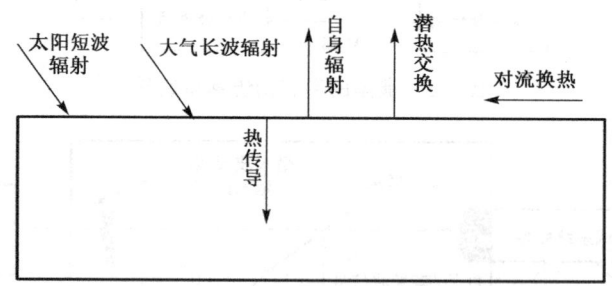

图 9-7 地表与外界环境的热量交换示意图

地表与外界环境的热量交换主要有太阳短波辐射、大气长波辐射、低空大气和地表的对流换热、地表向地下的热传导、潜热交换及地表自身向外界的辐射。太阳短波辐射长波和大气长波辐射在前面章节中已经介绍过，在此不再赘述。下面分别介绍其他几种热量交换。

自身辐射是指地表向外部空间辐射的热量，可由斯蒂芬-玻尔兹曼定律得到

$$Q_{\text{conv}} = \varepsilon \delta T^4 \tag{9-1}$$

式中，$\varepsilon$ 为表面发射率，$T$ 为地表温度。

对流换热是指地表与空气因相对流动而产生的热量转换

$$Q_{\text{conv}} = H(T_{\text{air}} - T) \tag{9-2}$$

式中，$T_{\text{air}}$ 为空气温度，$H$ 为对流换热系数。

对于静态物体，$H = 3.5 + 5.6V$，$V$（单位为 m/s）为近墙面的实效风速，设风速为 $v$（单位为 m/s），则对于迎面风，当 $v > 2$m/s 时，$V = 0.25v$；对于背风面，$V = 0.3 + 0.05v$。另外，风速 $v$ 随高度的变化而变化，若在参考高度 $z_0$ 处的风速为 $V_{z_0}$，则在高度 $z$ 处的风速可表示为

$$V_z = \left(\frac{z}{z_0}\right)^a V_{z_0} \tag{9-3}$$

式中，$a$ 为常数，对于城市区域，可取 $a = 1/3$。

对于动态物体，在强迫对流情况下，$H = 0.7331|T - T_{\text{air}}| + 1.9v + 1.8$，其中，$v$ 为物体速度与风速的矢量和，$T_{\text{air}}$（单位为 K）为空气温度。

在植被地、草地、湿润土地等地表，以及物体的顶部，潜热交换是不容忽视的热量交换，潜热所起的作用是调节表面温度。在含水及水蒸气的表面，当表面吸收来自空气中的热量时，水分就蒸发为水蒸气，从而延缓了表面温度的升高；当气温下降时，围绕在表面附近的水蒸气就放出热量，凝结为水滴，从而延缓了表面温度的下降。因潜热作用而产生的热量交换为

$$Q_{\text{LE}} = \frac{\rho C_p}{\gamma} \cdot \frac{e_a(T) - e_s(T)}{R} \tag{9-4}$$

式中，$\rho$ 为材料密度，单位为 kg/m³；$C_p$ 为空气定压比热，单位为 kJ/(kg·K)；$\gamma$ 为比湿常数，$\gamma = 66$ Pa/K；$e_a(T)$ 和 $e_s(T)$ 分别为气温 $T$ 时的实际气压和饱和气压，单位为 Pa；$R$ 为空气动力学总阻抗，根据不同的物体有不同的表达。

对于建筑物顶面、路面，$R = R_h + R_s$，其中，$R_h = \ln(6.1/z_0) \cdot \ln(30/z_0)/(0.16U)$，$z_0$ 为表面粗糙度，$U$ 为在参考高度（30m）处的风速，且

$$R_s = \begin{cases} 0 & \text{预报有雨或表面潮湿} \\ \infty & \text{预报无雨或表面干燥} \end{cases} \tag{9-5}$$

对于草地和土壤，$R = R_{ac} + R_0$，其中，$R_{ac}$ 为空气动力学阻抗，$R_0$ 为表面蒸发阻抗。

$$R_{ac} = \frac{\ln^2\left(\frac{z_a - d}{z_0}\right) + 1.5\ln\left(\frac{z_a - d}{z_0}\right)}{k_0^2 v_a} \tag{9-6}$$

式中，$d$ 和 $z_0$ 分别为草地的零平面位移和粗糙度系数，若植株高度为 $H$，则 $d = 0.56H$，$z_0 = 0.13H$；$k_0$ 为卡尔曼常量，$k_0 = 0.4$；$v_a$ 为在参考线高度 $z_a$ 处的风速。

$$R_0 = \frac{1000 \times \left[1 + \left(-\frac{\varphi_1}{230.8}\right)^{5.51}\right]}{0.986\text{LAI} + 0.025R_{\text{net}}} \tag{9-7}$$

式中，$R_{net}$ 为净辐射，$R_{net} = \alpha_{sun}Q_{sun} + \alpha_{sky}Q_{sky} - Q_{rado}$，$\alpha_{sun}$ 和 $\alpha_{sky}$ 分别为表面对太阳辐射和天空大气辐射的吸收率；LAI 为叶面积指数，是指垂直投影面积内所有草（或树木）的叶子单面面积之和与垂直投影面积之比，对草地，LAI=$\bar{A}ab$，$\bar{A}$ 为叶面平均面积，$a$ 为叶面密度，$b$ 为植被高度，对植被（小麦等），LAI=1.73；$\varphi_l$ 为叶子水势。

（2）地表温度场建模

由于已知温度的垂直梯度对地表温度的影响最大，而水平方向的热流通量相对较小，可近似忽略不计，因此，对于大规模场景来说，在计算地表向下热传递时，可采用地表的一维瞬态导热数学模型。在考虑地表的上边界条件时，应充分考虑地表与周围环境的复杂的热量交换，建立地表的热平衡方程。

假定发生在地表及其内部的热量交换垂直于地表表面，则可以建立地表热平衡方程

$$\rho c \frac{\partial T}{\partial \tau} = \frac{\partial}{\partial z}\left(k \frac{\partial T}{\partial z}\right) \tag{9-8}$$

式中，$\rho$ 为密度，$c$ 为比热容，$T$ 为温度，$\tau$ 为时间，$k$ 为导热系数，$z$ 为深度坐标。

边界条件是指导热物体在其边界面上与外部环境之间的热交换方面的联系或相互作用。在靠近地表处，温度的变化较大，影响因素主要是各种复杂的热量交换，而在地表内部，到一定深度后，温度变化得很缓慢，可以认为已达到恒温。因此，边界条件可设定为

地底 $$T|_g = \text{const} \tag{9-9}$$

地表 $$k\frac{\partial T}{\partial z}\bigg|_{gf} = Q_{sun} + Q_{sky} + Q_{conv} - Q_{LE} - Q_{rado} \tag{9-10}$$

式中，$Q_{sun}$、$Q_{sky}$、$Q_{conv}$、$Q_{LE}$ 和 $Q_{rado}$ 为地表与外界环境交换的各种热量。

采用一维有限差分法，将式（9-8）离散化，结合边界条件进行迭代计算，便可求出地表 24h 的温度变化。由于采用一维瞬态导热数学模型求解地表温度场，因此只能得到地表某时刻的平均温度（平均灰度）值，为达到场景的可视化，还需要采用红外纹理生成技术得到地表温度（灰度）的分布特性。

### 9.3.2 地表红外场景可视化

在得到地表温度后，也可以模拟热像仪生成自然地表红外场景，通过红外温度-辐射模型、红外辐射灰度映射模型及大气衰减模型，可得到地表红外场景图像中灰度值与地表温度值的对应关系，生成红外场景仿真图像。

由于地表等场景是大范围的，因此在进行地表温度场建模时，为了解决复杂建模耗时耗力的问题，对模型进行了简化，得到了地表红外辐射的平均值，而忽略了地表红外辐射的空间分布信息，即红外纹理信息，这样红外场景的可视化效果大大衰减。要获得红外纹理信息，一种方法是实拍纹理数据，但存在代价高昂、耗时耗力、受实验环境影响等问题，另一种方法是通过复杂建模来获得，但对于大规模背景场景纹理生成来说，建模的复杂度可想而知。

为了解决这一矛盾，考虑可见光纹理数据相对红外纹理数据来说比较容易获得和生成，因此，结合图像处理的相关知识，可以利用可见光纹理图像，结合统计方法提取灰度空间分布，进而生成红外纹理信息。

纹理可以被定义为"一种反映一个区域中的像素灰度空间分布的属性",而红外纹理反映的是一个区域中的各种物体红外辐射的空间分布。具体来说,红外纹理图像中的平均灰度值由物体红外辐射的平均值决定,灰度的空间分布由红外辐射的方差决定,而红外纹理的空间结构则由相关长度决定。

在图像统计分析中,均值和方差是两个常用的参数。图像的灰度值可用式(9-11)表示

$$\mu = \frac{1}{MN}\sum_{i=1}^{M}\sum_{j=1}^{N}f(i,j) \tag{9-11}$$

式中,$f(i,j)$为图像第$i$行、第$j$列的灰度值。图像的灰度均值描述了图像的平均亮度,均值越大,平均亮度越高,反之,平均亮度越低。

图像的灰度方差可用式(9-12)表示

$$\sigma^2 = \frac{1}{MN}\sum_{i=1}^{M}\sum_{j=1}^{N}[f(i,j)-\mu]^2 \tag{9-12}$$

图像的灰度方差描述了图像灰度值$f$与其灰度均值的偏离程度,若$f$的取值比较集中,则$\sigma^2$较小;反之,若$f$的取值比较分散,则$\sigma^2$较大。方差描述了图像灰度值的分布区间,是一个衡量图像灰度值分散程度的量。

图像的直方图反映图像的统计特性,它表达了图像中取不同灰度值的面积或像素数在整幅图像中所占的比例,通过直方图还可以求出一幅图像中所含的信息量。直方图是一种图像的全局表示形式,其缺点是不包含任何有关图像灰度的空间分布信息,因此,外观不同的图像可能具有相同的直方图。但由于采用的图像对均是同一地区的前视图像,因此,只要直方图的相似程度很高,就意味着两幅图像的相似程度很高。

如图9-8所示为同一场景的前视可见光与红外图像对,选取图像中的公路、植被两处地表,得到纹理图像对(1)和图像对(2)。

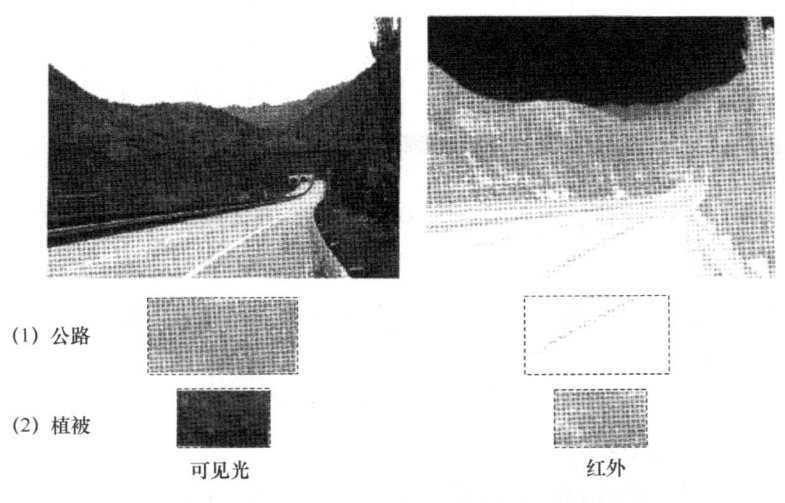

图9-8 同一场景的前视可见光与红外图像对

设$f(i,j)$为可见光图像灰度值函数,$g(i,j)$为实拍的红外图像灰度值函数,$t(i,j)$为生成的红外图像灰度值函数。要使生成的红外图像与实拍的红外图像具有较高的逼真程度,即它

们的灰度分布特性相似，两者应具有相同的灰度均值和灰度方差（标准差），即 $\mu_{\mathrm{LIR}} = \mu_{\mathrm{IR}}$、$\sigma_{\mathrm{LIR}} = \sigma_{\mathrm{IR}}$。

为此，构造如下的关系式

$$t(i,j) = \mu_{\mathrm{IR}} + r[f(i,j) - \mu_{\mathrm{L}}] \tag{9-13}$$

式中，$\mu_{\mathrm{L}}$ 为可见光图像的灰度均值。此时，红外图像的灰度均值和标准差为

$$\mu_{\mathrm{LIR}} = \mu_{\mathrm{IR}}$$
$$\sigma_{\mathrm{LIR}} = r\sigma_{\mathrm{L}}$$

因此，只要令 $r = \sigma_{\mathrm{IR}}/\sigma_{\mathrm{L}}$，便有 $\sigma_{\mathrm{LIR}} = \sigma_{\mathrm{IR}}$，即生成的红外图像与实拍的红外图像具有相同的灰度均值和灰度方差。

如图 9-9 和图 9-10 所示为由式（9-13）生成的红外图像对的直方图对比，第一行分别为可见光图像、实拍的红外图像和生成的红外图像，第二行分别为第一行图像对应的直方图。从图可以看出，生成的红外图像与实拍的红外图像具有较好的逼真度，直方图中灰度分布较密，即生成的红外图像比实拍的红外图像清晰，这是因为红外探测器接收到的红外辐射要经过大气衰减和环境散射，还要经过红外成像系统，使红外图像表现出空间分辨率低、高频信息不足和图像模糊等特点。因此，为了更加逼真地模拟红外图像，需要将从可见光图像中得到的灰度分布信息应用到求地表温度场的过程中，得到已知均值和方差的地表温度场分布特性，再用红外温度-辐射模型和红外辐射灰度映射模型生成加入大气衰减与环境干扰的红外图像，具体算法如下。

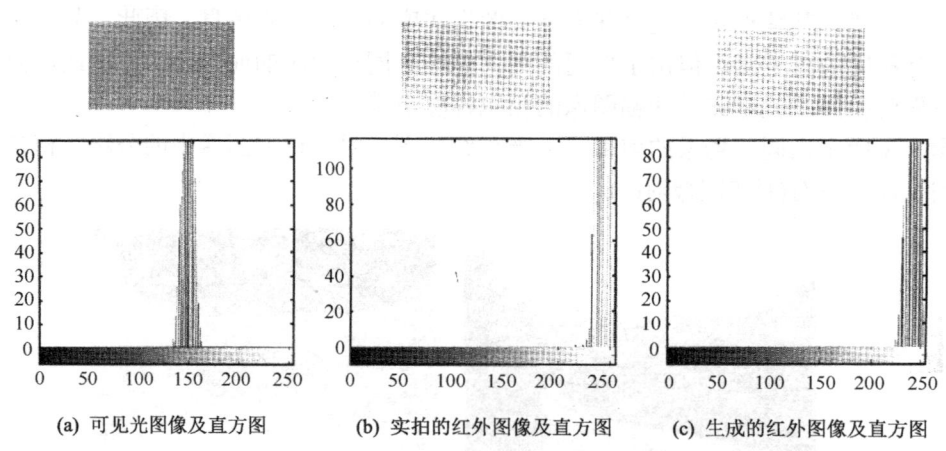

(a) 可见光图像及直方图　　(b) 实拍的红外图像及直方图　　(c) 生成的红外图像及直方图

图 9-9　红外图像对(1)的直方图对比

步骤一，利用地表红外辐射模型计算得到 24h 地表温度均值曲线 $\mu_{\mathrm{TG}}(t)$，假设 24h 地表温度标准差曲线为 $\sigma_{\mathrm{TG}}(t)$；

步骤二，由 $f(i,j)$ 求出图像的灰度均值 $\mu_{\mathrm{L}}$ 和标准差 $\sigma_{\mathrm{L}}$；

步骤三，令 $r(t) = \sigma_{\mathrm{TG}}(t)/\sigma_{\mathrm{L}}$；

步骤四，24h 地表温度场 $T(i,j,t) = \mu_{\mathrm{TG}}(t) + r(t)[f(i,j) - \mu_{\mathrm{L}}]$；

步骤五，由 $T(i,j,t)$ 得到红外仿真图像 $g(i,j,t)$。

如图 9-11 所示为采用改进后的算法生成的红外图像对(2)的直方图对比，从直方图可以看出，改进后的红外图像的灰度分布特性与实拍的红外图像更加接近，说明逼真程度进一步提高了。

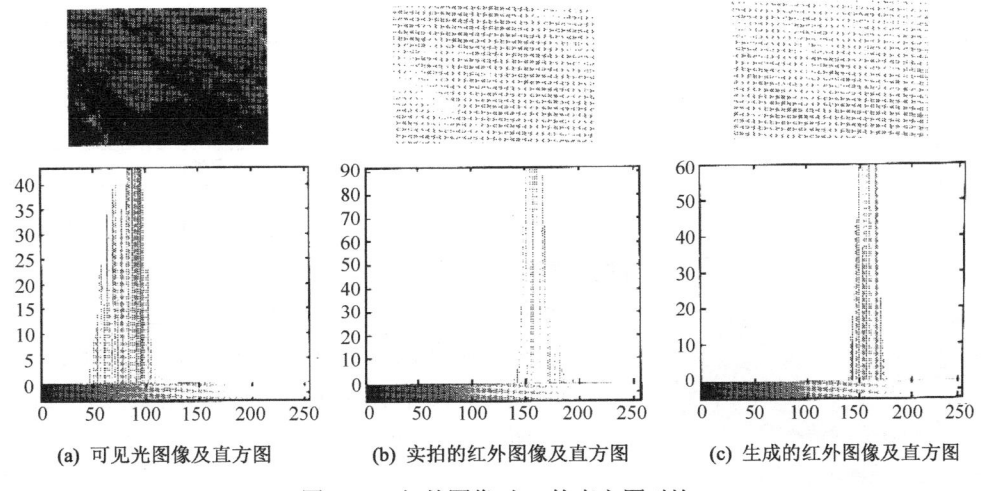

(a) 可见光图像及直方图　　(b) 实拍的红外图像及直方图　　(c) 生成的红外图像及直方图

图 9-10　红外图像对(2)的直方图对比

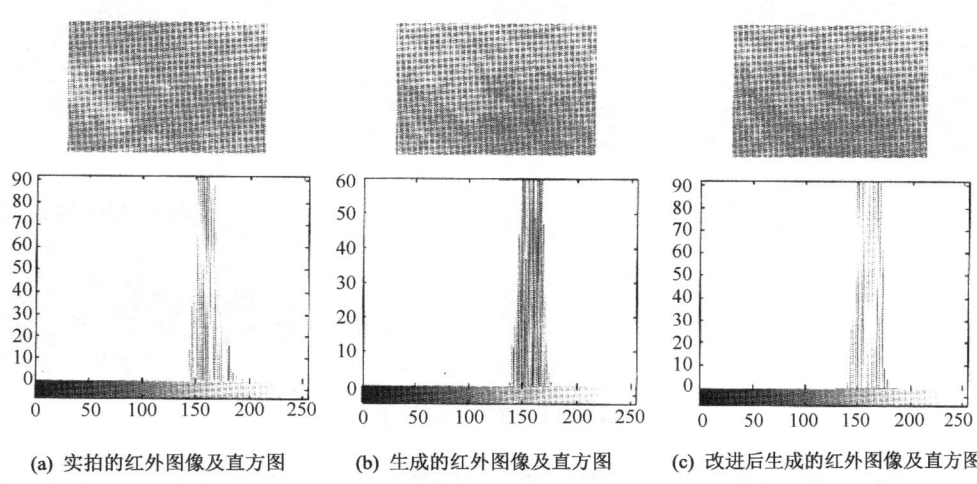

(a) 实拍的红外图像及直方图　　(b) 生成的红外图像及直方图　　(c) 改进后生成的红外图像及直方图

图 9-11　采用改进后的算法生成的红外图像对(2)的直方图对比

虽然上述红外线纹理生成算法参考了可见光的灰度信息，牺牲了一定的红外辐射信息，但对于大规模的背景场景来说，这种方法可以有效地解决场景规模大、计算耗时的问题，可以生成具有红外辐射信息又不缺乏灰度空间变化的红外场景仿真图像。

### 9.3.3　实验结果及分析

利用上述红外场景纹理图像的生成方法，以西安地区某场景为例进行红外场景生成验证对比，其中，红外成像模型中的计算参数如表 9-1 所示。

表 9-1　红外成像模型中的计算参数

| 时　　间 | 10 月 18 日 |
| --- | --- |
| 地　　点 | 西安 |
| 计 算 波 长 | 3～5μm |
| 天 气 情 况 | 晴 |

(续表)

| 最高/最低气温 | 23℃/11℃ |
| --- | --- |
| 相对湿度 | 30% |
| 风力 | 2级 |
| 地面类型 | 湿灰色地面 |

图 9-12 三维场景模型图

如图 9-12 所示为通过 DEM/DSM、卫片等信息生成的三维场景模型图。

将场景分为天空、地表和建筑物三类，建立红外成像模型，生成的 20h 红外图像如图 9-13 所示。

结合图 9-12 和图 9-13，生成的场景红外图像如图 9-14 所示。

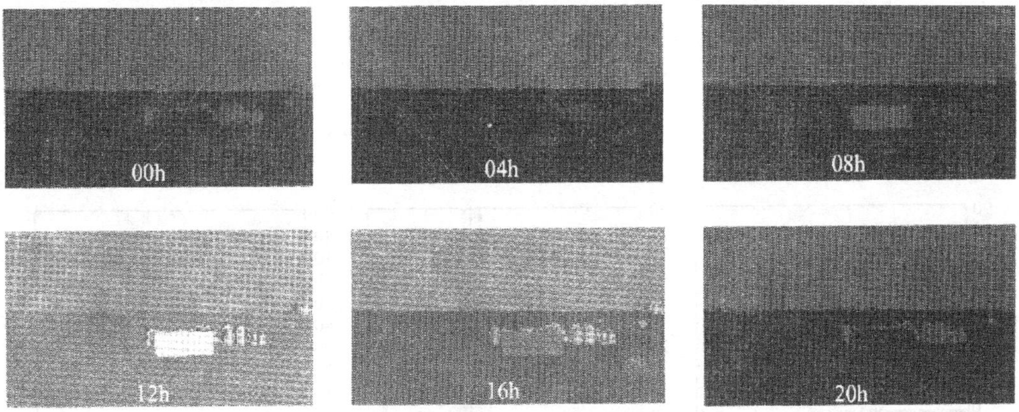

图 9-13 20h 红外图像

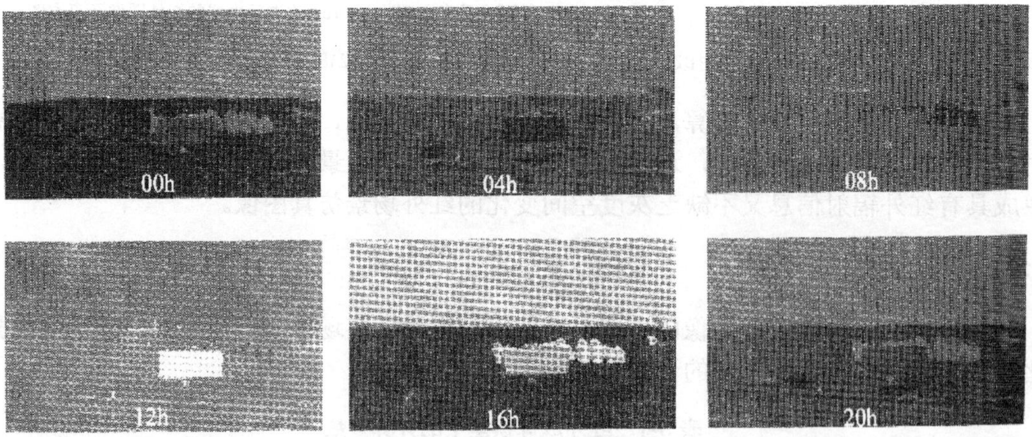

图 9-14 场景红外图像

从实验结果可以看出，两组序列图像均能反映真实场景的红外辐射特性，其灰度（温度）从夜晚到白天逐渐升高，至午后达到最高点，而后逐渐降低，至凌晨达到最低点，变化规律与实际情况一致；添加背景纹理信息后，场景的可视化效果大大增强，达到了模拟仿真的效果。

与纯物理建模生成红外纹理的方法相比，虽然本方法对模型进行了简化，但简化的方法是完全具备理论依据、符合实际情况的，而利用可见光纹理图像得到红外辐射的空间分布，可以弥补由模型简化造成的误差，与复杂模型解算产生的误差相比，本方法的计算误差较小。在相同的计算平台下生成同样的红外纹理图像，纯物理建模所需的时间要远远长于采用本方法的时间，并且本方法在红外纹理合成速度上也有所提高。

## 9.4 基于 JRM 软件系统的红外场景仿真

鉴于红外仿真具有广泛应用，许多国家已研制开发多款专用的红外仿真软件系统，下面以 JRM 软件为例进行介绍。

### 9.4.1 JRM 软件介绍

JRM 软件是一套基于物理计算的红外场景特性合成仿真工具，可以模拟各种传感器，适合的应用波段范围为 0.3~16μm，能够生成复杂场景（包含复杂地形、目标、大气条件、传感器和目标运动轨迹等）的高分辨率可见光图像、红外图像及 SAR 图像。如图 9-15 所示为基于 JRM 的光电传感器与场景仿真产品示意图。

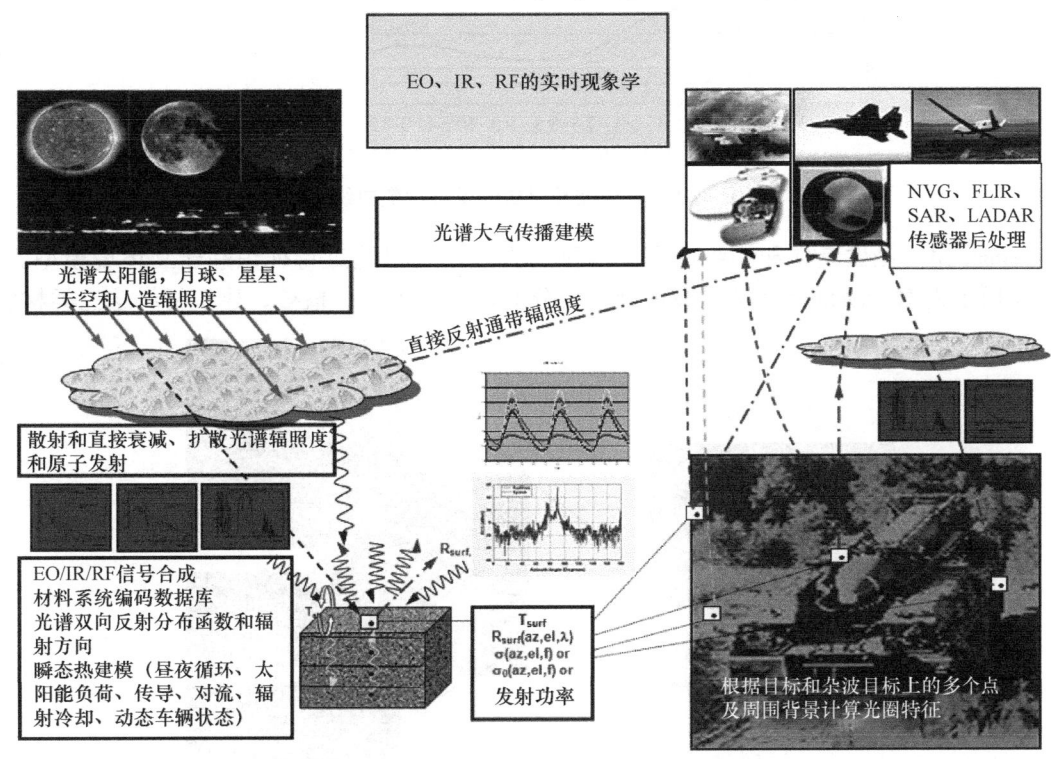

图 9-15 基于 JRM 的光电传感器和场景仿真产品示意图

JRM 软件主要包括 5 大模块，分别如下。

（1）JRM 材质库

JRM 材质库来自 JRM 材质属性实验室，材质数据来源于实测数据。材质属性包括导热系数、比热容、潜热、镜面反射 BRDF（双向反射分布函数）、漫反射 BRDF、透射 BRDF。材质种类包括植被、土壤、岩石、水体、金属、道路、建筑模型、树木、涂料、颜料等。

（2）场景建模和材质分类工具（GenesisMC）

GenesisMC 可以进行环境和目标的几何结构特性建模、物理材质特性建模、纹理建模等。

① 环境建模。GenesisMC 可以对输入的图像素材进行分类，生成带有材质信息的纹理数据，用于建立仿真场景的物理特征。输入的图像种类包括卫星影像图片、航拍图片、普通的 RGB 图片。

不同波长材质的反射参数曲线如图 9-16 所示。

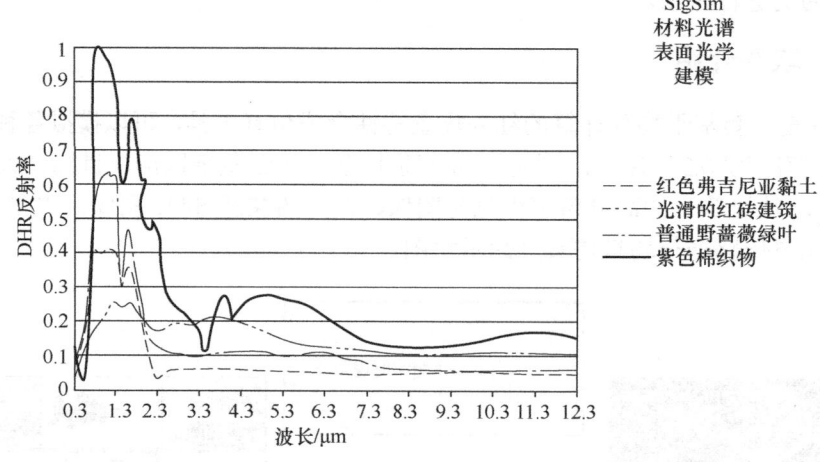

图 9-16　不同波长材质的反射参数曲线

GenesisMC 提供具体和精细的分类准则与方法，可以通过特征识别建立环境模型。如图 9-17 所示为对一块地形环境区域进行材质分类，包括水体、植被、建筑材料这三类材质。

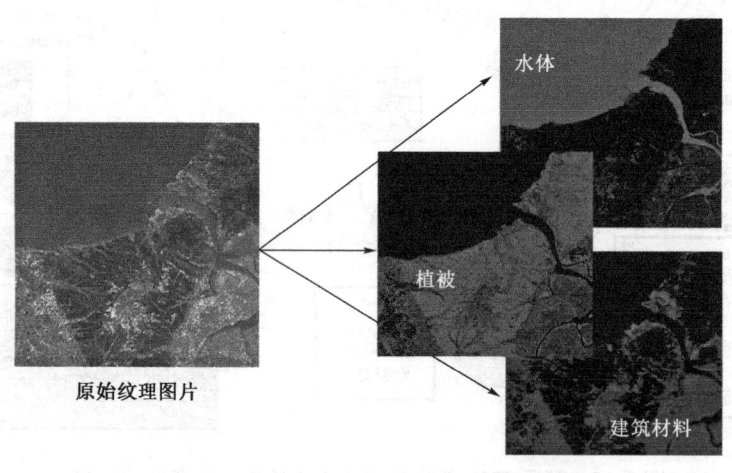

图 9-17　对一块地形环境区域进行材质分类

② 目标建模。GenesisMC 对目标进行建模，主要包括实体模型映射和特效模型建模两部

分。以飞行器建模为例,飞行器的红外仿真建模主要涉及蒙皮、尾喷管、尾焰三部分。其中对于蒙皮和尾喷管,采用实体模型映射方式将实体模型和材质库进行关联。对于尾焰的红外辐射计算,结合场景特效库来生成尾焰、火焰、烟雾弹这类特殊效果。对目标的建模与应用如图 9-18 所示。

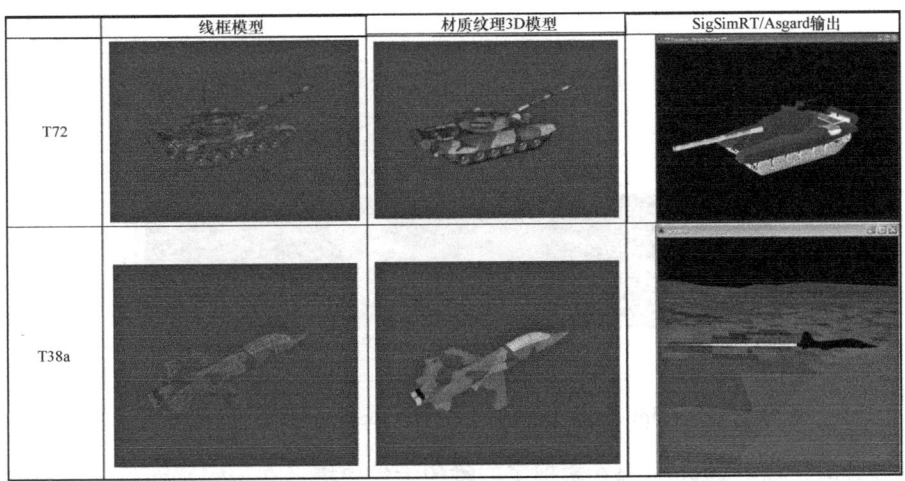

图 9-18  对目标的建模与应用

GenesisMC 对于目标物体的热模型的建模,可以导入 OpenFlight、3DS 等模型格式。创建的材质结果文件以 Emat 格式保存,纹理截图和实体模型效果如图 9-19 所示。

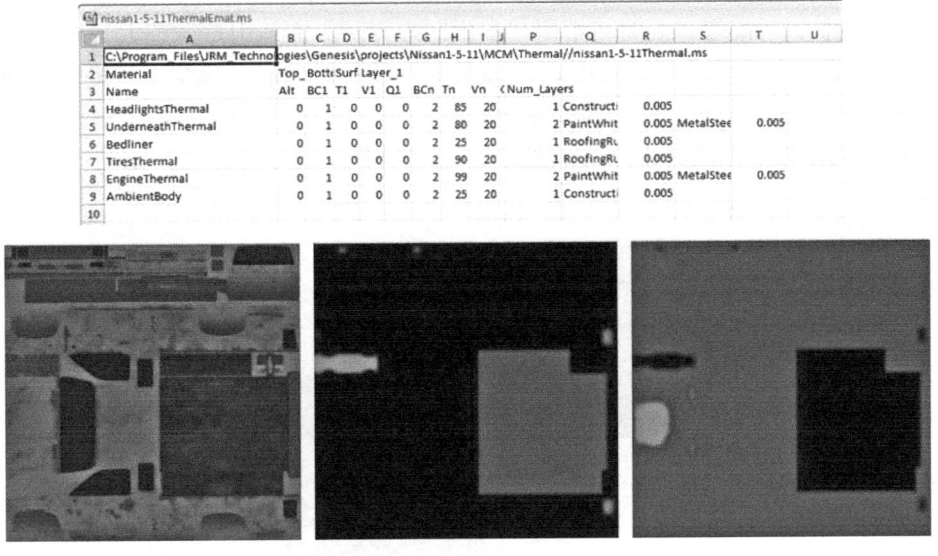

图 9-19  纹理截图和实体模型效果

(3) 场景红外特性建模工具 (SigSim)

SigSim 提供基于物理特性的场景特性,可以进行场景红外特性建模、大气环境特性建模、天空/太空场景建模和特性合成。同时提供特效建模库,可对各种特效进行仿真。波段范围为 0.2～25μm,涵盖紫外线、可见光、近红外线、远红外线等,并能够在此区间内任意指定需要仿真的波段，SAR 成像仿真可以支持 L、S、C、X、Ku、Ka、W 波段。

SigSim 的高效算法和材质特性库可以提供多个频段的仿真并且在仿真过程中可进行参数修改；输出结果图像的辐射照度位宽不低于 32 位，输出灰度图像的像素位宽不低于 16 位。如图 9-20 所示为 SigSim 在不同时间内可见光和长波红外模拟的仿真结果。

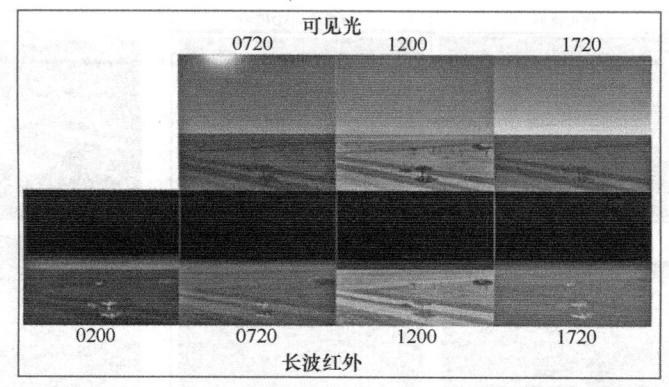

图 9-20　SigSim 在不同时间内可见光与长波红外模拟的仿真结果

① 大气效应建模：Modtran 4.0 实现了三维的大气建模，在投影平面将大气分成毗邻的锥体。这里采用了 SigSim 软件，在源代码级别上优化了 Modtran 4.0 模型，支持任何 Modtran 4.0 的大气参数。因为采用了实时计算技术，所以 SigSim 能够以不低于 15kHz 的频率在 200 个波长上计算和预测任何光谱视距透射率与路径照度。在用户输入新的大气模型之后，30s 之内场景特性合成即可获得通过新的大气模型计算得到的参数，参数包括气压、气温、气体分子浓度、云层、雨量、波长、时间等。同时可给用户提供图形界面，方便用户调整大气参数。

② 环境背景红外特性建模：SigSim 可以根据当前的时间和天气情况，提供精确的光照、反射率、热负荷，包括太阳、月亮等星体的光谱特性，以及天空与云层的光谱特性。另外，SigSim 还可以模拟很多人造光源（如钨丝、钠、水银等）的灯光特性。如图 9-21 所示为模拟的散射效果。

图 9-21　模拟的散射效果

③ 特效建模库：SigSim 提供对红外仿真中特殊效果的支持，如火焰、烟雾、尾焰、弹道轨迹、照明弹等效果的建模。使用基于物理特性的粒子系统进行仿真，构建了场景特性库。如图 9-22 与图 9-23 所示为烟雾、尾焰的特效。

图 9-22 烟雾的特效

图 9-23 尾焰的特效

（4）传感器建模工具（SenSim）

SenSim 是一个先进的光学传感器建模和实时传感器效应仿真工具，提供工程级建筑的光学仿真系统、探测器、电子元件、模拟相应的调制传递函数、探测器采样、噪声、非均匀性、探测器溢出、填充因子、$1/f$ 和白噪声、前后放大器等物理特性。SenSim 可以输入实际传感器设备的规格参数，进行真实的传感器模拟，涉及的设备模型参数如图 9-24 所示。

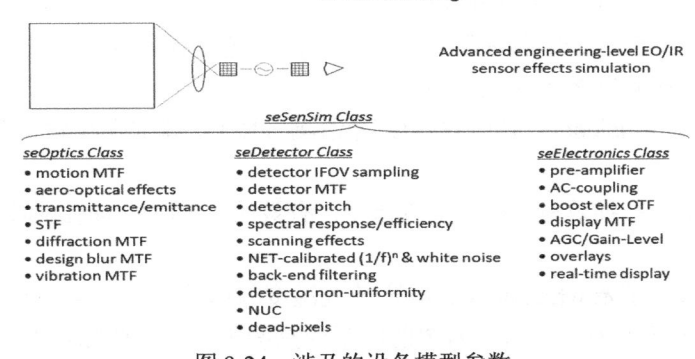

图 9-24 涉及的设备模型参数

① 光学类（Optics）参数

**motion MTF**：运动效应的调制传递函数，指由物体与成像传感器之间的运动所造成的成像信息的调制特性。

**aero-optical effects**：气动光学效应，当光波在飞行器周围流场中传输时，气体介质密度的变化会导致光波前发生畸变，从而对机载或其他运动载体的光学系统成像性能产生不利影响，这种作用称为气动光学效应。

**transmittance/emittance**：透射率/发射率，透射率是指光穿过透光介质之后其出射光功率与入射光功率的比值，发射率是指物体通过表面向外辐射的电磁能与同温度的黑体在相同条件下所辐射的电磁能的比值。

STF：信号传递函数，用来描述场景辐射量值到成像系统输出信号的能量传递和转换过程的函数。

diffraction MTF：衍射调制传递函数，指光学系统衍射造成的成像信号的调制特性。

design blur MTF：图样模糊的调制传递函数。

vibration MTF：振动的调制传递函数，用来描述振动造成的成像信号的调制特性。

② 探测器类（Detector）参数（如图 9-25 所示）

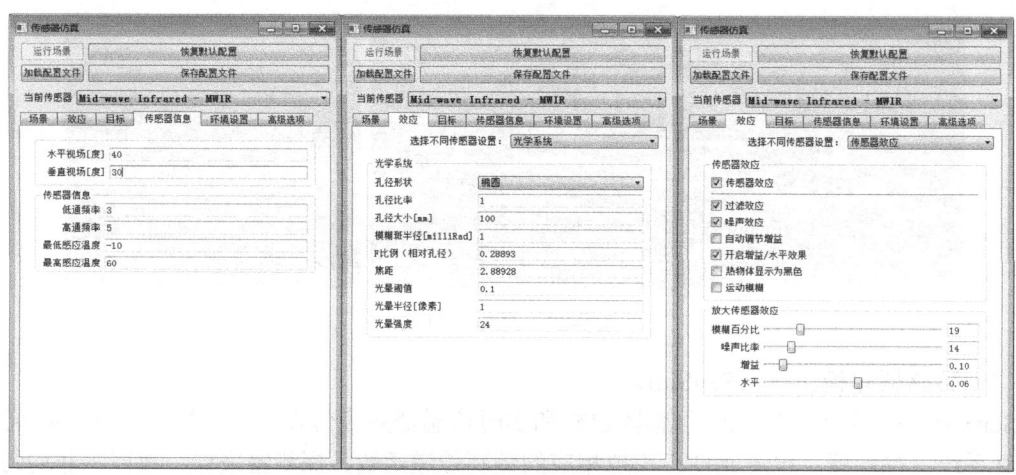

图 9-25　传感器效应、瞬时视场和光学参数建模

detector IFOV sampling：探测器瞬时视场采样，每个探测单元都对应一个瞬时视场，探测器通过瞬时视场对空间进行划分并采样。

detector MTF：探测器调制传递函数，通常用来描述探测器的信号调制特性。

detector pitch：探测器像元间距。

spectral response/efficiency：光谱响应度/光谱响应效率，指光阴极量子效率与入射波长之间的关系。

scanning effects：扫描效率，在扫描成像中，有效的扫描时间与帧周期之比称为系统的扫描效率。

NET-calibrated$(1/f)^n$ & white noise：噪声等效温度与白噪声，噪声等效温度一般指在信号处理电路中，把噪声等效为一个温度为 $T$ 的电阻的热噪声，这时把该温度称为噪声等效温度，白噪声是指功率谱密度在整个频域内均匀分布的噪声。

back-end filtering：后置滤波器。

detector non-uniformity：探测器非均匀性，是指在相同光照度的情况下，不同探测器单元的响应电压不同，通常需要非均匀性校正。

NUC：非均匀性校正，指通过一定的算法使得对于相同的光照度，所有的像元输出趋于一致。

dead-pixels：盲元，通常是指探测器中一些自生产出来就不能使用的单元。

③ 电子光学系统（Electronics）参数（如图 9-26 所示）

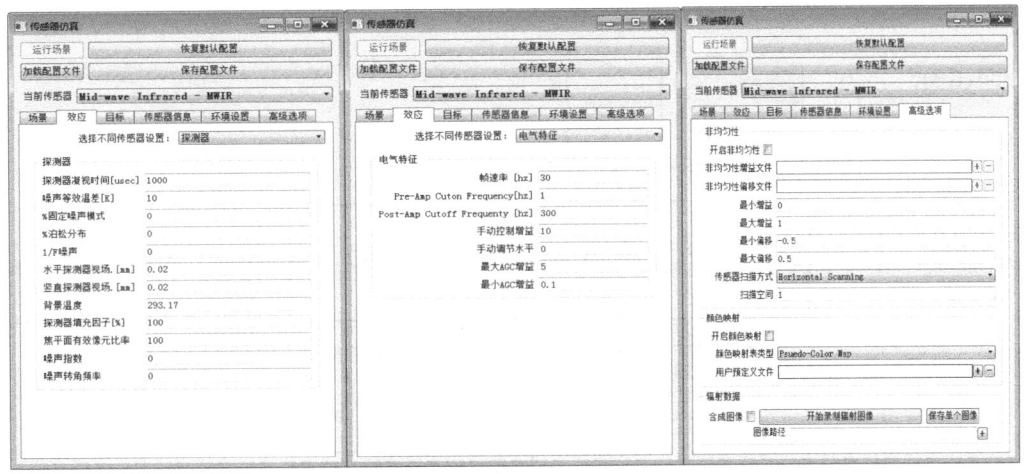

图 9-26 传感器的探测器、电子光学参数建模

**pre-amplifier**：前置放大，通常用于对信号进行初步处理。
**AC-coupling**：交流耦合，是指通过隔直电容耦合，去掉直流分量。
**boost elex OTF**：提举电路的调制传递函数，表征提举电路的调制特性。
**display MTF**：显示设备的调制传递函数，表征显示设备的调制特性。
**AGC/Gain-Level**：自动增益/自动增益水平，一般指自动调解放大器的增益倍数。
**real-time display**：实时显示，对采集来的图像信息立刻进行显示。

（5）场景红外特性合成和渲染工具（OSV）

该工具继承了 OpenSceneGraph 三维渲染引擎，支持 Openflight、3DS、Terrapage 等地形和模型格式，支持 GLSL 着色语言、细节层次技术、顶点数组、FBO 等高级图形学特性。结合 SenSimRT 及其在 GPU 中进行场景特性的合成、更新和渲染，高效地利用 GPU 硬件加速功能，支持的帧频率可以达到 400Hz，像素分辨率达到 256×256 以上，像素位宽为 16 位。OSV 是一个基于 GPU 的完整的红外场景仿真器，集成了 SigSim 场景红外特性生成、SenSim 传感器效果仿真和 OSG 渲染引擎三部分。

如图 9-27 所示为 OSV 的夜视场景，从中可以看到坦克目标、地形背景、卡车的灯光效果。如图 9-28 所示为 OSV 中单纯使用 SigSim 功能的红外成像效果和通过 SenSim 传感器效果仿真之后的红外成像效果。JRM 模块的耦合关系如图 9-29 所示。

图 9-27 OSV 的夜视场景

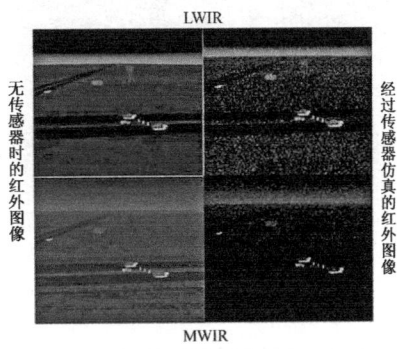

图 9-28 红外成像效果

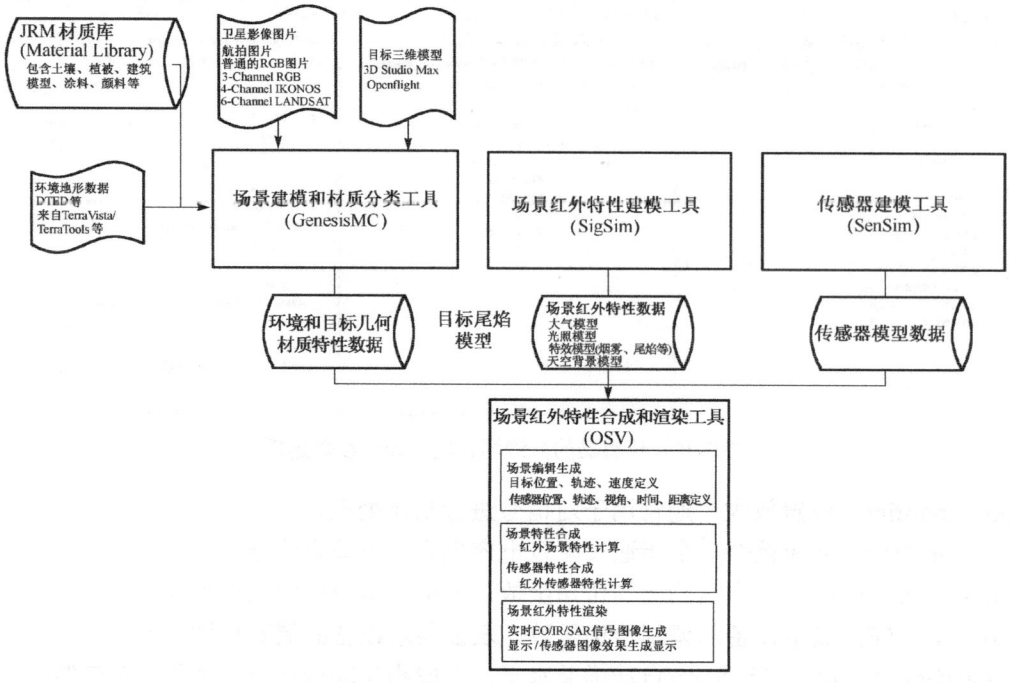

图 9-29　JRM 模块的耦合关系

## 9.4.2　仿真案例

本节使用 JRM 进行完整的红外仿真，该案例的主要内容是：仿真目标模型为 T72 坦克，仿真场景为某群岛的区域地形；模拟多个波段传感器，包括夜视传感器、短波红外传感器、中波红外传感器等。

（1）几何建模

对 T72 坦克的几何模型采用 Multigen Creator 进行建模，对地形使用 Terra Vista 对采集的高程和影像数据进行处理，建立目标与背景的几何模型，如图 9-30 所示。

图 9-30　T72 坦克的几何模型及场景地形

（2）目标与背景的红外辐射

目标与背景的红外辐射仿真主要利用 GenesisMC 和 JRM 材质库，对目标与背景红外辐射特征进行映射。以 T72 坦克的红外特征为例，T72 坦克的主要热源是发动机、履带等。首先导入 T72 坦克的纹理，然后使用 GenesisMC 进行热源标记和热边界识别，通过将热源赋予材质，最终把材质和热特性信息存储为 MCM 编码的纹理图片。建立好模型后，可以预览建立的模型，并根据需要调整。整体流程如图 9-31 所示。

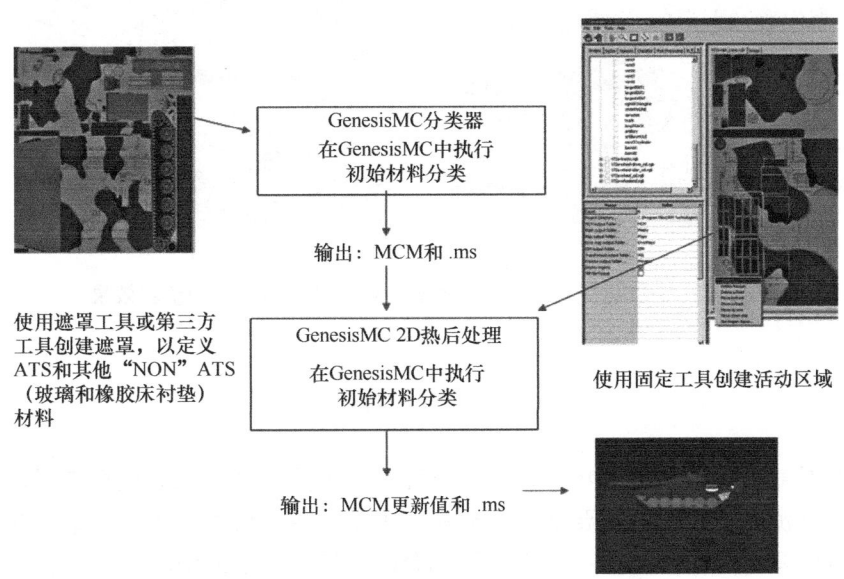

图 9-31 T72 坦克的目标与背景红外辐射特征映射的整体流程

（3）大气建模

利用 Modtran 4.0 的大气效应计算模型设定大气的气压、气温、气体分子浓度、云雨、波长、时间等参数。其中，仿真的时间、日期、大气模型、当天的最高/最低温度等参数应根据实际需要来设定。

（4）传感器建模

传感器建模主要是设置 JRM 传感器的类型。以夜视传感器为例，其基本参数包括光学元件、探测器参数等多个参数。

（5）组织场景

使用可编辑的 XML 文件进行组织场景，XML 的基本结构与内容的可读性很强，将传感器、实体、地形、环境和物体运动轨迹等文件进行建模与组织。

（6）实时渲染仿真

采用 OSV 渲染框架进行实时渲染仿真。利用 SigSim 和 SenSim 接口，可以很方便地进行 OSG 渲染引擎的渲染及场景信息的动态更新。T72 坦克夜视传感器的仿真效果如图 9-32(a) 所示。切换到长波红外波段传感器，并将环境时间修改为 7:15，仿真效果如图 9-32(b) 所示。

通过本例可以看出，利用 JRM 仿真可以得到一个较为真实的模拟传感器效果。仿真中能够综合考虑大气传输、目标特性建模及探测器响应，并且可以根据实际需要实时修改和调整参数，最终得到红外成像、仿真分析和实时仿真的综合结果。

图 9-32 T72 坦克夜视传感器和长波红外波段传感器的仿真效果

## 小　结

本章内容是对目标红外辐射特性、传输特性及红外热成像技术的综合应用，红外仿真是目前各类红外探测系统设计的重要手段。首先，本章介绍了仿真技术的基本概念；其次，介绍了红外仿真的基本方法和过程；再次，详细介绍了地表的红外仿真过程，目的是深入探讨红外仿真的建模过程、模型可视化过程；最后，介绍了使用集成软件进行红外场景仿真的方法和过程。

## 习　题

9-1　名词解释。

仿真、仿真模型、仿真实验、半实物仿真。

9-2　填空题。

（1）仿真是对现实系统的某一层次＿＿＿＿＿＿＿＿的模仿，是对系统＿＿＿＿＿＿＿＿的特定描述。

（2）按照研究对象，仿真可分为＿＿＿＿＿＿、＿＿＿＿＿＿和＿＿＿＿＿＿；按照仿真系统与现实系统时间尺度上的关系，仿真可分为＿＿＿＿＿＿、＿＿＿＿＿＿和＿＿＿＿＿＿。

（3）仿真技术的基本要素有＿＿＿＿＿＿、＿＿＿＿＿＿和＿＿＿＿＿＿。

（4）地表与外界环境的热量交换通常是通过＿＿＿＿＿＿、＿＿＿＿＿＿和＿＿＿＿＿＿进行的。

（5）红外纹理图像中的平均灰度值由＿＿＿＿＿＿＿＿＿＿决定，灰度的空间分布由＿＿＿＿＿的方差决定，而红外纹理的空间结构由＿＿＿＿＿＿＿＿决定。

（6）JRM 是一套基于＿＿＿＿＿＿＿＿＿的红外场景特性合成仿真工具，可以模拟＿＿＿＿＿＿，能够生成复杂场景的高分辨率可见光图像、红外图像及 SAR 图像。

（7）JRM 模块主要包括＿＿＿＿＿、＿＿＿＿＿、＿＿＿＿＿、＿＿＿＿＿和＿＿＿＿＿。

（8）地表与外界环境的热量交换主要有＿＿＿＿＿＿＿、大气长波辐射、低空大气和地表的对流换热、地表向地下的热传导、潜热交换及地表自身向外界的辐射。

9-3 仿真技术的作用是什么？

9-4 简述目标与背景的数学仿真过程。

9-5 如何进行红外地表仿真？

9-6 如何利用 JRM 软件对地表背景的红外辐射特性进行仿真？

9-7 红外建模涉及的光学参数和探测器有哪些？

9-8 红外建模涉及的电子光学系统的参数有哪些？

9-9 数学仿真的基本流程是什么？

9-10 上网查阅。

（1）常用的仿真软件有哪些？各有什么用途？

（2）红外仿真技术在军事上主要有哪些典型应用？

# 参 考 文 献

[1] 孙继银, 孙向东, 王忠, 等. 前视红外景象匹配技术[M]. 北京：科学出版社, 2011.

[2] 王章野. 地面目标的红外成像仿真及多光谱成像真实感融合研究[D]. 杭州：浙江大学, 2002.

[3] 宣益民, 韩玉阁. 地面目标与背景的红外特征[M]. 北京：国防工业出版社, 2004.

[4] 张俊华, 沈国士, 杨宝成, 等. 真实自然地表的红外辐射特性研究[J], 红外与激光工程, 2007, 36（4）：485-487.

[5] 林两魁, 谢恺, 徐晖, 等. 中段弹道目标群的红外成像仿真研究[J]. 红外与毫米波学报, 2009, 28（3）：218-223.

[6] Balfour L S, Bushin Y. Semi-empirical model based approach for IR scene simulation[J]. Proceedings of the SPIE, 1997, 3061:545-550.

[7] Repasi E, Greif H J. Generation of dynamic IR-scenes for ground-based systems and missile application[J]. Proceedings of the SPIE, 1998, 3436:460-461.

[8] 邵晓鹏, 张建奇, 徐军. 一种自然红外纹理的生成方法[J]. 西安电子科技大学学报, 2003, 30（5）：612-616.

[9] Bennett J, Khotanzad A. Modeling textured images using generalized long correlation models[J]. IEEE Transactions on Pattern Analysis and Machine Intelligence, 1998, 20(12): 1365-1370.

[10] Gonzalez R C, Woods R E, Eddins S L, et al. 数字图像处理（MATLAB 版）[M]. 阮秋奇, 等译. 北京：电子工业出版社, 2006.

[11] 马梅真, 赵春晖. 一种基于改进直方图的声呐图像识别方法[J]. 声学与电子工程, 2007, 85：18-21.

# 第 10 章　红外图像处理技术

## 引　言

红外图像反映了景物的温度分布，它的质量往往会受到红外焦平面阵列的响应非均匀性、响应漂移性、盲元、目标的辐射对比度等因素的影响。响应非均匀性导致红外图像存在固定图像噪声，响应漂移性导致红外图像信号变化缓慢，盲元导致红外图像存在亮点或暗点，目标的辐射对比度低导致红外图像对比度低，因此，红外图像需要进一步处理，才便于后续使用。

本章内容：（1）介绍红外图像的特点；（2）着重分析红外图像的非均匀性的产生机理和校正算法；（3）介绍红外图像的盲元检测与补偿；（4）重点讨论与分析红外图像增强和降噪的理论及方法，给出实验分析结果。

## 10.1　红外图像的特点

红外图像是场景中目标和背景红外辐射的空间分布，其辐射亮度分布主要由被观测景物的温度和发射率决定，因此红外图像近似反映了景物的温度差或辐射差。但是，目标和背景的红外辐射需经过大气传输、光学系统转换、光电转换和信号处理等过程，才能被转换为红外图像。

红外图像具有以下特点：

（1）表征景物的温度分布（灰度图像），没有立体感，对人眼而言，分辨率低；

（2）受景物热平衡、波长、传输距离、大气衰减等因素的影响，红外图像的空间相关性强、对比度低、视觉效果模糊；

（3）红外热成像系统的探测能力和空间分辨率低于可见光 CCD 阵列，使得红外图像的清晰度低于可见光图像；

（4）外界环境的随机干扰和红外热成像系统的不完善，给红外图像带来多种多样的噪声，如热噪声、散粒噪声、$1/f$ 噪声、光子电子涨落噪声等；

（5）由于红外探测器中的各像素响应特性不一致、光机扫描系统存在缺陷等，造成红外图像具有非均匀性，体现为图像具有固定空间噪声、串扰、畸变等。

由以上特点可知，红外图像必须经过处理才能便于人眼观察。

## 10.2　红外图像的非均匀性校正

### 10.2.1　红外图像的非均匀性产生机理

导致红外图像非均匀性的因素十分复杂，目前人们对于它的认识已经比较清楚，但其数学描述却大部分局限于经验公式，还不能完整地建立红外图像非均匀性产生的数学模型和理论计算公式。从信号传递的过程来看，首先是探测器像素响应率存在不一致性，红外焦平面阵列由成千上万个像素组成，由于各像素的响应参数不尽相同，因此即使在均匀输入的情况下，各像素的响应也不一致，这是导致红外焦平面阵列非均匀性的主要因素；其次是读出电路自身及读出电路和探测器存在耦合因素等。在这些非均匀性因素中，有些仅与探测器自身性能相关，其中线性的因素比较容易测定和校正，而对于其中与目标红外辐射、器件工作条件等相关的非均匀性因素，则很难进行控制。下面就非均匀性的产生进行分析。

（1）器件自身的非均匀性

探测器自身的非均匀性与材料质量、工艺过程等有关，如掺杂浓度、表面态密度的不均匀和栅极氧化物厚度的变化而引起的阈值电压的变化等，这些非均匀性的来源一般难以避免。不同的阈值电压在相同光栅偏压下的响应是不同的，像素的尺寸差异所引起的有效面积的不一致也是非均匀性产生的因素，这与工艺过程有很大的关系。除制版、光刻精度等因素影响像素的面积外，往往腐蚀工艺的控制也直接影响像素的面积。另外，材料的不均匀性对响应变化的影响也十分明显，除受材料和工艺过程的不均匀性的影响外，器件转移效率的不一致也有影响，其特点是随像素位置的变化，这种不均匀性变化得比较缓慢，也称为低频响应的不均匀性，通常要求控制在 0~5% 范围内。

（2）器件工作状态引入的非均匀性

在红外热成像系统的性能中，与红外焦平面器件的工作状态相关的主要参数有红外焦平面器件的环境温度和工作温度、红外探测器及读出电路的驱动信号。焦平面探测器的辐射响应性能与它所处的实际温度相关，红外焦平面器件的温度均匀性影响整个焦平面阵列的响应均匀性。同样，红外探测单元及其读出电路单元驱动信号的变化也会影响整个红外焦平面阵列的均匀性。这类非均匀性主要由红外焦平面器件的工作状态所决定。同一个红外焦平面在不同的成像系统中或在不同的工作环境中，都会表现出不同的非均匀性特征。同时，器件在工作时，半导体内部电荷的流动引入了 $1/f$ 噪声。虽然目前对 $1/f$ 噪声的形成尚未完全清楚，但通常认为它是由半导体的表面电流所引起的，故又称为电流噪声。这种噪声主要由加性噪声构成，对探测器件的非均匀性也有较大影响。

（3）外界输入的相关非均匀性

在红外热成像系统中，目标和背景的红外辐射强度变化范围、红外热像仪光学系统的背景辐射等外界特征均会对红外焦平面器件的非均匀性产生影响。景物的红外辐射变化主要为辐射总量和辐射光谱两种形式，由于红外探测器的光谱响应比较复杂，辐射总量的响应均匀性并不能代表其辐射光谱变化后仍然具有相同的均匀性。红外光学系统背景辐射条件的变化将直接影响红外探测器所处的工作环境、工作参数和工作性能。这类非均匀性与实际外界条件密切相关，在红外焦平面器件的研制和红外热成像系统的设计中很难预测与检验。

（4）光学系统的影响

在光学系统中，红外光学镜头的加工精度、摄像头对光轴的偏转角度等因素也会导致红外图像具有非均匀性。

红外图像的非均匀性一般为 20% 左右，对红外图像的质量有严重的影响，如果不进行校正，那么目标图像将很难从背景中被分辨出来，因此，必须对其进行非均匀性校正。

## 10.2.2 红外图像的非均匀性校正算法

非均匀性校正的技术有很多，基本可以分为两类：基于参照源的校正技术和基于场景的校正技术。基于参照源的校正技术要求在特定温度的黑体均匀辐射下，对红外焦平面阵列定标，通常使用两点定标技术或多点定标技术，基于场景的算法不需要黑体标定，而是根据场景的运动，在每个像素上产生场景温度的变化。这些温度每变化一次，统计一个参考点，依照这些参考点，探测器的非均匀性就可以被校正了。

针对基于场景的非均匀性校正技术，一些学者也开展了大量的研究工作，并提出了多种基于场景的非均匀性校正算法。Scribner D A 等提出的时域高通滤波算法以时空遍历性为前提，即红外焦平面的每个探测元经过若干时间，能够观测到场景中任何位置的辐射量。在此假设下，成像系统和场景间应存在充分的相对运动，或者需要大量的图像帧（一般 1000 帧以上），以保证算法收敛。在实际中，时域高通滤波算法不适用于静止场景，易导致图像出现拖尾现象，并且耗费大量时间，难以满足实时性要求。同时，他提出基于神经网络的非均匀校正算法，但算法中待处理像素的期望值求解存在固有缺陷，导致算法处理结果不理想。Torres 等人提出的卡尔曼滤波非均匀性校正算法和 Hayat 等人提出的恒定统计非均匀性校正算法，都基于红外焦平面接收场景辐射量在时域上服从均匀分布的假设，但这在背景缓慢移动的图像序列中很难满足。Hardie 等提出的图像配准的非均匀性校正算法只适用于场景整体移动的场合，不能对包含相对运动目标的序列图像进行非均匀性校正。

因此，目前比较实用的非均匀性校正算法主要是两点非均匀性校正算法和扩展两点非均匀性校正算法。

(1) 两点温度定标算法

假设探测元的响应为线性响应，如图 10-1(a)所示。从图中可以看出各探测元在相同输入条件下，具有不同的输出特性。输入-输出曲线的截距的不同反映了探测器的噪声电流的不均匀性，曲线斜率的不同反映了响应率的不均匀性。非均匀性校正就是使相同辐射条件下的探测器的响应曲线重合于一条曲线，为此设定一条标准曲线，将各探测元的响应曲线分别做旋转和平移变换，可得到如图 10-1(b)和图 10-1(c)所示的曲线，最终使探测元的响应曲线完全重合。

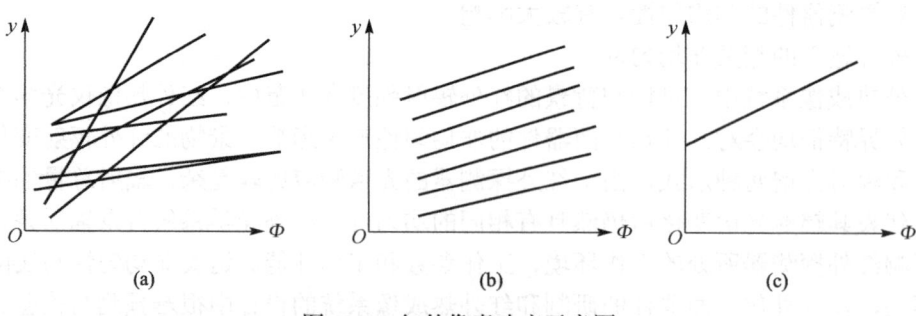

图 10-1 红外像素响应示意图

两点非均匀性校正算法根据系统的动态范围，使黑体分别工作在两个不同的温度下，分别测出各探测元在不同温度下的响应值，然后进行归一化，得到各像素的校正增益和校正偏移量分别为

$$G_{ij} = \frac{V_H - V_L}{x_{ij}(\varphi_H) - x_{ij}(\varphi_L)} \tag{10-1}$$

$$O_{ij} = \frac{V_H x_{ij}(\varphi_L) - V_L x_{ij}(\varphi_H)}{\overline{x_{ij}}(\varphi_L) - \overline{x_{ij}}(\varphi_H)} \tag{10-2}$$

式中，$G_{ij}$ 和 $O_{ij}$ 分别为校正增益和校正偏移量，$\overline{x_{ij}}(\varphi_H)$ 和 $\overline{x_{ij}}(\varphi_L)$ 分别为高温和低温下所有探测元的响应平均值。

经过两点校正后的输出表示为

$$y_{ij}(n) = G_{ij}(n) x_{ij}(n) + O_{ij}(n) \tag{10-3}$$

式中，$x_{ij}(n)$ 为 $n$ 时刻像素 $(i,j)$ 在两点非均匀性校正前的输出，$y_{ij}(n)$ 为 $n$ 时刻像素 $(i,j)$ 在两点非均匀性校正后的输出。

两点非均匀性校正的过程如下：

① 使红外焦平面通过光学系统与平面黑体辐射源对准，黑体辐射均匀地照射在红外焦平面阵列上，并充满红外焦平面的整个视场；

② 控制黑体辐射源的温度为 $T_L$；

③ 测量红外焦平面每个探测元的响应值，该测量过程在一个预先设定的曝光时间内完成，响应值存储在第一存储单元；

④ 重复步骤③，在大量设定的时间内完成大量的数据测试，重复 8～10 次；

⑤ 对每个探测元在 $T_L$ 下的响应值求平均；

⑥ 对所有探测元的响应值求平均；

⑦ 设置黑体辐射源的温度为 $T_H$，且 $T_L$ 小于 $T_H$；

⑧ 重复步骤③、④、⑤、⑥，计算每个探测元在温度 $T_L$ 下的响应平均值及所有探测元的响应平均值；

⑨ 根据式（10-1）和式（10-2），计算每个探测元的校正增益和校正偏移量，分别存储在查找表（LUT）内，以供校正时取用；

⑩ 根据查找表（LUT）内的增益和偏移量系数，按式（10-3）对红外图像进行校正。

该算法假设探测元的响应是线性的，是一种较成熟的算法。该算法的最大优点就是实现简单，易于在实时系统中实现。

两点非均匀性校正算法建立在线性假设的基础上，校正精度随像素响应的非线性增加而降低。实际探测元的响应为非线性的，因此两点温度定标的误差必然存在。响应非线性造成的空间噪声与定标点数的位置有很大关系，远离定标点的部分空间的噪声大。为了减小非线性引起的残留空间噪声，可以采用"多点法"或"曲线拟合法"校正。定标点越多，残留空间噪声越小。但定标点越多，数据量越多，校正算法越复杂。另外，探测器单元的响应特性随时间或应用环境条件的不同而发生变化，这将会引起较大的校正误差，因此，两点非均匀性校正算法在每次使用前必须对红外焦平面定标，更新增益和偏移量系数，在系统中增加均匀辐射的高温、低温黑体，也增加了系统额外的负担。

（2）高通滤波算法

高通滤波算法是由 Scribner D A 等人提出的，他们认为环境温度对探测器而言属于慢变化量，图像本身包含的目标、背景噪声属于快变化量，因而图像可以视为高频部分。而非均匀性是探测器的固有噪声，分布在低频（变化较慢）的部分，因而可以利用增益补偿和高通滤波算法来完成红外焦平面阵列的非均匀性校正，框图如图 10-2 所示。

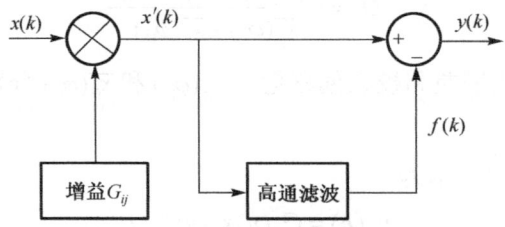

图 10-2  基于增益补偿的高通滤波算法框图

假设探测器的响应输出为 $x(k)$，增益补偿后变为 $x'(k)=Gx(k)$，高通滤波的输出为 $f(k)$，则校正后的输出为

$$y(k)=Gx(k)-f(k) \tag{10-4}$$

式中

$$f(k)=\frac{1}{M}Gx(k)+\left[1-\frac{1}{M}\right]f(k-1)$$

式中，$M$ 为积累帧数，$G$ 为增益补偿系数。

求出式（10-4）的 $Z$ 变换为

$$Y(Z)=\frac{(M-1)(Z-1)}{MZ-(M-1)}GX(Z) \tag{10-5}$$

从而得到高通滤波器的系统函数为

$$H(Z)=\frac{(M-1)(Z-1)}{MZ-(M-1)}G \tag{10-6}$$

令 $\mu=a+\sqrt{\pi b/4}$，$\sigma^2=\dfrac{b(4-\pi)}{4}$ 为采样时间，系统的频率响应为

$$A(\omega\tau)=\mid H(\mathrm{e}^{\mathrm{j}\omega\tau})\mid=\left[\frac{(2M^2-4M+2)\cos(\omega\tau)-2M^2+4M-2}{(2M^2-2M)\cos(\omega\tau)-2M^2+2M-1}\right]^{\frac{1}{2}} \tag{10-7}$$

求出截止频率为

$$\cos(\omega\tau)=\frac{M^2-3M+\dfrac{3}{2}}{M^2-3M+2} \tag{10-8}$$

从式（10-8）可以看出，积累帧数越大，截止频率 $\omega\tau$ 越小，在实际应用中可以根据具体要求选取合适的值。

高通滤波算法的优点是克服了周期性定标问题，其计算量适中，但收敛周期长，另外还可以减少 $1/f$ 噪声对非均匀性的影响。

（3）LMS 自适应非均匀性校正算法

1967 年，Widrow B 等人提出了自适应滤波理论，它可以使自适应滤波系统的参数自动

调整,从而达到最佳状态。在设计时,只需很少甚至不需要信号和噪声的先验统计知识,这种滤波器设计简单,近年来,自适应滤波理论和方法得到了迅速发展。

如图 10-3 所示为自适应横向滤波器的结构框图,$\omega_1(n),\omega_2(n),\omega_3(n),\cdots,\omega_M(n)$ 表示在 $n$ 时刻的权系数值。令 $\boldsymbol{W}(n)$ 为权系数矢量,即

$$\boldsymbol{W}(n)=[\omega_1(n),\omega_2(n),\omega_3(n),\cdots,\omega_M(n)]^{\mathrm{T}}$$

输入信号矢量为

$$\boldsymbol{X}(n)=[x_1(n),x_2(n-1),x_3(n-2),\cdots,x_M(n-M+1)]^{\mathrm{T}}$$

输出信号矢量为

$$y(n)=\sum_{i=1}^{M}\omega_i(n)x(n-i+1)=\boldsymbol{W}^{\mathrm{T}}(n)\boldsymbol{X}(n) \tag{10-9}$$

式中,上标"T"表示转置,利用图 10-3 中输出信号与理想输出信号 $d(n)$ 的关系,误差信号可以写成

$$\varepsilon(n)=d(n)-y(n) \tag{10-10}$$

最小均方(Least Mean Square,LMS)自适应算法按照最小均方误差准则对系数 $\{\omega_i(n)\}$($i=1,2,\cdots,M$)进行调节,最终使滤波输出信号的均方误差 $\varepsilon=E\{e^2(n)\}$ 最小,达到最佳滤波效果。

理想输出通常通过邻域均值估算,得

$$d_{ij}=(x_{i,j-1}+x_{i,j+1}+x_{i-1,j}+x_{i+1,j})/4 \tag{10-11}$$

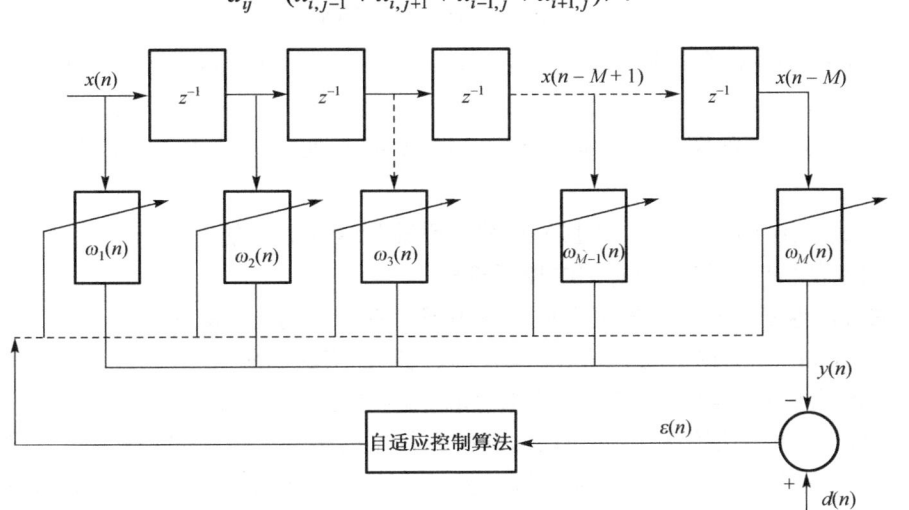

图 10-3 自适应横向滤波器的结构框图

实际中,由于图像具有随机性及噪声变化,同一探测元在不同时刻,即使在相同的输入下,其邻域均值也是不相同的。但在一段时间内,根据相邻像素间的相关性,LMS 自适应算法迭代去噪的效果趋于各像素灰度值的四邻域平均去噪效果,即 LMS 非均匀性校正后的剩余非均匀性近似等于四邻域平均后的非均匀性。当噪声较大时,由于四邻域去噪能力有限,因此 LMS 自适应算法的非均匀性校正能力也受到限制。

权系数矢量 $W(n)$ 的简单递归关系为

$$W(n+1) = W(n) + \frac{1}{2}\mu[-\nabla(n)] \tag{10-12}$$

式中，$\nabla(n)$ 代表 $n$ 时刻的 $M \times 1$ 维梯度矢量；$\mu$ 为自适应收敛系数或步长，为正实常数。

LMS 自适应算法采用瞬时值估计梯度矢量，即

$$\nabla(n) = \frac{\partial[\varepsilon^2(n)]}{\partial W(n)} = -2\varepsilon(n)X(n) \tag{10-13}$$

因此，LMS 自适应算法的权系数矢量的迭代关系为

$$W(n+1) = W(n) + \mu\varepsilon(n)X(n) \tag{10-14}$$

假设探测元的响应为线性的，探测元的输出为

$$y = Gx + O \tag{10-15}$$

在两点校正算法中，$G$ 和 $O$ 都是固定的值。将 LMS 自适应算法应用于红外图像的非均匀性校正，假设探测器的响应为线性的，则 $W(n) = \begin{Bmatrix} G(n) \\ O(n) \end{Bmatrix}$，$X(n) = \begin{Bmatrix} x(n) \\ 1 \end{Bmatrix}$，其迭代关系为

$$G_{ij}(n+1) = G_{ij}(n) + \mu[d_{ij}(n) - y_{ij}(n)]x_{ij}(n) \tag{10-16}$$

$$O_{ij}(n+1) = O_{ij}(n) + \mu[d_{ij}(n) - y_{ij}(n)] \tag{10-17}$$

这时 $G$ 和 $O$ 变成随时间变化的量，对应的输出为

$$y(n) = G(n)x(n) + O(n) \tag{10-18}$$

假设 $n = 0$ 时刻的权系数矢量取任意值 $W(0)$，然后利用 LMS 自适应算法进行非均匀性校正，其步骤如下：

① 由 $n$ 时刻的权系数矢量 $W(n)$、输入信号 $x(n)$ 和期望信号 $d(n)$，根据式（10-10）计算误差信号；

② 利用式（10-16）和式（10-17）计算权系数矢量的更新估值；

③ 利用新的估值计算下一时刻的校正输出；

④ $n$ 加 1，返回步骤①，重复上述计算步骤，直到达到稳定状态。

由此可见，由于 LMS 自适应算法简单，因此得到广泛的应用。

(4) LMS 自适应与两点温度定标相结合的非均匀性校正综合算法

根据红外热成像系统的需要，非均匀性校正首先要满足实时性的要求，其次要求非均匀性校正具有很好的校正效果。然而完全满足要求的算法很难找到，因此人们在寻求一种比较折中的算法，既可以满足实时性，又可以较理想地实现非均匀性校正。

红外焦平面阵列响应率随时间的漂移问题对非均匀性校正效果的影响是不可忽略的。如果红外焦平面阵列的校正系数不更新，那么非均匀性会增大为原来的 3~4 倍。这种漂移使得红外探测器在每次启动后的响应特性与黑体标定时相比有所偏离，而且随着工作时间的不断推移，最初的校正系数会在当前导致较大的误差，即每次黑体标定的校正系数存在时效性，这是标定类校正算法的最大障碍，也是自适应类校正算法产生和发展的主要原因。为了综合两点温度定标算法和 LMS 自适应算法的优缺点，提出了 LMS 自适应和两点温度定标相结合

的非均匀性校正综合算法。

LMS 自适应和两点温度定标相结合的非均匀性校正综合算法是以实验室两点温度定标的校正增益和校正偏移量作为 LMS 自适应算法中权系数的初始值，根据 LMS 自适应算法对校正增益和校正偏移量逐次迭代更新，然后根据更新的校正增益和校正偏移量对下一帧数据进行校正，直到校正效果满意。

将两点温度定标算法和 LMS 自适应算法综合后，LMS 权系数初始值采用了两点温度定标的值，LMS 自适应算法的收敛速度加快。与其他 LMS 自适应改进算法不同的是，它不会增加 LMS 自适应算法实现的复杂度。相对于两点温度定标算法，它可以省去复杂的定标设备（高温、低温黑体），克服时间漂移引起的非均匀性。同时，通过 LMS 自适应算法逐次迭代校正系数，可以使校正输出均方误差达到最小。

在 LMS 自适应算法中，初始误差信号计算采用的输出信号为原始信号，若输出信号采用两点校正后的值，则图像更接近真实图像。同理，对理想输出信号，初始校正后的图像采用邻域平均值，最终会使校正结果有所改善。因此，根据探测元的响应关系，式（10-11）可改写为

$$d_{ij} = (y_{i,j-1} + y_{i,j+1} + y_{i-1,j} + y_{i+1,j})/4 \tag{10-19}$$

式中，$y$ 为经过两点温度定标后的输出。

采用邻域平均的方法获取理想输出，实际是对图像噪声进行了平滑滤波。经邻域平均后，噪声的均值不变，但方差变小了，即噪声的强度减小了，抑制了噪声。但邻域平均法也平滑了图像信号，特别是可能使图像目标区域的边界变得模糊。改进方法是考虑中间像素的影响，并且分配较大的权值，这样既可以平滑噪声，又强化了该点的图像信息。改进后的理想输出信号表示为

$$d_{ij} = y_{i,j}/3 + (y_{i,j-1} + y_{i,j+1} + y_{i-1,j} + y_{i+1,j})/6 \tag{10-20}$$

因此，改进后的权系数更新关系可以改写为

$$G_{ij}(n+1) = G_{ij}(n) + \mu[d_{ij}(n) - \hat{y}_{ij}(n)]y_{ij}(n) \tag{10-21}$$

$$O_{ij}(n+1) = O_{ij}(n) + \mu[d_{ij}(n) - \hat{y}_{ij}(n)] \tag{10-22}$$

式中，

$$y_{ij}(n) = G_{ij}(n) \cdot x_{ij}(n) + O_{ij}(n) \tag{10-23}$$

$$\hat{y}_{ij}(n) = G_{ij}(n) \cdot y_{ij}(n) + O_{ij}(n) \tag{10-24}$$

$d_{ij}(n)$ 采用式（10-20），因此，误差信号改写为

$$\varepsilon_{ij}(n) = d_{ij}(n) - \hat{y}_{ij}(n) \tag{10-25}$$

两点温度定标算法可实现图像的实时非均匀性校正是毋庸置疑的，综合了 LMS 自适应算法之后，若两点温度定标算法在 FPGA 内由硬件完成，权系数的迭代计算在 DSP 内通过软件实现，则权系数的迭代计算需要一定的时间。如果每校正一帧图像更新一次权系数，那么系统的实时性可能得不到满足。对于 LMS 自适应算法，由于当前时刻的权系数矢量的计算与当前输入信号独立无关，因此为了满足实时性的要求，可以采用隔帧更新权系数矢量的方

法，即校正增益和校正偏移量每隔两帧数据更新一次。这样，权系数矢量在两帧数据时间内足以完成更新过程。

LMS 自适应和两点温度定标的非均匀性校正综合算法的实施步骤如下：

① 根据 $n$ 时刻的权系数矢量 $W(n)$，计算 $n$ 时刻的输出 $y(n)$；

② 由 $n$ 时刻的权系数矢量 $W(n)$、输入信号 $x(n)$，根据式（10-20）计算理想输出信号 $d(n)$；

③ 根据式（10-25）计算误差信号；

④ 利用式（10-23）和式（10-24）计算权系数矢量的更新估值；

⑤ 利用新的估值计算下一时刻的校正输出；

⑥ $n$ 加 1，返回步骤①，重复上述计算步骤，直至达到稳定状态。

因此，LMS 自适应和两点温度定标的非均匀性校正综合算法具有以下特点：

① 可以解决两点温度非均匀性校正中因时间漂移而重复定标的问题，简化系统结构，降低系统成本；

② 在开始阶段可能会出现图像的抖动现象，并且有模糊不清的现象，但稳定后，图像会变得清晰；

③ 解决了 LMS 自适应算法收敛速度慢的问题，缩短了达到最佳校正效果的周期；

④ 由于两点温度定标算法对静止场景和运动场景都适用，LMS 自适应算法中增益和偏移量的迭代计算也是对当前帧的估计，而与过去时刻的信息无关，因此图像不会出现所谓的"鬼影"问题；

⑤ LMS 自适应算法实现简单，和两点温度定标算法综合后，算法运算量增加得很少。

## 10.3 盲元检测与补偿

盲元是指红外焦平面阵列（IRFPA）中的响应过高或过低的像素。盲元的数量及其分布对器件性能的影响很大，如果盲元过多，那么红外输出图像中将出现大量的亮点或暗点，严重影响图像的性能。因此，在成像阶段对 IRFPA 中的盲元进行检测与补偿，对提高红外图像的质量具有重要意义。

### 10.3.1 盲元检测

盲元包括死像素和过热像素，死像素是指响应率小于 1/10 的像素，而过热像素是指响应率大于平均响应率的 10 倍的像素。

IRFPA 中的盲元与正常像素在响应特性上有很大差异。在一定的动态范围内，正常像素的温度响应特性曲线是线性的，而盲元的动态范围远离正常像素的动态范围，盲元的温度响应特性曲线多为非线性的，并且变化斜率偏高或偏低，对两个不同温度响应的盲元，其两点差异值偏离了两点正常像素的灰度差值。最直接的盲元检测技术是根据盲元的定义进行检测的。盲元的定义以 IRFPA 器件对黑体辐射的影响程度作为量化指标，它是基于实验测量结果给出的关系式。采用均匀辐射的黑体源照射 IRFPA，得到一组相应数据，由于死像素和过热像素是随机的，其统计平均响应值应接近于零，总的响应平均值与剔除盲元后的响应平均值基本相同，因此，可以采用总的响应平均值与各像素的响应值进行比较，来确定盲元的位置。

## 10.3.2 盲元补偿

盲元补偿是指根据相邻像素或前后帧图像的响应相关性对盲元位置的信息进行插值或替代，来消除盲元对图像的影响。红外成像系统主要用来对景物进行实时动态成像，根据图像信息理论，其相邻两点或两帧之间的图像数据具有极高的相关性。根据差值理论，对于连续变化的函数，可以采用一点的前后两点或多点对该点数值进行插值预测。这里采用了相邻像素间的线性插值补偿算法。像素间的线性插值可以采用行间、列间或行列间2点、4点、8点等线性插值，行间或列间线性插值依据同一行的像素或同一列的像素的线性关系进行插值，行列间线性插值采用前后、左右的4像素或8像素等进行插值。对于点对点的数据处理方式，采用行间或列间2点或4点线性插值是不错的选择。若$I(i,j)$像素为盲元，用行间4点线性插值，则盲元补偿后的输出为

$$I(i,j) = \frac{I(i-2,j) + I(i-1,j) + I(i+1,j) + I(i+2,j)}{4} \tag{10-26}$$

这种方法的缺陷是可能使图中出现条纹。

另一种盲元补偿法是替代法，即采用相邻前一非盲元像素响应值替代的方法。该方法的具体实现如下：通过实验室检测，在有盲元的地方做标记，并作为查找表存放在SRAM中，每次图像处理时可以省去盲元检测的时间。若为盲元，则用上一像素的灰度值替代，然后输出。若有大面积的盲元存在，则所有盲元的响应值被最近一个非盲元的响应值替代。该方法在算法实现上与两点校正算法很相似，可以使用查找表的方法，实现简单，实时性强。

## 10.4 红外图像的增强

图像增强是图像处理的重要组成部分，通过增强图像中的有用信息来抑制无用信息，以突出观察者感兴趣的区域。

图像增强的方法可以分为时间域增强、空间域增强和变换域增强三大类。时间域增强包括时间延迟积分、帧间比较等方法；空间域增强分为点处理和邻域处理，前者包括对比度拉伸、直方图处理等方法，后者包括中值滤波、均值滤波等方法；变换域增强在离散傅里叶变换、小波变换等图像变换的基础上进行各种滤波，最终达到增强的目的。

一种图像增强算法的优劣不是绝对的。由于具体应用的目的和要求不同，所需要的增强技术也大不相同。因此从根本上讲，并没有图像增强的通用标准，观察者才是某种增强算法优劣的最终判断者。增强算法处理的效果除与算法本身有一定关系外，还与图像的数据特征直接相关。在实际应用中，应当根据图像的数据特征和处理要求来选择合适的算法。

### 10.4.1 红外图像直方图

灰度直方图（以下简称直方图）是表示图像像素的灰度值分布的统计图表，有一维直方图和二维直方图之分。其中，最常用的是一维直方图。

对于数字图像$f(i,j)$，设图像像素的灰度值为$a_0, a_1, \cdots, a_{k-1}$，则灰度值为$a_i$的概率密度函数为

$$P(a_i) = \frac{N_{a_i}}{N} \quad (i = 0,1,2,\cdots,k-1) \tag{10-27}$$

且有

$$\sum_{i=0}^{k-1} P(a_i) = 1 \tag{10-28}$$

式中，$N_{a_i}$ 为灰度值为 $a_i$ 的像素数，$N$ 为图像的总像素数。

一幅图像的直方图可以反映图像的特点。当图像的对比度较小时，它的灰度直方图在灰度轴上表现为在较小的一段区间上非零，较暗的图像的直方图主体出现在低灰度值区间，在高灰度值区间上的幅度很小或为零，较亮的图像则恰好相反。看起来清晰柔和的图像，它的直方图分布得比较均匀。

如图 10-4 所示为一幅红外图像及其直方图，如图 10-5 所示为一幅可见光图像及其直方图。通过比较可以看出，红外图像直方图具有以下特点。

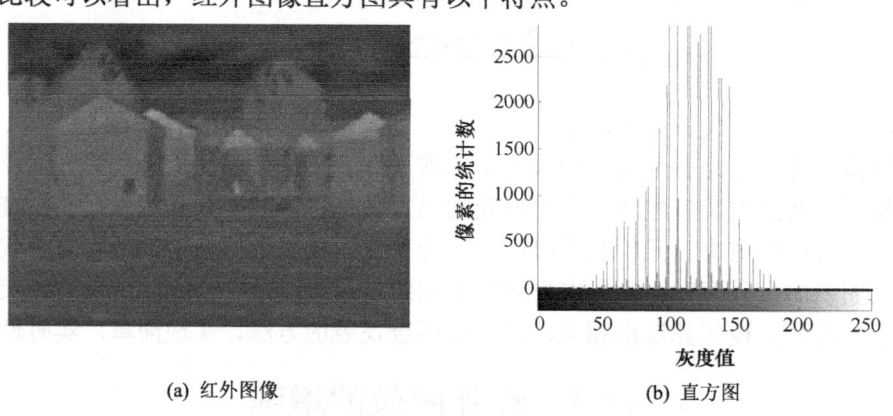

(a) 红外图像　　　　　　　　(b) 直方图

图 10-4　一幅红外图像及其直方图

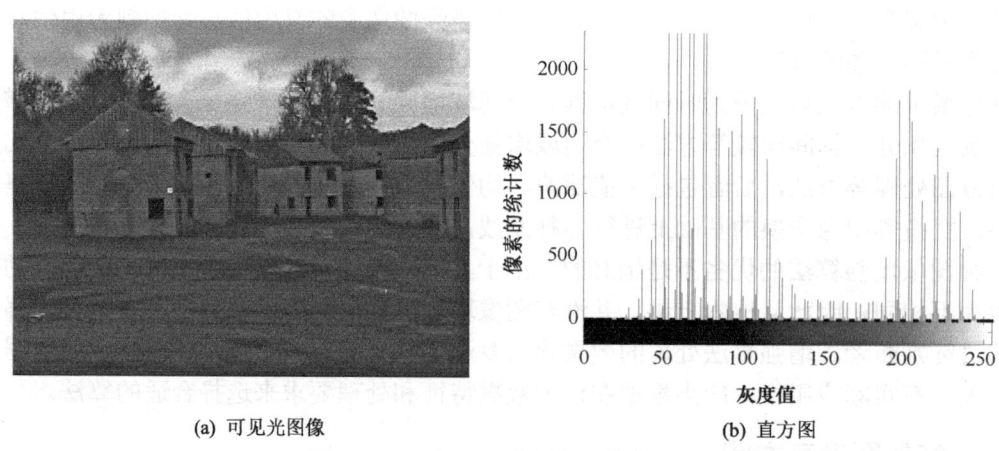

(a) 可见光图像　　　　　　　(b) 直方图

图 10-5　一幅可见光图像及其直方图

（1）像素灰度值的动态范围很小，很少充满整个灰度级空间。可见光图像的像素则分布在几乎整个灰度级空间。

（2）绝大部分像素集中于某些相邻的灰度级范围，这些范围以外的灰度级上则没有或只有很少的像素。可见光图像的像素分布则比较均匀。

（3）直方图中有明显的峰存在，多数情况下为单峰或双峰。若为双峰，则一般主峰为信号，次峰为噪声。可见光图像的直方图的峰不如红外图像明显，一般多个峰同时存在。

## 10.4.2 直方图均衡化

直方图均衡化的作用是改变图像中的灰度概率分布，使其均匀化。其实质是使图像中灰度概率密度较大的像素向附近灰度级扩展，压缩了概率密度较小的像素的灰度级，拉开了灰度的层次。这样处理可使图像充分有效地利用各灰度级，从而增大了图像对比度。由于红外图像的灰度值大多集中在灰度级较高或较低的部分，致使图像的灰度级很少，层次感很差，因此，直方图均衡化方法对红外图像增强的效果较为明显。

设原始图像在 $(x,y)$ 处的灰度为 $f$，而改变后的图像灰度为 $g$，则对图像增强的方法可表述为将在 $(x,y)$ 处的灰度 $f$ 映射为 $g$。在直方图均衡化处理中，对图像的映射函数可定义为

$$g = T(f) \tag{10-29}$$

这个映射函数 $T(f)$ 必须满足以下两个条件（其中，$L$ 为图像的灰度级的数量）。

（1）$T(f)$ 在 $0 \leq f \leq L-1$ 范围内是一个单值单增函数。这是为了保证增强处理没有打乱原始图像的灰度排列顺序，原始图像各灰度级在变换后仍保持从黑到白（或从白到黑）的排列顺序。

（2）对于 $0 \leq f \leq L-1$，有 $0 \leq g \leq L-1$，这个条件保证了变换前后灰度值动态范围的一致性。

累计分布函数（Cumulative Distribution Function，CDF）可以满足上述两个条件，并且通过该函数可以完成将原始图像 $f$ 的分布转换成 $g$ 的均匀分布。此时的直方图均衡化映射函数为

$$c(g) = \sum_{f=0}^{L-1} p(x_f) \quad (f=0,1,2,\cdots,L-1) \tag{10-30}$$

式中，求和区间为从 0 到 $L-1$，根据该方程可以由原始图像的各像素灰度值直接得到直方图均衡化后各像素的灰度值。

在实际处理变换时，一般先对原始图像的灰度情况进行统计分析，并计算出原始直方图分布，然后根据计算出的累计直方图分布求出 $f$ 到 $g$ 的灰度映射关系。在重复上述步骤得到原始图像所有灰度级到目标图像灰度级的映射关系后，按照这个映射关系对原始图像各像素进行灰度转换，即可完成对原始图像的直方图均衡化。

在直方图均衡化的处理过程中会出现相邻灰度级合并的现象，即原来直方图上频数较小的灰度级被归入很少几个或一个灰度级内，并且可能不在原来的灰度级上。因此，它有如下特点。

① 直方图均衡化克服了线性灰度拉伸过程中存在的较少像素占用较大灰度区间的问题。

② 若被合并的灰度级所构成的是重要细节，则均衡化后细节信息损失较大，此时可采用局部直方图均衡法来处理。

③ 均衡化后的直方图并非完全平坦，这是因为在离散灰度下，直方图只是近似的概率密度。

④ 直方图均衡化会将直方图峰值区域的灰度级拉开，像素将占有尽可能多的灰度级且趋于等间隔分布。因此，均衡化后的图像具有较高的对比度和较大的动态范围。

⑤ 在对比度增强处理中,直方图均衡化比灰度线性变换、指对数变换的运算速度慢,但比空间域处理和变换域处理的速度快。因此,在实时处理中,直方图均衡化是一种常用的方法。

⑥ 直方图均衡化虽然提高了图像的对比度,但往往处理后的图像视觉效果生硬、不够柔和,有时甚至会造成图像质量的恶化。另外,均衡化后的噪声比处理前明显,这是因为均衡化过程没有区分有用信号和噪声,当原始图像中的噪声较多时,噪声会被增强。

### 10.4.3 自适应分段线性变换

在实际应用中,许多图像增强算法由于其复杂度高、运算量大或缺乏硬件支持而难以实现实时处理。人们期望找到简便有效、运算速度快、通用性强、能够明显改善图像质量的方法。根据红外图像直方图的特点,分段线性变换很好地满足了以上要求。

红外图像的目标灰度值往往集中在整个动态范围中较窄的区间内,分段线性变换通过把较窄的区间展宽,以增大目标与背景的灰度对比度,进而从红外图像中识别所感兴趣的目标。同时,随着图像对比度的提高,图像中的线与边缘特征也得到了增强。经过分段线性变换后,被压缩区间灰度层次的减少换来了被展宽区间(增强区间)灰度层次的增多。

如图10-6所示,分段线性变换(以三段为例)的数学表达式为

$$g(x,y)=\begin{cases}k_1 f(x,y) & 0<f(x,y)<f_1 \\ k_2[f(x,y)-f_1]+g_1 & f_1 \leqslant f(x,y)<f_2 \\ k_3[f(x,y)-f_2]+g_2 & f_2 \leqslant f(x,y)<f_M\end{cases} \quad (10\text{-}31)$$

式中,$k_1=g_1/f_1$,$k_2=(g_2-g_1)/(f_2-f_1)$,$k_3=(g_M-g_2)/(f_M-f_2)$。

这是典型的分三段进行线性变换的方法。在实际应用中,可根据需要划分为任意多个区间。

在一般情况下,变换前后的灰度变化范围是不变的,即$g_M=f_M$。此时,感兴趣区间的展宽是以其他区间的压缩为代价的。也就是说,增强区间的层次丰富了,对比度提高了,同时,增强区间以外的对比度降低了。但是,由于图像增强并不以保真原则为前提,因此只要能更好地从背景中识别出感兴趣的目标,这种方法就是切实可行的。

分段线性变换的关键在于分段区间的选择,分段区间的选择直接决定了图像增强和削弱的区域。最简单的方法就是采用

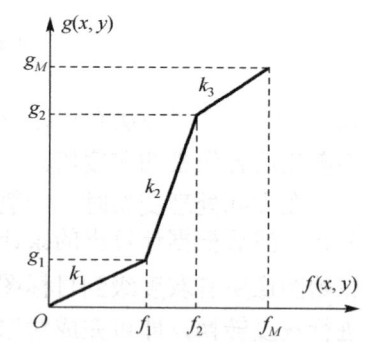

图10-6 分段线性变换

固定的区间,对所有图像进行相同的变换。但实际图像的内容大相径庭,其直方图分布也各具特点,所以,要找到一个对所有图像都适用的分段区间是不可能的。一种好的算法必须结合图像的具体特征,对绝大多数图像有效,这就要求算法具有自适应性。这里介绍一种自适应分段线性变换算法,这种算法对大多数图像都适用。

灰度最频值是直方图中具有最大像素数的灰度级;频数是灰度值重复的次数,即图像中具有某灰度值的像素总数;$\{a_i,n_i\}$表示灰度级$a_i$对应的频数$n_i$。

如果存在$\{a_0,n_0\}$,其中$a_0$为灰度最频值,$n_0$为最频值对应的频数,令$n_T=n_0\times 10\%$,那

么在 $[0, a_0]$ 的灰度区间，必然存在 $\{a_L, n_L\}$，使得 $[0, a_L]$ 区间内所有的 $n_i < n_T$；同样，对于 $[a_0, 255]$ 的灰度区间，必然存在 $\{a_R, n_R\}$，使得 $[a_R, 255]$ 区间内所有的 $n_i < n_T$，令

$$g(x,y)=\begin{cases} 0 & f(x,y) < a_L \\ \dfrac{1}{a_R - a_L} \cdot [f(x,y) - f_1] & a_L \leqslant f(x,y) \leqslant a_R \\ 1 & f(x,y) > a_R \end{cases} \quad (10\text{-}32)$$

式中，$f(x,y)$ 是原始图像像素的灰度值，$g(x,y)$ 是增强后的灰度值。

自适应分段线性变换算法的实现过程如下：

① 统计灰度直方图，找到灰度最频值 $a_0$ 和对应的频数 $n_0$；

② 令 $n_T = n_0 p$；

③ 从直方图的 0 灰度级开始向右搜寻，直至找到 $a_L$，满足其对应的 $n_L > n_T$，且 $n_{L-1} < n_T$，记为 $a_L$；

④ 从直方图的 255 灰度级开始向左搜寻，直至找到 $a_R$，满足其对应的 $n_R > n_T$，且 $n_{R+1} < n_T$，记为 $a_R$；

⑤ 根据式（10-32）建立查找表；

⑥ 根据⑤中建立的查找表，对原始图像中的像素逐点进行变换，达到图像增强的目的。

该算法具有以下特点。

① 在基本线性变换的基础上，自适应分段线性变换增大了搜寻目标线性变换的范围，基本线性变换本身具有运算量小的特点，因此，该算法可以保证实时性。

② 自适应分段线性变换通过搜寻目标灰度范围，保证了信号的大部分能量，并通过对信号部分进行拉伸，提高了信号部分的对比度；同时，去除图像的大部分噪声，在一定程度上克服了基本线性变换会提高噪声对比度的问题。

③ 公式 $n_T = n_0 p$ 中采用了可调比例因子 $p$，增加了算法的灵活性。

### 10.4.4 离散小波变换红外图像增强方法

小波分析不仅在数学上已经形成了一个新的分支，而且在应用上（如信号处理、模式识别、量子物理及众多非线性科学领域）都被认为是近年来在分析工具及方法上的重大突破。原则上，凡是在使用传统傅里叶分析的方法中，都可以用小波分析代替。

小波变换技术在图像增强领域的应用，利用了小波变换的多分辨率特性。该方法大致分为小波分解、图像增强、小波重构三个步骤。

二维图像的小波分解通常采用离散的小波变换。假设二维尺度函数可以分解为低通滤波器函数和高通滤波器函数两部分，分别用 $H$（低通）和 $G$（高通）表示，则按照 Mallat 快速算法，对二维图像在尺度 $j-1$ 上进行小波分解的公式如下

$$\begin{cases} A_j = \boldsymbol{H}_m \boldsymbol{H}_n A_{j-1} \\ D_j^H = \boldsymbol{G}_m \boldsymbol{H}_n A_{j-1} \\ D_j^V = \boldsymbol{H}_m \boldsymbol{G}_n A_{j-1} \\ D_j^D = \boldsymbol{G}_m \boldsymbol{G}_n A_{j-1} \end{cases} \quad (10\text{-}33)$$

式中，$A_j$、$D_j^H$、$D_j^V$、$D_j^D$ 分别对应于图像 $A_{j-1}$ 的低频分量、水平细节（高频的水平边缘分量）、垂直细节（垂直边缘分量）、对角细节（对角边缘分量）。

图像的进一步分解仅对低频分量进行，图像经 $N$ 次分解后，可以得到 $3N+1$ 幅子图像，包括一个低频分量、$3N$ 个高频分量。子图像矩阵的大小随分解级数的增加而呈现递减趋势。下一级分解的子图像矩阵仅为上一级分解子图像矩阵的1/2。

与之对应的小波重构公式为

$$C_{j-1} = H_m^* H_n^* C_j + H_m^* G_n^* D_j^H + G_m^* H_n^* D_j^H + G_m^* G_n^* D_j^H \tag{10-34}$$

式中，$H^*$、$G^*$ 分别为 $H$、$G$ 的共轭转置矩阵。

按照 Mallat 快速算法，图像的小波分解过程示意图如图 10-7 所示。图像的小波重构过程示意图如图 10-8 所示。

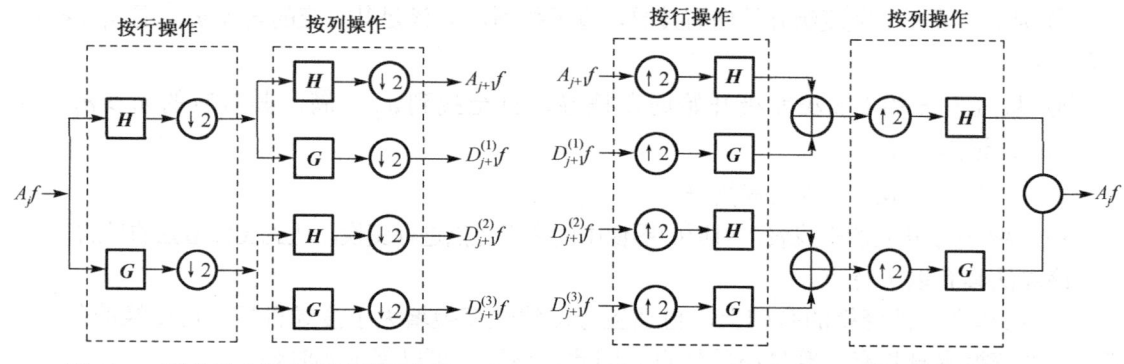

图 10-7　图像的小波分解过程示意图　　图 10-8　图像的小波重构过程示意图

分解后的图像，其主要信息（轮廓）由低频分量来表征，而其细节部分则由高频分量来表征。因此，对低频分解系数进行增强处理，对高频分解系数进行衰减处理，可起到图像增强的作用。

### 10.4.5　Retinex 红外图像增强方法

Retinex 计算理论由 Land E H 于 1977 年首次提出。该理论认为，人们感知到的物体表色与物体表面的反射率有密切的关系，也就是说，人眼感知的某点的颜色和亮度不仅取决于该点进入人眼的绝对光线，而且与其周围的颜色和亮度有关。Retinex 红外图像增强方法就是通过模拟人眼获得图像信息的过程来实现对红外图像细节增强的。

Retinex 理论的基本假设是原始图像 $S$ 是光照分量 $L$ 和反射性质分量 $R$ 的乘积，其数学表达式为

$$S(x,y) = L(x,y)R(x,y) \tag{10-35}$$

光照分量 $L$ 是入射光分量，反射性质分量 $R$ 表示被观察者或成像传感器接收到的实际图像。事实上，光照分量 $L$ 直接决定了一幅图像中像素能达到的动态范围，反射性质分量 $R$ 决定了图像的内在性质。Retinex 理论对图像进行处理的目的就是由原始图像 $S$ 获得物体的反射性质分量 $R$，即抛开入射光的性质来获得物体的本来面貌。在处理过程中，通常将图像变换到对数域进行处理

$$l = s - r \tag{10-36}$$

式中，$l = \lg L$，$s = \lg S$，$r = \lg R$。在对数域处理有两点好处：第一，对数形式接近人眼的亮度感知能力；第二，可以将复杂的乘积运算变换为简单的加减运算。

Retinex 红外图像增强的具体实现过程是将输入的红外图像划分成若干像素，对每个像素进行估算处理，得到光照分量 $L$ 并提取出反射性质分量 $R$。对于反射性质分量，在对数处理的基础上，对其进行 $S$ 型函数变换处理，处理后的反射性质分量再进行指数变换，得到期望的新的反射性质分量 $R$。对于光照分量，对其进行 $\Gamma$ 函数处理，它与 gamma 校正函数特别相近，只对较暗的区域进行特别处理，使其亮度增加。在对反射性质分量和光照分量分别进行处理后，再经过乘法器就可以得到最终的增强结果。

## 10.4.6 图像增强实验

实验内容涉及直方图均衡化、分段线性变换、自适应分段线性变换和小波变换等增强方法。如图 10-9 所示为直方图均衡化后的红外图像及其直方图。如图 10-10 所示为分段线性变换后的红外图像及其直方图。如图 10-11 所示为自适应分段线性变换后的红外图像及其直方图。如图 10-12 所示为小波变换后的红外图像及其直方图。如图 10-13 所示为 Retinex 增强后的红外图像及其直方图。

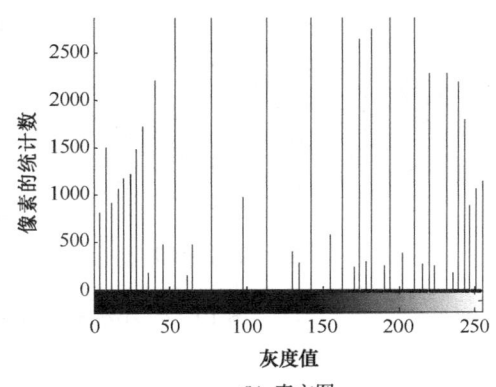

(a) 直方图均衡化后的红外图像　　　　　　　　(b) 直方图

图 10-9　直方图均衡化后的红外图像及其直方图

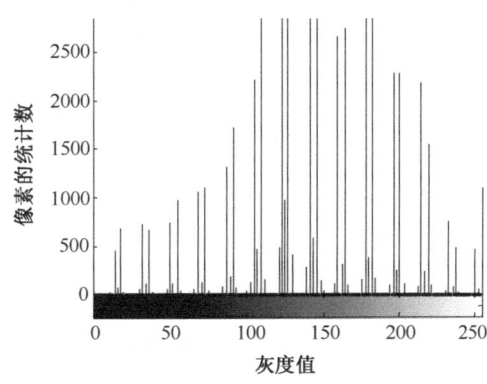

(a) 分段线性变换后的红外图像　　　　　　　　(b) 直方图

图 10-10　分段线性变换后的红外图像及其直方图

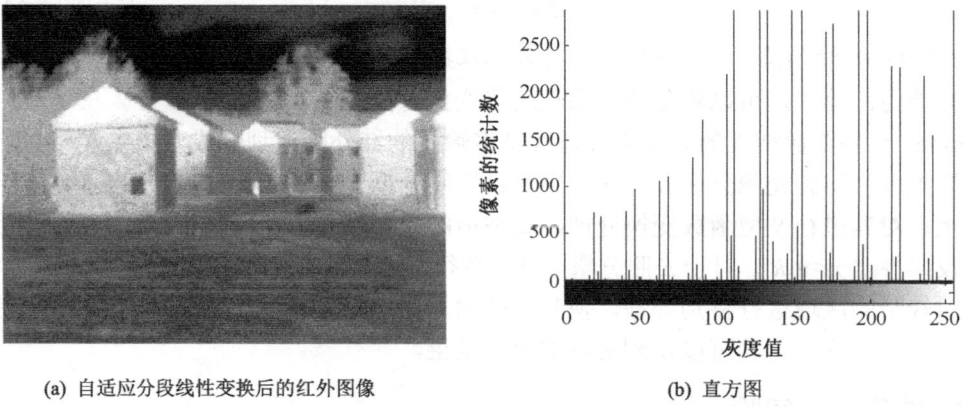

(a) 自适应分段线性变换后的红外图像　　　　　　(b) 直方图

图 10-11　自适应分段线性变换后的红外图像及其直方图

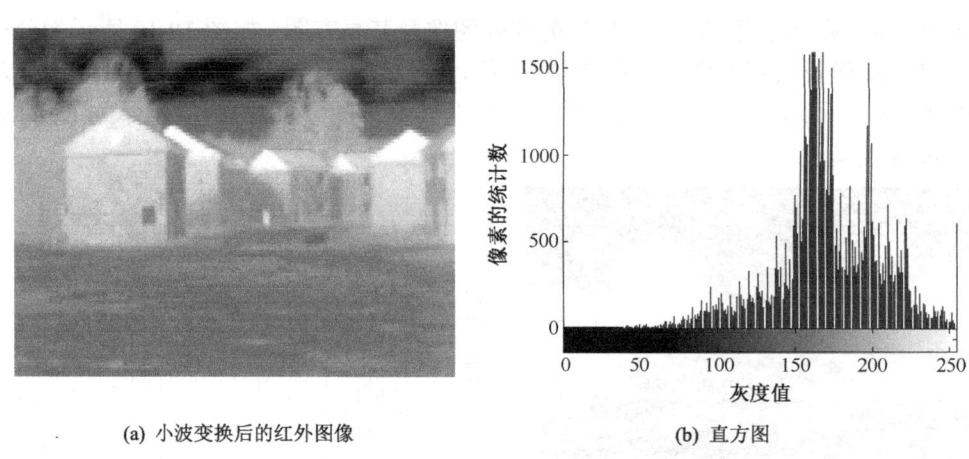

(a) 小波变换后的红外图像　　　　　　(b) 直方图

图 10-12　小波变换后的红外图像及其直方图

(a) Rentinex 增强后的红外图像　　　　　　(b) 直方图

图 10-13　Retinex 增强后的红外图像及其直方图

通过比较可以看出，无论是直方图均衡化、分段线性变换，还是自适应分段线性变换，在目标得到增强的同时，图像的噪声也被增大。而在小波变换和 Retinex 增强中，在目标得

## 10.5 红外图像的降噪

由于外界环境存在随机干扰、热成像系统不完善，因此红外图像常常会受到多种噪声的影响，如热噪声、散粒噪声、$1/f$ 噪声、光子电子涨落噪声等。这些噪声使得红外图像的信噪比比普通图像低，所以红外图像的噪声问题受到广泛关注。本节首先介绍红外图像的常见噪声模型及常用的红外图像降噪的基本方法，在此基础上介绍一种有效的降噪新方法——基于阈上随机共振的红外图像降噪方法。

### 10.5.1 红外图像的常见噪声模型

（1）高斯噪声模型

高斯噪声模型又称为正态噪声模型，经常被用于实践中。高斯随机变量 $z$ 的概率密度函数为

$$p(z) = \frac{1}{\sqrt{2\pi}\sigma} e^{-(z-\mu)^2/2\sigma^2} \tag{10-37}$$

式中，$z$ 表示灰度值；$\mu$ 表示 $z$ 的平均值或期望；$\sigma$ 表示 $z$ 的标准差；$\sigma^2$ 表示 $z$ 的方差。

高斯概率密度函数的曲线如图 10-14(a)所示。当 $z$ 服从式（10-37）的分布时，70%的 $z$ 值落在 $[(\mu-\sigma),(\mu+\sigma)]$ 范围内，且 95%的 $z$ 值落在 $[(\mu-2\sigma),(\mu+2\sigma)]$ 范围内。

（2）瑞利噪声模型

瑞利噪声的概率密度函数为

$$p(z) = \begin{cases} \frac{2}{b}(z-a)e^{-(z-a)^2/b} & z \geq a \\ 0 & z < a \end{cases} \tag{10-38}$$

概率密度的期望和方差分别为

$$\mu = a + \sqrt{\pi b/4} \tag{10-39}$$

$$\sigma^2 = \frac{b(4-\pi)}{4} \tag{10-40}$$

如图 10-14(b)所示为瑞利概率密度函数的曲线。可以看出，瑞利概率密度函数曲线距原点的位移和其密度函数曲线的基本形状是向右变形的。

（3）伽马（爱尔兰）噪声模型

伽马噪声的概率密度函数为

$$p(z) = \begin{cases} \dfrac{a^b z^{b-1}}{(b-1)!} e^{-az} & z \geq 0 \\ 0 & z < 0 \end{cases} \tag{10-41}$$

式中，$a>0$，$b$ 为正整数且 "!" 表示阶乘。其概率密度的期望和方差分别为

$$\mu = \frac{b}{a} \tag{10-42}$$

$$\sigma^2 = \frac{b}{a^2} \tag{10-43}$$

如图 10-14(c)所示为伽马概率密度函数的曲线，虽然式（10-41）经常被用来表示伽马密度，但是严格来说，只有当分母为伽马函数 $\Gamma(b)$ 时，公式才是正确的。当分母如式（10-41）所示时，该密度近似称为爱尔兰密度。

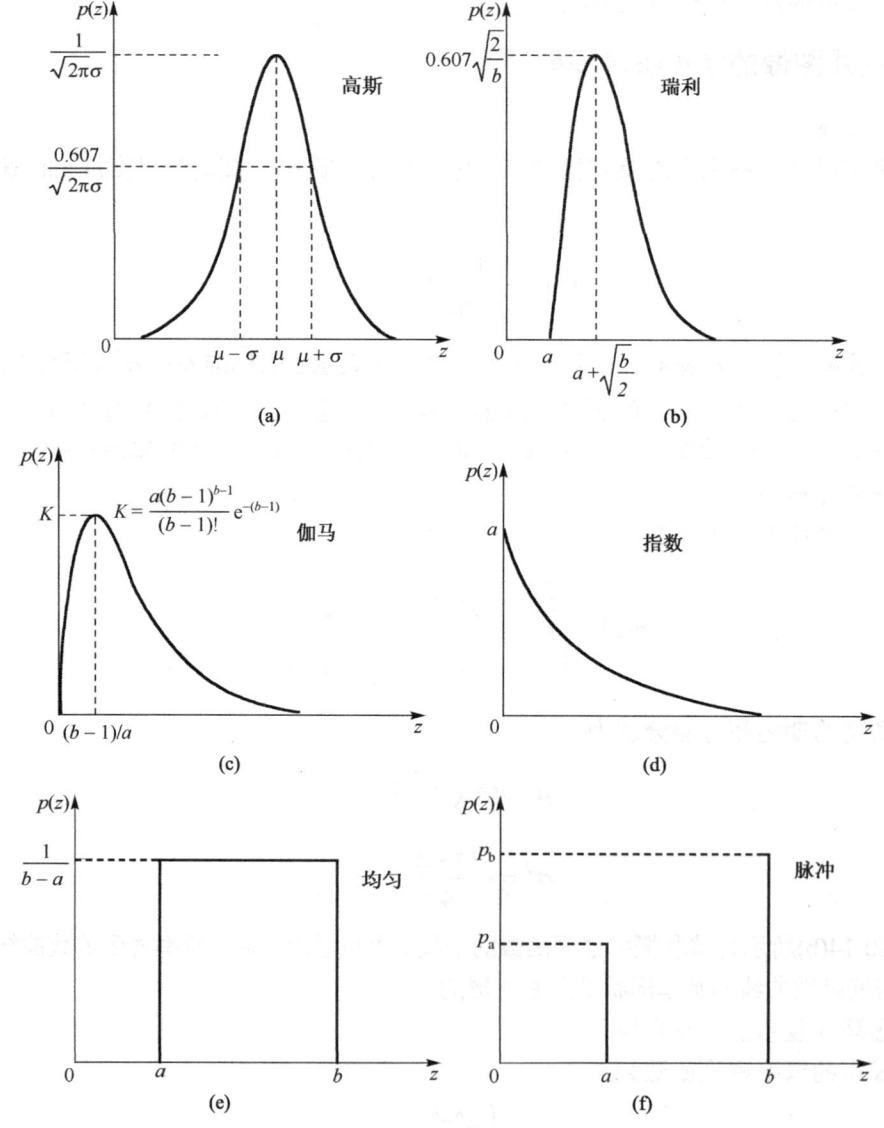

图 10-14　某些重要的概率密度函数的曲线

（4）指数分布噪声模型

指数噪声的概率密度函数为

$$p(z) = \begin{cases} ae^{-az} & z \geq 0 \\ 0 & z < 0 \end{cases} \tag{10-44}$$

式中，$a > 0$。概率密度的期望和方差为

$$\mu = \frac{1}{a} \tag{10-45}$$

$$\sigma^2 = \frac{1}{a^2} \tag{10-46}$$

注意，指数分布的概率密度函数是当 $b=1$ 时爱尔兰概率分布的特殊情况。如图 10-14(d) 所示为指数分布概率密度函数的曲线。

（5）均匀分布噪声模型

均匀分布噪声的概率密度函数为

$$p(z) = \begin{cases} \dfrac{1}{b-a} & a \leq z \leq b \\ 0 & \text{其他} \end{cases} \tag{10-47}$$

概率密度的期望和方差为

$$\mu = \frac{a+b}{2} \tag{10-48}$$

$$\sigma^2 = \frac{(b-a)^2}{12} \tag{10-49}$$

如图 10-14(e)所示为均匀分布概率密度函数的曲线。

（6）脉冲噪声（椒盐噪声）模型

脉冲噪声的概率密度函数为

$$p(z) = \begin{cases} p_a & z = a \\ p_b & z = b \\ 0 & \text{其他} \end{cases} \tag{10-50}$$

若 $b > a$，则灰度值 $b$ 在图像中将显示为一个亮点，相反，$a$ 将显示为一个暗点。若 $p_a$ 或 $p_b$ 为零，则脉冲噪声称为单极脉冲。若 $p_a$ 和 $p_b$ 均不为零，尤其是当它们近似相等时，则脉冲噪声值将类似于随机分布在图像上的胡椒和盐粉微粒，称为双极脉冲，因此，双极脉冲噪声也称为椒盐噪声。同时，它们有时也称为散粒和尖峰噪声。如图 10-14(f)所示为脉冲噪声概率密度函数的曲线。

## 10.5.2 红外图像降噪的基本方法

红外图像降噪的目的是得到复原图像，如图 10-15 所示。处理一幅原始输入图像 $f(x,y)$，会产生一幅退化图像 $g(x,y)$。给定 $g(x,y)$ 和关于退化函数 $H$ 的一些知识及外加噪声项 $\eta(x,y)$，图像复原的目的是获得关于原始输入图像的近似估计 $\hat{f}(x,y)$。通常希望这一估计尽可能接近原始输入图像，并且 $H$ 和 $\eta(x,y)$ 的信息知道得越多，所得到的 $\hat{f}(x,y)$ 就越接近 $f(x,y)$。

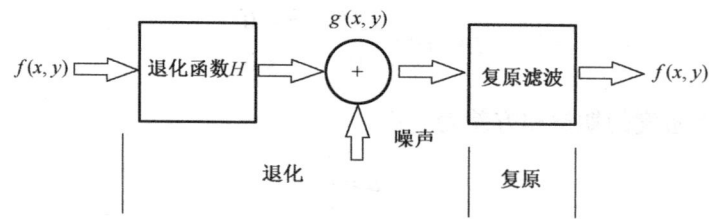

图 10-15 图像退化/复原过程的模型

设系统 $H$ 是一个线性移不变系统，那么在空间域中的退化图像可由式（10-51）给出
$$g(x,y) = h(x,y) * f(x,y) + \eta(x,y) \tag{10-51}$$
其中，$h(x,y)$ 是退化函数的空间描述，"$*$"表示空间卷积。

空间域上的卷积等同于频域上的乘积，因此，可以把式（10-51）的模型写成等价的频域中的描述
$$G(u,v) = H(u,v)F(u,v) + N(u,v) \tag{10-52}$$

（1）均值滤波

当一幅图像中唯一存在的退化是噪声时，式（10-51）和式（10-52）分别变成
$$g(x,y) = f(x,y) + \eta(x,y) \tag{10-53}$$
和
$$G(u,v) = F(u,v) + N(u,v) \tag{10-54}$$

① 算术均值滤波器。这是最简单的均值滤波器，令 $S_{xy}$ 表示中心在 $(x,y)$ 点、尺寸为 $m \times n$ 的矩形子图像窗口的坐标组。算术均值滤波过程就是计算由 $S_{xy}$ 定义的区域中被干扰图像 $g(x,y)$ 的平均值的过程。在任意点 $(x,y)$ 处复原图像 $\hat{f}(x,y)$ 的值，就是用 $S_{xy}$ 定义的区域中的像素计算出的算术均值，即
$$\hat{f}(x,y) = \frac{1}{mn} \sum_{(s,t) \in S_{xy}} g(s,t) \tag{10-55}$$

该操作可以用其系数为 $1/mn$ 的卷积模板来实现。算术均值滤波器简单地平滑了一幅图像的局部变化，减小了图像噪声，但会使图像变得模糊。

② 几何均值滤波器。使用几何均值滤波器复原的一幅图像由如下表达式给出
$$\hat{f}(x,y) = \prod_{(s,t) \in S_{xy}} g(s,t) \tag{10-56}$$

其中，每个被复原的像素由子图像窗口中像素点的乘积并自乘到 $1/mn$ 次幂给出。几何均值滤波器所达到的平滑度大致与算术均值滤波器相同，但在滤波过程中，图像细节丢失得更少。

③ 谐波均值滤波器。使用谐波均值滤波器的操作由如下表达式给出
$$\hat{f}(x,y) = \frac{mn}{\sum_{(s,t) \in S_{xy}} \frac{1}{g(s,t)}} \tag{10-57}$$

谐波均值滤波器对于"盐"噪声的效果更好，但是不适用于"胡椒"噪声，它善于处理

像高斯噪声那样的其他噪声。

④ 逆谐波均值滤波器。使用逆谐波均值滤波器对一幅图像的复原过程基于如下表达式

$$\hat{f}(x,y) = \frac{\sum_{(s,t)\in S_{xy}} g(s,t)^{Q+1}}{\sum_{(s,t)\in S_{xy}} g(s,t)^Q} \tag{10-58}$$

式中，$Q$ 称为滤波器的阶数。这种滤波器适合减小或在实际中消除椒盐噪声的影响。当 $Q$ 为正数时，滤波器用于消除"胡椒"噪声；当 $Q$ 为负数时，滤波器用于消除"盐"噪声。但它不能同时消除这两种噪声。注意，当 $Q=0$ 时，逆谐波均值滤波器退化为算术均值滤波器；当 $Q=-1$ 时，逆谐波均值滤波器退化为谐波均值滤波器。

（2）中值滤波

中值滤波是著名的统计排序滤波，其基本方法是用某像素的相邻像素的灰度中值来替代该像素的灰度中值

$$\hat{f}(x,y) = \underset{(s,t)\in S_{xy}}{\text{median}}\{g(s,t)\} \tag{10-59}$$

像素的原始值包含在灰度中值的计算结果中。中值滤波器的应用非常广泛，因为对于很多随机噪声，它都有良好的去噪能力，且在相同尺寸下比线性平滑滤波器带来的模糊更少，中值滤波器尤其对单极或双极脉冲噪声非常有效。

（3）双边滤波

双边滤波器是通过一种非迭代的、局部的、具有边缘保护特性的非线性滤波器，可以有效避免"光晕"现象的发生。双边滤波器将空间域滤波和灰度域滤波相结合，利用模板遍历图像，通过计算邻域像素的加权平均来实现。该权值不仅与当前像素和邻域各像素的空间距离有关，而且会受到当前像素和邻域各像素灰度差异的影响，从而使图像中的灰度突变的边缘部分不会被滤除。双边滤波器的数学定义为

$$\hat{f}(x,y) = \frac{\sum_{(x',y')\in S_{xy}} s(x-x',y-y') \cdot g[f(x',y')-f(x,y)] \cdot f(x',y')}{\sum_{(x',y')\in S_{xy}} s(x-x',y-y') \cdot g[f(x',y')-f(x,y)]} \tag{10-60}$$

式中，$f(x,y)$ 为待滤波的输入图像，$\hat{f}(x,y)$ 为双边滤波后的输出图像。$s(x-x',y-y')$ 为空间域低通滤波器，也可称为空间邻近函数，用来计算由中心像素与邻域像素存在空间距离差所产生的权值。$g[f(x',y')-f(x,y)]$ 为灰度域低通滤波器，也可称为灰度相似函数，用来表示由中心像素与邻域像素存在灰度差所产生的权值。空间邻近函数和灰度相似函数的具体数学表达式为

$$s(x-x',y-y') = \exp\left\{-\frac{(x'-x)^2+(y'-y)^2}{2\sigma_s^2}\right\} \tag{10-61}$$

$$g[f(x',y')-f(x,y)] = \exp\left\{-\frac{f(x',y')-f(x,y)}{2\sigma_g^2}\right\} \tag{10-62}$$

式中，参数 $\sigma_s$ 为空间邻近因子，是空间距离的标准方差；参数 $\sigma_g$ 为灰度相似因子，是灰度差值的标准方差，二者共同决定了双边滤波器的性能。

（4）图像滤波实验

实验内容涉及算术均值滤波、几何均值滤波、谐波均值滤波、逆谐波均值滤波、中值滤波和双边滤波。如图 10-16 所示为红外图像滤波实验结果，其中，图 10-16(a)为原始红外图像，图 10-16(b)为添加高斯噪声的红外图像，图 10-16(c)为算术均值滤波后的红外图像，图 10-16(d)为几何均值滤波后的红外图像，图 10-16(e)为谐波均值滤波后的红外图像，图 10-16(f)为逆谐波均值滤波后的红外图像，图 10-16(g)为中值滤波后的红外图像，图 10-16(h)为双边滤波后的红外图像。

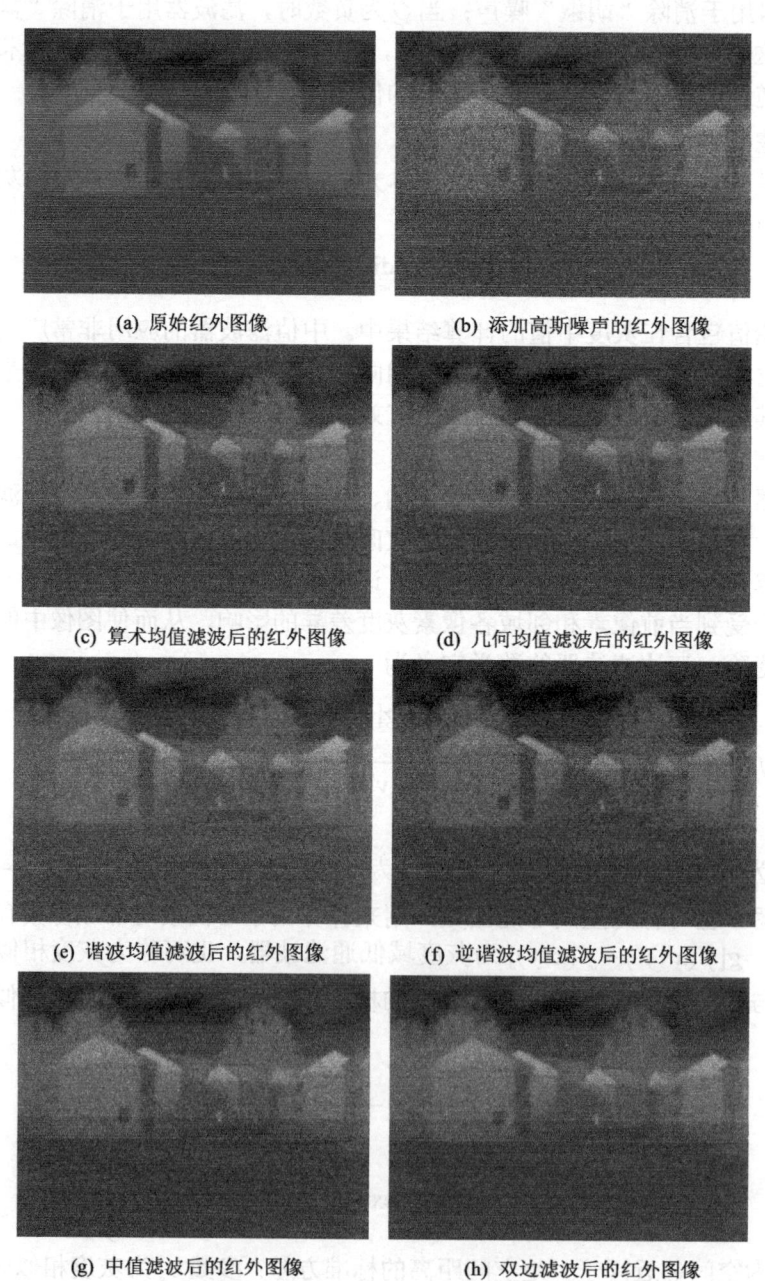

(a) 原始红外图像　　(b) 添加高斯噪声的红外图像

(c) 算术均值滤波后的红外图像　　(d) 几何均值滤波后的红外图像

(e) 谐波均值滤波后的红外图像　　(f) 逆谐波均值滤波后的红外图像

(g) 中值滤波后的红外图像　　(h) 双边滤波后的红外图像

图 10-16　红外图像滤波实验结果

## 10.5.3 基于阈上随机共振的红外图像降噪方法

以上介绍的方法都基于噪声是"有害"的这一观点,所以需要消除或降低噪声。其实噪声也有有利的一面,下面介绍的基于阈上随机共振的红外图像降噪方法就利用了噪声有利的一面。

(1) 基于阈上随机共振技术

随机共振是指当非线性系统、弱的周期信号和适量的噪声三者在一定条件下协作时,噪声通过非线性系统对信号起积极作用的现象。目前已经证实:随机共振现象不仅存在于周期信号中,而且存在于非周期信号中。认为随机共振现象主要针对阈下信号的传统观念已被打破,已有研究表明在阈上信号情况下的随机共振可能是人类听觉和视觉感知的潜在机制。还有学者基于神经元模型探讨了非周期阈上信号随机共振及其在语音信息处理和图像信息处理中的应用,有学者通过添加高斯噪声分别进行灰度图像复原和语音增强,均取得了较好的效果。Stocks 基于神经网络提出了一种阈上非周期随机共振模型,如图 10-17 所示,图中的并列阵列可以视为半连续化信道,节点可以视为 heaviside 函数。

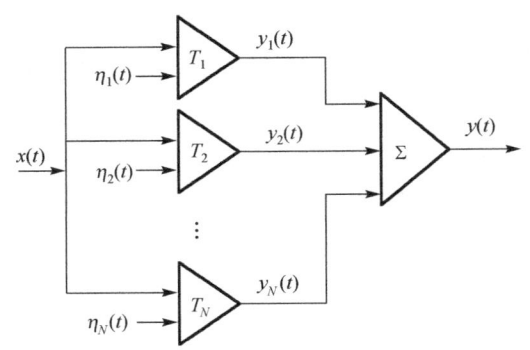

图 10-17 阈上非周期随机共振模型

图 10-17 中的各个量如下

$$y_i(t) = \begin{cases} 1 & x(t) + \eta_i(t) > T_i \\ 0 & x(t) + \eta_i(t) \leq T_i \end{cases} \quad (10\text{-}63)$$

$$y(t) = \frac{1}{N}\sum_{i=1}^{N} y_i(t) \quad (10\text{-}64)$$

式中,$x(t)$ 是符合一定概率分布的输入信号,$\eta_i(t)$ 是相互独立的噪声($i=1,2,\cdots,N$),$T_i$ 是阈值,$y(t)$ 是输出信号。当 $\eta_i(t) = 0$ 时,输出是 0 或 $N$,当 $\eta_i(t)$ 增大时,输出变得多样化,说明噪声能增强信息。

(2) 基于阈上随机共振的红外图像降噪算法

该降噪算法的关键在于通过多次随机共振从被背景噪声淹没的红外图像中"拣"出有用的弱信号,而随机共振现象的发生需要合适的噪声,所以,面临的问题是添加何种类型的噪声、如何获得合适的噪声强度。

下面以双色中波红外图像为例进行介绍。研究表明:双色中波红外图像主要受均匀、椒盐等类型噪声的影响,其中均匀噪声干扰得更严重,因此这里选用均匀噪声。

第 $n+1$ 次添加的噪声强度 $\sigma_{n+1}$ 为

$$\sigma_{n+1} = \sigma_n + h\,\text{sign}(\mathrm{d}P/\mathrm{d}\sigma) \quad (10\text{-}65)$$

式中,$h$ 为计算步长,梯度算子 $\mathrm{d}P/\mathrm{d}\sigma$ 使用式(10-66)近似计算

$$dP/d\sigma \approx (P_n - P_{n-1})/(\sigma_n - \sigma_{n-1}) \tag{10-66}$$

式中，$P_n$ 是第 $n$ 次添加噪声后图像的峰值信噪比，可使用式（10-67）、式（10-68）和式（10-69）计算

$$P_n = -10\lg(M^2/m) \tag{10-67}$$

$$M = \max(\max(f_n(x,y))) \tag{10-68}$$

$$m = \frac{1}{(L-1)^2} \sum_{x=0}^{s-1} \sum_{y=0}^{r-1} [f_n(x,y) - f_0(x,y)]^2 \tag{10-69}$$

式中，$s$ 和 $r$ 分别是图像的行和列，$L$ 是图像灰度级的数量，$f_0(x,y)$ 是原始输入图像，$f_n(x,y)$ 是经过第 $n$ 次处理后的随机共振图像。

第 $n$ 次噪声添加使用式（10-70）进行

$$f_n'(x,y) = f_{n-1}(x,y) + a + (b-a)p(z) \tag{10-70}$$

式中，$n = 1, 2, \cdots, N$。$a$、$b$ 分别为

$$a = \mu - \sqrt{3}\sigma \tag{10-71}$$

$$b = \mu + \sqrt{3}\sigma \tag{10-72}$$

式中，$\mu$、$\sigma$ 分别是图像 $f_{n-1}(x,y)$ 的均值和方差。

$p(z)$ 是噪声函数

$$p(z) = \begin{cases} 1/(b-a) & a \leq z \leq b \\ 0 & \text{其他} \end{cases} \tag{10-73}$$

对 $f_n'(x,y)$ 进行二值化，得到

$$f_n'(x,y) = \begin{cases} 1 & f_n'(x,y) \geq T_n \\ 0 & f_n'(x,y) < T_n \end{cases} \tag{10-74}$$

式中，

$$T_n = \frac{1}{s \times r} \sum_{x=1}^{s} \sum_{y=1}^{r} f_n'(x,y) \tag{10-75}$$

利用式（10-70）、式（10-74）经过 $N$ 次计算后，可得最后的随机共振结果为

$$f_N(x,y) = \frac{1}{N} \sum_{n=1}^{N} f_n(x,y) \tag{10-76}$$

（3）仿真实验结果

虽然添加噪声次数和迭代次数越多效果越好，但考虑随机共振主要与噪声强度关系密切，以及实验运行速度等方面的因素，这里取计算步长 $h$ 为 2、噪声强度的初值为 20、添加噪声次数 $N$ 为 50、迭代次数为 5，然后进行仿真，其结果如图 10-18 和图 10-19 所示。

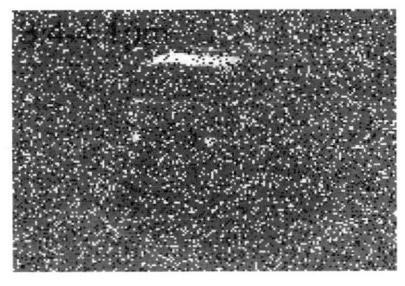  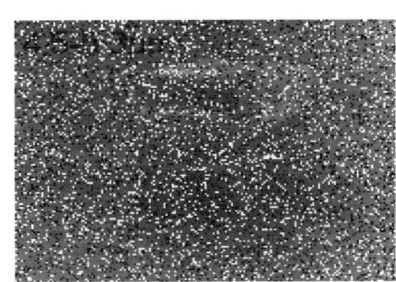

(a) MWIR1 图像　　　　　　　　　　　　(b) MWIR2 图像

图 10-18　被噪声淹没的弱信号双色中波红外图像

(a) MWIR1 图像　　　　　　　　　　　　(b) MWIR2 图像

图 10-19　阈上随机共振图像

## 小　　结

本章从红外图像的特点出发，系统地阐述和分析了红外图像的非均匀性校正、红外图像的增强和降噪的原理与方法。结合最新的科研成果，重点讨论了基于阈上随机共振的红外图像降噪方法，有兴趣的读者可以参考相关文献。

## 习　　题

10-1　名词解释。

盲元、随机共振。

10-2　填空题。

（1）红外图像非均匀校正方法可分为基于＿＿＿＿＿＿＿＿和基于＿＿＿＿＿＿＿＿的校正方法。

（2）盲元包括＿＿＿＿像素和＿＿＿＿像素，前者是响应率低于 1/10 的像素，后者是＿＿＿＿＿＿＿＿＿＿的像素。

（3）图像增强方法一般分为＿＿＿＿＿＿域、＿＿＿＿＿＿域和＿＿＿＿＿＿域三大类。常用的方法有＿＿＿＿＿＿＿＿＿、＿＿＿＿＿＿＿＿＿、＿＿＿＿＿＿＿＿＿等。

（4）均值滤波、＿＿＿＿＿＿＿＿＿、中值滤波等是红外图像降噪的基本方法。

（5）直方图均衡化的实质是＿＿＿＿＿＿＿＿＿＿＿＿＿＿＿＿＿＿。

（6）Retinex 理论将图像变换到对数域处理，主要有＿＿＿＿＿＿＿＿＿＿＿＿和＿＿＿＿＿＿＿＿＿＿＿＿＿＿两点好处。

（7）一般的红外图像噪声模型有_____、_____、_____、_____和均匀分布噪声模型。

（8）双边滤波器结合了空间域滤波和灰度域滤波，主要利用_____函数和_____函数来实现。

10-3 红外图像具有哪些特点？

10-4 红外图像的非均匀性产生的原因主要有哪些？

10-5 红外图像的非均匀性校正方法有哪些？原理是什么？

10-6 红外图像的常见噪声模型有哪些？

10-7 基于双边滤波器的红外图像降噪处理步骤是什么？

10-8 基于阈上随机共振的红外图像降噪处理步骤是什么？

10-9 编程题。

（1）用MATLAB编写程序，实现红外图像的直方图均衡化、自适应分段线性变换、小波变换等增强算法。

（2）编写中值滤波和双边滤波的红外图像降噪程序，并比较两种方法的不同效果。

# 参 考 文 献

[1] 邢素霞. 红外热成像与信号处理[M]. 北京：国防工业出版社，2011.

[2] Scribner D A, Sarkady K A, Caldfield J T, et al. Nonumiformity correction for staring focal plane arrays using scene-based techniques[C]. Proceedings of the SPIE, 1990, 1308:224-233.

[3] Scribner D A, Sarkady K A, Kruer M R, et al. Adaptive Nonuniformity Correction for IR Focal Plane Arrays using Neural Networks[C]. Proceedings of the SPIE: Infrared Sensors, Detectors, Electronics, and Signal Processing, 1991, 1541:100-109.

[4] Torres S N, Hayat M M. Kalman Filtering for Adaptive Nonuniformity Correction in Infrared Focal Plane Arrays [J]. Journal of the Optical Society of America A (S1084-7529), 2003, 20(3):470-480.

[5] Rafael C. Gonzalez, Richard E. Woods. 数字图像处理[M]. 2版. 阮秋琦，阮宇智，译. 北京：电子工业出版社，2004.

[6] 陈钱，隋修宝. 红外图像处理理论与技术[M]. 北京：电子工业出版社，2018.

[7] 蔺素珍，杨风暴，吉琳娜，等. 基于阈上随机共振的弱信号双色中波红外图像融合[J]. 红外与毫米波学报，2011，30（6）：546-550.

[8] Benzi R, Sutera A, Vulpiani A. The mechanism of stochastic resonance[J]. Journal of Physics A: Mathematical and General, 1981, 14(11):453-457.

[9] Das A, Stock N G, Hins E L. Enhanced coding for exponentially distributed signals using supra-threshold stochastic resonance[J]. Communications in Nonlinear Science and Numerical Simulation, 2009, 14(1):223-232.

[10] Sasaki H, Sakane S, Ishida T, et al. Supra threshold stochastic resonance in visual signal detection[J]. Behavioral Brain Research, 2008, 193(1):152-155.

[11] Sasaki H, Todorokihara M, Ishida T, et al. Effect of noise on the contrast detection threshold in visual perception [J]. Neuroscience Letters, 2006, 408(2):94-97.

[12] 王志社. 可见光、红外和 SAR 三类图像配准与融合方法研究[D]. 太原：中北大学，2015.

[13] 薛凌云. 神经元随机共振机制及其在语音与图像处理中的应用研究[D]. 杭州：浙江大学，2008.

[14] 向学勤，范影乐，庞全，等. 基于神经元阈上非周期随机共振机制的灰度图像复原研究[J].中国图像图形学报，2009，14（1）：77-81.

[15] 郭浙伟，庞全，范影乐. 随机共振在强噪声环境中语音增强应用[J]. 计算机仿真，2009，26（7）：351-353.

[16] Stocks N G. Supra-threshold stochastic resonance: an exact result for uniformly distributed signal and noise[J]. Physics Letters A, 2001, 279(1):308-312.

[17] 陈钱，钱惟贤，张闻文. 红外目标探测[M]. 北京：电子工业出版社，2016.

# 第 11 章　红外图像融合技术

## 引　言

图像融合（Image Fusion）是指将多源信道采集到的关于同一目标的图像数据经过图像处理和计算机技术处理等，最大限度地提取各自信道中的有利信息，最后综合成高质量的图像，以提高图像信息的利用率、计算机的解译精度和可靠性、原始图像的空间分辨率与光谱分辨率，利于监测。

本章内容：（1）理解图像融合的概念与层次，掌握图像融合效果的评价指标；（2）在对前述内容有全面理解的基础上，有针对性地掌握图像融合方法，涉及可见光图像与红外图像的融合、红外多波段图像的融合、红外偏振图像与红外光强图像的融合。

## 11.1　图像融合的基本概念

### 11.1.1　图像融合的概念与层次

（1）图像融合的概念

信息融合（Information Fusion）又称为数据融合（Data Fusion），这一概念在 20 世纪 70 年代末被提出来时并未引起人们的重视。随着科学技术的迅速发展，面对不同源数据的急剧增加和信息超载的问题，对大量的不同源、同源不同时的信息进行消化、解释与评估的技术需求更为迫切，人们越来越认识到信息融合的重要性，尤其是在军事指挥自动化和机器人领域中的目标跟踪与识别、态势评估等方面的广泛应用中，信息融合技术得到了长足的发展。

在多传感器系统中，各传感器的信息可能具有不同的特征：实时的或非实时的、快变的或缓变的、模糊的或确定的、相互支持的或互补的、相互矛盾的或竞争的。多传感器信息的特点包括冗余性、补偿性、关联性等，这些是信息融合能够产生效果的基础。

信息融合的基本原理是模拟人脑综合处理信息的过程，充分利用多个传感器资源，通过合理支配和使用这些传感器及其观测信息，把多个传感器在空间或时间上的冗余或互补信息依据某种准则进行组合，以获得被测对象的一致性解释或描述，通过数据组合，达到最佳的协同作用，提高系统的有效性。

信息融合的范围很广，其定义为"信息融合是一种多水平的、多方面的处理过程，它对多源数据自动检测、关联、相关、估计和复合，以达到精确地进行状态估计和身份估计，以及完整、及时地进行态势评估和威胁估计的目的"。也有学者认为"融合是一系列传感器数据的合成，以产生比单一信号更准确、更可靠的结果"。

综合各种论述，一般认为信息融合就是对来自多个传感器的数据进行检测、关联、相关、估计和综合等多级、多方面的处理，以获得对被测对象的精确估计与评价，通过传感器之间的协调及互补，克服单传感器的不确定性和局限性，提高系统的整体识别性能。

图像融合是信息融合的一个分支，它是将来自不同源、不同时间、不同媒质、不同表示方式的图像数据，按一定的准则综合成对被感知对象比较精确的描述，其可以从多幅图像中抽取出比任何单一图像更为准确、可靠的信息。图像融合在遥感观测、智能控制、无损检测、指挥自动化等领域具有广泛的应用，是热门的信息处理技术。图像融合的优点主要包括改善图像质量、提高几何配准精度或信噪比、生成三维立体效果、实现实时或准实时动态观测、克服目标提取与识别中图像数据的不完整性、扩大传感的时空范围等。

（2）图像融合的层次

信息融合分为三个层次，即像素级融合、特征级融合和决策级融合。

① 像素级融合。像素级融合又称为数据级融合，是直接在采集到的原始数据层上进行的融合，是最低层次的融合，其直接利用原始数据或经过必要预处理的数据进行融合处理，如图 11-1 所示。像素级融合的优点是能保持尽可能多的原始信息，提供其他层次融合所不能提供的细微信息，其缺点是处理的传感器数据量大、处理时间长、实时性差。由于传感器原始数据的不确定性、不完全性和不稳定性较大，因此要求融合过程具有较高的降噪和纠错能力；要求各传感器信息有一个像素的配准精度，所以要求传感器信息来自同质传感器；融合系统中的数据传输量大，抗干扰能力较差。

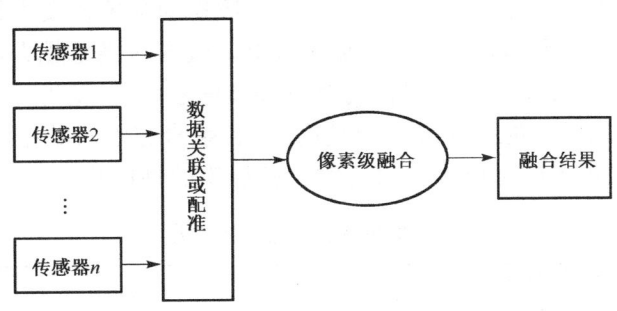

图 11-1　像素级融合

② 特征级融合。特征级融合属于中间层次的融合，先对来自传感器的原始信息进行特征提取，然后对特征信息进行综合分析和处理。一般提取的特征信息是像素信息的充分表示量和充分统计量，然后按特征信息对多传感器数据进行分类、汇聚和综合，如图 11-2 所示。特征级数据融合又分为目标状态数据融合和目标特性数据融合。目标状态数据融合主要应用于目标跟踪领域，它首先对传感器数据进行预处理。

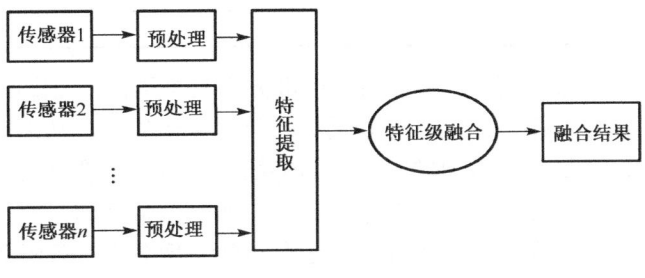

图 11-2　特征级融合

特征级融合的优点是压缩了大量的融合数据,便于实时处理,减小了数据的不确定性;由于所提取的特征直接与决策分析有关,因此融合结果能最大限度地给出决策分析所需要的特征。

③ 决策级融合。决策级融合是一种高层次的融合,首先对每个传感器本身的数据进行初步决策处理,包括预处理、特征提取、识别或判决,以得出检测目标的初步结论,然后进行关联处理、决策层融合判决,最后获得联合推断结果,如图11-3所示。决策级融合是直接针对具体决策目标的,除具有实时性好的优点外,还可以在少数传感器失效的情况下仍给出最终决策,且这种联合决策比任何单传感器决策都更精确、更明确,融合系统具有很好的灵活性,对信息传输的带宽要求低。

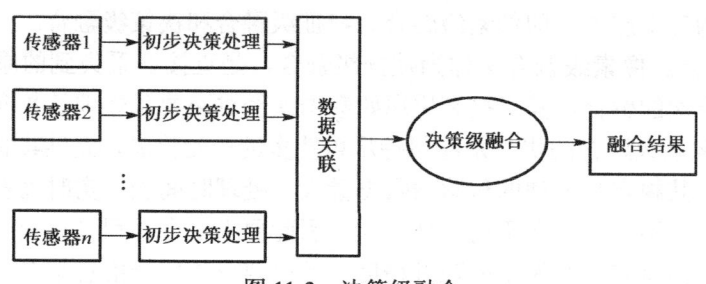

图 11-3　决策级融合

对一般的融合过程,随着融合层次的提高,对数据的抽象性要求越高,对传感器的同质性要求越低,对数据表示形式的统一性要求越高,数据转换量越大,同时系统的容错性增强;随着融合层次的降低,融合所保持的背景细节信息越多,但融合处理的数据量越大,对融合使用的各个数据间的配准精度要求越高,并且融合方法对数据源及其特点的依赖性越强,容错性越低。如表 11-1 所示为信息融合各层次的性能比较。

表 11-1　信息融合各层次的性能比较

| 特　　性 | 融合层次 像素级 | 特征级 | 决策级 |
|---|---|---|---|
| 信 息 量 | 大 | 中 | 小 |
| 信 息 损 失 | 小 | 中 | 大 |
| 预处理工作量 | 小 | 中 | 大 |
| 容 错 性 | 差 | 中 | 好 |
| 对传感器的依赖性 | 强 | 中 | 弱 |
| 抗 干 扰 性 | 差 | 中 | 好 |
| 分 类 性 能 | 好 | 中 | 差 |
| 融合方法的难易 | 难 | 中 | 易 |
| 系统开放性 | 差 | 中 | 好 |

图像融合遵循信息融合的规律,由低到高也可分为三个层次:像素级融合、特征级融合、决策级融合。像素级融合直接对图像传感器采集的数据进行处理,从而获得融合图像。特征级融合属于中间层次,它是利用从图像中提取的特征信息进行综合分析和处理的,提取的特征信息往往是像素信息的充分表示量或充分统计量,然后按特征信息对图像数据进行分类、聚集和综合。决策级融合是高层次的融合,它是在对各图像分别进行预处理、特征提取、初步识别和判决的基础上,对各图像的决策进行相关处理的,融合的结果为指挥控制决策提供

依据。其中，像素级图像融合是其他高层次融合的基础，是目前研究的重点，也是获取信息最多、检测性能最好、适用范围最广的融合方法。如未加特殊说明，后面所指的图像融合方法均是指像素级融合。

### 11.1.2 图像融合效果的评价

图像融合效果的评价是一项比较困难的工作，原因是：同一融合算法对不同类型的图像，其融合效果不同；同一融合算法对同一图像，若观察者感兴趣的部分不同，则观察者认为效果也不同；在不同的应用方面，对图像各项参数的要求不同，也会导致选取的评价方法不同。

因而，需要寻找一些可以客观地评价图像融合效果的方法，使计算机能够自动选取适合当前图像的、效果最佳的算法，从而为不同场合下选择不同算法提供依据，也为一些融合算法的研究提供理论基础。下面对图像融合效果的评价方法进行系统分析。

（1）基于信息量的评价

① 熵。图像的熵是衡量图像信息丰富程度的一个重要指标。如果融合图像的熵越大，那么说明融合图像的信息量越大。对于一幅单独的图像 $p$，可以认为其各元素的灰度值是相互独立的样本，则这幅图像的灰度分布为 $p=\{p_1,p_2,\cdots,p_i,\cdots,p_n\}$，$p_i$ 为灰度值等于 $i$ 的像素数与图像总像素数之比，$n$ 为灰度级总数。融合图像的熵的公式为

$$H(p) = -\sum_{i=1}^{n} p_i \log_2 p_i \tag{11-1}$$

② 交叉熵。交叉熵直接反映了两幅图像对应像素的差异，是对两幅图像所含信息的相对衡量，公式如下。

单一交叉熵
$$H(p,r) = \sum_{i=1}^{n} p_i \log_2 \frac{p_i}{r_i} \tag{11-2}$$

总体均方根交叉熵
$$H_\alpha(p,q,r) = \sqrt{\frac{H^2(p,r) + H^2(q,r)}{2}} \tag{11-3}$$

总体算术平均交叉熵
$$H_\beta(p,q,r) = \frac{H(p,r) + H(q,r)}{2} \tag{11-4}$$

总体几何平均交叉熵
$$H_\chi(p,q,r) = \sqrt{H(p,r) \times H(q,r)} \tag{11-5}$$

总体调和平均交叉熵
$$H_\delta(p,q,r) = \frac{2}{\dfrac{1}{H(p,r)} + \dfrac{1}{H(q,r)}} \tag{11-6}$$

式中，$p_i$、$q_i$ 为原始图像的灰度分布，$r_i$ 为融合图像的灰度分布，$H(p,r)$、$H(q,r)$ 为原始图像与融合图像的交叉熵。这里利用了平方平均、算术平均、几何平均、调和平均，使多幅图像与标准图像熵的比较有一个统一表示的量。

③ 相关熵。相关熵（互信息）是信息论中的一个重要的基本概念，它可作为两个变量之间相关性的量度，或一个变量包含另一个变量的信息量的量度，因此，融合图像与原始图像的相关

熵越大越好，其公式为

$$\mathrm{MI}(p,q,r) = \sum_{i=1}^{n}\sum_{j=1}^{n}\sum_{k=1}^{n} p_{\mathrm{pqr}}(i,j,k) \log_2 \frac{p_{\mathrm{pqr}}(i,j,k)}{p_{\mathrm{pq}}(i,j)r(k)} \tag{11-7}$$

式中，$p_{\mathrm{pqr}}(i,j,k)$、$p_{\mathrm{pq}}(i,j)$ 分别为融合图像与原始图像之间、两幅原始图像之间的联合灰度分布，$r(k)$ 为融合图像的灰度分布。

④ 偏差熵。在交叉熵、相关熵的计算过程中，当概率分布值为0时，将不能进行计算，所以这里给出偏差熵的概念，可以解决此问题。偏差熵反映了两幅图像像素的偏差程度，同时也反映了两幅图像信息量的偏差度，公式如下。

单一偏差熵 
$$H_{\mathrm{c}}(p,r) = -\sum_{i=1}^{n} p_i \log_2[1-(p_i-r_i)^2] \tag{11-8}$$

总体均方根偏差熵 
$$H_{\mathrm{c}\alpha} = \sqrt{\frac{H_{\mathrm{c}}^{\ 2}(p,r) + H_{\mathrm{c}}^{\ 2}(q,r)}{2}} \tag{11-9}$$

总体算术平均偏差熵 
$$H_{\mathrm{c}\beta} = \frac{H_{\mathrm{c}}(p,r) + H_{\mathrm{c}}(q,r)}{2} \tag{11-10}$$

总体几何平均偏差熵 
$$H_{\mathrm{c}\chi} = \sqrt{H_{\mathrm{c}}(p,r) \times H_{\mathrm{c}}(q,r)} \tag{11-11}$$

总体调和平均偏差熵 
$$H_{\mathrm{c}\delta} = \frac{2}{\dfrac{1}{H_{\mathrm{c}}(p,r)} + \dfrac{1}{H_{\mathrm{c}}(q,r)}} \tag{11-12}$$

式中，$H_{\mathrm{c}}(p,r)$、$H_{\mathrm{c}}(q,r)$ 分别为融合图像与两幅原始图像的偏差熵。

偏差熵越小，说明融合图像和原始图像之间的熵差越小，图像融合效果越好。

⑤ 联合熵。联合熵是信息论中的一个重要的基本概念，它可作为三幅图像之间相关性的量度，同时也反映了三幅图像之间的联合信息，因此，融合图像与原始图像的联合熵越大越好，其公式为

$$H(p,q,r) = -\sum_{i=1}^{n} \log_2(p_i \times q_i \times r_i) \tag{11-13}$$

（2）基于统计特性的评价

① 均值。均值为像素的灰度平均值，对人而言，反映为人眼的平均亮度，其公式为

$$\mu = \frac{1}{M \times N} \sum_{i=1}^{M} \sum_{j=1}^{N} P(i,j) \tag{11-14}$$

式中，$M$、$N$ 分别为图像 $P$ 的长、宽。

② 标准偏差。标准偏差反映了灰度相对于灰度均值的离散情况，标准偏差越大，则灰度分布越分散，其公式为

标准偏差 
$$\sigma = \sqrt{\frac{\sum_{i=1}^{M}\sum_{j=1}^{N}[P(i,j)-\mu]^2}{M \times N}} \tag{11-15}$$

对数标准偏差 
$$\sigma_1 = -\lg\sqrt{\frac{\sum_{i=1}^{M}\sum_{j=1}^{N}[P(i,j)-\mu]^2}{M\times N}} \tag{11-16}$$

一般，当标准偏差小于 2 时，可采用对数标准偏差。

③ 偏差度。偏差度用来反映融合图像与原始图像在光谱信息上的匹配程度，如果偏差度较小，那么说明融合后的图像较好地保留了原始图像的光谱信息，其公式为

绝对偏差度 
$$D_A = \frac{1}{MN}\sum_{i=1}^{M}\sum_{j=1}^{N}|R(i,j)-P(i,,j)| \tag{11-17}$$

相对偏差度 
$$D_C = \frac{1}{MN}\sum_{i=1}^{M}\sum_{j=1}^{N}\frac{|R(i,j)-P(i,,j)|}{P(i,j)} \tag{11-18}$$

④ 均方差。均方差越小，说明融合图像与原始图像越接近，融合图像 $R$ 与原始图像 $P$ 的均方差为

$$\mathrm{MSE} = \frac{\sum_{i=1}^{M}\sum_{j=1}^{N}[R(i,j)-P(i,j)]^2}{\sum_{i=1}^{M}\sum_{j=1}^{N}R^2(i,j)} \tag{11-19}$$

⑤ 平均等效视数。平均等效视数可以用来衡量噪声的抑制效果、边缘的清晰度和图像的保持性，其公式为

$$\mathrm{ENL} = \frac{\mu}{\mathrm{MSE}} \tag{11-20}$$

式中，$\mu$、MSE 见式（11-14）和式（11-19）。

⑥ 协方差。融合图像 $R$ 和原始图像 $P$ 的协方差越大，两幅图像越相近，图像融合效果越好。协方差的公式为

$$\mathrm{Cov}(R,P) = \frac{1}{MN}\sum_{i=1}^{M}\sum_{j=1}^{N}[R(i,j)-\mu_R][P(i,j)-\mu_P] \tag{11-21}$$

式中，$\mu_R$、$\mu_P$ 分别为融合图像和原始图像的均值。

⑦ 相关系数。融合图像 $R$ 和原始图像 $P$ 的相关系数越大，两幅图像越相似，图像融合效果越好。相关系数的公式为

$$\rho(R,P) = \frac{\sum_{i=1}^{M}\sum_{j=1}^{N}[R(i,j)-\mu_R][P(i,j)-\mu_P]}{\sqrt{\sum_{i=1}^{M}\sum_{j=1}^{N}[R(i,j)-\mu_R]^2 \sum_{i=1}^{M}\sum_{j=1}^{N}[P(i,j)-\mu_P]^2}} \tag{11-22}$$

式中，$\mu_R$、$\mu_P$ 分别为融合图像和原始图像的均值。

(3) 基于信噪比的评价

图像融合后的去噪效果取决于信息量是否提高、噪声是否得到抑制、均匀区域噪声的抑制是否得到加强、边缘信息是否得到保留等，因此可以从以下几个方面评价融合效果。

① 信噪比。

$$\text{SNR} = 10\lg \frac{\sum_{i=1}^{M}\sum_{j=1}^{N}P^2(i,j)}{\sum_{i=1}^{M}\sum_{j=1}^{N}[R(i,j)-P(i,j)]^2} \tag{11-23}$$

注意，此处将融合图像与原始图像的差异作为噪声。

② 峰值信噪比。

$$\text{PSNR} = 10\lg \left( \frac{M\times N\times \max^2(P)}{\sum_{i=1}^{M}\sum_{j=1}^{N}[R(i,j)-P(i,j)]^2} \right) \tag{11-24}$$

当图像的灰度级为 255 时，$\max(P)=255$。信噪比和峰值信噪比越高，融合效果和质量越好。

③ 斑点噪声抑制衡量参数。

$$\alpha = \left(\frac{\mu}{\sigma}\right)^2 \tag{11-25}$$

式中，$\mu$、$\sigma$ 见式（11-14）和式（11-15）。

④ 边缘保持衡量参数。

$$\text{ESI} = \frac{\sum_{i=1}^{m}\left|\text{DN}_{R_1}-\text{DN}_{R_2}\right|}{\sum_{i=1}^{m}\left|\text{DN}_{P_1}-\text{DN}_{P_2}\right|} \tag{11-26}$$

式中，$m$ 为检验样本的个数，$\text{DN}_{R_1}$、$\text{DN}_{R_2}$、$\text{DN}_{P_1}$ 和 $\text{DN}_{P_2}$ 分别为融合前和融合后的边缘交界处附近（上下或左右）的相邻像素的值。

（4）基于梯度值的评价

① 清晰度（平均梯度）。清晰度反映的是图像质量的改进，同时还反映图像中微小细节反差和纹理变换特征，其公式为

$$\nabla \bar{G} = \frac{1}{MN}\sum_{i=1}^{M}\sum_{j=1}^{N}\sqrt{[\Delta P_x(i,j)]^2+[\Delta P_y(i,j)]^2} \tag{11-27}$$

式中，$\Delta[P_x(i,j)]$、$\Delta[P_y(i,j)]$ 分别为 $P(i,j)$ 沿 $x$ 方向和 $y$ 方向的差分。

② 空间频率。空间频率反映的是一幅图像空间域的总体活跃程度，其公式为

空间行频率　　　$$\text{RF} = \sqrt{\frac{1}{MN}\sum_{i=1}^{M}\sum_{j=2}^{N}[P(i,j+1)-P(i,j)]^2} \tag{11-28}$$

空间列频率　　　$$\text{CF} = \sqrt{\frac{1}{MN}\sum_{j=1}^{N}\sum_{i=2}^{M}[P(i+1,j)-P(i,j)]^2} \tag{11-29}$$

空间频率
$$\mathrm{SF} = \sqrt{\mathrm{RF}^2 + \mathrm{CF}^2} \tag{11-30}$$

（5）基于光谱信息的评价

前面的指标都是用来对图像的空间分辨率进行分析的，所谓光谱信息的评价，是指基于图像光谱分辨率而言的分析方法，光谱信息评价是对小波分解后的图像在水平、垂直、对角三个方向的空间分辨率的综合评价，其公式为

$$I_s = \frac{\rho(\boldsymbol{P}^{\mathrm{h}}, \boldsymbol{Q}^{\mathrm{h}}) + \rho(\boldsymbol{P}^{\mathrm{v}}, \boldsymbol{Q}^{\mathrm{v}}) + \rho(\boldsymbol{P}^{\mathrm{d}}, \boldsymbol{Q}^{\mathrm{d}})}{3} \tag{11-31}$$

式中，$\rho(x,y)$ 表示 $x$、$y$ 的相关系数，上标 h、v、d 分别表示水平、垂直、对角三个方向，$\boldsymbol{P}^{\mathrm{h}}$、$\boldsymbol{P}^{\mathrm{v}}$、$\boldsymbol{P}^{\mathrm{d}}$、$\boldsymbol{Q}^{\mathrm{h}}$、$\boldsymbol{Q}^{\mathrm{v}}$、$\boldsymbol{Q}^{\mathrm{d}}$ 分别为原始图像经小波分解后的系数矩阵。

（6）基于模糊积分的评价

$x$ 为论域，$h$ 是从 $x$ 到 $[0,1]$ 的可测函数，$A \in P(X)$，$p(X)$ 为 $X$ 的幂集，则 $h$ 关于模糊测度 $g$ 在集合 $A$ 上的模糊积分 $S$ 为

$$S = \int_A h(x) \circ g(\cdot) = \sup_{a \in [0,1]} \min[a, g(A \cap H_a)] \tag{11-32}$$

式中，$H_a = \{x | h(x) \geq a\}$，$g(\cdot)$ 是模糊测度。

模糊积分基于模糊数学理论对融合效果进行综合评价，其关键是模糊测度 $g(x)$ 的确定和 $a$ 值的确定。具体的确定方法请参考有关文献。

（7）基于小波能量的评价

在对图像进行小波分解后，应对小波系数进行处理，然后重构得到融合图像。用这种方法得到的融合图像的效果可以用小波系数平均能量来评价，有时它比平均梯度更能反映图像的分辨率及清晰度，其公式为

$$E = \frac{\sum_{i=1}^{M}\sum_{j=1}^{N} W^2(i,j)}{M \times N} \tag{11-33}$$

式中，$M$、$N$ 为图像的大小，$W(i,j)$ 为该图像的小波分解高频系数。

（8）定性描述

定性描述就是主观评价法，也就是目测法。这种方法的主观性比较强，但在对一些明显的图像信息进行评价时，其优点是直观、快捷、方便；对一些暂无较好客观评价指标的现象，可以进行定性的说明。其主要用于判断融合图像是否配准，如果配准得不好，那么图像就会出现重影，反过来通过图像融合也可以检查配准精度；判断色彩是否一致；判断融合图像的整体亮度、色彩反差是否合适，是否有蒙雾或马赛克现象；判断融合图像的清晰度是否降低、图像边缘是否清楚；判断融合图像的纹理及色彩信息是否丰富、光谱与空间信息是否丢失等。

主观评价受不同的观察者、图像的类型、应用场合和环境条件的影响较大。主观评价的尺度往往根据应用场合等因素来选择，国际上规定了 5 级质量尺度和妨碍尺度。一般人员多采用质量尺度，专业人员多采用妨碍尺度，图像主观评价尺度评分表如表 11-2 所示。一般来说，在主观评价时应需要较多的评价者，以保证评价结果有统计意义。

表 11-2　图像主观评价尺度评分表

| 分　数 | 质 量 尺 度 | 妨 碍 尺 度 |
|---|---|---|
| 5 | 非常好 | 丝毫看不出图像质量变坏 |
| 4 | 好 | 能看出图像质量变坏，不妨碍观看 |
| 3 | 一般 | 清楚地看出图像质量变坏，对观看稍有妨碍 |
| 2 | 差 | 对观看有妨碍 |
| 1 | 非常差 | 非常严重地妨碍观看 |

（9）图像融合效果评价方法的选取

评价方法的选取与图像融合的目的紧密相关。图像融合的目的不同，评价方法也不同，主要有以下几个方面。

① 降噪处理：一般而言，从传感器得到的图像都是有噪声的图像，而后续的图像处理一般要求噪声在一定范围内，因此，可以采用融合的方法来降低噪声，提高信噪比。对于这种情况，一般采用基于信噪比的评价方法。

② 提高分辨率：提高分辨率是图像融合的一个重要目的，有时从卫星得到的红外图像的分辨率不高，这就要求将其他传感器得到的图像（如光学图像、合成孔径图像等）与红外图像进行融合来提高分辨率。对于这种方法的融合效果评价，可以结合主观评价，采用基于统计特性及光谱信息的评价方法。

③ 提高信息熵：在图像传输、图像特征提取等方面需要提高图像的信息熵。图像融合是提高信息熵的一种重要手段。融合图像的信息熵是否提高，可采用基于信息量的评价方法。为了评价融合图像与原始图像之间的熵差异，可以用偏差熵、交叉熵等。

④ 提高清晰度：在图像处理中，往往需要在保持原有信息不丢失的情况下，提高图像的质量、增强图像的背景细节信息和纹理特征、保持边缘细节及能量，这用一般的图像增强方法很难做到，因此需要采用图像融合的方法。这时，对融合效果的评价可采用基于梯度值的方法、基于模糊积分的办法和基于小波能量的方法。

⑤ 研究数据的统计分布变化：基于统计特性的评价方法是研究数据统计分布变化的首选方法，在许多数据处理中都有应用。其中，评价参量的变化常被作为数据处理方法的出发点和目标。

⑥ 特殊要求：在有些方面，融合的目的既不是提高信息量，又不是提高分辨率和降低噪声，这就需要根据特殊的要求来加以衡量。

需要说明的是，交叉熵、互信息、信噪比、均方偏差等评价参量在有原始图像的情况下非常能够说明问题，然而在实际应用场合中，得到原始图像比较困难。所以，一方面应尽可能取得相对标准的原始图像，能说明研究方法的效果即可；另一方面，尽可能采用较多的其他评价参量。因此，图像融合效果的评价是一个比较复杂的问题，要根据具体融合的目的来确定相应的方法。

## 11.1.3　常用图像融合方法分析

总体来说，像素级图像融合方法可以概括为以下几类。

简单的图像融合方法：包括多幅叠加法、加权平均法、选择最大值/最小值法、比值融合法、高通滤波法等。

分量替换融合方法：如色彩变换融合法（HIS）、主成分分析（PCA）融合法、线性回归融合法等。

多分辨率融合方法：如多分辨率金字塔融合算法、小波变换法等。

其他融合方法：如人工神经网络法、拟态融合法等。

下面对常用的几种融合方法进行分析。

(1) HIS 变换方法

在色度学中，把彩色图像的红（R）、绿（G）、蓝（B）变换成色调（H）、亮度（I）、饱和度（S）的过程称为 HIS 正变换；反之，称为 HIS 逆变换。HIS 变换有球体变换、圆柱体变换、三角形变换、单六角锥变换等方法。这种方法多用在遥感图像的融合处理中，其融合过程主要是将一幅卫星图像经 HIS 变换后的 I 分量用另一幅 SPOT 全色波段图像进行线性拉伸后替换，再进行 HIS 逆变换。HIS 变换方法可以产生有利于目视判读的彩色图像，从而大大提高图像的可判读性，更易提取所需要的信息。但是这种方法只能同时对 3 个波段进行融合，由于不同波段数据的光谱曲线不同，因此融合后的图像会产生光谱退化现象。

(2) 主成分分析融合法

主成分分析（Principal Component Analysis，PCA）融合法是将较低空间分辨率的图像进行 PCA 变换，然后将高分辨率图像进行对比拉伸，使之与低分辨率图像的第一主分量具有相同的均值和方差，最后用拉伸后的图像替换第一主分量，并通过 PCA 逆变换回到 RGB 空间，即得到最终的融合图像。这种方法是通过引进高空间分辨率图像来提高多光谱图像的空间分辨率的，并假设第一主分量图像拥有输入到 PCA 中所有波段的共同信息，而任意一个波段中的独特信息则被映射到其他成分图像中。主成分分析融合法有时会使图像失去原有的物理特性，产生光谱退化现象。

(3) 代数法

这是图像融合的最直接的方法，平均运算提高了融合图像的信噪比，同时也降低了图像的对比度，尤其是对于只出现在一幅图像上的有用信号。在加权平均中，最优加权系数的确定需要考虑信息互补和冗余。平均法和加权平均法中参与运算的图像数量越多，信噪比越大。

(4) 小波变换法

小波变换法被认为是傅里叶分析发展的新方法，具有许多其他方法不具备的优良特性，如正交方向选择性、时空分辨率可变性、可调整的局部支持、分析数据量小等，这些优良特性使小波变换法成为图像融合的一种强有力的工具和手段。而且，小波变换法的多尺度分解特性更符合人类的视觉机制，与计算机视觉中由粗及细的认识过程十分相似，更适用于图像融合。

(5) 拟态融合法

拟态融合法是指根据拟态章鱼按照生存需求模仿出的多种生物的多拟态行为，建立多类图像融合的变结构模型的一种仿生融合方法，以解决固定模型在融合动态场景序列图像时的效果差或失效的问题。拟态融合法通过感知图像间的差异特征及变化，动态映射出优化的融合算法，再将多种算法协同嵌接从而形成相应的融合模型。模型的结构、算法、规则、参数能够根据差异特征的改变而自适应地变化。

(6) 人工神经网络法

受生物界多传感器融合的启发，人工神经网络也被应用于多传感器图像融合的过程中，目前用于图像融合的主要有双模态神经元网络、多层前向神经网络、径向基网络这三种网络。运用人工神经网络充当信息融合的数学模型不必具体知道传感器系统的内部运行机制，只需要将一些输入/输出的信息作为训练样本，通过网络本身的自组织、自学习能力来调整权值，以完成融合模型的建立。用人工神经网络来求解多传感器图像融合问题是一个很有前途的方向。

（7）图像金字塔算法

图像金字塔算法又称为塔式算法，是图像多分辨率分析的重要工具，一幅图像的金字塔由一系列低通和带通结果伴随抽样而形成。图像金字塔算法采用某种规则从原始图像的金字塔表达中形成新的金字塔表达，再对其进行重构以形成融合的图像。常用的图像金字塔算法主要有拉普拉斯金字塔算法、比率金字塔算法、对比度金字塔算法、数学形态学金字塔算法等。图像金字塔算法是本章在多分辨率图像融合过程中的重点研究方法。

### 11.1.4 图像融合的应用

（1）多聚焦图像的处理

当光学传感器（如数码相机）在某一场景中成像时，由于场景中的不同目标与传感器的距离可能不同甚至差异很大，因此不可能所有目标成像都清晰，而采用图像融合技术就能够实现。针对不同目标得到多幅成像，经过融合处理，提取各自的清晰信息综合成一幅新的图像，便于人眼观察或计算机处理。多聚焦图像融合技术能够有效地提高图像信息的利用率、系统对目标探测识别的可靠性。如图 11-4 所示为分别聚焦于前景、背景的图像的融合，从融合图像可知，经融合处理后的图像前景和背景都清楚了。

(a) 前景聚焦图像　　　　(b) 背景聚焦图像　　　　(c) 融合图像

图 11-4　多聚焦图像融合

（2）医疗诊断

在放射外科手术计划中，CT 图像具有很高的分辨率，对骨骼的成像非常清晰，为病灶的定位提供了良好的参照，但对病灶本身的显示较差。核磁共振成像（Magnetic Resonance Imaging，MRI）虽然空间分辨率不如 CT 图像，但是它对软组织成像清晰，有利于病灶的确定，同时缺乏刚性的骨组织作为定位参照。可见，不同模态的医学图像具有各自的优点，如将它们之间的互补信息综合在一起，把它们作为一个整体来表达，就能为医学诊断、人体的功能和结构的研究提供更充分的信息。在临床上，CT 图像和 MRI 图像的融合已经应用于颅脑放射治疗、颅脑手术的可视化中。

(3) 军事应用

多传感器图像融合在军事领域有大量的应用。有文献提出美国国家航空航天局(NASA)在 NASA F/A—18 战斗攻击机上安装了一种非实时彩色传感器融合系统，用来融合电荷耦合器件图像和红外长波图像。实际结果表明，该彩色传感器融合系统能够提高目标的检测能力。美国劳伦斯·利弗摩尔(Lawrence Livermore)国家实验室的研究人员开发了基于多传感器图像融合的地雷检测系统。

(4) 隐匿武器检查

隐匿武器检查在司法和海关等部门是很重要的问题，多传感器图像技术为这一问题提供了很好的解决办法。目前使用的检查手段包括热红外成像、毫米波成像、X射线成像和可见光成像等。例如，在红外图像中能够清晰地看见隐匿的枪支等，在可见光图像中可以看出人物的轮廓和相貌，融合这两种图像可以容易地看出枪支隐匿在哪个人身体的哪个部位。

应该指出的是，上面列举的例子只是图像融合的一部分应用，还有许多其他应用，如产品质量和缺陷的检测、智能机器人和复杂工业过程的检测与控制等。随着图像融合技术的发展，其在各领域的应用将更加广泛。

## 11.2　可见光图像与红外图像的融合

由于可见光图像和红外图像具有较强的互补性，因此二者的融合研究是红外图像融合领域的主要研究内容。

可见光成像器只对场景的亮度变化敏感，与场景的热对比度无关，它在恶劣的气候条件下对大气的穿透能力较差，且夜间的成像能力也较差；红外成像器只对场景的红外辐射敏感，而对场景的亮度不敏感，它在有云雾存在的气象条件下的穿透能力相当强，在夜间，由于不同景物之间存在着温度差，因此其所成的像仍能显示景物的轮廓。可见光图像反映的多是场景中景物在可见光波段的反射特性，所形成的图像符合人类的视觉特性，容易被人接受；红外图像反映的是景物的红外辐射特性，所形成的图像是景物之间的温度、辐射性能等差异信息。可见光图像可提供更多的场景细节和表面信息及颜色特征，但对景物表面下面的高温目标无法显示；红外图像可以将场景内的高温目标显示出来，但景物边缘模糊、表面细节不清楚。因此若将同一场景经过配准的可见光图像和红外图像融合，则可以利用二者的互补性，得到对景物更全面、更清晰的描述。

可见光图像和红外图像融合的方法有很多，相应的文献报道中也很容易见到，这里仅说明简单的、常用的方法——加权平均法。加权平均法主要运用代数运算和线性运算来处理图像，它是早期的图像融合方法。它的基本原理是不对原始图像进行任何的图像变换或分解，而是直接对各原始图像中的对应像素进行选择(选取最大值或最小值)、平均或加权平均等简单处理后输出融合图像。具备多帧累加功能的 CCD 其实运用的就是代数法图像融合，以提高信噪比。加权平均法的数学表达式为

$$G_F = \sum_{k=1}^{K} A_k G_k \tag{11-34}$$

$$\sum_{k=1}^{K} A_k = 1 \tag{11-35}$$

式中，$A_k$ 是加权系数，$K$ 是输入图像数。

权值的选择是加权平均法的关键问题。可以利用主成分分析法分解计算加权系数，也可以基于局部区域对比度选择权值。后一种方法利用人眼对对比度非常敏感的事实，从两幅原始图像中选择对比度最大的像素点作为合成图像的像素点，即对比度大的像素点权值为 1，否则为 0。基于对比度的权值选择技术对噪声非常敏感，这是因为图像中的噪声有很高的对比度，这样合成的图像将包含较强的噪声。于是有人提出了平均和选择相结合的方法，即利用 1 个匹配矩阵来表示两幅图像的相似程度。当两幅图像非常相似时，合成图像就采用两幅图像的加权平均值；当两幅图像差异较大时，就选择最显著的那幅图像，此时权值为 0 和 1，这样可抑制噪声。

加权平均法的优点是简单直观，适合实时处理，但多幅图像的简单叠加会使合成图像的信噪比减小。当融合图像的灰度差异较大时，会出现明显的拼接痕迹，不利于人眼识别和后续的目标识别。

如图 11-5 和图 11-6 所示为两组可见光图像与红外图像融合的例子。在图 11-5 中，可见光图像中的汽车右部的物体虽有表面信息，但不清楚，背景信息比较丰富，下部的物体几乎和背景混在一起，很难辨识；红外图像中的汽车由于温度很低，表面细节不清，几乎是背景信息，但右部和下部的高温物体很清楚地显示出来了，由于温度差异大，因此高温物体周围的树木等细微的形状也很清晰。通过加权平均融合就可以得到汽车、高温物体、背景等景物的比较清楚的结果。

(a) 可见光图像　　　　　　　(b) 红外图像　　　　　　　(c) 融合图像

图 11-5　可见光图像与红外车辆图像的融合结果

在图 11-6 中，可见光图像中的树林、地面的细节很清楚，但树林中的飞机只露出了前部，整个飞机的形状不清楚；在红外图像中，飞机的整个形状很清楚，尽管树林和地面的细节很模糊。通过加权平均融合就可以得到树林、地面和飞机形状都比较清楚的结果。

(a) 可见光图像　　　　　　　(b) 红外图像　　　　　　　(c) 融合图像

图 11-6　可见光图像与红外树林、飞机图像的融合结果

## 11.3 红外多波段图像的融合

### 11.3.1 红外多波段图像的融合

**1. 红外中、长波段图像的目标特征比较分析**

常见的红外中波段和长波段分别是 $3\sim5\mu m$ 和 $8\sim14\mu m$，双色成像仪主要考虑的也是这两个波段。

根据维恩位移定律，黑体辐射的峰值波长和黑体的温度成反比，即

$$\lambda_{max}T = 2\,897.756\mu m \cdot K \tag{11-36}$$

这样可以计算出不同黑体温度下的峰值波长，反过来，也可以计算出不同峰值波长对应的黑体温度。中波段在处于峰值时所对应的黑体温度的范围为 $546.8\sim852.3K$（$273.65\sim579.15℃$），最高温度与最低温度相差 $305.5K$；长波段在处于峰值时所对应的黑体温度的范围为 $241.5\sim362.2K$（$-31.65\sim89.05℃$），最高温度与最低温度相差 $120.7K$。由此可以看出，中波段红外成像对应的目标温度的值一般比较高、温度范围比较宽，长波段红外成像对应的目标温度的值一般比较低、温度范围比较窄（若红外成像仪在拍摄时专门设定了温度的动态范围，则另当别论）。

在许多情况下，参与融合处理的各个波段图像的量化位数（每个像素取值的二进制位数）是相同的，如 8 位、10 位、12 位、14 位等，双色成像仪的 A/D 转换的量化位数也是相同的。在这种条件下，在对相同场景、具有相同量化位数的中波段图像和长波段图像进行比较时，前者对应的辐射亮度的量化误差相对大一些，后者相对小一些。表现在图像上，主要有以下几点。

（1）中波段图像中的温度较高的目标和温度较低的背景的灰度值相差较大，目标比较明显；长波段图像中的高温目标的辐射相对较小，目标和温度较低的背景的灰度值相差较小，目标不一定明显。

如前所述，目标与背景的辐射对比度为

$$C = \frac{M_t - M_b}{M_b} \tag{11-37}$$

式中，$C$ 为目标与背景的辐射对比度，$M_t$ 为目标的辐射亮度，$M_b$ 为背景的辐射亮度。

如图 11-7 所示为当目标温度分别为 400K、323K、300K 时，与同一背景的当温度为 270K 时的目标背景辐射对比度，从图中可以看出以下几点。

① 在同一目标温度的情况下，目标与背景的辐射对比度在中波段（$3\sim5\mu m$）要大于长波段（$8\sim12\mu m$）。这是因为一般背景的温度比较低，在长波段的辐射亮度比较大，而在中波段的辐射亮度比较小。

② 随着目标温度的升高，辐射对比度在增大，中波段辐射对比度增大的幅度最大。这是因为温度越高，在中波段的辐射越强。

（2）在成像时，若两个波段的图像采用的量化位数相同，则中波段由于目标对比度量化范围大，因此量化误差较大，所以中波段图像的场景细节相对少一些；而在长波段图像中，

量化误差小，一些低温场景的细节相对丰富一些。

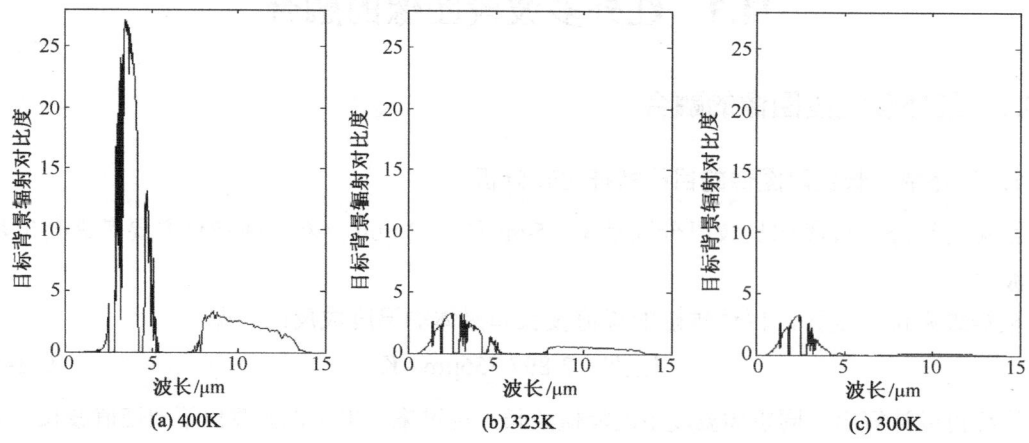

图 11-7 不同温度的目标背景辐射对比度

（3）中波段图像的灰度分布比较分散，场景中的高温区域越少，图像整体越偏暗；而长波段图像的灰度分布比较均匀，图像整体较偏亮。

需要说明的是，红外成像仪接收到的是场景中目标和背景红外的辐射亮度，拍摄的图像是与场景的温度分布、材料的发射率、成像角度、距离、环境、大气衰减、红外成像仪的光谱响应、成像参数等紧密联系的。一般情况下，对于同一场景、同一量化位数的两个波段的图像，若没有专门缩小成像温度范围，则上述分析可以作为参考。

**2. 基于粗糙集的中、长波段图像的融合**

对于地面场景的中、长波段图像，其特点的不同主要体现在：①目标背景辐射对比度，中波段图像的目标背景辐射对比度比较高，长波段图像的目标背景辐射对比度比较低；②背景细节信息，长波段图像中的背景细节信息比较丰富，中波段图像的背景细节信息比较少。为此需要融合的图像既包含较高的目标背景辐射对比度，又包含丰富的背景细节信息。图像融合需要充分利用中波段图像的目标背景辐射对比度较高的特点和长波段图像的背景细节信息。

针对中波段图像的目标背景辐射对比度特征信息，这里提出滤波相减分割的方法：通过对中波段图像进行空间滤波，可得到没有目标的中波背景图像，然后与原始图像相减，再进行图像阈值分割，提取目标信息。由于粗糙集滤波方法可尽可能多地保留低频信息和边缘特征，利于目标特征的提取，因此这里采用粗糙集滤波和最大熵选取阈值的方法。对于长波段图像的背景，在有效保留和提取背景细节信息的同时，要降低一些干扰目标识别的噪声。最后对提取的目标特征信息和背景细节信息进行叠加融合。

（1）粗糙集滤波

粗糙集是处理不完整性和不精确性问题的分析数学的一个分支，经过几十年的发展，已被应用于人工智能、模式识别、语音识别、医疗数据分析、自动控制等信息处理领域。

粗糙集理论的基本思路是从一系列数据中寻找规律或规则，以预测问题的方向，是在研究信息系统逻辑的基础上提出的。该理论把各种等价关系的等价类集合为粗糙集，是某一对象集合的上近似和下近似。在粗糙集理论中，基于集合论学习的基本思想，即将用户的多个属性作为分类标准，形成决策属性的子集，然后根据条件属性子集和决策属性子集，进行一系列上近似和下近似计算，从而得到各类别的分类规则。

① 粗糙集的等价类。粗糙集中的不可分辨关系称为等价关系，它的等价概念和传统的集合论的基本概念有本质的区别。在传统集合论中，当两个集合有完全相同的元素时，它们是等价的；而在粗糙集等价理论中，只有在某一个属性下，集合的取值才相等。它是集合间的结构关系，而不是构成集合的元素间的比较。

假定给定知识库 $K=(U,R)$，$U$ 为一个非空集合，表示数据库的所有记录，$R$ 表示数据库中的全部属性，$R=U\cup D$。$C$ 和 $D$ 为条件属性子集和决策属性子集，均为非空集合。若 $P\subset R$ 且 $P\ne\varnothing$，$R$ 的其他子集与 $P$ 的交集记为 $\cap P$，则 $\cap P$ 称为 $P$ 上的不可分辨关系，记为 $\text{ind}(P)$。对于两个知识库 $K=(U,P)$ 和 $K'=(U,Q)$，当 $\text{ind}(P)=\text{ind}(Q)$ 时，称为 $P$ 和 $Q$ 等价。对于具体记录 $e$ 的属性 $a$ 的取值，$\forall a\in R$，$e_i\in U$，$e_j\in U$，有一个函数 $f(e,a)$，如果 $f(e_i,a)=f(e_j,a)$ 成立，那么称 $e_i$ 和 $e_j$ 基于属性 $a$ 等价。

在数据库的记录集合 $X$（$X\subseteq U$）中，基于属性集合 $R$ 的所有等价类的记录集合，称为基于属性 $R$ 的等价类；基于属性集合 $R$ 的所有等价类，称为集合 $X$ 的属性集合 $R$ 的划分。

② 粗糙集的上近似和下近似。假定给定知识库 $K=(U,R)$，$X$ 是 $U$ 的子集，$X\subseteq U$，$U$ 基于 $R$ 的划分是 $Y$。$Y$ 和 $X$ 之间的关系可以用两个子集的形式表示，即上近似和下近似。

$X$ 的下近似记为 $R_-(X)$，是 $Y$ 中包含的等价类中的记录并集，是对于 $U$、$R$ 中所有一定能归于 $X$ 的元素的集合，即 $R_-(X)=\bigcup\{Y\in U\mid R:Y\subseteq X\}$。

$X$ 的上近似记为 $R^-(X)$，是 $Y$ 中与 $X$ 的交集为非空集的等价类中的记录并集，是对于知识库 $K=(U,R)$ 中可能归于 $X$ 的元素的集合，即 $R^-(X)=\bigcup\{Y\in U\mid R:Y\cap X\ne\varnothing\}$。

集合 $b_R(X)=R^-(X)-R_-(X)$ 的记录根据 $R$ 的属性不能确定它们是否属于等价类 $Y$，即由知识既不能判断肯定属于 $X$，又不能判断属于 $X$ 的补集（$U-X$）的元素所组成的集合，称为 $X$ 的 $R$ 边界域。

③ 粗糙集的非确定性的精确度和粗糙度。集合的不确定性是由边界域引起的。集合的边界域越大，其精确度越低。为了准确地表达这一点，常用精确度 $\alpha_R(X)$ 来表示，即

$$\alpha_R(X)=\frac{|U|-|R^-(X)-R_-(X)|}{|U|} \tag{11-38}$$

式中，$|U|$ 和 $|R^-(X)-R_-(X)|$ 分别为集合 $U$、$[R^-(X)-R_-(X)]$ 中的记录总数。精确度 $\alpha_R(X)$ 用来反映关于 $X$ 的知识的完整程度，$0\le\alpha_R(X)\le 1$。当 $\alpha_R(X)=1$ 时，表示 $U$ 中的记录数据不能根据 $R$ 的属性确定全部属于 $X$；当 $\alpha_R(X)=0$ 时，表示 $U$ 中的全部记录都不能根据 $R$ 的属性来确定属于 $X$。

也可以用 $R$ 的粗糙度 $\rho_R(X)$ 来定义集合 $X$ 的不确定程度，即

$$\rho_R(X)=1-\alpha_R(X) \tag{11-39}$$

与概率论或模糊集合不同，不精确的数不是事先假定的，而是根据表达知识不精确性的概念近似计算得到的，这样不精确的数值表示有限知识的结果。

④ 分类规则。应用粗糙集理论对数据进行学习，从中寻找隐含的模式和关系，对数据进行约简，评价数据的重要性，从数据中产生分类规则。通过分析 $U$ 中的两个划分 $Y$ 和 $X$ 之间的关系，把 $Y$ 作为分类条件，把 $X$ 作为分类结论，可得到以下分类规则。

当 $Y \cap X \neq \varnothing$ 时，有：

如果 $Y \cap X = Y$，那么建立的规则是确定的，规则的置信水平 $\mathrm{cf} = 1$；

如果 $Y \cap X \neq Y$，那么建立的规则是不确定的，规则的置信水平 $\mathrm{cf} = |Y \cap X|/|Y|$。

当 $Y \cap X = \varnothing$ 时，$Y$ 和 $X$ 不能建立规则。

⑤ 知识约简。知识约简是在保持知识库中的初等范畴的情况下，消除知识库中的冗余基本范畴。这一过程可以消去知识库中非必要的知识，仅保留有用的部分，即知识的"核"（core）。

假设给定 $F = \{X_1, X_2, \cdots, X_n\}$ 为集合族，$X_i \subseteq U$，且子集 $Y \subseteq U$，使得 $\cap F \subseteq Y$。当 $\cap (F - \{X_i\}) \subseteq Y$ 时，称 $X_i$ 为 $F$ 中 $Y$ 可省略的。对于族 $G \subseteq F$，当 $G$ 中含有的分量都为 $Y$ 不可省略时，则 $G$ 为 $Y$ 的独立，反之 $G$ 为 $Y$ 的依赖。$F$ 中所有 $Y$ 不可省略集合的族称为 $F$ 的 $Y$ 核，也可称 $Y$ 核是关于 $Y$ 的相对简化。核和约简的关系为 $\mathrm{core}(F) = \cap \mathrm{red}(Y)$，其中 $\mathrm{red}(Y)$ 表示 $Y$ 的所有约简。

对于知识库，可用知识表达系统来进行形式化，知识库中的等价关系在表中表示一个属性和用属性表示的关系的等价类。表中的列可以视为某些范畴的名称，而整个表包含相应知识库中所有范畴的描述，能从表中数据导出所有的规律，这就形成了决策表。通过这种表达，很容易用决策表的性质来表示知识库的基本性质，用符号代替语义定义，从而对知识的约简就变成对决策表的简化。

（2）滤波算法

利用粗糙集中的近似空间概念和不可分辨关系，假设待处理的图像 $F$ 为一个近似空间，在该空间中存在一个等价关系 $R$，图像 $F$ 中的一个粗近似集合为 $X$。设对于图像 $F$，存在一个移动窗口 $W$，其大小为 $N \times N$，中心像素坐标为 $(i, j)$，$N$ 一般为 3、5、7 等。例如，当 $N = 3$ 时，其 8 个相邻像素与中心像素组成移动窗口。假设移动窗口中存在的等价关系 $R$ 为

$$R: \quad |f(k,l) - f(i,j)| \geqslant D, \quad (k,l) \in W \tag{11-40}$$

式中，$f(i, j)$ 为中心像素点的灰度值，$D$ 是待处理图像的可移动窗口中一个预定的等价类误差。这样可以用下近似 $R_-(X)$ 表示移动窗口中一定存在灰度突变，用上近似 $R^-(X)$ 表示移动窗口中可能存在灰度突变。如果在窗口 $W$ 中，满足等价关系 $R$ 的像素数量为 $M$，那么每个移动窗口的近似精度可定义为

$$\tilde{\alpha}_R(X) = \frac{M}{N^2} \tag{11-41}$$

具有少数点目标（小目标）和地面背景图像的一个给定的窗口中出现多个目标亮点的概率很小。随着窗口中的灰度突变点数量的增加，灰度突变点变为目标亮点的概率增大，即为边缘细节的概率减小；反之，随着窗口中的灰度突变点数目的减少，灰度突变点变为目标亮点的概率减小，即为背景细节的概率增大，所以 $\tilde{\alpha}_R(X)$ 可以作为判断灰度突变点是目标亮点还是背景细节的测度。

设待处理图像的移动窗口 $W$ 的均值为

$$\mu(i,j) = \frac{1}{N^2} \sum_{k=i-\frac{N}{2}}^{i+\frac{M}{2}} \sum_{l=j-\frac{M}{2}}^{j+\frac{M}{2}} f(k,l) \tag{11-42}$$

将窗口中的像素分为两个子集，分别代表窗口中的灰度值均大于、均小于 $\mu(i,j)$ 的所有像素的集合，记为 $W_1$、$W_2$，再分别计算这两个子集的灰度中值 $M_1(i,j)$、$M_2(i,j)$ 和灰度均值 $\mu_1(i,j)$、$\mu_2(i,j)$。

根据粗糙集的近似精度 $\tilde{\alpha}_R(X)$ 的大小，对移动窗口的中心像素做不同的处理。

当 $f(i,j) \leq \mu(i,j)$ 时

$$f(i,j) = \begin{cases} \mu_1(i,j), & \tilde{\alpha}_R(X) < T \\ M_1(i,j), & \tilde{\alpha}_R(X) \geq T \end{cases} \quad (11\text{-}43)$$

当 $f(i,j) > \mu(i,j)$ 时

$$f(i,j) = \begin{cases} \mu_2(i,j), & \tilde{\alpha}_R(X) < T \\ M_2(i,j), & \tilde{\alpha}_R(X) \geq T \end{cases} \quad (11\text{-}44)$$

式中，$T$ 为定义阈值。

利用这种方法进行中波段图像 $F_m$ 滤波，可以得到背景图像 $F_b$，最后对图像 $F'_m = F_m - F_b$ 进行阈值分割处理。

（3）最大熵阈值分割

图像的阈值分割的关键问题之一是阈值的选取。图像阈值自动选取方法的研究长期以来吸引着众多学者，寻找简单实用、自适应强的阈值自动选取方法是这些研究的共同目标。

最大类间方差法（大津法）一直被认为是众多阈值自动选取方法中的最优方法。该方法计算简单，在一定条件下不受图像对比度与亮度变化的影响，因而在一些实时图像处理系统中得到了广泛的应用。但是此类方法是基于灰度直方图的，阈值自动选取依据的只是各灰度的像素统计，没有利用图像的其他方面的知识，且一般直方图的"双峰一谷"特性不是很明显，所以需要引入其他阈值自动选取方法。可以将熵的概念引入图像分割中，即研究图像灰度图的熵测量，并由此自动找出最佳门限。从不同的角度出发，可以定义不同的熵测量及选择最佳阈值的方法，KSW 熵方法就是其中一种有效的方法。

假设分割阈值为 $\tau$，$p_i$ 为灰度 $i$（$i = 0,1,2,\cdots,L-1$）出现的概率，$\sum_{i=0}^{L-1} p_i = 1$。这里定义目标 $O$ 用来描述 $\{0,1,2,\cdots,\tau\}$ 的灰度分布，背景 $B$ 用来描述 $\{\tau+1,\tau+2,\cdots,L-1\}$ 的灰度分布，则它们的概率分布为

$$O: \frac{p_0}{p_\tau}, \frac{p_1}{p_\tau}, \frac{p_2}{p_\tau}, \cdots, \frac{p_\tau}{p_\tau}$$

$$B: \frac{p_{\tau+1}}{1-p_\tau}, \frac{p_{\tau+2}}{1-p_\tau}, \cdots, \frac{p_{L-1}}{1-p_\tau}$$

式中，$p_\tau = \sum_{i=0}^{\tau} p_i$。定义与这两个概率分布相关的熵为

$$H(O) = -\sum_{i=0}^{\tau} \frac{p_i}{p_\tau} \ln \frac{p_i}{p_\tau} = \ln p_\tau + \frac{H_\tau}{p_\tau} \quad (11\text{-}45)$$

$$H(B) = -\sum_{i=0}^{\tau} \frac{p_i}{1-p_\tau} \ln \frac{p_i}{1-p_\tau} = \ln(1-p_\tau) + \frac{H_{L-1} - H_\tau}{1-p_\tau} \quad (11\text{-}46)$$

式中，$H_\tau = -\sum_{i=0}^{\tau}(p_i \ln p_i)$，$H_{L-1} = -\sum_{i=0}^{L-1}(p_i \ln p_i)$。

假设准则函数 $\psi(\tau)$ 为 $H(O)$ 与 $H(B)$ 之和，即

$$\psi(\tau) = H(O) + H(B) = \ln p_\tau(1-p_\tau) + \frac{H_\tau}{p_\tau} + \frac{H_{L-1} - H_\tau}{1-p_\tau} \tag{11-47}$$

使准则函数 $\psi(\tau)$ 取最大值的灰度级 $\tau$，即为所求出的最优阈值。利用最优阈值对图像 $F'_m$ 进行分割，即可得到具有目标特征信息的图像 $F_{mg}$。

（4）融合

设原始中波图像为 $F_m$，原始长波图像为 $F_l$，其各自的均值、方差分别是 $\mu_m$、$\sigma_m$ 和 $\mu_l$、$\sigma_l$，则

$$F = F_m \times F_{mg} + F'_l \times \tilde{F}_{mg} \tag{11-48}$$

式中，$\tilde{F}_{mg}$ 是 $F_{mg}$ 的反图像，是对每个像素值都取反而得到的。$F_l$ 和 $F'_l$ 对应的像素值分别是 $f_l(i,j)$ 和 $f'_l(i,j)$，二者有如下关系

$$f'_l(i,j) = \frac{f(i,j) - \mu_l}{\sigma_l}\sigma' + \mu' \tag{11-49}$$

式中，$\sigma' = \alpha\sigma$，$\mu' = \beta\mu$。$\alpha$、$\beta$ 为调整因子，$\alpha \in \left[\dfrac{\sigma_m}{\sigma_l}, 1\right]$，$\beta \in \left[\dfrac{\mu_m}{\mu_l}, 1\right]$。一般而言，$\alpha$ 越小，长波图像的降噪效果越好，但图像细节会模糊；$\beta$ 越小，处理后的图像背景越亮，但会影响目标背景辐射对比度。

（5）融合结果

如图 11-8 所示为实验结果。通过比较、观察图像可知，融合图像既有较亮的目标信息，又有丰富的背景细节信息。

(a) 原始中波图像
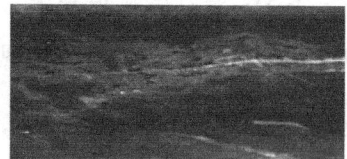
(b) 原始长波图像
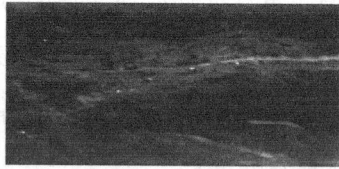
(c) 融合图像

图 11-8 实验结果

图像的信息熵能够反映图像的背景细节信息的多少，其值越大，说明背景细节信息越丰富。由于其基于的是对整幅图像的统计，因此有时无法准确地反映两幅图像的背景细节信息的差别。在比较红外中波、长波图像的背景细节信息时，人眼往往采用局部对照的方法，对比性较强，鉴于此，这里采用图像的局部熵来反映图像的背景细节信息。

局部熵是指将图像分成若干小的区域，对每个区域单独求熵，然后把各个区域的熵累加起来。设图像 $f$ 的长宽分别是 $M$、$N$，分成的每个图像块 $g(p,q)$ 的长宽分别是 $m$、$n$，其中

$$P = \frac{M}{m} \tag{11-50}$$

$$Q = \frac{N}{n} \tag{11-51}$$

又设 $p=1,2,\cdots,P$，$q=1,2,\cdots,Q$，则图像块 $g(p,q)$ 的熵为 $E(p,q)$，整幅图像的局部熵为

$$E_L = \frac{1}{PQ}\sum_{p=1}^{P}\sum_{q=1}^{Q}E(p,g) \tag{11-52}$$

图像的熵和局部熵都反映了图像的背景细节信息，但侧重点不同，前者侧重于整体，后者侧重于局部。为全面反映图像的背景细节信息，综合考虑二者，提出图像的调和熵，来描述图像的背景细节信息的数量。图像的调和熵的定义如下

$$E_C = \frac{2}{\frac{1}{E_N}+\frac{1}{E_L}} \tag{11-53}$$

式中，$E_N$ 是图像的信息熵。

为此进一步提出与人的视觉感受相关的细节特征表示量——多向粗糙度，来衡量背景细节信息的数量，其计算过程如下。

① 计算图像中的大小为 $2^k \times 2^k$ 的活动窗口中像素的平均值

$$A_k(x,y) = \frac{1}{2^{2k}}\sum_{i=x-2^{k-1}}^{x+2^{k-1}}\sum_{j=y-2^{k-1}}^{y+2^{k-1}}f(i,j) \tag{11-54}$$

式中，$k=0,1,2,\cdots,5$，$f(i,j)$ 是位于 $(i,j)$ 点处的像素值。

② 对于每个像素，分别计算它在垂直、水平、对角方向的互不重叠的窗口之间的平均值差

$$E_{k,h}(x,y) = \left|A_k(x+2^{k-1},y) - A_k(x-2^{k-1},y)\right| \tag{11-55}$$

$$E_{k,v}(x,y) = \left|A_k(x,y+2^{k-1}) - A_k(x,y-2^{k-1})\right| \tag{11-56}$$

$$E_{k,d}(x,y) = \left|A_k(x+2^{k-1},y+2^{k-1}) - A_k(x-2^{k-1},y-2^{k-1})\right| \tag{11-57}$$

③ 对于每个像素，选择能使 $E_{k,h}(x,y)$、$E_{k,v}(x,y)$、$E_{k,d}(x,y)$ 最大（无论在哪个方向）的 $k$ 值，其对应的粗糙尺寸为

$$S_c(x,y) = 2^k \tag{11-58}$$

④ 整幅图像的多向粗糙度为

$$C = \frac{1}{MN}\sum_{i=1}^{M}\sum_{j=1}^{N}S_c(i,j) \tag{11-59}$$

图像的多向粗糙度的值越大，图像的背景细节信息越多，反之亦然。

如表 11-3 所示为基于粗糙集的融合数据分析，包括融合前后的调和熵、多向粗糙度、平均目标背景辐射对比度的比较，3 个量的计算公式参见式（11-53）、式（11-59）和式（11-37）。其中，融合图像的调和熵与多向粗糙度均比中波图像增大了，平均目标背景辐射对比度比长

波图像增大了，实验数据说明了该方法具有有效性，即把较高的目标背景辐射对比度和较多细节集中到融合图像中。表中的参数变化率的公式为

$$\eta = \frac{c_F - \frac{c_M + c_L}{2}}{\frac{c_M + c_L}{2}} \times 100\% \qquad (11\text{-}60)$$

式中，$c_F$、$c_M$、$c_L$ 分别为融合图像、中波图像、长波图像相应的评价参数。

融合后的目标背景辐射对比度要比原始中波图像的低一些，不可能超过；同样，调和熵与多向粗糙度的值也比原始长波图像的小一些。在长波图像中，由于一些点目标的亮度和周围的景物的亮度比较接近，不利于识别，同时也有一些噪声点与实际目标非常类似，因此易造成高的虚警率。通过融合，可以更准确地识别与定位目标。

表 11-3 基于粗糙集的融合数据分析

|  | 调和熵 | 多向粗糙度 | 平均目标背景辐射对比度 |
| --- | --- | --- | --- |
| 中波图像 | 5.580 | 10.123 | 4.052 |
| 长波图像 | 6.124 | 13.834 | 1.801 |
| 融合图像 | 5.976 | 13.255 | 3.896 |
| 参数变化率 | 2.12% | 10.66% | 33.13% |

**3. 基于极大值的中、长波段图像的融合**

对于如图 11-9(a)和图 11-9(b)所示的夜空背景飞机的红外中波图像、红外长波图像，其融合方法比较简单，采用基于像素的灰度值，选最大图像融合方法即可，融合规则为

$$F(m,n) = \max\{A(m,n), B(m,n)\} \qquad (11\text{-}61)$$

(a) 红外中波图像　　　　　(b) 红外长波图像　　　　　(c) 融合图像

图 11-9　夜空背景飞机的红外中波图像、红外长波图像与融合图像

即在融合处理时，比较原始图像 $A$、$B$ 中对应位置的灰度值的大小，以其中灰度值大的像素作为融合后图像 $F$ 在该位置的像素。当图像中的噪声灰度值偏小时，效果较明显，但适用场合非常有限，融合图像如图 11-9(c)所示。

## 11.3.2 红外中波细分波段图像的融合

**1. 红外中波细分波段图像特征比较分析**

按照大气窗口进行划分的红外中波段一般为 $3 \sim 5\mu m$，因为在这一波段，红外辐射的透

过率比较高。通过观察和分析大气的光谱透过率曲线，可以发现这只是一种粗略的说法，在波长 4.3μm 左右的大气透过率是非常低的，所以在红外中波段成像时，波长 4.3μm 左右的辐射贡献很小，如图 11-10 所示。为了更加精确，有时把红外中波段进一步划分成两个细分波段，具体为 3.4～4.1μm、4.5～5.3μm，为论述方便，将前者称为"中波第一细分波段"，将后者称为"中波第二细分波段"。

两个中波细分波段的成像各有特点，具体如下。

（1）光谱透过率不同。从图 11-10 可知，中波第一细分波段的平均光谱透过率较大，且光谱透过率变化较小；中波第二细分波段的平均光谱透过率较小，光谱透过率变化较大，在某些更窄的波段，光谱透过率较小。因此，在中波第一细分波段，成像受大气的影响较小，成像效果更好。

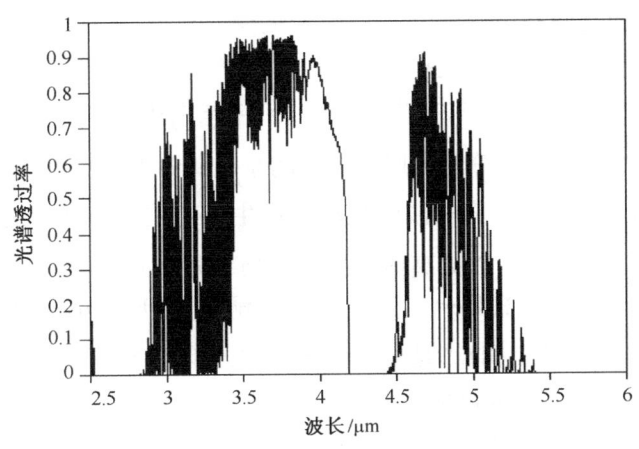

图 11-10　红外中波段的光谱透过率

（2）对应的峰值温度范围不同。根据维恩位移定律，可以计算不同峰值波长对应的黑体温度。两个中波细分波段在处于峰值时所对应的黑体温度的范围分别为 706.6～852.3K、546.8～644K，最高温度与最低温度相差 145.7K 和 97.2K，中波第一细分波段的对应测温范围大，中波第二细分波段的对应测温范围小。

（3）受太阳辐射的影响不同。由于太阳辐射到达地面的波段范围一般为 0.24～4μm，在白天，波长小于 4μm 的地物的红外辐射与太阳和构成地物的物质的反射率有关，因此当波长超过 4μm 时，地物的红外辐射主要来源于自身的热辐射。所以中波第一细分波段的图像具有太阳的较多辐射和反射，在中波第二细分波段中，图像受太阳辐射的影响就较小了，更多的是自身的辐射和对其他辐射的反射。

由两个中波细分波段成像的特点可以看出，将中波段划分为更细的波段，不仅可以使成像波段更加精细，而且可以利用各细分波段的特点来获得更好的成像效果。例如，在中波第一细分波段利用太阳的照射，可以使一些中波辐射不太强的物体通过反射太阳辐射使其表面图像更清晰；中波第二细分波段的光谱透过率低，可以通过调整红外成像仪的动态工作范围，将这一波段的信号单独放大，更利于探测自身辐射物体的图像，再通过图像融合技术获得比没有细分的中波段成像效果更好的图像。

## 2. 基于小波包变换的中波细分图像的融合

小波变换只对低频成分进行进一步的分解，而对高频成分则不再分解。虽然各层具有不同的分辨力，但当组合成滤波器族时，每一层所取的子带都是固定的。这样，通过小波分解得到的高频部分的频率分辨力比较差，低频部分的时间分辨力比较差，因而有必要改进。

小波包变换提供了一种比小波分解更精细的分析方法，其对小波分析没有细分的高频部分做进一步的细分，即在每层信号分解时，对低频部分、高频部分同时进行分解，将宽的信号频谱窗分割得更细。在滤波器组的构造上，小波包变换提供了层间多种组合选择的可能，分解层数及子层均可根据信号特点灵活选择，便于更好地分析信号。

由于两个中波细分波段的波长相差不大，且每个细分波段的范围不大，因此要更好地提取两个细分波段图像的背景细节信息，就需要更精细的时-频分析手段，可采用小波包变换来研究中波细分波段图像的融合。

（1）图像的二维小波包分解与重构

① 小波包基本原理。在小波的多分辨分析中，$L = \underset{j \in \mathbf{Z}}{\oplus} W_j$ 表明多分辨分析按照不同的尺度因子 $j$，把 Hilbert 空间 $L^2(\mathbf{R})$ 分解为所有子空间 $W_j$（$j \in \mathbf{Z}$）的正交和（这里 $\mathbf{R}$ 表示实数集，$\mathbf{Z}$ 表示整数集）。其中，$W_j$ 为小波函数 $\psi(t)$ 所生成的闭包空间。进一步对子空间 $W_j$ 按照二进制分式进行频率的细分，以提高信号处理的频率分辨力。

设 $U_j^0 = V_j$、$U_j^1 = W_j$，则 Hilbert 空间的正交分解 $V_{j+1} = V_j \oplus W_j$，即可通过 $U_j^n$ 的分解统一为 $U_{j+1}^0 = U_j^0 \oplus U_j^1$。定义子空间 $U_j^n$ 是函数 $u_n(t)$ 生成的闭包空间，而 $U_j^{2n}$ 是函数 $u_{2n}(t)$ 生成的闭包空间，并设 $u_n(t)$ 满足以下双尺度方程

$$\begin{cases} u_{2n}(t) = \sqrt{2} \sum_{k \in \mathbf{Z}} h(k) u_n(2t-k) \\ u_{2n+1}(t) = \sqrt{2} \sum_{k \in \mathbf{Z}} g(k) u_n(2t-k) \end{cases} \quad (11\text{-}62)$$

式中，$g(k) = (-1)^k h(1-k)$，即两个系数也具有正交关系。其中，当 $n = 0$ 时，有

$$\begin{cases} u_0(t) = \sqrt{2} \sum_{k \in \mathbf{Z}} h(k) u_0(2t-k) \\ u_1(t) = \sqrt{2} \sum_{k \in \mathbf{Z}} g(k) u_0(2t-k) \end{cases} \quad (11\text{-}63)$$

而多分辨分析中的双尺度方程为

$$\begin{cases} \varphi(t) = \sqrt{2} \sum_{k \in \mathbf{Z}} h(k) \varphi(2t-k) \\ \psi(t) = \sqrt{2} \sum_{k \in \mathbf{Z}} g(k) \varphi(2t-k) \end{cases} \quad (11\text{-}64)$$

将式（11-63）和式（11-64）进行比较，可知 $u_0(t)$ 和 $u_1(t)$ 分别退化为尺度函数 $\varphi(t)$ 和小波波基函数 $\psi(t)$。式（11-62）的空间分解等价形式为

$$U_{j+1}^n = U_j^{2n} \oplus U_j^{2n+1}, \quad j \in \mathbf{Z}, n \in \mathbf{Z}_+ \quad (11\text{-}65)$$

式中，$\mathbf{Z}_+$ 表示非负整数集。

综上所述，小波包的定义为：由式（11-62）构造的序列 $\{u_n(t)\}$（$n \in \mathbf{Z}_+$）称为由基函数 $u_0(t) = \varphi(t)$ 确定的正交小波包。由于尺度函数 $\varphi(t)$ 由低通滤波器 $h(t)$ 唯一确定，因此又称 $\{u_n(t)\}$（$n \in \mathbf{Z}_+$）为关于 $h(t)$ 的正交小波包。

设

$$g_j^n(t) \in U_j^n$$

$$g_j^n(t) = \sum_l d_l^{j,2n} u_n(2^j t - l)$$

式中，$l$ 表示分解层数。小波包的分解算法根据 $\{d_l^{j+1,n}\}$，来求 $\{d_l^{j,2n}\}$ 和 $\{d_l^{j,2n+1}\}$

$$\begin{cases} d_l^{j,2n} = \sum_k a_{k-2l} d_k^{j+1,n} \\ d_l^{j,2n+1} = \sum_k b_{k-2l} d_k^{j+1,n} \end{cases} \quad (11\text{-}66)$$

小波包重构算法根据 $\{d_l^{j,2n}\}$ 和 $\{d_l^{j,2n+1}\}$，来求 $\{d_l^{j+1,n}\}$

$$\{d_l^{j+1,n}\} = \sum_k \left[ h_{l-2k} d_k^{j,2n} + g_{l-2k} d_k^{j,2n+1} \right] \quad (11\text{-}67)$$

式中，$\{a_k\}$ 和 $\{b_k\}$ 为分解滤波器，$\{h_k\}$ 和 $\{g_k\}$ 为重构滤波器。

② 二维小波包的分解与重构。定义两个正交镜像滤波器 $H$、$G$

$$H\{x_k\}(m) = \sum_{k \in \mathbf{Z}} x_k h_{k-2m}$$

$$G\{x_k\}(m) = \sum_{k \in \mathbf{Z}} x_k g_{k-2m}$$

根据 $H$、$G$ 的张量积来定义 4 个二维卷积算子

$$F_{h,g} = H \otimes G \qquad F_{h,g}\{x_{i,j}\}(n,m) = \sum_{i,j \in \mathbf{Z}} x_{i,j} h_{i-2n} g_{j-2m}$$

$$F_{g,h} = G \otimes H \qquad F_{g,h}\{x_{i,j}\}(n,m) = \sum_{i,j \in \mathbf{Z}} x_{i,j} g_{i-2n} h_{j-2m}$$

$$F_{h,h} = H \otimes H \qquad F_{h,h}\{x_{i,j}\}(n,m) = \sum_{i,j \in \mathbf{Z}} x_{i,j} h_{i-2n} h_{j-2m}$$

$$F_{g,g} = G \otimes G \qquad F_{g,g}\{x_{i,j}\}(n,m) = \sum_{i,j \in \mathbf{Z}} x_{i,j} g_{i-2n} g_{j-2m}$$

它们的共轭算子为

$$\overline{F}_{h,g}\{x_{n,m}\}(i,j) = \sum_{n,m \in \mathbf{Z}} x_{n,m} h_{i-2n} g_{j-2m}$$

$$\overline{F}_{g,h}\{x_{n,m}\}(i,j) = \sum_{n,m \in \mathbf{Z}} x_{n,m} g_{i-2n} h_{j-2m}$$

$$\overline{F}_{h,h}\{x_{n,m}\}(i,j) = \sum_{n,m \in Z} x_{n,m} h_{i-2n} h_{j-2m}$$

$$\overline{F}_{g,g}\{x_{n,m}\}(i,j) = \sum_{n,m \in Z} x_{n,m} g_{i-2n} g_{j-2m}$$

二维小波包的分解示意图如图 11-11 所示，其中节点 $x_0^0$ 表示原始图像信号，第 $l$ 层信号 $x_l^j$ 可由第 $l$–1 层的信号用 $F_{h,h}$、$F_{h,g}$、$F_{g,h}$、$F_{g,g}$ 作用后而得。

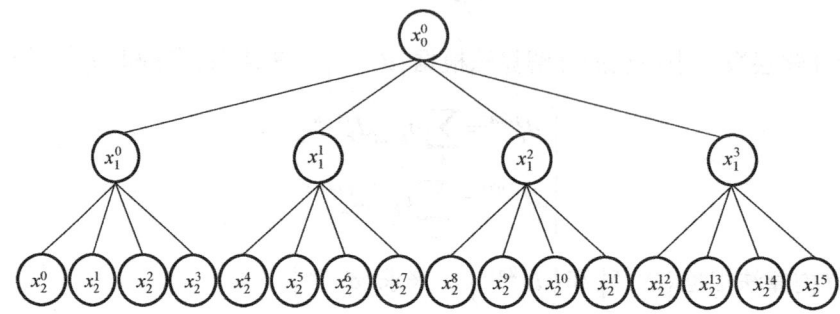

图 11-11  二维小波包的分解示意图

图像的二维小波包重构算法为

$$x_{l-1}^j = \overline{F}_{h,h}\{x_{n,m}\}(i,j)x_l^{4j} + \overline{F}_{h,g}\{x_{n,m}\}(i,j)x_l^{4j+1} + \overline{F}_{g,h}\{x_{n,m}\}(i,j)x_l^{4j+2} + \overline{F}_{g,g}\{x_{n,m}\}(i,j)x_l^{4j+3} \quad (11\text{-}68)$$

式中，$l$ 表示分解的层数，$j$ 表示第 $l$ 层的第 $j$ 个分量。

（2）基于二维小波包变换的融合算法

对于经过配准的两幅中波细分波段图像，利用小波包变换进行融合的示意图如图 11-12 所示。分别对两幅中波细分波段图像进行小波包分解，得到各自的小波包分解系数矩阵，然后按照一定的融合规则对小波包系数进行处理，对融合后的小波包分解系数矩阵进行逆小波包变换，重构得到最后的融合图像。

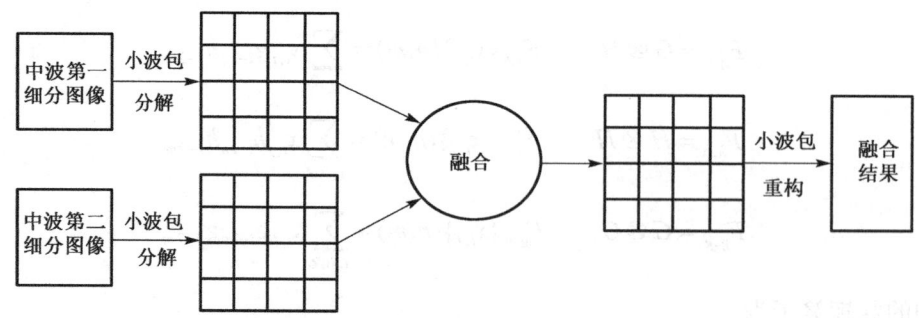

图 11-12  中波细分波段图像小波包变换进行融合的示意图

① 小波包分解。在对图像进行小波包分解时，可以采用多种小波包基，根据信号分析的要求，从中选择最佳的小波包基。这里采用香农熵 El 作为标准，其公式如下

$$\text{El}(S) = -\sum_i s_i^2 \lg s_i^2 \quad (11\text{-}69)$$

式中，$s_i$ 代表输入信号 $S$ 在一个正交小波包基上的投影系数，约定 $0\lg 0 = 0$。分解时选用的小波为 bior4.2。

小波包分解的层数越多，融合时选择的频率范围就越大，细节就越丰富；但分解层数越多，得到的局部空间就越小，系数的数量按指数增加，处理的计算量就越大，且处理过程中损失的信息就越多。因此分解层数不宜过多，一般取 2~5 层即可。当然，如果利用先验知识确定了所需处理的信息不在某个频域范围，那么相应的节点可以不进行分解。

② 融合。若小波包分解到第 $l$ 层，则该层的第一个节点 $(l,0)$ 属于低频分量，记为 $\mathrm{WP}_{l0}$，其包括原始图像的大部分信息，对融合的质量有很大影响。这里采用如下的方式进行低频分量图像的融合

$$\mathrm{WP}_{l0,F} = \frac{\mathrm{WP}_{l0,A} + \mathrm{WP}_{l0,B}}{2} \tag{11-70}$$

小波包变换的实际作用就是对信号解相关，并将信号的大部分信息集中到一部分具有大幅值的小波系数中。这些大幅值的小波系数包含的能量远比小的小波系数包含的能量大，所以在信号的重构过程中更重要。因此在小波包变换融合中，对于高频细节系数，一般选择其绝对值大的系数。

融合主要有两种方式：一种是基于单像素的融合，此方法简单，但融合效果差；另一种是基于局部区域特征度量的融合。由于图像的许多细节表现为相邻像素之间具有较强的相关性，因此，融合时需要考虑相邻像素的取值，比只根据单一像素进行简单选择更加合理。所以，考虑基于局部区域特征度量的融合运算更符合实际情况。

局部区域的大小根据具体情况选择 3×3、5×5、7×7 等。特征量可以是方差、梯度、能量等，这里选用局部区域的能量，用式（11-71）来表示

$$E_{lk}(m,n) = \sum_{i=1}^{N}\sum_{j=1}^{N} w(i,j)[\mathrm{WP}_{lk}(m-s+i,n-s+j)]^2 \tag{11-71}$$

式中，$s = \frac{N-1}{2}$；$E_{lk}(m,n)$ 表示第 $l$ 层的第 $k$ 个节点系数图像中以点 $(m,n)$ 为中心的局部区域的能量；$\mathrm{WP}_{lk}$ 表示小波包分解的第 $l$ 层的第 $k$ 个节点系数图像；$w(i,j)$ 表示权系数矩阵，一般采用高斯权系数矩阵；$N$ 表示区域的大小。

设两幅图像 $A$ 和 $B$ 的第 $l$ 层的第 $k$ 个节点系数图像对应的局部区域的能量相关度为

$$M_{lk,AB}(m,n) = \frac{2\sum_{i=1}^{N}\sum_{j=1}^{N} w(i,j)\mathrm{WP}_{lk,A}(m-s+i,n-s+j)\mathrm{WP}_{lk,B}(m-s+i,n-s+j)}{E_{lk,A}(m,n) + E_{lk,B}(m,n)} \tag{11-72}$$

假设存在一个阈值 $T$，若 $M_{lk,AB}(m,n) < T$，则

$$\begin{cases} \mathrm{WP}_{lk,F}(m,n) = \mathrm{WP}_{lk,A}(m,n), & E_{lk,A}(m,n) \geqslant E_{lk,B}(m,n) \\ \mathrm{WP}_{lk,F}(m,n) = \mathrm{WP}_{lk,B}(m,n), & E_{lk,A}(m,n) < E_{lk,B}(m,n) \end{cases} \tag{11-73}$$

若 $M_{lk,AB}(m,n) \geqslant T$，则

$$\begin{cases} \mathrm{WP}_{lk,F}(m,n) = (1-q_{lk})\mathrm{WP}_{lk,A}(m,n) + q_{lk}\mathrm{WP}_{lk,B}(m,n), & E_{lk,A}(m,n) \geqslant E_{lk,B}(m,n) \\ \mathrm{WP}_{lk,F}(m,n) = q_{lk}\mathrm{WP}_{lk,A}(m,n) + (1-q_{lk})\mathrm{WP}_{lk,B}(m,n), & E_{lk,A}(m,n) < E_{lk,B}(m,n) \end{cases} \quad (11\text{-}74)$$

式中，$q_{lk} = \dfrac{1}{2} - \dfrac{1}{2}\left(\dfrac{1-M_{lk,AB}(m,n)}{1-T}\right)$。

可以看出，当两幅图像对应分解层节点图像的局部区域的相关度小于阈值时，说明在该区域两幅图像的能量值相差很大，此时能量值大的区域的中心像素作为融合后图像在该区域的中心像素；反之，当两幅图像的能量值相差不大时，可采用加权平均的方法。

为了保证融合后的高频细节分量具有一致性，应采用多数原则对融合后的高频细节系数矩阵进行一致性检测与调整。调整的原则是：若某个像素的 8 个相邻像素中至少有 6 个来自图像 A（或图像 B），则融合后的该像素应调整为来自 A（或 B）。

③ 融合结果。如图 11-13 所示为中波细分红外图像的融合实例，中波第一细分波段主要含有太阳辐射的反射，所以驾驶室内的人的图像和汽车的边缘比较明显，且由于玻璃及车灯具有自身辐射，因此在中波段很亮；而中波第二细分波段反映的主要是物体自身的辐射，所以汽车的细节、倒车镜，以及地面细节均比较清楚，因此在融合时要把这些有效信息进行融合。如图 11-13(c)所示为融合图像，利用观察法即可得出，融合图像包含原第一细分图像中由于太阳照射亮度高的部分和驾驶室中人的信息、车灯亮的信息，且其他细节（如左倒视镜、轮胎、车头等）均保留了第二细分图像的信息，说明基于小波包变换的融合方法效果良好。

(a) 第一细分图像

(b) 第二细分图像

(c) 融合图像

图 11-13 中波细分红外图像的融合实例

太阳辐射对图像饱和度的影响，可以用太阳照射影响参数 $H$ 来衡量，其计算如下

$$H = \frac{1}{MN}\sum_{i=1}^{M}\sum_{j=1}^{N} D(i,j) \quad (11\text{-}75)$$

式中

$$D(i,j) = \begin{cases} f(i,j) - (\mu + k\sigma), & f(i,j) > \mu + k\sigma \\ 0, & f(i,j) \leqslant \mu + k\sigma \end{cases} \quad (11\text{-}76)$$

式中，$\mu$、$\sigma$ 分别为图像的均值和标准偏差；$k$ 为调整因子，取 1.5～2.5。

太阳照射影响参数的值越大，说明图像中由太阳照射导致的图像过亮的部分越多，越容易饱和。基于二维小波包变换的融合数据分析如表 11-4 所示。

由表 11-4 可以看出，第一细分图像的标准偏差、多向粗糙度比第二细分图像的小，太阳照射影响参数远比第二细分图像的大，这与前面的定性分析是一致的。

表 11-4 也列出了两幅图像的有关参数。表中的参数变化率反映的是融合图像与两幅细分图像参数的均值的比较结果，数据表明：同细分图像的参数均值相比，融合图像的标准偏差和多向粗糙度增大了 6.47%和 4.82%，说明融合图像的背景细节信息增多了，太阳照射影响参数减小了 4.96%，说明太阳照亮的这些区域的图像饱和度在减小，实验数据说明融合效果良好。

表 11-4 基于二维小波包变换的融合数据分析

| | 标 准 偏 差 | 多向粗糙度 | 太阳照射影响参数 |
| --- | --- | --- | --- |
| 第一细分图像 | 21.2700 | 12.0482 | 0.9056 |
| 第二细分图像 | 23.5018 | 13.5879 | 0.1369 |
| 融合图像 | 23.8340 | 13.4354 | 0.4954 |
| 参数变化率 | 6.47% | 4.82% | −4.96% |

### 11.3.3 红外短波、长波图像的融合

根据前面的分析，由于红外短波图像类似于可见光图像，因此红外短波、长波图像的融合处理完全可以采用常用的可见光图像与红外图像融合的方法。这方面的融合方法比较多，其中，拉普拉斯金字塔算法在融合不同原始图像信息时比较稳定可靠，下面将其用于红外短波、长波图像的融合。

（1）拉普拉斯金字塔算法

拉普拉斯金字塔算法是一种多尺度、多分辨融合方法，它包括以下 4 个步骤。

① 图像的高斯金字塔分解。记原始图像为 $P_{G0}$，它是高斯金字塔的第 0 层（底层），第 $l$ 层为 $P_{Gl}$，那么 $P_{Gl}$ 是对 $P_{Gl-1}$ 进行如下的缩减操作得到的

$$P_{Gl} = R(P_{Gl-1}) = \sum_{m=-2}^{2}\sum_{n=-2}^{2} w(m,n) P_{Gl-1}(2i+m, 2j+n), \quad 0 < l \le N, 0 \le i < C_1, 0 \le j < R_1 \quad (11\text{-}77)$$

式中，$N$ 为金字塔的总层数；$C_1$ 和 $R_1$ 分别为金字塔第 $l$ 层子图像的列数和行数；$w(m,n)$ 为生成核，其常用形式如下

$$w = r \otimes r^{\mathrm{T}} \quad (11\text{-}78)$$

式中，$r$ 为向量[(0.25−0.5$a$), 0.25, $a$, 0.25, (0.25−0.5$a$)]，$a$ 为某个小于 1 的正数，如取 0.375；T 表示向量的转置；⊗ 表示卷积运算。

② 图像的拉普拉斯金字塔分解。设图像的拉普拉斯金字塔的第 $l$ 层为 $P_{Ll}$，它由高斯金字塔的第 $l$ 层 $P_{Gl}$ 减去第 $l+1$ 层 $P_{Gl+1}$ 的扩展而得到，即

$$P_{Ll} = P_{Gl} - E(P_{Gl+1}), \quad 0 \le l < N \quad (11\text{-}79)$$

式中，扩展运算的具体形式为

$$E(P_{Gl+1}) = 4\sum_{m=-2}^{2}\sum_{n=-2}^{2} w(m,n) P'_{Gl+1}\left(\frac{i-m}{2}, \frac{j-n}{2}\right), \quad 0 < l \le N, 0 \le i < C_1, 0 \le j < R_1 \quad (11\text{-}80)$$

式中，

$$P'_{Gl+1}\left(\frac{i-m}{2}, \frac{j-n}{2}\right) = \begin{cases} P_{Gl+1}\left(\frac{i-m}{2}, \frac{j-n}{2}\right), & \text{当} \frac{i-m}{2} \text{和} \frac{j-n}{2} \text{为整数时} \\ 0, & \text{其他} \end{cases}$$

由式（11-80）可知，扩展运算等价于先对 $P_{Gl+1}$ 进行隔行、隔列补零操作，再与 $w$ 进行卷积运算。拉普拉斯金字塔的顶层子图像直接取为对应高斯金字塔的顶层子图像

$$P_{LN} = P_{GN} \tag{11-81}$$

③ 融合图像的重构。最终的融合结果为

$$P_{Gl,F} = P_{Ll,F} + E(P_{Gl+1,F}), \qquad 0 \leqslant l < N \tag{11-82}$$

（2）融合规则的确定及融合结果的分析

① 融合规则的确定。在大多数文献中，金字塔的顶层子图像（低频系数）的融合往往采用对原始图像的低频系数进行直接平均，并与各层采用同样的融合策略的方法。但是对于大部分画面比较亮而层次细节不清楚的红外长波图像，这样会使融合图像的整体画面饱和失真，使红外短波图像的背景细节信息丢失。另外，红外长波图像经过几层的分解，其温度高的目标的信息已经被包含在高频系数的各层。为此，对金字塔的顶层子图像采用替代法，用红外短波图像的拉普拉斯金字塔的顶层作为融合图像的拉普拉斯金字塔的顶层，其他各层采用局部区域的方差、能量最大的方法进行选择或加权平均。

② 融合结果的分析。如图 11-14 所示为红外短波图像、红外长波图像与融合图像，其中融合图像 1 的金字塔的顶层子图像的融合采用替代法，融合图像 2 的金字塔的顶层子图像的融合与其他层一样，采用局部区域能量法。

(a) 红外短波图像

(b) 红外长波图像

(c) 融合图像 1

(d) 融合图像 2

图 11-14 红外短波、长波图像与融合图像

从图 11-14 可以看出，融合图像均在保留红外短波图像的树丛、地面清晰信息的基础上，汽车、车旁的人、树丛中的隐藏者都比较清楚了，达到了融合的目的。但是，融合图像 1 看上去更自然，天空、树丛、地面均接近红外短波图像；而融合图像 2 的树丛的对比度有些失真、不自然，缺少了原始图像中的层次感，且天空比较暗。

如表 11-5 所示为红外短波图像、红外长波图像与融合图像的数据分析，包含均值、标准偏差、调和熵、多向粗糙度等评价指标的计算值。一般而言，均值越大，表明图像的总体亮度越高；标准偏差越大，表明图像的总体对比度越高；调和熵、多向粗糙度越大，表明图像所包含的信息量越大。表中数据表明，在两幅融合图像中，融合图像 1 的均值、标准偏差都最大，接近红外短波图像，说明图像的对比度较高，调和熵、多向粗糙度均接近红外短波图像，说明融合图像保留了红外短波图像的背景细节信息，而融合图像 2 相对差一些。经过综合观察和数据分析可知，融合图像 1 是比较好的。

表 11-5　红外短波图像、红外长波图像与融合图像的数据分析

| | 均　值 | 标准偏差 | 调　和　熵 | 多向粗糙度 |
| --- | --- | --- | --- | --- |
| 短波图像 | 35.4762 | 14.8737 | 5.4212 | 8.7370 |
| 长波图像 | 36.2909 | 9.8665 | 4.9772 | 7.8274 |
| 融合图像 1 | 34.6492 | 14.7057 | 5.4259 | 8.6038 |
| 融合图像 2 | 27.4299 | 10.6111 | 4.8757 | 7.8566 |

### 11.3.4　红外多波段伪彩色融合

（1）融合结构

由于可见光图像主要反映的是景物表面的反射图像，且信息丰富，符合人眼视觉特性，因此在融合中非常重要。在没有可见光图像的情况下，由于红外短波图像与其比较接近，因此可以用红外短波图像来代替可见光图像。另外，原来的融合结构是双通道输入结构，这里需要 3 通道输入结构。

光的颜色表现随着空间构形的变化而变化。当刺激的空间频率增大时，构形的颜色表现会显著地降低。空间构形效应是由两个颜色对抗通道红-绿通道和黄-蓝通道，以及一个白-黑通道构成的。但是白-黑通道受频率的影响不是很明显，所以当频率增大时，两个颜色对抗通道会严重丢失对比度信息。

在这种构形-颜色-亮度的关系上，对外侧膝状核（Lateral Geniculate Nucleus，LGN）中的细胞进行功能分类，可以分为颜色倾向细胞、颜色亮度细胞和亮度倾向细胞 3 种。由于自然场景图像的低频信息量很大，因此颜色倾向细胞的活性占主要地位，但是颜色亮度细胞对边界响应强烈。颜色信息的表现和低频构形的增强主要依靠颜色倾向细胞，而边界构形的加强由颜色亮度细胞完成。但是图像可能没有高频部分的构形表现，中、高频构形的加强一般是通过亮度来实现的。由于自然场景的这部分信息量很少，因此亮度处理不占主导因素。根据对视觉系统的了解可知，视觉系统中的可见光的中、长波通道（绿和红色通道）在亮度上占据了主导地位，短波系统（蓝色通道）在颜色视觉上占据了主导地位，所以可以考虑将图像进行低通、带通和高通滤波，依次馈入 G、R、B 通道。

Toet 对目前的图像彩色融合算法的颜色输出效果进行了评测，指出对可见光、近红外和中红外三波段的图像进行融合，将之分别依次馈入 R、G、B 通道，能够得到接近自然场景的融合图像，并且符合颜色视觉特性。近红外波段图像主要反映的是植物的反射特性，所以馈入 G 通道，这利用的是植物的反射特性同自然或人工场景中其他材质完全不一样的特点。当然，如果场景中没有植物，那么可以将红外短波图像经过抑制再馈入 G 通道。

鉴于以上分析，这里的融合结构如图 11-15 所示。

融合过程主要分为以下 3 个阶段。

在第一级增强阶段，ON 对抗神经网络分别得到红外短波图像的增强信号 ON_SW、红外中波图像的增强信号 ON_MW、红外长波图像的增强信号 ON_LW。

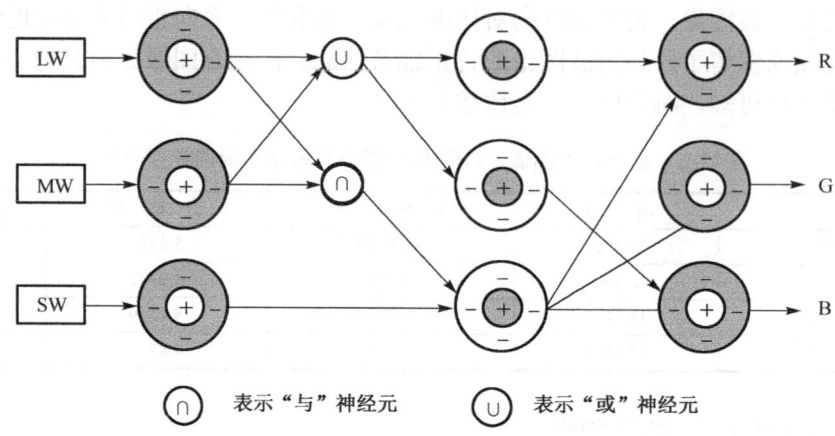

图 11-15 红外短波、中波、长波图像的融合结构

在第二阶段，ON_MW 和 ON_LW 分别馈入"与"神经元和"或"神经元，产生 AND_ML 和 OR_ML 信号。"与"神经元和"或"神经元分别模拟响尾蛇的双模式"与"细胞和"或"细胞，其输入、输出关系分别为

$$\begin{cases} x(i,j) = A\ln[1+HI(i,j)] \\ I(i,j) = \min\{I_1(i,j), I_2(i,j)\} \end{cases} \tag{11-83}$$

$$\begin{cases} x(i,j) = A\ln[1+HI(i,j)] \\ I(i,j) = \max\{I_1(i,j), I_2(i,j)\} \end{cases} \tag{11-84}$$

式中，$I_1(i,j)$ 和 $I_2(i,j)$ 分别为两个输入的图像像素值，$I(i,j)$ 为输出的图像像素值。

然后，ON_SW 馈入对应的中心-环绕对抗神经元的激活中心细胞，AND_ML 馈入中心-环绕对抗神经元的抑制环绕细胞，产生 AND_ML 增强的短波信号 ML_SW。同时使用了 OFF 对抗神经网络得到 OR_ML 的 OFF 增强信号，标记为 OFF_ML，使用 ON 对抗神经网络得到 OR_ML 的 ON 增强信号，标记为 ON_ML。

在第三阶段进行融合，ML_SW 分别馈入对应的中心-环绕对抗神经元的激活中心和抑制环绕细胞，OFF_ML、ON_ML 分别馈入对应神经元的抑制环绕和激活中心细胞，产生两个融合信号+SW+ML 和+SW-ML。这两个信号不仅用来模拟视觉系统中的光谱对抗细胞，产生颜色对比度图像，而且，分别用以模拟响尾蛇的红外抑制可见细胞响应和红外增强可见细胞响应。最后，3 个信号+SW+ML、ML_SW、+SW-ML 分别映射到 R、G、B 通道，生成伪彩色融合图像。

在这里需特别指出的是，对抗神经网络响应的输出没有使用整流函数。

R 通道信号的产生是将反映红外辐射的中、长波的"或"信号 OR_ML 馈入神经网络中心，增强后的可见光信号馈入环绕区域，从而生成+SW+ML，是为了用红色反映红外辐射的信息。

相应的 B 通道信号为+SW−ML，利用的是人眼视觉细节侧重于 B 通道的特性。对于 G 通道，其信号来自增强后的短波红外和 AND_ML 再次增强的 ML_SW，目的在于增强 3 个输入通道之间的公有信息，同时保持分辨力。对于 R、B 通道而言，融合图像也可以模拟视觉系统的受域光谱对抗响应，表示颜色对比度图像。

如果有需要，那么可以把融合结果 RGB 图像映射到 HSV（色调、饱和度、强度）色空间，以便调整色调与饱和度，从而获得更加自然的融合图像。

概括融合阶段的表达式为

$$\begin{pmatrix} R \\ G \\ B \end{pmatrix} = \begin{pmatrix} \dfrac{\text{OFF\_ML}(i,j) - \text{ML\_SW}(i,j)}{A + \text{OFF\_ML}(i,j) + \text{ML\_SW}(i,j)} \\ \dfrac{\text{ON\_SW}(i,j) - \text{AND\_ML}(i,j)}{A + \text{ON\_SW}(i,j) + \text{AND\_ML}(i,j)} \\ \dfrac{\text{ML\_SW}(i,j) - \text{ON\_ML}(i,j)}{A + \text{ML\_SW}(i,j) + \text{ON\_ML}(i,j)} \end{pmatrix} \qquad (11\text{-}85)$$

（2）融合结果及分析

参与融合的短波红外图像、中波红外图像、长波红外图像和融合结果如图 11-16 所示。

(a) 短波红外图像

(b) 中波红外图像

(c) 长波红外图像

(d) 融合图像

图 11-16　多波段图像的融合结果

从融合图像可以看出，具有较高表面辐射的目标或人员在中波红外图像、长波红外图像中由较高灰度级的像素表示，在相应的融合图像中，这些目标用暖色调表示，这符合常规的色温表现：温-红、冷-蓝。可见，通过使用伪彩色融合处理，3 个通道图像各自的细节差异通过颜色对比度进行表现，利用人眼的彩色视觉分辨力远远超过黑白视觉的属性，车辆、人员及隐藏者均可清晰地表现出来，目标景物的彩色显像比较自然，使得观察者更加容易从背景中辨识目标。

## 11.4 红外偏振图像与红外光强图像的融合

**1. 红外偏振图像与红外光强图像特征的比较分析**

红外波段由于其具有非接触、被动式、全天候等优点而成为除可见光外的主要成像波段之一。该波段的光的信息量非常丰富,既包括振幅(光强)、频率(波长)和相位,又包括偏振态,因此,红外成像既有红外光强成像(一般情况下的红外成像),又有红外偏振成像,二者各具特点。

(1) 成像对应的特征量不同:红外偏振成像主要对景物多个不同方向的偏振量进行光强成像,其主要与景物材料的性质、表面粗糙度等有关;红外光强成像主要对景物的红外辐射强度进行成像,其主要与景物的温度、辐射率等有关。

(2) 目标和背景的辐射特性不同:目标与背景的辐射在传输过程中受大气衰减和复杂环境的影响,到达探测器时其辐射强度已大大降低,成像效果很不理想。而红外偏振成像可以抑制辐射传输过程中的影响,达到良好的成像效果。研究表明,在红外长波波段,除水、海洋外,自然物的偏振度一般比较低,而人造物由于其材料及表面具有光滑性,因此偏振度较高。

(3) 成像过程不同:红外偏振成像需要在不同的角度进行多次光强成像,通过计算才能得到一幅红外偏振图像,成像过程复杂,实时性较差,但偏振度是辐射值之比,偏振测量无须准确的辐射量校准,就可以达到相当高的精度;红外光强成像过程简单,实时性较好,但需要对成像设备进行及时的定标校准,否则所测得的红外辐射亮度和温度不能反映被测物的真实辐射亮度和温度。

(4) 图像特征不同:在红外光强图像中,主要根据亮度差异来区分物体,但是当物体间的辐射差异较小时,根据亮度识别物体就比较困难了。这时如果物体间的偏振特性差异较大,那么在红外偏振图像中就更容易区分物体。当目标处于复杂场景时,目标与背景辐射对比度较低,不利于目标识别,而红外偏振成像可以抑制复杂的背景,改善目标的识别效果;同一目标在红外光强图像中,温度高的部位亮,温度低的部位暗,物体轮廓比较模糊,而红外偏振成像可以获得目标的几何形状信息,其边缘和轮廓特征明显。

综上所述,同一场景的红外偏振图像和红外光强图像具有差异性与互补性,利用图像融合技术将红外偏振图像与红外光强图像融合起来,可以综合二者的优势。支持度变换(SVT)融合算法可以较好地表征图像的细节特征信息,经 SVT 处理重构后的图像的标准偏差、熵比较大,即所含信息量较多。另外,融合图像中的融合规则直接决定着融合的效果,采用局部能量的融合规则,可使得融合图像的像素选择更具有针对性与择优性。因此,采用基于局部能量的 SVT 融合算法对红外偏振图像和红外光强图像进行融合,可提高场景图像的清晰度、增加图像的信息量。

**2. 图像的支持度变换**

支持度变换是一种非采样的二值冗余变换,是在最小二乘支持向量机(Least Square Support Vector Machine,LS-SVM)的基础上提出的一种图像多尺度变换方法。经过支持度变换后得到的图像的支持度矩阵是与图像显示相关的信息，可以很好地表征图像的细节特征信息，且同小波变换相比，具有平移不变性、不会产生振铃效应、运算速度快的优点，因而成为一种有效的图像多尺度分析工具。

在 LS-SVM 中，其优化条件可以写成线性方程

$$\begin{bmatrix} 0 & 1 \\ 1 & \Omega \end{bmatrix} \begin{bmatrix} b \\ \alpha \end{bmatrix} = \begin{bmatrix} 0 \\ Y \end{bmatrix} \tag{11-86}$$

式中，$\Omega = K + I\gamma^{-1}$，$K$ 为核函数，$K_{ij} = K(x_i, x_j)$，$Y = [y_1, \cdots, y_N]^T$，$I = [1, \cdots, 1]^T$，$\alpha = [\alpha_1, \cdots, \alpha_N]^T$，$b = [b_1, \cdots, b_N]^T$。$\alpha_i$ 为支持向量 $x_i$ 的支持度。用映射最小二乘支持向量机求解式（11-86）的解为

$$b = \frac{I^T \Omega^{-1} Y}{I^T \Omega^{-1} I}, \quad \alpha = \Omega^{-1}(Y - bI) \tag{11-87}$$

若有两个矩阵

$$A = \Omega^{-1}, \quad B = \frac{I^T \Omega^{-1}}{I^T \Omega^{-1} I} \tag{11-88}$$

则式（11-87）变为

$$b = B^T Y, \quad \alpha = A(Y - bI) \tag{11-89}$$

式中，矩阵 $A$、$B$ 只取决于输入向量 $\{x_i, i = 1, \cdots, N\}$，可以预先计算，而与输出无关。

设有一个 $N \times N$ 的矩阵 $Q = A(I - IB)$，则式（11-89）可写成

$$\alpha = A(I - IB)Y = QY \tag{11-90}$$

在映射邻域，图像像素的支持度可以由式（11-90）求得，通过改写矩阵 $Q$ 相应的行向量，相应加权系数核可变成新的滤波器矩阵。$Q$ 取决于输入向量、核函数 $K$ 和参数 $\gamma$。因此，在映射最小二乘支持向量机中，输入向量对特定大小的邻域而言是常数，支持度滤波器可由核函数 $K$ 和参数 $\gamma$ 确定，如核函数选择高斯径向基核函数

$$K(x_i, x_j) = \exp(-\|x_i - x_j\|/2\sigma^2)$$

式中，$\sigma^2$ 为扩展参数，设为 0.3。其中，$\gamma$ 设为 1。

对于 $5 \times 5$ 的映射向量空间，相应的支持度滤波器为

$$\begin{bmatrix} -0.015\,8 & -0.013\,6 & -0.010\,2 & -0.013\,6 & -0.015\,8 \\ -0.013\,6 & -0.013\,0 & -0.060\,2 & -0.013\,0 & -0.013\,6 \\ -0.010\,2 & -0.060\,2 & 0.505\,6 & -0.060\,2 & -0.010\,2 \\ -0.013\,6 & -0.013\,0 & -0.060\,2 & -0.013\,0 & -0.013\,6 \\ -0.015\,8 & -0.013\,6 & -0.010\,2 & -0.013\,6 & -0.015\,8 \end{bmatrix}$$

对上述滤波器采用隔行、隔列填充 0 的方法，可以构造出系列支持度滤波器。图像的支持度变换过程如下。

给定一幅图像 $P$，通过与系列支持度滤波器卷积，可得到系列支持度图像

$$\begin{cases} S_l = SV_l * P_l \\ P_{l+1} = P_l - S_l \qquad l = 1, 2, \cdots, r \\ P_1 = P \end{cases} \tag{11-91}$$

式中，$r$ 为分解层数；$V_l$ 为系列支持度滤波器；$S_l$ 为系列支持度图像，其可反映图像的细节显著特征；$P_l$ 为原始图像的系列近似图像，再进行逆变换即可得到最后的融合图像。

支持度逆变换的公式为

$$P = P_{r+1} + \sum_{l=1}^{r} S_l \tag{11-92}$$

### 3. 融合过程

对于两幅需要融合的图像，进行支持度变换可分别得到各自的系列支持度图像和系列近似图像，设 $S_{1l}$、$S_{2l}$ 和 $P_{1l}$、$P_{2l}$ 分别表示第 $l$ 层的支持度图像和近似图像，则该层融合的支持度图像 $S_{Fl}$ 和近似图像 $P_{Fl}$ 为

$$\begin{cases} S_{Fl} = f_{\max}(S_{1l}, S_{2l}) \\ P_{Fl} = \dfrac{P_{1l} + P_{2l}}{2} \end{cases} \tag{11-93}$$

式中，函数 $f_{\max}$ 表示选择能量较大的区域的中心像素点的值。每层都进行类似的处理后，再进行逆变换，即可得到最后的融合图像。红外偏振图像与红外光强图像的融合过程示意图如图 11-17 所示。

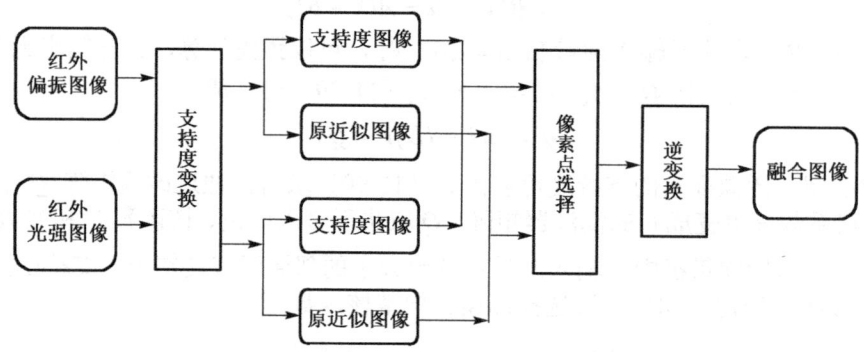

图 11-17 红外偏振图像与红外光强图像的融合过程示意图

### 4. 融合规则

在像素选择时，人们往往采用加权平均、选其绝对值的最大或最小等规则，这些规则具有简单、速度快的优点，但是由于图像的许多细节表现与相邻像素之间具有较强的相关性，融合时需要考虑相邻像素的取值，以上方法难以取得满意的效果，因此提出了基于局部能量的融合规则。

局部区域的大小根据具体情况可选择 3×3、5×5、7×7 等，这里所选的区域大小为 5×5。首先选取两幅图像中的相对应区域，区域中心值为待选的像素值，然后计算区域内每个像素点的能量值，为了减小周围像素值对中心像素的影响，应对其进行加权处理，然后比较二者，选择能量较大的区域的中心像素点。

在对像素值能量进行加权处理时采用了高斯滤波法，二维高斯函数具有旋转对称性，这意味着后续的图像处理过程不会偏向任何一方。高斯滤波器用像素点邻域的加权均值代替该点的像素值，而每个相邻像素点的权值随着该点与中心像素点的距离增大而单调递减，所以

即使相邻像素值很大，对中心像素点的影响也很小。高斯滤波后的像素值不会受噪声值的污染，同时保留大部分有用信号。相应的高斯滤波矩阵为

$$\frac{1}{256}\begin{bmatrix} 1 & 4 & 6 & 4 & 1 \\ 4 & 6 & 24 & 16 & 4 \\ 6 & 24 & 36 & 24 & 6 \\ 4 & 16 & 24 & 16 & 4 \\ 1 & 4 & 6 & 4 & 1 \end{bmatrix}$$

局部区域能量为

$$E_{lk}(m,n) = \sum_{i=1}^{N}\sum_{j=1}^{N} w(i,j)[\text{WS}_{lk}(m-t+i, n-t+j)]^2 \tag{11-94}$$

式中，$E_{lk}(m,n)$ 表示在第 $l$ 层、第 $k$ 个节点系数矩阵中，以点 $(m,n)$ 为中心的局部区域能量；$\text{WS}_{lk}$ 表示分解的第 $l$ 层、第 $k$ 个节点系数矩阵像；$w(i,j)$ 表示高斯权系数矩阵的元素；$N$ 表示区域的大小；$t=(N-1)/2$。设 $S_{1l}(m,n)$、$S_{2l}(m,n)$ 分别表示两幅图像的第 $l$ 层支持度图像相对应的两个像素值，$S_{Fl}(m,n)$ 表示融合后的支持度图像的像素值，$E_{lk}^1$ 表示以 $S_{1l}(m,n)$ 为中心的局部区域能量，$E_{lk}^2$ 表示以 $S_{2l}(m,n)$ 为中心的局部区域能量，则有

$$S_{Fl}(m,n) = \begin{cases} S_{1l}(m,n), & E_{lk}^1 \geq E_{lk}^2 \\ S_{2l}(m,n), & E_{lk}^1 < E_{lk}^2 \end{cases} \tag{11-95}$$

对相应的每组像素都进行类似的处理后，即可得到融合的支持度图像的像素。

**5．实验结果分析**

（1）图像特征差异分析

经过配准的能用于融合的红外偏振图像与红外光强图像很少，如图 11-18 所示，融合图像如图 11-19 所示。

(a) 红外偏振图像

(b) 红外光强图像

图 11-18　实验图像

① 定性分析。红外偏振图像主要受物体偏振度的影响，与物体的辐射强度无关，当辐射强度弱导致不易成像时，红外偏振成像可予以补充，如车辆前方的金属板、车辆顶部。红外偏振成像可以获得目标的几何形状信息，目标轮廓清楚，边缘突出，如图 11-18 中房子的边缘突出。一般自然物的偏振度较低，红外偏振图像中的自然背景比较模糊，有角质层的树叶的偏振度较高，树叶的形状及排列的错综复杂感、立体感比较明显。

图 11-19  融合图像

物体的偏振度较高，但是受探测器精度、探测距离、探测角度等因素的影响，成像效果有时很不理想，相反其红外光强成像可能较好，如小树右边的井盖、车辆、房子。红外光强成像主要依靠的是场景中物体自身的热辐射强度，温度高的部分的辐射强度较高，温度低的部分的辐射强度较低，图像的明暗差异较大，景物的细节比较清楚，如车辆的车头、车身、车胎等；红外光强图像中的自然背景比较清晰，层次感较强。

综上所述，红外偏振图像的清晰度、视觉感较差，但景物的边缘、微小细节反差、纹理特征较明显，而红外光强图像的清晰度、视觉感较好，图像的细节比较丰富，但景物的边缘、纹理特征比较模糊，由此可见，红外偏振图像与红外光强图像在表现景物特征时各具优势。

② 定量分析。图像的熵与标准偏差可以反映图像细节的多少，二者的值越大，说明图像中的细节越多，图像的清晰度越高。由于在观察分析图像时，人眼视觉往往采用局部对照的方法，因此这里采用图像的局部标准偏差、局部熵作为衡量图像细节的多少、反映图像清晰程度的指标。平均梯度可以表示图像中的微小细节和纹理反映。平均梯度越大，图像的微小细节及纹理反映就越良好。

上述两幅图像的局部标准偏差、局部熵和平均梯度的值如表 11-6 所示，局部计算的窗口为 5×5。从中可以看出：红外光强图像的局部标准偏差、局部熵较大，而红外偏振图像的平均梯度较大，说明红外光强图像的清晰度较高、图像细节比较丰富，红外偏振图像的边缘特征、微小细节及纹理反映比较好，二者在表现景物特征时各具优势，与前面的定性分析相符合。

（2）融合结果分析

图 11-19 与图 11-18 相比：① 融合图像不但包含红外偏振图像中的金属板，而且包含红外光强图像中的井盖（只在一幅图像中出现的景物特征），使得场景描述更全面；② 融合图像综合了两幅图像的背景细节信息，如车辆、房子等背景细节信息较丰富，视觉感较好；③ 融合图像虽然没有将红外光强图像中的层次感、真实感较好的背景保留下来，但并不影响对场景中主要目标的描述，反而使得目标对比度更高、更便于识别。

从表 11-6 可以看出，融合图像的局部标准偏差、局部熵、平均梯度都有了明显的提高，其中，局部标准偏差分别提高了 13.67% 和 11.51%，局部熵分别提高了 16.46% 和 1.95%，平均梯度分别提高了 15.41% 和 44.06%。这与前边的定性分析结果相符合，说明了红外偏振图像与红外光强图像融合的优势，也证明了本节融合算法的有效性。

表 11-6  图 11-18 和图 11-19 的有关参数比较

|  | 局部标准偏差 | 局部熵 | 平均梯度 |
| --- | --- | --- | --- |
| 红外偏振图像 | 9.8627 | 4.0766 | 0.0357 |
| 红外光强图像 | 10.0537 | 4.6569 | 0.0286 |
| 融合图像 | 11.2111 | 4.7478 | 0.0412 |
| 参数变化率 1 | 13.67% | 16.46% | 15.41% |
| 参数变化率 2 | 11.51% | 1.95% | 44.06% |

## 小　结

图像融合可以提高图像信息的利用率、提高计算机的解译精度和可靠性、提高原始图像的空间分辨率和光谱分辨率。通过本章内容的学习，我们理解了图像融合的基本思想和基本理论，其中，评价指标是重点，这是评价所做工作的质量效果的标准。本章详细阐述了可见光图像与红外图像的融合、红外多波段图像的融合，以及红外偏振图像与红外光强图像的融合。希望上述三类不同图像的融合方法及融合结果分析可以起到抛砖引玉的效果，对以后的学习研究起到应有的作用。

## 习　题

11-1　名词解释。

图像融合、偏差熵、特征级融合。

11-2　填空题。

(1) 信息融合分为三个层次，即_____、特征级和_____。

(2) 常用的图像融合方法包括_____、_____、_____、_____、_____和_____等。

(3) 图像融合的应用范围有_____、_____、_____和_____。

(4) 由于图像的许多细节表现与相邻像素之间的取值具有较强的_____，因此在融合中心像素时需要考虑_____其他像素的取值。

(5) 基于信息量的图像融合效果评价参数有熵、_____、_____、偏差熵和_____等。

(6) _____是在最小二乘支持向量机的基础上提出的一种图像多尺度变换方法，同小波变换相比，其具有_____、_____、_____等优点。

(7) 随着融合层次的提高，要求数据的_____性越高，对探测器的_____性要求越低。

11-3　如何选择评价图像融合效果的方法？

11-4　可见光图像和红外图像融合的意义是什么？

11-5　说明地面场景的红外中波图像、红外长波图像的区别及基于粗糙集融合方法的基本思想。

11-6　两种中波细分成像比较而言各有哪些特点？

11-7　画出中波细分波段图像小波包变换融合的过程示意图。

11-8　红外短波图像、红外长波图像在采用金字塔算法时，如何更好地确定融合规则？

11-9　上网查阅。

(1) 除本章中讲述的领域外，图像融合还可以应用在哪些领域？

(2) 当前还有哪些本章未介绍的红外图像融合方法？

11-10　编程题。

(1) 结合最大法融合规则，用 MATLAB 编程实现红外图像与可见光图像的小波变换融合。

(2) 编写红外光强图像与红外偏振图像的支持度变换融合程序，并分析融合效果。

# 参 考 文 献

[1] 赵宗贵, 等. 信息融合概念、方法与应用[M]. 北京: 国防工业出版社, 2012.

[2] Lei Zhang, Fengbao Yang, Linna Ji. A categorization method of infrared polarization and intensity image fusion algorithm based on the transfer ability of difference features[J]. Infrared Physics & Technology, 2016,79:91-100.

[3] Lei Zhang, Fengbao Yang, Linna Ji. A categorization method of infrared polarization and intensity image fusion algorithm based on the transfer ability of difference features[J]. Infrared Physics & Technology, 2016, 79:91-100.

[4] 牛涛, 杨风暴, 等. 差异特征与融合算法的集值映射关系的建立[J]. 红外与激光工程, 2015, 42（3）: 1073-1079.

[5] Sheng Zheng, Wen-zhong, Jian Liu, et al. Multisource Image Fusion Method Using Support Value transform[J]. IEEE Transactions On Image Processing, 2007, 16(7):1831-1839.

[6] 杨风暴. 红外偏振与光强图像的拟态融合原理和模型研究[J]. 中北大学学报（自然科学版）, 2017, 38（1）: 1-8.

[7] 杨桓, 裴继红, 杨万海. 基于模糊积分的融合图像评价方法[J]. 计算机学报. 2001, 24（8）: 815-818.

[8] Wald L, Ranchin T, Mangolini M. Fusion of Statellite Image of Different Spatial Resolution: Assessing the Quality of Resulting Images[J]. Photogrammetric Engineering and Remote Sensing, 1997, 63(3):691-699.

[9] 张彬, 杨风暴. 小波分析方法及其应用[M]. 北京: 国防工业出版社, 2011.

[10] 徐参军, 苏兰, 杨根远. 中波红外偏振成像图像处理及评价[J]. 红外技术, 2009, 31（6）: 362-366.

[11] Pawlak Z. Rough Set Theory and its Application to Data Analysis[J]. Cybernetics and Systems,1998,29(7):661-668.

[12] 潘励, 等. 粗集理论在图像特征选择中的应用[J]. 数据采集与处理, 2002, 17（1）: 42-45.

[13] 李弼程, 彭天强, 彭波, 等. 智能图像处理技术[M]. 北京: 电子工业出版社, 2004.

[14] 杨风暴, 倪国强, 张雷. 红外中波细分波段图像的小波包变换融合研究[J]. 红外与毫米波学报, 2008, 27（4）: 275-279.

[15] Lei Zhang, Fengbao Yang, Linna Ji. Multiple-algorithm parallel fusion of infrared polarization and intensity images based on algorithmic complementarity and synergy[J]. Journal of Electronic Imaging, 2018, 27(1):1.

[16] 董延华, 王慕坤, 张均萍. 超谱图像小波包变换融合方法研究[J]. 吉林大学学报, 2006, 24（4）: 368-370.

[17] Fengbao Yang, Hong Wei. Fusion of infrared polarization and intensity images using support value transform and fuzzy combination rules[J]. Infrared Physics & Technology, 2013, 60(5):235-243.

[18] Lei Zhang, Fengbao Yang. Multi-scale fusion algorithm based on structure similarity index constraint for infrared polarization and intensity image[J]. IEEE Access, 2017, (5):24646-24655.

[19] 杨风暴, 蔺素珍, 冷敏. 双色中波红外图像的分割支持度变换融合[J]. 红外与毫米波学报, 2010, 29（5）: 362-366.

# 反侵权盗版声明

电子工业出版社依法对本作品享有专有出版权。任何未经权利人书面许可,复制、销售或通过信息网络传播本作品的行为;歪曲、篡改、剽窃本作品的行为,均违反《中华人民共和国著作权法》,其行为人应承担相应的民事责任和行政责任,构成犯罪的,将被依法追究刑事责任。

为了维护市场秩序,保护权利人的合法权益,我社将依法查处和打击侵权盗版的单位和个人。欢迎社会各界人士积极举报侵权盗版行为,本社将奖励举报有功人员,并保证举报人的信息不被泄露。

举报电话:(010)88254396;(010)88258888
传　　真:(010)88254397
E-mail：　dbqq@phei.com.cn
通信地址:北京市万寿路 173 信箱
　　　　　电子工业出版社总编办公室
邮　　编:100036

# 反盗版声明

电子工业出版社依法对本作品享有专有出版权。任何未经权利人书面许可,复制、销售或通过信息网络传播本作品的行为,歪曲、篡改、剽窃本作品的行为,均违反《中华人民共和国著作权法》,其行为人应承担相应的民事责任和行政责任,构成犯罪的,将被依法追究刑事责任。

为了维护市场秩序,保护权利人的合法权益,我社将依法查处和打击侵权盗版的单位和个人。欢迎社会各界人士积极举报侵权盗版行为,本社将奖励举报有功人员,并保证举报人的信息不被泄露。

举报电话:(010) 88254396;(010) 88258888
传 真:(010) 88254397
E-mail: dbqq@phei.com.cn
通信地址:北京市万寿路 173 信箱
电子工业出版社总编办公室
邮 编:100036